"十三五"国家重点出版物出版规划项目
卓越工程能力培养与工程教育专业认证系列规划教材
(电气工程及其自动化、自动化专业)

电力工程基础

主　编　韦　钢
副主编　江玉蓉　赵　璐　朱　兰
主　审　程浩忠

机械工业出版社

本书除绪论外，还有四篇共十六章。绪论主要介绍电力系统的组成、电力工业的发展概况以及本书的主要内容；第一篇发电系统概论，介绍传统发电厂、新能源发电的主要形式、构成和作用等；第二篇电力系统分析基础，主要介绍电力系统稳态、暂态分析的主要内容、工程计算的基本方法等；第三篇电气设备及其绝缘防护，介绍主要电气设备的作用、结构和工作原理，设备的联络方式，过电压及其防护等；第四篇电力系统继电保护及控制，介绍电力系统主要元件的继电保护配置、基本原理，自动装置的主要作用和原理，电力系统监控的构成概况等。本书概要性地介绍了电力工程的主要内容和基本理论，内容丰富，浅显易懂。

本书主要作为电气工程及其自动化专业（非电力系统方向）本科学生相关课程的教材，也可作为成人高校、高职高专相关专业的教材，还可供从事电力工程领域工作的工程技术人员参考。

图书在版编目（CIP）数据

电力工程基础/韦钢主编. —北京：机械工业出版社，2019.11
"十三五"国家重点出版物出版规划项目　卓越工程能力培养与工程教育专业认证系列规划教材. 电气工程及其自动化、自动化专业
ISBN 978-7-111-64110-0

Ⅰ.①电… Ⅱ.①韦… Ⅲ.①电力工程-高等学校-教材 Ⅳ.①TM7

中国版本图书馆 CIP 数据核字（2019）第 241420 号

机械工业出版社（北京市百万庄大街22号　邮政编码100037）
策划编辑：路乙达　责任编辑：路乙达　刘丽敏
责任校对：陈　越　封面设计：鞠　杨
责任印制：郜　敏
河北鑫兆源印刷有限公司印刷
2020年2月第1版第1次印刷
184mm×260mm·22印张·541千字
标准书号：ISBN 978-7-111-64110-0
定价：54.90元

电话服务　　　　　　　　　　　网络服务
客服电话：010-88361066　　　机　工　官　网：www.cmpbook.com
　　　　　010-88379833　　　机　工　官　博：weibo.com/cmp1952
　　　　　010-68326294　　　金　书　网：www.golden-book.com
封底无防伪标均为盗版　　　　　机工教育服务网：www.cmpedu.com

"十三五"国家重点出版物出版规划项目
卓越工程能力培养与工程教育专业认证系列规划教材
(电气工程及其自动化、自动化专业)
编审委员会

主任委员

郑南宁　中国工程院 院士，西安交通大学 教授，中国工程教育专业认证协会电子信息与电气工程类专业认证分委员会 主任委员

副主任委员

汪槱生　中国工程院 院士，浙江大学 教授
胡敏强　东南大学 教授，教育部高等学校电气类专业教学指导委员会 主任委员
周东华　清华大学 教授，教育部高等学校自动化类专业教学指导委员会 主任委员
赵光宙　浙江大学 教授，中国机械工业教育协会自动化学科教学委员会 主任委员
章　兢　湖南大学 教授，中国工程教育专业认证协会电子信息与电气工程类专业认证分委员会 副主任委员
刘进军　西安交通大学 教授，教育部高等学校电气类专业教学指导委员会 副主任委员
戈宝军　哈尔滨理工大学 教授，教育部高等学校电气类专业教学指导委员会 副主任委员
吴晓蓓　南京理工大学 教授，教育部高等学校自动化类专业教学指导委员会 副主任委员
刘　丁　西安理工大学 教授，教育部高等学校自动化类专业教学指导委员会 副主任委员
廖瑞金　重庆大学 教授，教育部高等学校电气类专业教学指导委员会 副主任委员
尹项根　华中科技大学 教授，教育部高等学校电气类专业教学指导委员会 副主任委员
李少远　上海交通大学 教授，教育部高等学校自动化类专业教学指导委员会 副主任委员
林　松　机械工业出版社 编审 副社长

委员（按姓氏笔画排序）

于海生	青岛大学 教授	王　平	重庆邮电大学 教授
王　超	天津大学 教授	王再英	西安科技大学 教授
王志华	中国电工技术学会 教授级高级工程师	王明彦	哈尔滨工业大学 教授
		王保家	机械工业出版社 编审
王美玲	北京理工大学 教授	韦　钢	上海电力学院 教授
艾　欣	华北电力大学 教授	李　炜	兰州理工大学 教授
吴在军	东南大学 教授	吴成东	东北大学 教授
吴美平	国防科技大学 教授	谷　宇	北京科技大学 教授
汪贵平	长安大学 教授	宋建成	太原理工大学 教授
张　涛	清华大学 教授	张卫平	北方工业大学 教授
张恒旭	山东大学 教授	张晓华	大连理工大学 教授
黄云志	合肥工业大学 教授	蔡述庭	广东工业大学 教授
穆　钢	东北电力大学 教授	鞠　平	河海大学 教授

序

工程教育在我国高等教育中占有重要地位，高素质工程科技人才是支撑产业转型升级、实施国家重大发展战略的重要保障。当前，世界范围内新一轮科技革命和产业变革加速进行，以新技术、新业态、新产业、新模式为特点的新经济蓬勃发展，迫切需要培养、造就一大批多样化、创新型卓越工程科技人才。目前，我国高等工程教育规模世界第一。我国工科本科在校生约占我国本科在校生总数的1/3，近年来我国每年工科本科毕业生约占世界总数的1/3以上。如何保证和提高高等工程教育质量，如何适应国家战略需求和企业需要，一直受到教育界、工程界和社会各方面的关注。多年以来，我国一直致力于提高高等教育的质量，组织并实施了多项重大工程，包括卓越工程师教育培养计划（以下简称卓越计划）、工程教育专业认证和新工科建设等。

卓越计划的主要任务是探索建立高校与行业企业联合培养人才的新机制，创新工程教育人才培养模式，建设高水平工程教育教师队伍，扩大工程教育的对外开放。计划实施以来，各相关部门建立了协同育人机制。卓越计划要求试点专业要大力改革课程体系和教学形式，依据卓越计划培养标准，遵循工程的集成与创新特征，以强化工程实践能力、工程设计能力与工程创新能力为核心，重构课程体系和教学内容；加强跨专业、跨学科的复合型人才培养；着力推动基于问题的学习、基于项目的学习、基于案例的学习等多种研究性学习方法，加强学生创新能力训练，"真刀真枪"做毕业设计。卓越计划实施以来，培养了一批获得行业认可、具备很好的国际视野和创新能力、适应经济社会发展需要的各类型高质量人才，教育培养模式改革创新取得突破，教师队伍建设初见成效，为卓越计划的后续实施和最终目标的达成奠定了坚实基础。各高校以卓越计划为突破口，逐渐形成各具特色的人才培养模式。

2016年6月2日，我国正式成为工程教育"华盛顿协议"第18个成员国，标志着我国工程教育真正融入世界工程教育，人才培养质量开始与其他成员国达到了实质等效，同时，也为以后我国参加国际工程师认证奠定了基础，为我国工程师走向世界创造了条件。专业认证把以学生为中心、以产出为导向和持续改进作为三大基本理念，与传统的内容驱动、重视投入的教育形成了鲜明对比，是一种教育范式的革新。通过专业认证，把先进的教育理念引入了我国工程教育，有力地推动了我国工程教育专业教学改革，逐步引导我国高等工程教育实现从课程导向向产出导向转变、从以教师为中心向以学生为中心转变、从质量监控向持续改进转变。

在实施卓越计划和开展工程教育专业认证的过程中，许多高校的电气工程及其自动化、自动化专业结合自身的办学特色，引入先进的教育理念，在专业建设、人才培养模式、教学内容、教学方法、课程建设等方面积极开展教学改革，取得了较好的效果，建设了一大批优质课程。为了将这些优秀的教学改革经验和教学内容推广给广大高校，中国工程教育专业认证协会电子信息与电气工程类专业认证分委员会、教育部高等学校电气类专业教学指导委员会、教育部高等学校自动化类专业教学指导委员会、中国机械工业教育协会自动化学科教学委员会、中国机械工业教育协会电气工程及其自动化学科教学委员会联合组织规划了"卓越工程能力培养与工程教育专业认证系列规划教材（电气工程及其自动化、自动化专业）"。本套教材通过国家新闻出版广电总局的评审，入选了"十三五"国家重点图书。本套教材密切联系行业和市场需求，以学生工程能力培养为主线，以教育培养优秀工程师为目标，突出学生工程理念、工程思维和工程能力的培养。本套教材在广泛吸纳相关学校在"卓越工程师教育培养计划"实施和工程教育专业认证过程中的经验和成果的基础上，针对目前同类教材存在的内容滞后、与工程脱节等问题，紧密结合工程应用和行业企业需求，突出实际工程案例，强化学生工程能力的教育培养，积极进行教材内容、结构、体系和展现形式的改革。

经过全体教材编审委员会委员和编者的努力，本套教材陆续跟读者见面了。由于时间紧迫，各校相关专业教学改革推进的程度不同，本套教材还存在许多问题。希望各位老师对本套教材多提宝贵意见，以使教材内容不断完善提高。也希望通过本套教材在高校的推广使用，促进我国高等工程教育教学质量的提高，为实现高等教育的内涵式发展贡献一份力量。

卓越工程能力培养与工程教育专业认证系列规划教材
（电气工程及其自动化、自动化专业）
编审委员会

前言

"卓越工程师教育培养计划"是促进我国由工程教育大国迈向工程教育强国的重大举措，旨在培养造就一大批创新能力强、适应经济社会发展需要的高素质的各类型工程技术人才。能源电力是国民经济发展的基础，全国设置电气工程及其自动化专业的院校有 500 多所，但由于各个学校的传承和特色有所不同，其人才培养的方向各有区别，本书主要针对电气工程及其自动化专业（非电力系统方向）本科学生学习电力工程相关专业知识而编写。

本书除绪论外，还有四篇共十六章。绪论主要介绍电力系统的组成、电力工业的发展概况，以及本书的主要内容；第一篇发电系统概论，介绍传统发电厂、新能源发电的主要形式、构成和作用等；第二篇电力系统分析基础，主要介绍电力系统稳态、暂态分析的主要内容及工程计算的基本方法等；第三篇电气设备及其绝缘防护，介绍主要电气设备的作用、结构和工作原理，设备的联络方式，过电压及其防护等；第四篇电力系统继电保护及控制，介绍电力系统主要元件的继电保护配置、基本原理，自动装置的主要作用和原理，电力系统监控的构成概况等。本书涉及的内容很多，根据作者多年的教学经验进行了取舍，合理把握本课程最基本的理论知识，以够用为度，精减了一些烦琐的公式推导。在编写的过程中，注重结合工程实际，阐述简明，重点突出。每章小结对内容做了归纳，典型例题指导学生进行工程计算，思考题引导学生领会物理概念，习题供学生进行课后练习。

本书由上海电力大学韦钢担任主编（绪论、第一篇），江玉蓉（第四篇）、赵璐（第三篇）、朱兰（第二篇）担任副主编，研究生李扬、袁洪涛等也参与了部分工作；上海交通大学程浩忠教授担任本书的主审。在此向程浩忠教授以及本书参考文献的所有作者表示衷心的感谢。

由于编者水平有限，书中难免存在缺点和不妥之处，恳请广大读者批评指正。

编 者

目 录

序
前言
绪论 ································· 1
  第一节 能源与电力系统 ··············· 1
  第二节 电力工业发展概况 ············· 7
  第三节 本书的主要内容 ··············· 12

第一篇　发电系统概论

第一章　传统发电厂 ··················· 16
  第一节 火力发电 ··················· 16
  第二节 水力发电 ··················· 29
  第三节 核能发电 ··················· 35
  第四节 小结 ······················· 39
  第五节 思考题与习题 ················· 39

第二章　新能源发电概述 ··············· 41
  第一节 风力发电 ··················· 41
  第二节 太阳能发电 ················· 47
  第三节 其他发电系统 ··············· 51
  第四节 储能 ······················· 57
  第五节 小结 ······················· 59
  第六节 思考题与习题 ················· 60

第二篇　电力系统分析基础

第三章　电力系统等效电路 ············· 62
  第一节 电力系统的基本概念 ··········· 62
  第二节 变压器等效电路和参数计算 ····· 63
  第三节 架空输电线等效电路和参数计算 ··· 67
  第四节 发电机与负荷简化等效电路和
          参数计算 ··················· 70
  第五节 电力系统等效电路和参数计算 ··· 70
  第六节 小结 ······················· 75
  第七节 思考题与习题 ················· 75

第四章　电力系统潮流计算 ············· 77
  第一节 电力网络元件的电压降落和功率
          损耗 ······················· 77
  第二节 开式网络的潮流计算 ··········· 81
  第三节 闭式网络的潮流计算 ··········· 87
  第四节 复杂系统潮流计算 ············· 95
  第五节 小结 ······················· 98
  第六节 思考题与习题 ················· 98

**第五章　电力系统调频、调压及经济
         运行** ······················· 100
  第一节 电力系统频率调整 ············· 100
  第二节 电力系统电压调整 ············· 108
  第三节 电力系统经济运行简介 ········· 120
  第四节 小结 ······················· 125
  第五节 思考题与习题 ················· 125

**第六章　电力系统三相短路故障实用
         计算** ······················· 127
  第一节 概述 ······················· 127
  第二节 无限大容量电源供电电路的
          三相短路 ··················· 128
  第三节 电力系统三相短路电流的实用
          计算 ······················· 132
  第四节 小结 ······················· 144
  第五节 思考题与习题 ················· 144

**第七章　电力系统不对称故障分析
         计算** ······················· 146
  第一节 对称分量法 ················· 146
  第二节 各元件序参数 ··············· 148
  第三节 各序网制作 ················· 151
  第四节 简单不对称短路分析 ··········· 151
  第五节 小结 ······················· 158

第六节　思考题与习题 ………… 158
第八章　电力系统运行稳定性简介　160
　　第一节　概述 …………………… 160
　　第二节　功角及电磁功率 ……… 160
　　第三节　静态稳定性分析 ……… 162
　　第四节　暂态稳定性分析 ……… 166
　　第五节　小结 …………………… 172
　　第六节　思考题与习题 ………… 172

第三篇　电气设备及其绝缘防护

第九章　电气设备　176
　　第一节　概述 …………………… 176
　　第二节　发电机 ………………… 178
　　第三节　变压器 ………………… 180
　　第四节　高压开关电器 ………… 183
　　第五节　互感器 ………………… 188
　　第六节　母线和电力电缆 ……… 195
　　第七节　电气设备的选择 ……… 204
　　第八节　小结 …………………… 209
　　第九节　思考题与习题 ………… 209

第十章　电气主接线　210
　　第一节　概述 …………………… 210
　　第二节　有汇流母线的基本接线 …… 212
　　第三节　无汇流母线的基本接线 …… 220
　　第四节　发电厂和变电站的典型电气主接线 …… 223
　　第五节　配电装置 ……………… 225
　　第六节　小结 …………………… 232
　　第七节　思考题与习题 ………… 232

第十一章　过电压防护和接地　234
　　第一节　雷电过电压 …………… 234
　　第二节　防雷保护装置 ………… 237
　　第三节　发电厂和变电站的防雷保护 …… 246
　　第四节　内部过电压及其防护 …… 249
　　第五节　小结 …………………… 253
　　第六节　思考题与习题 ………… 254

第四篇　电力系统继电保护与控制

第十二章　继电保护的任务与要求　256
　　第一节　继电保护的基本原理 …… 256
　　第二节　继电保护的基本要求 …… 257
　　第三节　小结 …………………… 259
　　第四节　思考题与习题 ………… 259

第十三章　输电线路保护原理　260
　　第一节　相间短路的电流保护 …… 260
　　第二节　接地短路的电流保护 …… 268
　　第三节　距离保护 ……………… 274
　　第四节　输电线路纵联保护 …… 285
　　第五节　小结 …………………… 291
　　第六节　思考题与习题 ………… 292

第十四章　主设备保护原理　294
　　第一节　变压器保护 …………… 294
　　第二节　发电机保护 …………… 302
　　第三节　母线保护和断路器失灵保护 …… 310
　　第四节　小结 …………………… 313
　　第五节　思考题与习题 ………… 314

第十五章　电力系统自动装置　315
　　第一节　自动重合闸 …………… 315
　　第二节　备用电源自动投入装置 …… 320
　　第三节　自动低频减载装置 …… 322
　　第四节　小结 …………………… 326
　　第五节　思考题与习题 ………… 326

第十六章　电力系统监控与调度自动化　328
　　第一节　电网监控与调度自动化系统功能结构 …… 328
　　第二节　远动装置 ……………… 331
　　第三节　变电站自动化 ………… 333
　　第四节　配电管理系统 ………… 335
　　第五节　小结 …………………… 336
　　第六节　思考题与习题 ………… 336

附录　337
　　附录A　短路电流周期分量计算曲线数字表 …… 337
　　附录B　10kV高压断路器技术数据 …… 341
　　附录C　隔离开关技术数据 …… 341

参考文献　343

绪论

第一节　能源与电力系统

一、能源的含义及其分类

能源是能够提供能量的资源，这里的能量通常指热能、电能、光能、机械能、化学能等。能源的种类很多，它的分类方法也很多。

1) 按照能源的生成方式，分为一次能源和二次能源。

一次能源，又称自然能源。它是自然界中以天然形态存在的能源，是直接来自自然界而未经人们加工转换的能源。煤炭、石油、天然气、水能、太阳能、风能、生物质能、海洋能和地热能等都是一次能源。一次能源在未被人类开发以前，处于自然赋存状态时，称为能源资源。世界各国的能源产量和消费量，一般均指一次能源。为了便于比较和计算，习惯上把各种一次能源均折合为"标准煤"或"油当量"，作为各种能源的统一计量单位。

二次能源是将一次能源转换成符合人们使用要求的能量形式。电能、汽油、柴油、焦炭、煤气、蒸汽和氢能等都是二次能源。一次能源只在少数情况下以它原始的形式为人类服务，更多情况下则要根据不同的目的进行加工，转换成便于使用的二次能源以满足需要，或提高能源的使用效率。随着科学技术的发展和社会的现代化，在整个能源消费系统中，二次能源所占的比例将日益增大。

2) 按照其是否能够再生而循环使用，分为可再生能源和非再生能源。

所谓可再生能源，就是不会随着它本身的转化或人类的利用而日益减少的能源，具有自然的恢复能力。如太阳能、风能、水能、生物质能、海洋能以及地热能等，都是可再生能源。而化石燃料和核燃料则不然，它们经过亿万年形成而在短期内无法恢复再生，随着人类的利用而越来越少。这些随着人类的利用而逐渐减少的能源称为非再生能源。

3) 按来源可分为三大类：①来自太阳的能量，包括直接来自太阳的能量（如太阳光热辐射能）和间接来自太阳的能量（如煤炭、石油、天然气、油页岩等可燃矿物及薪材等生物质能、水能和风能等）。②来自地球本身的能量，一种是地球内部蕴藏的地热能，如地下热水、地下蒸汽、干热岩体；另一种是地壳内铀、钍等核燃料所蕴藏的原子核能。③月球和太阳等天体对地球的引力产生的能量，如潮汐能。

来自地球以外天体的能源，主要是指太阳辐射能，各种植物通过光合作用把太阳能转变为化学能，在植物体内储存下来。这部分能量为动物和人类的生存提供了能源。地球上的煤炭、石油和天然气等化石燃料，是由古代埋藏在地下的动植物经过漫长的地质年代而形成的，所以化石燃料实质上是储存下来的太阳能。太阳能、风能、水能、海水温差能、海洋波浪能以及生物质能等，也都直接或间接来自太阳。来自地球内部的能源，主要是指地下热水、地下蒸汽、岩浆等地热和铀、钍等核燃料所具有的核能。地球与其他天体相互作用产生的能源，主要是指由于地球和月亮以及太阳之间的引力作用造成的海水有规律的涨落而形成的潮汐能。

按照各种能源在当代人类社会经济生活中的地位，人们还常常把能源分为常规能源和新能源两大类。技术上比较成熟，已被人们广泛利用，在生产和生活中起着重要作用的能源，称为常规能源，如煤、石油、天然气、水能和裂变能，世界能源的消费主要靠这五大能源来供应，在今后一个相当长的时期内，它们仍将担任世界能源舞台上的主角。目前尚未被人类大规模利用，还有待进一步研究试验与开发利用的能源，称为新能源。例如太阳能、风能、地热能、海洋能及核聚变能等。所谓新能源，是相对而言的。现在的常规能源如核能，也曾是新能源，今天的新能源将来也许会成为常规能源。基于上述不同的情况，表0-1对能源分类进行了描述。

表 0-1　能源分类

类别		来自地球内部的能源	来自地球以外天体的能源	地球与其他天体相互作用产生的能源
一次能源	可再生能源	地热能	水能　风能　太阳能　生物质能　海水温差能　海水盐差能　海洋波浪能　海（湖）流能	潮汐能
	不可再生能源	核能	煤炭　石油　天然气　油页岩	—
二次能源			电能　汽油　柴油　焦炭　煤气　蒸汽　氢能　酒精　重油　液化气　电岩	

为满足人类社会可持续发展对能源的需要，防止和减轻大量燃用化石能源对环境造成的严重污染和生态破坏，近年来世界各国政府和能源界、环保界等均认识到能源可持续发展的重要性，大力发展清洁能源。清洁能源可分为狭义和广义两大类。狭义的清洁能源仅指可再生能源，包括水能、生物质能、太阳能、风能、地热能和海洋能等，它们消耗之后可以得到恢复补充，不产生或很少产生污染物，所以可再生能源被认为是未来能源结构的基础。广义的清洁能源是指在能源的生产、产品化及其消耗过程中，对生态环境尽可能低污染或无污染的能源，包括低污染的天然气等化石能源、利用洁净能源技术处理的洁净煤和洁净油等化石能源、可再生能源和核能等。在未来人类社会的科学技术达到相当高的水平并具备了相应的经济支撑力的情况下，清洁能源将成为最理想的电能生产能源。

二、动力系统、电力系统和电力网

发电机把机械能转变为电能，电能经变压器和电力线路传送并分配到用户，经电动机、电炉等用电设备又将电能转变为机械能、热能和光能等。由这些生产、转换、传送、分配及消耗电能的电气设备(发电机、变压器、电力线路及各种用电设备等)联系在一起组成的统一整体就是电力系统,如图 0-1 所示。

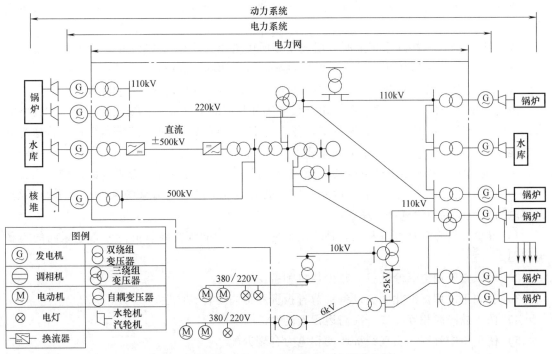

图 0-1 动力系统、电力系统和电力网示意图

与"电力系统"一词相关的还有"电力网"和"动力系统",前者指电力系统中除去发电机和用电设备之外的部分,后者指电力系统和发电厂动力部分的总和。所以,电力网是电力系统的一个组成部分,而电力系统又是动力系统的一个组成部分,如图 0-2 所示。

为了便于分析和讨论,常用图 0-2 来表示简单电力系统。

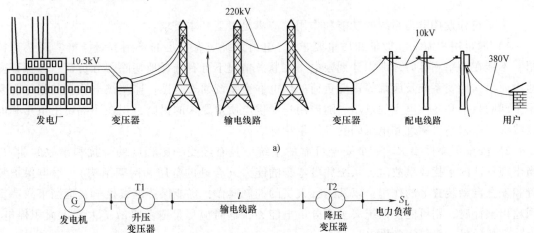

图 0-2 简单电力系统
a) 示意图 b) 原理图

一个具体的电力系统可以用一些基本参量加以描述，分述如下：
- ★ 总装机容量——系统中所有发电机组额定有功功率的总和，MW。
- ★ 年发电量——系统中所有发电机组全年所发电能的总和，MW·h。
- ★ 最大负荷——指规定时间（一天、一月或一年）内电力系统总有功功率负荷的最大值，MW。
- ★ 年用电量——接在系统上所有用户全年所用电能的总和，MW·h。
- ★ 额定频率——我国规定的交流电力系统的额定频率为 50Hz。
- ★ 最高电压等级——指电力系统中最高电压等级电力线路的额定电压，kV。

电力系统是由发、变、输、配、用电设备等和相应的辅助系统，按规定的技术和经济需求组成的一个统一系统。电力系统的基本任务是安全、可靠、优质、经济地生产、输送与分配电能，满足国民经济和人民生活的需要。

一个现代电力系统是由极宽阔的地域内的大量电力设备互联在一起形成的。如我国就有华东、东北、华北、华中、川渝、西北、南方电力系统等区域电力系统和部分省电力系统。区域电力系统联网的优越性表现在：

1) 能更经济合理地开发利用各种一次能源，能解决能源资源与负荷分布地区间的不平衡问题。
2) 可以错开用电高峰低谷，减少装机和备用。
3) 有利于采用标准化大型设备，节省投资和提高运行经济性。
4) 便于故障时相互支援，提高运行安全性。
5) 便于集中管理，实现经济调度和电力合理分配。

发、变、输、配、用电设备等称为电力主设备，主要有发电机、变压器、架空线路、电缆线路、断路器、母线、电动机、照明设备和电热设备等。由主设备构成的系统称为主系统，也称为一次系统。测量、监视、控制、继电保护、安全自动装置、通信以及各种自动化系统等用于保证主系统安全、稳定、正常运行的设备称为二次设备。二次设备构成的系统称为辅助系统，也称为二次系统（因为它们接于互感器的二次侧或电力主设备的操作控制接口上）。

为了充分发挥电力系统的功能和作用，应满足以下基本要求：

1) 满足用户需求（数量和质量要求）。电力系统应有充足的备用容量，能实现快速控制，不能在功率不足时才考虑计划限电。在紧急情况下可有选择地切除部分负荷，以保证交通、通信、保安系统及医院等重要负荷的供电和全系统的安全性。监测供电质量的指标主要是全网的频率和各供电点的电压。随着用户对供电质量要求的提高，现在还提出了电压和电流波形，三相不对称度和电压闪变等质量指标。
2) 安全可靠性要求。一个安全可靠的系统应具有经受一定程度的干扰和事故的能力，当出现预计的干扰或事故时，系统凭借本身的能力（合理的备用和网架结构）、继电保护装置和安全自动装置等的作用，以及运行人员的控制操作，仍能保持继续供电；但当事故严重到超出预计时，则可能使系统失去部分供电能力，这时应尽量避免事故扩大和大面积停电，消除事故后果，恢复正常供电。
3) 经济性要求。以最小发电（供电）成本或最小燃料消耗为目标的经济运行，进行并网发电机组间出力的合理分配；还需要考虑线损影响；对负荷变化进行相应的开、停机，以减少燃料消耗;水、火电混合系统中充分发挥水电能力,有效利用水资源,使发电成本最小等。

4) 环保和生态要求。控制温室气体和有害物质的排放,控制冷却水的温度和速度,防止核辐射污染,减少输电线路的高压电磁场、变压器噪声及其影响等。

三、主要的发电系统

基于一次能源种类和转换方式的不同,发电厂可分为不同类型,例如火力发电厂、水力发电厂、原子能发电厂、风力发电厂、太阳能发电厂、地热能发电厂和潮汐能发电厂等。目前世界上已形成规模,具有成熟开发利用技术,并已大批量投入商业运营的发电厂主要是火力发电厂(简称火电厂)、水力发电厂(简称水电厂)和原子能发电厂(简称核电厂)。风力及太阳能发电厂作为新能源技术也逐步进行商业化开发,在电能生产中的比例也逐渐增加。

1) 火力发电。火电厂是利用煤炭、石油、天然气或其他燃料的化学能生产电能的发电厂。从能量转换观点分析,其基本过程是:燃料的化学能—热能—机械能—电能。世界上多数国家的火电厂以燃煤为主。我国煤炭资源丰富,燃煤火电厂70%以上。一座装机容量为600MW 的燃煤火电厂,每昼夜所需燃煤量和除灰量,分别高达1万多吨和几千吨。

2) 水力发电。水电厂是将水能转变为电能。从能量转换的观点分析,其过程为:水能—机械能—电能。实现这一能量转变的生产方式,一般是在河流的上游筑坝,提高水位以造成较高的水头;建造相应的水工设施,以便有控制地获取集中的水流。经引水机构将集中的水流引入坝后水电厂内的水轮机,驱动水轮机旋转,水能便被转变为水轮机的旋转动能,水轮机直接相连接的发电机将机械能转换成电能,并由电气系统升压分配送入电网。

3) 核能发电。重核分裂和轻核聚合时,都会释放出巨大的能量,这种能量统称为"核能",即通常所说的原子能。利用重核裂变释放能量发电的核电厂,从能量转换观点分析,其基本过程是:重核裂变能—热能—机械能—电能。由于重核裂变的强辐射特性,已投入运营和在建的核电厂,毫无例外地划分为核岛部分和发电部分,用安全防护设施严密分隔开的两部分,共同构成核电厂的动力部分。

4) 风力发电。风力发电的动力系统主要指风力发电机。最简单的风力发电机由叶轮和发电机两部分构成,空气流动的动能作用在叶轮上,将动能转换成机械能,从而推动叶轮旋转。如果将叶轮的转轴与发电机的转轴相连,就会带动发电机发出电来。

5) 太阳能发电。太阳能发电的方式主要有通过热过程的"太阳能热发电"和不通过热过程的"光伏发电""光感应发电""光化学发电"及"光生物发电"等。目前,可进行商业化开发的主要是太阳能热发电和太阳能光伏发电两种。

四、电能的传输及分配

发电厂产生的电能向用户输送,输送的电能可以表示为

$$W = Pt = \sqrt{3} UI\cos\phi t$$

式中,W 为输送的电能(kW·h);P 为输送的有功功率(kW);t 为时间(h);U 为输电网电压(kV);I 为导线中的电流(A);$\cos\phi$ 为功率因数。

因为电流在导线中流过,将造成电压降落、功率损耗和电能损耗。电压降落与导线中通

过的电流成正比,功率损耗和电能损耗与电流的二次方成正比。为提高运行的经济性,在输送功率不变的情况下,提高电压可以减小电流,从而降低电压降落和电能损耗,还可以选择较细的导线,以节约电网的建设投资。当电能输送到负荷中心时,又必须将电压降低,以供各种各样的用户使用。在交流电力系统中,电压的变换(升高或降低)是由电力变压器来实现的。

当传输功率一定时,利用变压器使电压升高,电流下降,线路不仅损耗降低,而且线路上的压降也减小。输电距离越远,输送的功率越大时,要求的电压越高。

视在功率 S、电压等级 U、输电距离 L 之间的关系:视在功率 $S=\sqrt{3}UI$

$S=\text{Const},L\propto U^2$ 即传输的视在功率为常数时,传输距离与电压二次方成正比;

$L=\text{Const},S\propto U^2$ 即传输距离为常数时,传输的视在功率与电压二次方成正比。

我国的电能传输方式有两类:一类是交流输电方式,另一类是直流输电方式。

1. 交流输电

以交流方式传输的电力网主要是由输、变电设备构成,电力线路是传输电能的主体,电力变压器的主要作用除了升高或降低电压之外,还能起到将不同电压等级的电网相联系的作用。交流输电是三相式(A、B、C三相互成120°)。

电能的传输是在输电线路上进行的。输电线路按结构可分为架空线路和电缆线路两类。架空线路是将裸导

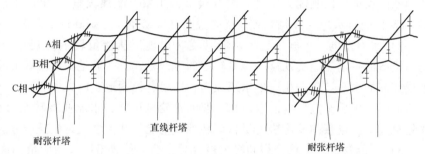

图0-3 架空线路示意图

线架设在杆塔上,图0-3是架空线路示意图。电缆线路一般是将电缆敷设在地下(埋在土中或沟道、隧道中)或水底,图0-4是电缆结构示意图。

(1)输电网和配电网

电能需要通过电网进行输送,电网是连接发电厂和用户的中间环节,可分成输电网和配电网两部分。输电网一般由220kV及以上电压等级的输电线路和与之相连的变电站组成,是电力系统的主干部分,其作用是将电能输送到距离较远的各地区配电网或直接送给大型工厂企业。目前,我国的几大电网已经初步建成了以500kV超高压输电线路为骨干的主网架。配电网由110kV及以下电压等级的配电线路(110kV和35kV为高压配电,10kV为中压配电,380/220V为低压配电)和配电变压器组成,其作用是将电能分配到各类用户。

图0-4 电缆结构示意图

(2)变电站的类型和作用

变电站是电力系统中转换电压、接收和分配电能、控制电力的流向和调整电压的电力设施,它通过其变压器将各级电压的电网联系起来,是输电和配电的集结点。变电站中起转换电压作用的设备是变压器,除此之外,变电站还有开闭电路的开关设备、汇集电流的母线、

计量和控制用互感器、仪表、继电保护装置和防雷保护装置、调度通信装置等,有的变电站还有无功补偿设备。变电站的主要设备和连接方式,按其功能不同而有差异。

2. 直流输电

直流输电是将发电厂发出的交流电经过升压后,由换流设备(整流器)转换成直流,通过直流线路送到受电端,再经过换流设备(逆变器)转换成交流,供给受电端的交流系统,如图0-5所示。需要改变直流输电的输电方向时,只需让两端换流器互换工作状态即可。换流设备是直流输电系统的关键部分。早期的换流器大多采用汞弧阀,自20世纪70年代以来新建的直流输电工程已普遍应用晶闸管换流元件。

(1)直流输电的主要优点

1)造价、运行费用低。架空线路,当线路建设费用相同时,直流输电功率的功率约为交流送电功率的1.5倍;在输送功率相等的条件下,直流线路只需要两根导线,交流线路需要三根,由电晕引起的无线电干扰也比交流线路小。

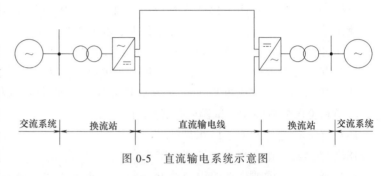

图0-5 直流输电系统示意图

2)不需串、并联补偿。直流线路在正常运行时,由于电压为恒值,导线间没有电容电流,因而也不需并联电抗补偿。由于线路中电流恒值不变,没有电感电流,因而不需要串联电容补偿。这一显著优点,特别是对于跨越海峡向岛屿供电的输电线路,是非常有利的。另外,直流输电沿线电压的分布比较平稳。

3)直流输电不存在稳定性问题。由直流线路联系的两端交流系统,不要求同步运行。所以直流输电线路本身不存在稳定问题,输送功率不受稳定性限制。如果交、直流并列运行,则有助于提高交流送电的稳定性。

4)采用直流联络线可以限制互联系统的短路容量。由于直流系统可采用"定电流控制",用其连接两个交流系统时,短路电流不致因互联而明显增大。

(2)直流输电的主要缺点

1)换流站造价高。直流线路比交流线路便宜,但直流系统的换流站则比交流变电站造价高得多。

2)换流装置在运行中需要消耗无功功率,并且产生谐波。为了向换流装置提供无功功率和吸收谐波,必须装设无功补偿设备和滤波装置。

3)由于直流电流不过零,开断时电弧较难熄灭,因此,直流高压断路器的制造较困难。

第二节 电力工业发展概况

电力工业的建立至今已有一个多世纪的历史。今天,它与人们的生产、生活、科学技术研究和社会文明建设息息相关,对现代社会的各个方面已产生直接或间接的巨大作用和影响,已成为现代文明社会的重要物质基础。

一、欧美电力工业的发展简史

1800 年物理学家伏特发明第一个化学电池，人们开始获得连续的电流。随后，安培、欧姆、亨利、法拉第、爱迪生、西门子、楞次、基尔霍夫、麦克斯韦、赫兹、特斯托和威斯汀豪斯等一大批电气工程界的伟大先驱们创造了一系列理论与实践成果，为电力工业的诞生开辟了现实的途径。

1831 年，法拉第发现电磁感应原理，并制成最早的发电机——法拉第盘，奠定了发电机的理论基础。

1866 年，西门子发明了自激式发电机，并预见：电力技术很有发展前途，它将会开创一个新纪元（几乎同时，王尔德等人也发明了自激式发电机，但西门子拥有优先权）。

1870 年，比利时的格拉姆制成往复式蒸汽发电机供工厂电弧灯用电。

1875 年，巴黎北火车站建成世界上第一个火电厂，用直流发电供附近照明。

1879 年，旧金山建成世界上第一座商用发电厂，两台发电机供 22 盏电弧灯用电。同年，法国和美国先后装设了试验性电弧路灯。

1879 年，爱迪生发明了白炽灯。

1881 年，第一座小型水电站建于英国。

1882 年 9 月，爱迪生在美国纽约珍珠街建成世界上第一座正规的发电厂，装有 6 台蒸汽直流发电机，共 662kW（900hp，1hp = 0.7457kW），通过 110V 地下电缆供电，最大送电距离 1mile（1mile = 1609.344m）供 59 家用户，装设了熔丝、开关、断路器和电表等，建成了一个简单的电力系统。

1882 年 9 月，美国还在威斯康星州富克斯河上建立了一座 25kW 的水电站。

1882 年，法国人德普勒在慕尼黑博览会上表演了电压为 1500~2000V 的直流发电机经 57km 线路驱动电动泵（最早的直流输电）。

1884 年，英国制成第一台汽轮机。

1885 年，制成交流发电机和变压器，于 1886 年 3 月在马赛诸塞州的大巴林顿建立了第一个单相交流送电系统，电源侧升压至 3000V，经 1.2km 到受端降压至 500V，显示了交流输电的优越性。

1891 年，德国在劳芬电厂安装了第一台三相 100kW 交流发电机，通过第一条三相输电线路送电至法兰克福。

1893 年，在芝加哥展示了第一台交流电动机。

1894 年，建成尼亚加拉大瀑布水电站。1896 年采用三相交流输电送至 35km 外的布法罗，结束了 1880 年以来交、直流电优越性的争论，也为以后 30 年间大量开发水电创造了条件。

1899 年，加州柯尔盖特水电站至萨克拉门托建成 112km 的 40kV 交流输电线。这也是当时受针式绝缘子限制可能达到的最高输电电压。

1903 年，威斯汀豪斯电气公司装设了第一台 5000kW 汽轮发电机组，标志着通用汽轮发电机组的开始。但因受当时锅炉蒸汽参数的限制，容量未能扩大，而主要建立水电站。

1904 年，意大利在拉德瑞罗地热田首次实验成功 552W 地热发电装置。

1907 年，美国工程师爱德华和哈罗德发明了悬式绝缘子，为提高输电电压开辟了道路。

1916 年，美国建成第一条长 90km 的 132kV 线路。

1920年，世界装机容量为3000万kW，其中美国占2000万kW。

1922年，美国加州建成220kV线路，1923年投运。

1929年，美国制成第一台20kW汽轮机组。

1932年，苏联建成第聂伯水电站，单机6.2万kW。

1934年，美国建成432km的287kV线路。

二战期间，德国试验4分裂导线，解决了380kV线路电晕问题，并制成440kV汞弧整流器，建成从易伯至柏林的100km地下直流电缆，大大促进了超高压交流输电的发展和直流输电的振兴。

战后，美国于1955年、1960年、1970年和1973年分别制成并投运30万kW、50万kW、100万kW和130万kW汽轮发电机组。

二战期间开发的核技术还为电力提供了新能源。1954年苏联研制成功第一台5000kW核电机组。1973年法国试制成功120万kW核反应堆。

1954年，瑞典首先建立了380kV线路，采用2分裂导线，距离960km，将北极圈内的哈斯普朗盖特水电站电力送至瑞典南部。

1954年，苏联在奥布宁斯克建成第一座核电站。

1964年，美国建成500kV交流输电线路，苏联也于同年完成了500kV输电系统。

1965年，加拿大建成765kV交流线路。

1965年，苏联建成±400kV的470km高压直流输电线路，送电75万kW。

1970年，美国建成±400kV的1330km高压直流输电线路，送电144万kW。

1989年，苏联建成一条世界上最高电压为1150kV、长1900km的交流输电线路。

二、中国电力工业的发展

1879年5月，上海虹口装设的10hp（1hp=745.700W）直流发电机供电的弧光灯在外滩点燃，是中国使用电照明之始。

1882年，英商创办的上海电光公司是中国的第一家公用电业公司，在上海乍浦路创建了中国第一个发电厂，装机容量12kW。后改为上海电力公司，由美国人经营。

1888年4月，中国开始自建电厂，以15kW发电机供皇宫用电。

1907年，中国开工兴建了第一座水电站——石龙坝水电站，1912年建成，初期装机容量2×240kW。

1911年，民族资本经营电力共12275kW。

1949年新中国成立之初，全国年发电总量为$4.31×10^9$kW·h，列世界第25位，装机容量为$1.849×10^6$kW，为世界第21位，全国人均电量不超过8kW·h。

1970年，中国在广东丰顺开始用地下热水发电。1975年西藏羊八井地热电站始建，1977年第一台1000kW机组投运，1986年总装机容量3000kW，是迄今为止中国最大的地热电站。

1978年，改革开放开始，全国发电装机容量达到5712万kW，年发电量达2566亿kW·h。1980年全国装机容量为6587万kW，列居世界第8位，发电量为3006亿kW·h，列居世界第6位。

1985年，全国年发电总量已达$4×10^{11}$kW·h，装机容量为$8×10^7$kW，升至世界第5位。全国已形成了六大跨省区的电力系统，汽轮发电机组、水轮发电机组的单机容量分别达

到 6×10^5 kW 和 3×10^5 kW，在运行的调度和管理中，普遍采用了计算机等先进技术。到 1987 年全国装机容量超过 1 亿 kW。

1989 年，中国第一条±500kV 直流输电线路（葛洲坝—上海，1080km）建成投入运行，实现华中电网与华东电网互联，形成中国第一个跨大区的联合电力系统。

1993 年，中国第一座核电站——秦山核电站（300MW）建成投产（1984 年 8 月动工）。1994 年大亚湾核电站（2×984MW）建成投产（1986 年动工）。水电建设也在加速：1993 年和 1994 年分别跨上了年投产 300 万 kW 和 400 万 kW 的台阶；1991—1996 年共增加 1800 万 kW；1994 年三峡工程开工，1997 年截流，2003 年 7 月第一台机组开始发电，当年投产 6 台；1998 年 6 月二滩水电站（6×55 万 kW）正式发电。此外，风能、地热能、太阳能和潮汐能等新能源都有发展，形成多种能源互补发展的局面。

1980—2017 年我国装机容量、发电量及其组成见表 0-2。

表 0-2　1980—2017 年我国装机容量、发电量及其组成

年份	装机容量						发电量					
	总量 /亿 kW	火电 (%)	水电 (%)	核电 (%)	风电 (%)	太阳能 (%)	总量/亿 kW·h	火电 (%)	水电 (%)	核电 (%)	风电 (%)	太阳能 (%)
1980	0.6587	69.2	30.8				3006	80.6	19.4			
1985	0.8705	69.7	30.3				4106	77.5	22.5			
1990	1.3789	73.9	26.1				6212	79.8	20.2			
1995	2.12	74.9	24.1				10070	80	18.7			
2000	3.19	74.4	24.85				13556	80.96	17.76			
2005	5.17	75.61	22.92	1.32	0.2		25002	81.89	15.88	2.1		
2008	7.93	74.87	21.64	1.12	1.12		34669	80.95	16.41	1.99	0.004	
2010	9.66	73.43	22.36	1.12	3.06	0.02	42072	80.81	16.24	1.77	1.17	0.01
2013	12.58	69.14	22.45	1.17	6.05	1.19	54316	78.36	16.76	2.10	2.62	0.16
2015	15.21	65.77	21.00	1.79	8.63	2.80	56938	73.53	19.52	3.01	3.25	0.68
2016	16.46	64.22	20.10	2.04	8.97	4.67	60248	71.82	19.50	3.54	4.02	1.12
2017	17.77	62.24	19.20	2.02	9.21	7.33	64179	70.92	18.61	3.87	4.76	1.84

我国的电力工业在电源建设、电网建设和电源结构建设等方面均取得了令世人瞩目的成就。2017 年我国发电装机总容量已达到 17.77 亿 kW，发电量达 64179 亿 kW·h，均稳居世界第一。同时，从 2014 年开始我国人均发电装机容量已达到 1kW，人均年用电量超过 4000kW·h，达到了世界平均水平。

火电：从电力结构看，目前火电在我国现有电力结构中占据绝对的优势，占全国总发电量的比重达到 62.24%。虽然短期内以火电为主导的格局难以改变，但出于对煤炭资源未来供应能力的担心，以及火电厂对环境的危害，国家今后在可再生能源方面的投入将相对较多。火电在整个电力结构中的比例逐步下降将是必然趋势。2008—2017 年火电高装机容量及增长率如图 0-6 所示。

水电：2017 年底，我国水电装机容量已经达到 34119 万 kW，2017 年新增水电装机 912 万 kW。

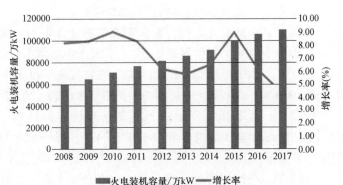

图 0-6　2008—2017 年火电总装机容量及增长率

2008—2017年水电总装机容量及增长率如图0-7所示。

核电：2017年底，我国大陆地区核电运行机组达到11台，运行总装机容量达到3582万kW，比2007年增长了2675万kW，过去十年核电增长速度较快。国家原子能机构的统计显示，2017年，我国核电总发电量2483亿kW·h，同比分别增长16.46%。截至2017年12月31日，我国投入商业运行的核电机组共37台，装机容量达到35807.16MW（额定装机容量）。

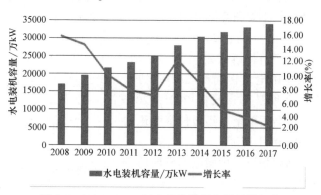

图0-7 2008—2017年水电总装机容量及增长率

2018年初我国共有核电机组56台，其中38台正在运行，18台正在建设中。此外，2011年7月21日，中国实验快堆（CEFR）成功实现以40%的功率并网发电，2014年12月15日17时，在国家核安全局现场监督下，CEFR首次达到100%功率。宁德1号机组、红沿河1号机组也分别于2012年12月28日、2013年1月17日成功并网发电。2009—2017年核电总装机容量及增长率如图0-8所示。

风电：2017年，新增并网风电装机容量1503万kW，累计并网装机容量达到1.64亿kW，占全部发电装机容量的9.2%。风电年发电量3057亿kW·h，占全部发电量的4.8%，其中风电同比增长24.4%，已成为我国第三大类型电源。2008—2017年风电总装机容量及增长率如图0-9所示。

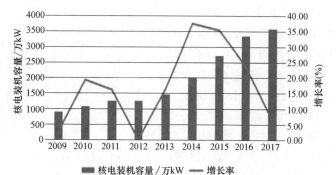

图0-8 2009—2017年核电总装机容量及增长率

光伏发电：2017年底，我国光伏发电装机容量达1.3亿kW，同比增长68.7%，连续3年位居全球首位；新增光伏发电装机容量5306万kW，增幅达53.6%，连续5年位居世界第一，已经提前完成了"十三五"目标。新增装机容量为2016年的1.5倍、2015年的3.5倍、2014年的5倍和2013年的4倍。同时，2017年光伏发电市场规模快速扩大，

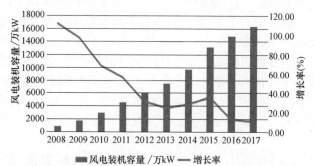

图0-9 2008—2017年风电总装机容量及增长率

新增装机容量5306万kW，同比增加1852万kW，增速高达53.62%，再次刷新历史高位，遥遥领先于其他可再生能源；到2017年12月底，全国光伏发电装机容量达到1.3亿kW。

2010—2017年光伏发电总装机容量及增长率如图0-10所示。

电力负荷：2005—2016年，受国民经济持续稳定增长的推动，全社会用电量保持了8.28%的年化复合增长率。我国2005—2016年全社会用电量及年增长率变化情况如图0-11所示。

网架建设：中国电网发展历程如下。

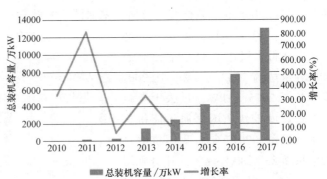

图0-10 2010—2017年光伏发电总装机装量及增长率

1952年，用自主技术建设了110kV输电线路，逐渐形成京津唐110kV输电网。

1954年，建成丰满—李石寨220kV输电线路，随后继续建设辽宁电厂—李石寨，阜新电厂—青堆子等220kV线路，迅速形成东北电网220kV骨干网架。

1972年，建成330kV刘家峡—关中输电线路，全长534km，随后逐渐形成西北电网330kV骨干网架。

1981年，建成550kV姚孟—武昌输电线路，全长595km。

1983年，建成葛洲坝—武昌和葛洲坝—双河两回550kV线路，形成华中电网550kV骨干网架。

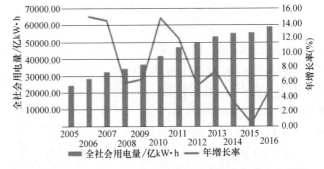

图0-11 2005—2016年全社会用电量及年增长率变化情况

1984年，明确提出550kV以上的输电电压为1000kV特高压，330kV以上的输电电压为750kV。

1989年，建成±550kV葛洲坝—上海高压直流输电线，实现了华中—华东两大区的直流联网，拉开了跨大区联网的序幕。

2005年9月，在西北地区（青海官厅—兰州东）建成了一条750kV输电线路，长度为140.7km。

我国第一个1000kV特高压交流示范工程是晋东南—南阳—荆门1000kV输电线路，全长650km。

第一条±800kV云广特高压直流输电工程已经通过相关部门审查，于2006年开工建设，2009年单级投产。

虽然我国的电力工业已居世界前列，但与发达国家相比还有一定的差距，我国的人均电量水平还很低，电力工业分布不均匀，还不能满足国民经济发展的需要。跨省区电网的互联工作才刚开始，电力市场还远未完善，管理水平、技术水平都有待提高，因而，电力工业还必须持续、稳步地发展，以实现在21世纪我国电力工业达到世界先进水平的目标。

第三节　本书的主要内容

本书针对电气工程及其自动化专业（非电力系统方向）的本科学生。主要内容包括发电系统、电力系统分析基础、电气设备及其绝缘防护、电力系统继电保护与控制。因涉及的内容很多，本书仅介绍最基本的内容和方法。本书的内容框架如图0-12所示。

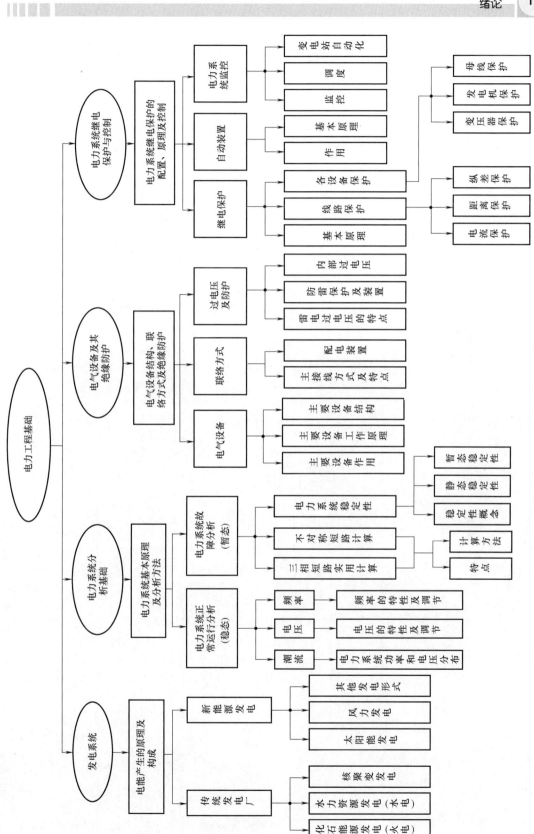

图 0-12 本书的内容框架

第一篇 发电系统概论

本篇将概要介绍电能的生产过程和生产方式。电能是由一次能源转换而来的,具有一定的转换规模。能连续不断地对外界提供电能的工厂,称为发电厂。

由于一次能源种类和转换方式的不同,发电厂种类很多,但目前已成熟开发利用并大批量投入商业运营的发电厂,主要是火力发电厂(火电厂)、水力发电厂(水电站)和原子能发电厂(核电站),而新能源发电世界各国也相继开发利用且发展迅速。人类实现可持续发展需要"绿色电力",在不久的将来"绿色电力"的比重将会逐年提高并占有重要的地位,同时会带动相关的"绿色产业"蓬勃发展。

第一章 传统发电厂

第一节 火力发电

一、概述

以煤、石油或天然气作为燃料,通过将燃料燃烧产生的热能转换为动能而带动发电机发电的电厂统称为火电厂。火电厂是我国目前的主力发电厂,对国民经济的发展起着重要作用。

1. 火电厂的分类

火电厂的分类方式很多,常见的有以下几种。

1)按燃料的不同。可分为燃煤发电厂,即以煤作为燃料的发电厂;燃油发电厂,即以石油(实际是提取汽油、煤油和柴油后的渣油)作为燃料的发电厂;燃气发电厂,即以天然气、煤气等可燃气体作为燃料的发电厂;余热发电厂,即用工业企业的各种余热进行发电的发电厂;此外,还有利用垃圾及工业废料作为燃料的发电厂。

2)按原动机的差别。可分为凝汽式汽轮机发电厂、燃气轮机发电厂、内燃机发电厂和蒸汽-燃气轮机发电厂等。

3)按供出能源方式。可分为凝汽式发电厂,即只向外供应电能的电厂;热电厂,即同时向外供应电能和热能的电厂。

4)按发电厂总装机容量大小。可分为:装机总容量在100MW以下的为小型发电厂;装机总容量在100~250MW范围内的为中型发电厂;装机总容量在250~600MW范围内的为大中型发电厂;装机总容量在600~1000MW范围内的为大型发电厂;装机容量在1000MW及以上的为特大型发电厂。

5)按蒸汽压力和温度。可分为蒸汽压力在3.92MPa、温度为450℃的为中低压发电厂,其单机功率一般小于25MW;蒸汽压力一般为9.9MPa、温度为540℃的为高压发电厂,其单机功率一般小于100MW;蒸汽压力一般为13.83MPa、温度为540/540℃的为超高压发电厂,其单机功率一般小于200MW;蒸汽压力一般为16.77MPa、温度为540/540℃的为亚临界压力发电厂,其单机功率一般在300~1000MW之间;蒸汽压力大于22.11MPa、温度为550/550℃的为超临界压力发电厂,其机组功率一般为600MW及以上。

6)按供电范围。可分为区域性发电厂,即在电网内运行,并承担一定区域性供电的大中型发电厂;孤立发电厂,不并入电网内,单独运行的发电厂;自备发电厂,由大型企业自己建造,主要供本单位用电的发电厂(有的也与电网相连)。

2. 火电厂构成

火电厂的运行就是把燃料(煤、石油和天然气等)中含有的化学能转换为电能的过程。从火电厂相关设备构成上进行划分,可将整个过程分为三个部分:第一,燃料的化学能在锅炉中转换为热能,加热锅炉中的水使之变为蒸汽,其相关设备系统常称为燃烧系统;第二,锅炉产生的蒸汽进入汽轮机,推动汽轮机旋转,将热能转换为机械能,其相关设备系统常称为汽水系统;第三,由汽轮机旋转的机械能带动发电机发电,把机械能转换为电能并送入电网,其相关设备系统常称为电气系统。由此,火电厂也可概括为主要由燃烧系统、汽水系统和电气系统三大系统构成,图1-1所示为凝汽式火力发电厂电能生产过程示意图。

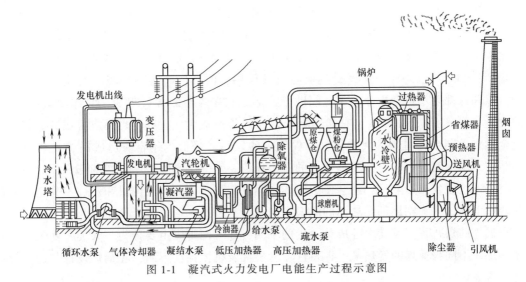

图 1-1 凝汽式火力发电厂电能生产过程示意图

3. 火电厂生产流程

火电厂的生产过程是一系列能量转换的过程。以燃煤电厂为例,原煤经过装卸、输送及制备等处理后,达到满足锅炉要求的燃料形式(一般为规定细度和干度的煤粉)。经过处理后的煤粉由给粉机通过一次风管送入锅炉炉膛内燃烧,煤粉的化学能转换为锅炉烟气的热能。当烟气沿锅炉炉膛及其后面的烟道流过时,它的热能就逐步传递给在锅炉各部分受热面内流动的水、蒸汽及空气等,由此锅炉各蒸发受热面内的水通过预热、蒸发和过热等过程转换为具有规定压力、温度的过热蒸汽。锅炉产生的过热蒸汽送入汽轮机进行逐级膨胀,蒸汽的部分热能转换为气流的动能。高速运动气流作用于汽轮机的叶片,推动叶轮连同转子旋转,进而通过联轴器带动发电机转子旋转,由此汽轮机的动能被转换成发电机的电能输出,通过升压变压器升压并送入电网。汽轮机内做功后的蒸汽(压力、温度都大大降低,称为乏汽)被排入凝汽器中凝结成水。在凝汽器下部汇集的凝结水由凝结水泵加压,依次通过低压加热器预热、除氧器加热除氧等处理后,送入给水箱成为锅炉的给水。锅炉给水由给水泵升压,经过高压加热器继续加热后再打回锅炉,送入锅炉的省煤器,由此构成一个闭合的热力循环过程。

二、火电厂的燃烧系统

在我国燃煤电厂是主力发电厂，下面以常见的煤粉炉、凝汽式火电厂为例，简要介绍火电厂燃烧系统的工作情况。

1. 燃料

燃料是指可以燃烧并能放出热量的物质。火电厂使用的燃料主要是煤，其次是油和气体燃料。火电厂锅炉主要使用劣质煤，煤质特性与锅炉设计和运行密切相关。

（1）煤

煤、油或气体燃料都是以复杂的碳氧化合物为主的混合物，其中煤的主要成分是：碳（C）、氢（H）、氧（O）、氮（N）、挥发性硫（S）等元素及灰分（A）和水分（M）。各种成分中，碳、氢和硫是可以燃烧的。碳在煤中的含量很大，为 50%～90%，发热量也较大，为 32700kJ/kg。氢在煤中含量一般为 1%～6%，但是它的发热量最大，为 $12×10^4$kJ/kg，而且氢比碳更易于着火和完全燃烧。硫含量很少，一般为 0.5%～3%，发热量仅有 9040kJ/kg，其燃烧产物 SO_2 不仅对锅炉金属受热面有腐蚀作用，而且还会污染环境。因此，硫是有害成分。氧和氮都是不可燃成分，氧虽能助燃，但是它在煤中的含量很少，其作用微不足道。氮的含量一般只有 0.5%～2%，它的燃烧产物 NO_x 能造成大气污染，也属有害成分。灰分是煤完全燃烧后剩余的固体残余物，它不仅使煤的发热量降低，还容易造成锅炉受热面的积灰、结渣、腐蚀和磨损，直接影响祸炉的安全运行。水分也是煤中不可燃的部分，煤中水分较多时，不仅使发热量降低，还会使炉内燃烧温度降低，造成着火困难和燃烧不完全，使锅炉热效率下降，并加剧尾部受热面的低温腐蚀和堵灰。

根据煤的煤化程度及其中各成分含量的不同，在我国将煤主要分为三大类：褐煤、烟煤和无烟煤。不同种类煤的发热量、挥发性、易燃性及机械强度不同，在锅炉设计与运行管理中都要考虑。

（2）其他燃料

在火电厂用燃料中，除煤之外还有液体燃料、气体燃料和其他固体燃料。

1）液体燃料。液体燃料主要是指重油和渣油，它们都是石油（原油）炼制后的残油，其成分和煤一样，也包含碳、氢、氧、氮、硫、水分和灰分。碳和氢是主要成分，含量变化不大；水分和灰分含量极少，多为生产和运输过程中混入的杂质。由于氢多灰少，所以重油容易着火和燃烧，且基本不存在炉内结渣和受热面磨损问题。有的重油含硫较多，对受热面的腐蚀比较严重。

我国燃油锅炉较少，且多集中在石油化工部门。燃煤锅炉在点火和低负荷运行时有时也要使用油类燃料。

2）气体燃料。气体燃料主要是指天然气、高炉煤气、焦煤气和地下汽化煤气。各种气体燃料的成分和含量差别很大，可燃成分有 H_2、CO、H_2S、CH_4 及其他烃类气体（C_mH_n）等，不可燃成分有 N_2、CO_2、H_2O 等。

3）其他固体燃料。火电厂使用的固体燃料除煤之外还有油页岩和垃圾等。垃圾是工业生产和人们生活过程中形成的废弃可燃物质,它的成分和发热量很不稳定。以垃圾为燃料的火电厂尚处于初步发展阶段,规模较小,但是它是很有前途的。

2. 燃烧系统构成

燃烧系统主要由输煤子系统、磨煤子系统、燃烧子系统（锅炉）、风烟子系统、灰渣子系统构成。电厂煤粉炉燃烧系统流程示意图如图1-2所示。

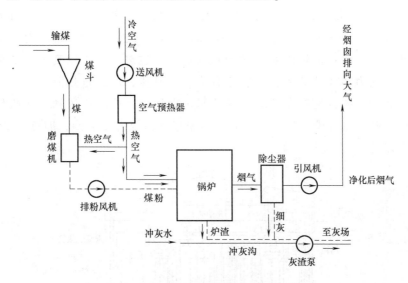

图1-2 电厂煤粉炉燃烧系统流程示意图

（1）输煤子系统

燃料煤运到电厂后,首先由输煤系统来完成卸煤、储存、分配、筛选及破碎等一系列工作。另外,还要进行供煤计量、取样分析和去除杂物等工作。常用的卸煤设备有螺旋卸车机、翻车机、装卸桥、门抓及底开门列车等。

（2）磨煤子系统

火电厂燃煤锅炉以煤粉为燃料,它是将煤场输送来的原煤经过制粉系统加工后,制成细度合格的煤粉再送入锅炉的炉膛进行燃烧。煤粉系统主要设备是磨煤机,根据转速的不同,磨煤机可分为低速、中速、高速磨煤机三种类型,与之配套的制粉系统有直吹式和中间储仓式磨煤机及其配套系统的确定,主要根据煤的可磨性和挥发性,同时也考虑锅炉燃烧的需要。

（3）燃烧子系统（锅炉）

燃烧子系统的主体是锅炉,锅炉是火电厂中主要设备之一,它的作用是使燃料在炉膛中燃烧放热,并将热量传给工质,以产生一定压力和温度的蒸汽,供汽轮发电机组发电。电厂锅炉与其他行业所用锅炉相比,具有容量大、参数高、结构复杂、自动化程度高等特点。锅炉由锅炉本体和辅助设备两大部分组成。

锅炉本体实际上就是一个庞大的热交换器,由"锅"和"炉"两部分组成。锅是指锅炉的汽水系统,完成水变为过热蒸汽的吸热过程,其主要由直径不等、材料不同的钢管组成形状不同的各种受热面,根据受热面内工质（汽、水）的不同状态以及受热面在锅炉中所处的不同位置，给出相应不同的名称，如省煤器、锅筒、水冷壁、过热器和再热器等。炉是指锅炉的燃烧系统，完成煤的燃烧放热过程，其由炉膛、燃烧器、烟道、空气预热器等组成。

锅炉的辅助设备主要包括供给空气的送风机、排除烟气的引风机、煤粉制备系统以及除渣、除尘设备等。

1）锅炉的主要构成。锅炉的主要构成如图1-3所示。各种锅炉的工作都是为了通过燃料燃烧放热和高温烟气与受热面的传热来加热给水，最终使水变为具有一定参数的品质合格的过热蒸汽。水在锅炉中要经过预热、蒸发、过热三个阶段变为过热蒸汽。实际上，为提高蒸汽动力循环的效率，一般还有第四个阶段，即再过热阶段，将在汽轮机高压缸膨胀做功后压力和温度都降了的蒸汽送回炉中加热，然后再送到汽轮机低压缸继续做功。为适应这些加热阶段的需要，锅炉中必须布置相应的受热面，即省煤器、水冷壁、过热器和再热器等。

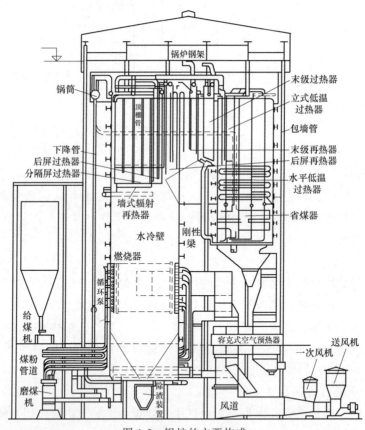

图1-3 锅炉的主要构成

① 锅炉本体。锅炉本体包括燃烧设备、汽水设备、锅炉附件、炉墙及构架等。锅炉的各主要组成分别说明如下：

★ 燃烧设备。锅炉燃烧设备的作用是使燃料充分燃烧放出热量，它主要包括炉膛、燃烧器、空气预热器和烟道等。

炉膛：电厂燃煤锅炉的炉膛是由四面炉墙和炉顶构成的燃烧室。根据燃料及燃烧方式不同，炉膛的形状、尺寸各不相同。

煤粉燃烧器：煤粉燃烧器的作用是保证煤粉和燃用空气在过入炉膛时能够充分混合，并及时着火和稳定燃烧。它的结构型式很多，有适用于单室炉膛的旋流式和直流式燃烧器和适用于U形火焰炉膛的旋风分离式、直流缝隙式和PAX式燃烧器等。图1-4所示为双涡壳燃烧器及热回流示意图。

空气预热器：空气预热器是布置在锅炉尾部烟道中的一种低温受热面，它的作用是利用省煤器后烟气的热量加热燃烧所需要的空气，以利于燃料的着火和燃烧，并可降低排烟温度和提高锅炉热效率。空气预热器有管式和回转式两种。管式空气预热器多用于中小型锅炉，由许多根直径为25～51mm两端焊接在管板上的钢管组成，烟气自上而下流经管内，空气在管外折转横向冲刷。回转式空气预热器又分为受热面转动和风罩转动两种形式，多用于大型锅炉。

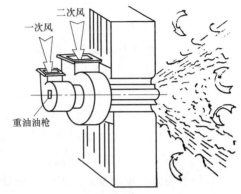

图1-4 双涡壳燃烧器及热回流示意图

★ 汽水设备。锅炉汽水设备的作用是在锅炉内完成工质受热循环并促成燃烧产物与工质的热交换，以将工质变为具有规定压力和温度的过热蒸汽。汽水设备主要包括锅筒、水冷壁、下降管、联箱、过热器、再热器和省煤器等。

锅筒：锅筒是自然循环和强制循环锅炉最重要的受压元件。它是工质加热、蒸发、过热三个过程的连接枢纽，是构成循环回路的关键设备。锅筒内部装有汽水分离装置、蒸汽清洗装置及连续排污装置，以保证蒸汽品质。锅筒中存有一定的水量，因而具有一定的蓄热能力，可缓和气压变化的影响，有利于锅炉调节。锅筒上装有压力表、水位计、安全阀和事故放水阀等，可用来监控锅筒工况，以保证锅炉安全运行。由于锅筒壁很厚，锅炉起停时易在内外壁和上下壁形成较大温差，严重影响锅筒的安全。因此，必须严格控制锅筒的升温速度，并设计更加合理的锅筒结构。

水冷壁：水冷壁是敷设在炉膛四周内壁的辐射受热面，它同时起着吸收热量产生蒸汽和保护炉墙的作用。水冷壁通常由外径为45～60mm的无缝钢管或内螺纹管排列组成。大型锅炉为使炉膛气密性能好，都采用膜式水冷壁。考虑到炉内温度在炉膛深度和宽度方向上分布不均，一般将每一面炉墙的水冷壁分为若干片，并与上下联箱、锅筒和下降管构成独立的循环回路。

过热器和再热器：过热器的作用是将从锅筒出来的饱和蒸汽加热成具有额定温度的过热蒸汽，它是一种气汽换热器，即利用高温烟气的热量加热饱和蒸汽。与其他受热面相比，其工作条件较差，特别是高温过热器，管壁温度常接近所用合金钢管的极限温度，运行中要严格禁止超温，严格监督汽水品质，以避免损坏。再热器的结构和布置与过热器相似，只是它的受热面面积较少。一般有布置在炉膛上方的墙式再热器和屏式再热器，布置在水平烟道中的立式蛇形管再热器和布置在尾部烟道中的水平蛇形管再热器等。它的作用是将在汽轮机高压缸中膨胀做功后的蒸汽再次引入布置在锅炉中的再热器中受热升温,然后送到汽轮机中压缸中去做功。

省煤器:省煤器是利用锅炉尾部低温烟气的热量来预加热给水的装置,可布置在空气预热器前,也可与空气预热器上下交叉布置。

下降管:下降管的作用是把锅筒中的水连续不断地送入下联箱以供给上升管(水冷壁)。为保证自然循环的可靠性,下降管一般不受热。

常见锅炉(直流锅炉除外)内汽水设备的主要工作特点是上升管(水冷壁)布置在炉膛内四壁,以吸收炉内辐射热,锅筒、下降管和联箱等均布置在炉墙外不受热。由这些部分设备连接起来组成合循环回路。当上升管受热时,其中的水部分蒸发成蒸汽,形成汽水混合物,密度减小,在这种密度差或强制循环泵的作用下,下降管内的水向下流动,经过下联箱后进入上升管;上升管中的汽水混合物向上流动进入锅筒。在锅筒中汽与水分离,蒸汽从锅筒上部引出送往过热器,水则从锅筒下部再次进入下降管中。由此完成给水沿着回路不断循环流动,并受热变为过热蒸汽的过程。

② 锅炉的主要辅助设备。锅炉的辅助设备很多,其中主要的有通风设备、给水设备及一些仪表、附件等。

锅炉燃烧时,必须不断地把燃烧所需要的空气送入炉膛,并把燃烧产生的烟气抽出排入烟囱,以维持平衡通风。电厂锅炉的平衡通风系统依靠送风机的正压头来克服空气预热器、制粉设备、燃烧器及有关风道的空气流动阻力,利用引风机的负压头来克服烟道中各受热面及除尘设备的烟气流动阻力,以维持炉膛在微负压下运行。对于这种通风系统,炉膛和烟道的负压不高,漏风较小,环境较清洁。按照结构和原理的不同,电厂常用的风机有离心式和轴流式两种。图1-5所示为离心式风机结构示意图。

电厂锅炉在运行过程中不断地向汽轮机送出大量蒸汽,因此需要不断地向锅炉供给同样数量的给水。电厂锅炉的给水设备是给水泵。给水经给水泵提高压头,克服高压加热器、省煤器和管道阀门的阻力,最后送入锅筒,对于直流

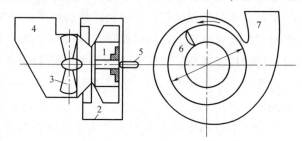

图1-5 离心式风机结构
1—叶轮 2—机壳 3—导流器 4—进气箱 5—主轴
6—叶片 7—扩散器

锅炉则是克服各受热面的阻力最终变为过热蒸汽。泵的型式很多,按工作原理不同可分为离心式泵、轴流式泵、往复泵、齿轮泵、螺杆泵、喷射泵和水环式真空泵等,电厂给水泵多为离心式泵。

2)锅炉的基本工作过程。锅炉的基本工作过程是:燃料经制粉系统磨制成粉,送入炉膛中燃烧,使燃料的化学能转变为烟气的热能。高温烟气由炉膛水平烟道进入尾部烟道最后从锅炉中排出。锅炉排烟再经过烟气净化系统变为干净的烟气,由风机送入烟囱排入大气中。烟气在锅炉内流动的过程中,将热量以不同的方式传给各种受热面。例如,在炉膛中以辐射方式将热量传给水冷壁,在炉膛烟气出口处以半辐射、半对流方式将热量传给屏式过热

器,在水平烟道和尾部烟道以对流方式传给过热器、再热器和空气预热器。于是,锅炉给水便经过省煤器、水冷壁和过热器变成过热蒸汽,并把汽轮机高压缸做功后抽回的蒸汽变成再热蒸汽。锅炉的主要生产过程可以通过图1-3来说明。

(4) 风烟子系统

风烟系统的作用是保证锅炉空气的供给和烟气的排除。火电厂中主要的风烟设备有送风机、冷风道、热风道、引风机、烟道及烟囱等。

送风机将冷风送到空气预热器加热,加热后的气体一部分经磨煤机、排粉风机进入炉膛,另一部分经喷燃器外侧套筒直接进入炉膛。其中,送风机以需要的流量将空气送入磨煤机或燃烧室,因而其风压要求一般较高,要克服风道及空气预热器中的阻力。

在我国燃煤锅炉制粉系统和炉膛燃烧常采用负压运行方式(如炉膛负压一般为30~50Pa),因而在制粉系统末端要借助排粉机抽吸磨煤机中的煤粉气流,在锅炉烟道尾部要借助引风机抽吸炉膛中的烟气。炉膛内燃烧形成的高温烟气,沿烟道经过热器、省煤器和空气预热器逐渐降温,再经除尘器除去90%~99%(电除尘器可除去99%)的灰尘,经引风机送入烟囱,排向大气。

(5) 灰渣子系统

燃煤锅炉在工作过程中会产生大量烟尘、SO_2、NO_x、CO_2及废渣等有害物质,这些物质若任意排放将污染环境,烟气净化及灰渣系统的作用就是通过专用设备将上述有害物质脱除,以达到保护环境的目的。

为减小烟气对环境的污染,现常用的手段有烟气除尘(电除尘、袋式除尘等)、烟气脱硫、烟气脱硝和修建高烟囱等。对炉膛内煤粉燃烧后产生的小灰粒,被除尘器收集成细灰排入冲灰沟;燃烧中因结焦形成的大块炉渣,下落到锅炉底部的渣斗内,经过碎渣机破碎后也排入冲灰沟。最后经灰渣水泵将细灰和碎炉渣经冲灰管道排往灰场(或用汽车将炉渣运走)。

三、火电厂的汽水系统

1. 汽水系统构成

火电厂的汽水系统是指锅炉给水和蒸汽流经的各种设备及其管道组成的系统,一般由锅炉汽水设备、汽轮机、凝汽器、除氧器、加热器等设备及管道组成,其中包括给水系统、冷却水(循环水)系统和补水系统三个子系统,如图1-6所示。

锅炉产生的过热蒸汽沿主蒸汽管道进入汽轮机,冲动汽轮机叶片转动并带动发电机转子旋转产生电能。在汽轮机内做功后的蒸汽(又称乏汽),其温度和压力大大下降,最后排入凝汽器并被冷却水冷却凝结成水(称为凝结水)。汇集后的凝结水由凝结水泵打至低压加热器中加热,再经除氧器除氧并继续加热,从除氧器出来的水(称为锅炉给水)经给水泵升压和高压加热器加热,最后送入锅炉锅筒,被锅炉蒸发为过热蒸汽,由此完成一个做功循环。在现代大型机组中,一般都从汽轮机的某些中间级抽出做过功的部分蒸汽,用以加热系统中的给水;或把做过一段功的蒸汽从汽轮机的某一中间级全部抽出,送到锅炉的再热器中加热后再引入汽轮机的后续几级中继续做功。

(1) 汽轮机

汽轮机是汽水系统工作的核心，也是火电厂三大主要设备之一，它是以蒸汽为工质，将热能转变为机械能的外燃高速旋转式原动机，为发电机的能量转换提供机械能。

1）汽轮机的工作原理。由锅炉来的蒸汽通过汽轮机时，分别在静叶片（喷嘴）和动片中进行能量转换。根据蒸汽在静、动叶片中做功原理不同，汽轮机可分为冲动式和反动式两种。

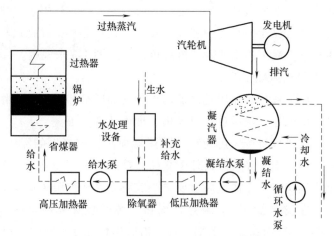

图1-6 火电厂汽水系统流程示意图

冲动式汽轮机的工作原理如图1-7所示，具有一定压力和温度的蒸汽首先在固定不动的喷嘴中膨胀加速，使蒸汽压力和温度降低，部分热能变为动能。从喷嘴喷出的高速汽流以一定的方向进入装在叶轮上的动叶片流道，在动叶片流道中改变速度，产生作用力，推动叶轮和轴转动，使蒸汽的动能转换为轴的机械能。

在反动式汽轮机中，蒸汽流过喷嘴和动叶片时，蒸汽不仅在喷嘴中膨胀加速，而且在动叶片中也要继续膨胀，使蒸汽在动叶片流道中的流速提高。当由动叶片流道出口喷出时，蒸汽便给动叶片一个反作用力。动叶片同时受到喷嘴出口汽流的冲动力和自身出口汽流的反作用力。在这两个力的作用下，动叶片带动叶轮和轴高速旋转，这就是反动式汽轮机的工作原理。

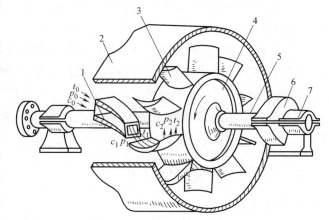

图1-7 冲动式汽轮机的工作原理
1—喷嘴 2—汽缸 3—动叶 4—转轮 5—轴
6—推力轴承 7—支承轴承

2）汽轮机的常用分类。汽轮机分类方式很多，按照热力过程特性的不同，一般可分为：

① 凝汽式汽轮机。其特点是在汽轮机中做功后的排汽，在低于大气压力的真空状态下进入凝汽器凝结成水。

② 背压式汽轮机。其特点是在排汽压力高于大气压力的情况下，将排汽供给热用户。有的将高压排汽用作中、低压汽轮机的工作蒸汽，这种汽轮机常称为前置式汽轮机。

③ 中间再热式汽轮机。其特点是在汽轮机高压部分做功后蒸汽全部抽出，送到锅炉再

热器中加热,然后回到汽轮机中压部分继续做功。

④ 调整抽汽式汽轮机。其特点是从汽轮机的某级抽出部分具有一定压力的蒸汽供做功用,排汽仍进入凝汽器。

3)汽轮机的结构与主要组成。汽轮机设备包括汽轮机本体、调速保护及油系统、辅助设备和热力系统等各组成部分。汽轮机本体由静止和转动两大部分构成。前者又称静子,包括汽缸、隔板、喷嘴、汽封和轴承等部件;后者又称转子,包括轴、叶轮和动叶片等部件,如图1-8所示。

汽轮机的外壳称为汽缸,它是与外界大气隔绝的封闭汽室。汽缸内部装有静止部件和转子,使蒸汽在里面膨胀做功。气缸前端有进汽室,中间引出一部分蒸汽用于加热给水和除氧的抽汽口,后端有形状特殊的排汽室。

为适应蒸汽膨胀流通,按照蒸汽流动方向,汽缸被设计为渐扩形。各个汽缸按照蒸汽压力大小顺序分别称为高压缸、中压缸和低压缸。各缸分开布置,中间相连接。

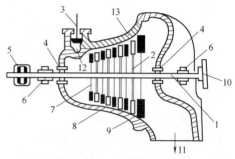

图1-8 单缸汽轮机结构示意图
1—大轴 2—隔板 3—调节气门 4—汽封
5—推力轴承 6—轴承 7—叶轮 8—气缸
9—动叶片 10—联轴节 11—排汽口
12—喷嘴 13—喷嘴叶栅

隔板又称喷嘴,它将汽轮机的各级进行分隔,是汽轮机各级间的间壁,隔板由隔板体、喷嘴(静叶片)和内、外围带组组成。

汽轮机转子结构形式很多,随着工作原理、机组容量及蒸汽参数的不同而有所不同。汽轮机的转子由主轴和固定于主轴上的若干级叶轮组成。因连接方式不同,转子可分为套装式、整锻式、焊接式和组合式,图1-9所示为转子剖面图。

汽轮机的调速保护及油系统包括调速器、油浆、调速传动机构、调速汽门、安全保护装置和冷油器等部件。汽轮机调速保护系统的主要作用是控制汽轮机转速来保证机组能根据系统要求供给电能,使电网频率稳定在一定范围内,当出现故障时汽轮机转速不致过高以免造成重大事故。

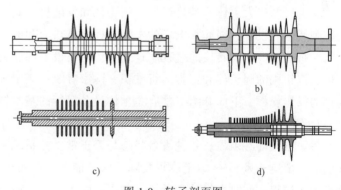

图1-9 转子剖面图
a)套装转子 b)焊接转子 c)整锻转子 d)组合转子

汽轮机的辅助设备有凝汽器、抽汽器、除氧器、加热器和凝结水泵等。

汽轮机的热力系统包括主蒸汽系统、给水除氧系统、抽汽回热系统和凝汽系统等。

(2)给水系统

给水系统由给水泵、给水管道和阀门等组成,一般包括从除氧器给水箱到锅炉省煤器进口的所有管道系统。其作用是将水从除氧器给水箱中不断输入到锅炉中去，补充锅炉蒸发用水以保证锅炉安全连续运行。其中，给水泵之前的部分常称为低压给水系统，给水泵之后的部分常称为高压给水系统。

（3）补水系统

在汽水系统循环过程中总难免有汽、水泄漏等损失，为维持汽水系统循环的正常进行，必须不断向系统补充经化学处理的软化水，这些补给水一般补入除氧器或凝汽器中，称为补水系统。

在锅炉和汽轮机之间的热力系统中，工质的损失是不可避免的。如锅炉的排污、汽轮机轴封的冒汽、管道阀门和其他设备的漏汽，因此必须经常向系统中供给补充水。将厂外江河或深井来的生水经过沉淀、过滤和化学处理后变成软化水或全除盐水，用中继泵打入蒸发器的预热器，再引入蒸发器。蒸发器的作用是利用汽轮机抽汽加热软化水，使之汽化，除去它的暂时硬度和杂质，生成的新蒸汽送到除氧器下部与汽轮机的抽汽一道用来加热凝结水，与凝结水汇合一起流入储水箱，最后由给水泵打入锅炉。这种带蒸发器的补水系统通常在大型机组中采用。中小机组常将生水经化学处理后直接送到除氧器，然后由给水泵打入锅炉。有的机组的补水系统直接将除盐水补入凝汽器底部的疏水井中。

（4）冷却水系统

为将汽轮机中做功后的乏汽（压力、温度已降低的蒸汽）冷凝成水，将其排入凝汽器并由循环水泵从凉水塔抽取大量冷却水送入凝汽器，冷却水吸收乏汽的热量后再送回凉水塔冷却，冷却水是循环使用的，这就是冷却水（或循环水）系统。

四、火电厂的运行

火电厂的三大主体设备是锅炉、汽轮机和发电机，其中锅炉和汽轮机为热力设备，而发电机则属电气设备，因而火电厂的发电过程就是热力和电气设备相互协调配合，共同完成化学能—机械能—电能转换的过程。这里一切附属设备都要为保证主机正常运行而工作。关于锅炉、汽轮机的起、停和正常运行维护，国家有统一规定，并且各发电厂也有根据自身特点制订的操作规程，下面介绍一些有关主体设备运行的基本知识。

1. 锅炉运行

锅炉点火前必须检查各种设备状态是否正常，各系统要均处于起动准备状态。特别是点火前应向烟道通风 5min 以上，以排除炉内可能存在的可燃气体，防止升火时引起爆炸。升火是加热过程，此时在锅炉的承压部件中，除了内部工质压力外还有附加的温度应力，由于温度应力和压力的共同作用，如在短时间内超过材料的允许应力，就可能造成部件破坏。为了防止锅筒、各种受热面、联箱、钢骨架和炉墙等部件因温度不均匀而产生过大的温度应力，升火过程必须缓慢进行。中压锅炉的升火一般需要 2~4h，高压锅炉一般为 4~5h。

一般情况下锅炉从冷状态到投入运行可分为上水、点火、升压和并汽四个程序。

1）上水（即将经过处理的给水送入锅炉）。上水的速度不能过快，水的温度不宜过高，以免与管壁金属温度相差太大。

2）点火。当上水达到水位计最低水位（锅筒的最低允许水位）时，即可进行锅炉点火,其生火速度要适当,尽可能使锅炉各部分受热均匀,且使燃烧室内保持一定要求的负压。这样,既可使炉内通风流畅,又防止烟气外冒伤人。

3) 升压。当炉水温度逐渐升高并开始汽化时,汽压也逐渐上升,这就是升压过程。当汽压升到 4~6 个标准大气压时,要开始暖管并排除管内的凝结水,以防止当过热蒸汽突然进入较冷管段后,产生巨大的温度应力和水击现象,甚至发生蒸汽带水,危及汽轮机运行。一般暖管速度都控制在每分钟温升为 2~3℃。

4) 并汽。几台锅炉并列运行时,将升火炉接入蒸汽母管投入运行称为并汽。当锅炉并汽结束后,即投入正常运行。

锅炉在运行中,要保持正常的水位、正常的汽压和汽温。水位过高会引起蒸汽带水,蒸汽品质变坏;水位过低使受热面过热,甚至造成烧干锅引起爆炸。汽温、汽压过高往往影响锅炉的安全,过低将影响锅炉运行的经济性。运行人员应根据负荷的变化及时调整给水量、燃料供给量和通风量(包括一、二次风量)等。同时,根据烟气中的 CO_2 含量来适当控制输入炉内的新鲜空气量,以使其既能保证燃料充分燃烧又不至于带走过多热量造成燃料浪费,此外要经常注意燃料燃烧情况和炉内是否结渣。运行中还要保持各受热面的清洁,适当地进行吹灰、清渣和排污等维护工作。

停炉时,应先停给粉系统和燃烧设备,随着负荷的降低应相应减少给水。当完全停止供汽时,关闭主汽阀。停炉后的一段时间内应紧闭炉门,防止因自然通风而引起骤然冷却。若停炉后需转入热备用状态,则必须严密地关闭所有门孔和挡板,以维持锅炉的压力,保持炉内的热量。

2. 汽轮机运行

汽轮机不仅是高温高压设备,而且转速也很高。一旦发生重大事故,对人身及设备造成的直接危害将十分严重。因此,汽轮机的安全运行特别重要,汽轮机的起动和停机过程同时也是其部件的加热和冷却过程。在这些过程中,汽轮机的某些部件由于受热或冷却的条件不同,因而产生温差,于是在某些部件之间就会产生相对位移(又称"胀差"),另一些部件则因本身膨胀不均匀而产生内应力(称"热应力")和变形(称"热变形")。如果温差控制不好,便会发生异常现象,甚至导致重大事故。因此,一般汽轮机从冷态到带负荷运行需经过暖管疏水、暖机、升速、并列及带负荷运行等几个过程。

1) 暖管疏水。先将停运期间凝结在管道中的冷水排出,以免发生蒸汽带水的现象。暖管时缓慢地将主蒸汽引入管道,压力应逐渐上升,升压不宜过快,通常需 20~60min。

2) 暖机。暖管后可进行冲车和暖机工作。利用盘车装置把汽轮机转动起来,并开起主汽门送入蒸汽,冲动汽轮机使其维持在 300~500r/min 的低转速下运行 1h 左右。具体暖机时间,因不同的机型、容量、参数、季节以及停机时间长短而有所差别。

3) 升速。暖机完毕,确认汽轮机各部件均正常即可升速,升速时应均匀连续地进行。由于转子本身具有一定的自振频率,如果转子转速与自振频率相吻合时就会产生共振,可能导致转子横向振幅增大,损坏汽轮机,这个转速值称为"临界转速"。升速时应密切监视表计,在临界转速时应迅速越过,以免发生振动现象。

4) 并列及带负荷运行。当汽轮机达到额定转速时,需进行一次全面检查,确认正常后,通知主控制室进行并列及带负荷进入正常运行。

一台中型机组从起动到并列,往往要费时 2~3h,而要带到满负荷,还需相当长的时间。汽轮机正常运行时,必须进行如下监视:

1) 新蒸汽压力。汽压过高时,第一级(也称调节级)叶片热能的降落过大,容易过负荷;汽压过低,则出力降低。汽压如降得过多,影响抽汽器工作。

2) 新蒸汽温度。汽温低,会使汽耗增加,如汽温过低因而带水,将会造成汽轮机严重损伤;汽温过高,则金属强度降低,原来热套部件的配合紧力减弱。

3) 凝汽器的真空度或乏汽的压力(或温度)。

4) 调节级后及各抽汽段后的汽压。各段汽压应与流量成正比,若数值过高将影响经济性。

5) 振动。如果超过允许值会造成严重事故。

6) 油系统的油量、油压和油温。油系统的油量和油压应当正常,轴承用油的进口油温不能过低,以防黏度过大;也不能过高,以防油质恶化。进出口油温之差反映了轴承冷却情况和进油油量,不能超过允许值。

7) 轴向位移。不能超过允许值。

8) 声音。绝对不允许有摩擦音和搏击声。

汽轮机的停机过程,同时也是其各部件逐渐冷却的过程,但冷却速度不能过快,以免造成危险的热应力和热应变。所以停机之后,辅助冷却油泵、凝结水泵和循环水泵等都需要继续工作 30min 左右。同时,为保证汽轮机主轴在停机过程中冷却均匀不致发生弯曲变形,需要进行盘车。

五、火电厂的特点

与其他类型的发电厂相比,火电厂有如下特点:

1) 布局灵活,装机容量大小一般可按需要决定。相比其他发电形式(水电、风电等),电厂的选址布局较少受环境因素的制约。我国火电厂的主要燃料是煤炭,因而火电厂既可置于煤矿等燃料地,也可建在城市或负荷中心附近,主要根据电力布局规划及国民经济对电、热能的需求来确定,在厂址选择上只要充分考虑交通、水源、电、热负荷分布以及除灰、气象等条件,基本就能达到要求。同时,火电厂的装机容量一般可根据地区负荷需求、电力发展规划和交通运输条件等因素灵活确定。

2) 建造工期短,一般为同等容量水电厂的一半甚至更短;并且一次性建造投资少,仅为水电厂的一半左右。一般配置 2×300MW 机组的火电厂,建造期为 3~4 年,且火电厂设备的年利用小时数较高,而水电厂的运行状况一般要受季节变化的影响。

3) 我国火电以燃煤为主,因而发电耗煤量大。例如,一座装机 4×30 万 kW 的中型火力发电厂,煤耗率按 360g/(kW·h) 计,每天即需用标准煤(每千克产生热 7kcal,1cal = 4.1868J)10368t,加上运煤费用和大量用水,其生产成本比水力发电要高出 3~4 倍。

4) 动力设备繁多,发电机组控制操作复杂,厂用电量和运行人员都多于水电厂,运行费用高。火电厂为保障主体设备(如锅炉、汽轮机等)的正常工作,需要装设很多动力、控制、保护等辅助设备,这些辅助设备运行状况与维护质量的好坏直接影响主体设备,因而火电厂日常维护工作的复杂性与费用一般都超过同等级别的水电厂。

5）汽轮机开、停机过程时间长、耗资大，不宜作为调峰电源用。火电厂是以一定压力和温度的水蒸气作为推动汽轮机-发电机组发电的做功介质，而这种水蒸气的产生是通过一个以锅炉为主体的复杂循环系统实现的，由此汽轮机-发电机组的起、停及出力的调整都涉及整个系统运行参数的变化控制，过程耗时较长。例如，一般大中型火电厂的起、停时间在 8~16h，因而火电厂通常承担系统的基荷或腰荷，而不宜作为调峰使用。另一方面，对于大型火电厂频繁进行出力调整也会降低运行的经济性。

6）对空气和环境的污染大。火电厂在生产运行过程中，由于所用燃料的原因，通常会产生 SO_2、NO_x、CO_2 及粉尘等有害物质；如直接排入大气将会造成环境污染（如酸雨、温室效应等）。现阶段为减少火电厂对环境的污染，通常采用各种过滤、吸附和固化等措施，以求将上述有害物质降到最低。

六、对环境的影响

当前我国的火电厂燃料仍以煤炭为主，在生产过程中会产生大量 CO_2、SO_2、氮氧化物及粉尘等有害物质。这些物质排入大气会导致大气污染，带来诸如温室效应、酸雨危害和臭氧层破坏等环境问题。据国家电监会 2007 年统计，我国火电约占发电总容量的 78%，可再生能源发电及核能发电比例较小，这一方面加剧了煤炭运输紧张，另一方面导致环境问题日趋严重。根据 2007 年资料统计，我国电煤消费约占全国煤产量的 50%，火电用水占到工业用水的约 40%，SO_2 排放量占到全国排放量的 50% 左右。由此，为了实现经济的可持续发展，我国一方面加大可再生能源及清洁能源的开发投入，促进能源结构的调整；另一方面对现有的火电厂推行节能减排等各项措施，以降低对环境的破坏。

火电厂的节能减排现阶段主要是从以下几个方面着手：

1）采用先进技术以提高火电厂燃煤发电效率并进行炉内脱硫。这些技术一般包括使用超超临界机组、整体煤气化联合循环发电、加压循环流化床和循环流化床等。其中，加石灰石炉内脱硫率可达到 80%~90%。

2）采用先进的烟气净化技术。这些技术包括烟气脱硫、脱硝和除尘等已得到广泛应用，并取得较显著效果。如电除尘的除尘效率可达 99%，袋式除尘的除尘效率可达 99.7%。

3）采用新的水处理技术，节约用水，以实现用水系统闭路循环、废水回收重复利用等，减少排污。

4）灰渣重新利用，用于烧制砖或作为水泥辅料等。

5）关停并转一些效率低下、污染严重的小厂。

第二节 水力发电

一、概述

利用天然水资源中的水能进行发电的方式称为水力发电，它是现代电力生产的重要方式之一，也是开发利用天然水能资源的主要方式。江河流水具有动能和势能。水流量的大小和水头的高低，决定了水流能量的大小。水能是再生能源，蒸发和降水自然循环使江河水体川流不息。水能又是过程性能源，这种比较集中的能量过程不被利用时，便消耗于自然衍变之中，有的还会造成公害（如洪水泛滥、河床冲蚀和河流改道等）。

水电站是将水能转变为电能的站。从能量转换的观点分析，其过程为水能—机械能—电能。实现这一能量转换的生产方式，一般是在河流上筑坝，提高水位以造成较高的水头；建造相应的水工设施，有控制地获取集中的水流。在此基础上，经引水机构将集中的水流引入水电站内的水轮机，驱动水轮机旋转，水能便被转换为水轮机的旋转机械能，同时与水轮机直接相连接的发电机将机械能转换成电能，并由电气系统升压分配送入电网。

各种不同类型的水电站，其动力部分所包括的蓄水、引水等水工设施和水轮机的型式也各不相同。水电站装机容量的大小、水电站在电力系统中的地位和调节运行方式等，都是水力发电动力部分中的重要内容。

二、水电站的主要类型

水电站是将水能转换成电能的工厂，其能量转换的基本过程是：水能—机械能—电能。图 1-10 是水电站的示意图。在河川的上游筑坝集中河水流量和分散的河段落差使水池中的水具有较高的势能，当水由压力水管流过安装在厂房内的水轮机排至下游时，水流带动水轮机旋转，水能转换成水轮机旋转的机械能；水轮机转轴带动发电机转子旋转，将机械能转换成电能，再经变压、输送及配电环节供给用户，这就是水力发电的基本过程。

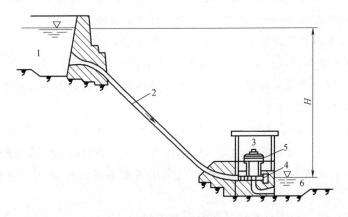

图 1-10 水电站示意图
1—水池 2—压力水管 3—水电站厂房 4—水轮机
5—发电机 6—尾水渠道

可以看出，水的流量（Q，m^3/s）和水头（H，m，上下游水位差，也叫落差）是构成水能的两大要素。水轮发电机组的输出功率（P，kW，出力）可以表示为

$$P = 9.81\eta QH$$

式中，η 为水轮发电机组的总效率。

按利用能源的种类，水电站可分为：将河川中水能转换成电能的常规水电站，也是通常所说的水电站，它按集中落差的方法有堤坝式、引水式和混合式三种基本形式；调节电力系统峰谷负荷的抽水蓄能式水电站等。

1. 堤坝式水电站

在河道上拦河筑坝建水库抬高上游水位，集中发电水头，并利用水库调节流量产生电能的水电厂，称为堤坝式水电站。按照电站厂房与坝的相对位置的不同，堤坝式水电站可分为河床式和坝后式两种基本型式。

河床式水电站（见图1-11）多建在河道宽阔、坡度较平缓的河段上，修建高度不大的闸（坝），集中的水头不高，发电厂房作为挡水建筑物的一部分，如葛洲坝水电站等。

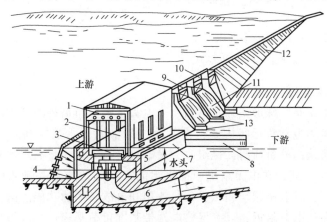

图1-11 河床式水电站布置

1—起重机 2—主机房 3—发电机 4—水轮机 5—蜗壳 6—尾水管 7—水电站厂房
8—尾水导墙 9—闸门 10—桥 11—混凝土溢流坝 12—土坝 13—闸墩

坝后式水电站建在河流的中上游峡谷河段，允许一定程度的淹没，坝可以建得较高，以集中较大水头。由于上游水压力大，将厂房移到坝后的河床上或河流的两岸，使上游水压力完全由大坝来承受。坝后式水电厂是我国采用最多的一种厂房布置方式，如三峡水电站。

2. 引水式水电站

在河流中上游，河道多弯曲或河道坡降较陡的河段，修筑较短的引水明渠或隧道（无压或有压）集中水头，用引水管把水引入河段下游的水电站，这称作引水式水电站（无压或有压）。还可以利用相邻两条河流的高程差，进行跨河引水发电，如图1-12所示。

引水式水电站开发的特点是水电站的挡水建筑物较低，淹没少或不存在淹没，而水头集中常可达到很高的数值，但受当地天然径流量或引水建筑物截面尺寸的限制，其发电引用流量一般不会太大。

3. 混合式水电站

如果条件适宜，水电站既可较经济地建坝集中部分水头又可用引水系统，共同集中水头，具有堤坝式和引水式两方面的特点，称为混合式水电站。

一条河流的天然落差往往很大，一座水电站开发利用有一定的限制，就要合理地分段开发利用。在河段上有若干水电站，可以采用不同的类型，称为梯级水电站，如图1-13所示。目前在金沙江下游已开始梯级开发建造乌东德、白鹤滩、溪洛渡和向家坝四座大型水电站，总装机容量将是三峡水电站的两倍。

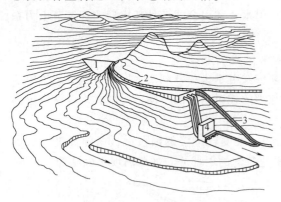

图 1-12 无压引水式水电站布置
1—壅水坝 2—引水渠 3—溢水道 4—水电站厂房

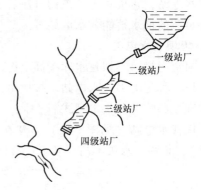

图 1-13 梯级水电站

4. 抽水蓄能式水电站

抽水蓄能式水电站是特殊形式的水电站。当电力系统内负荷处于低谷时，它利用网内富裕的电能，采用机组为电动机运行方式，将下游（低水池）水抽送到高水池，能量蓄存在高水池中。在电力系统高峰负荷时，机组改为发电机运行方式，将高水池蓄存的水能用来发电，如图 1-14 所示。因此，在电力系统中抽水蓄能式水电站既是电源又是负荷，是系统内唯一的填谷调峰电源，具有调频、调相、负荷备用和事故备用的功能。国内几座大型的抽水蓄能式水电站，建在核电站附近，以确保核电站带基本负荷平稳运行。将来抽水蓄能式水电站也可以作为一些新能源发电系统（如大型风电场）的储能系统。

三、水电站的主要动力设备

水电站动力设备主要由水轮机及其调节系统组成。

1. 水轮机

水轮机是将水能转换为旋转机械能的水利机械，是水电厂的原动机，其出力的大小主要取决于水电厂的水头和流量。根据水能转换特征，可将水轮机分为反击式和冲击式两大类。反击式水轮机主要利用水流的压力势能，冲击式水轮机主要利用水流动能。

（1）反击式水轮机

反击式水轮机的转轮由若干个具有空间曲面的轮叶（转轮叶片）组成。水流从轮叶间流过，

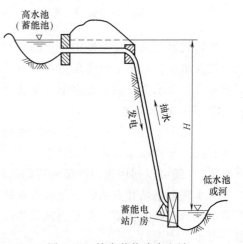

图 1-14 抽水蓄能式水电站

转轮室内充满压力水流，当压力水流流经整个转轮时，由于转轮轮叶间的弯曲叶道，迫使水流改变流向和流速。这样，水流便将其势能和动能以反作用力的方式转给了转轮，并形成旋转力矩推动转轮旋转。部分反击式水轮机示意图如图 1-15 所示。

反击式水轮机按水流经过转轮的方向不同可分为混流式、轴流式、斜流式和贯流式。

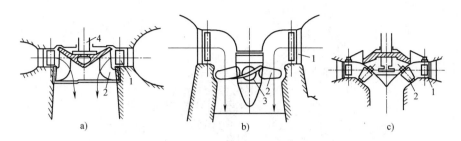

图 1-15 部分反击式水轮机示意图
a) 混流式水轮机 b) 轴流式水轮机 c) 斜流式水轮机
1—导叶 2—轮叶 3—轮毂 4—主轴

1) 混流式水轮机的水流从四周沿径向进入转轮,经过叶片转为轴向流出,这种水轮机应用广泛,运转稳定,效率较高,多用于高、中等水头的发电厂。轴流式水轮机的水流在进入转轮之前,流向已变得和水轮机轴平行,因而水流是沿轴向进入转轮又依轴向流出。

2) 轴流式水轮机按叶片结构特点又可分为定桨式与转桨式两种,一般用于中、小水头电站。

3) 斜流式水轮机的水流流经转轮时倾斜于轴向,这种水轮机的结构与特性介于混流式与轴流转桨式水轮机之间。

4) 当轴流式水轮机的主轴成水平(或倾斜)布置,且不设置蜗壳而使水流直接经过转轮,这样的水轮机称为贯流式水轮机,它是开发低水头资源的机型,效率较高,水力损失较小。

反击式水轮机类型虽多,结构也各不相同,但基本过水部分都可由四部分组成:转轮、引水机构、导水调节机构和尾水管道。

(2) 冲击式水轮机

冲击式水轮机主要由喷嘴和转轮组成。来自压力水管中的高压水流,通过喷嘴变为具有动能的自由射流,自由射流的压力为大气压力,而且在整个工作过程中不发生变化,转轮内仅部分充水。当射流冲击轮叶时,从进入到离开转轮的过程中,速度的大小和方向都发生变化,因而将其动能传给转轮,形成旋转力矩使转轮转动。冲击式水轮机按射流冲击转轮方式的不同又可分为水斗式、斜击式和双击式三种,如图 1-16 所示。其中,以水斗式应用最为广泛;后两种结构简单、易于制造,但效率较低,多用于小型水电站。

冲击式水轮机较反击式水轮机简单,它没有尾水管、蜗壳及复杂的导水机构。它由转轮、喷嘴及其控制机构、折向器和机壳等组成。

2. 水轮机调速器

为使水轮发电机出力能响应外界负荷变化,以保证机组供电频率在要求范围以内,必须对水轮机过水流量能够加以控制。对于反击式水轮机,可通过改变导叶的开度;对于冲击式水轮机,可通过改变针阀的行程,来改变过流断面面积以达到改变流量而改变水轮机转动力矩的目的。进行此调节的装置就是水轮机调速器。

调速器的主要设备包括调速柜、油压设备和接力器三部分。中小型水轮机调速器的这三部分通常组成一个整体,也称为组合式,结构紧凑,便于布置和安装,运行上也比较方便。大型水轮机调速器的油压设备和接力器尺寸均较大,采用分体式。

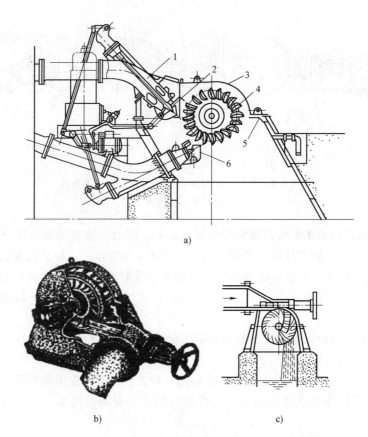

图 1-16 冲击式水轮机示意图
a) 水斗式水轮机 b) 斜击式水轮机 c) 双击式水轮机
1—喷管 2—喷嘴 3—机壳 4—转轮 5—引水板 6—折流板

四、水力发电的主要特点

水力发电主要有以下特点：

1) 水能是可再生能源，并且发过电的天然水流本身并没有损耗，一般也不会造成水体污染，仍可为下游用水部门利用。

2) 水力发电是清洁的电力生产，不排放有害气体、烟尘和灰渣，没有核废料。

3) 水力发电的效率高，常规水电厂的发电效率在 80% 以上。

4) 水力发电可同时完成一次能源开发和二次能源转换。

5) 水力发电的生产成本低廉。无须购买、运输和储存燃料；所需运行人员较少、劳动生产率较高；管理和运行简便，运行可靠性较高。

6) 水轮发电机组起停灵活，输出功率增减快、可变幅度大，是电力系统理想的调峰、调频和事故备用电源。

7) 水力发电开发投资大、工期长。例如三峡工程，1994 年 12 月开工，计划 2009 年竣工，按 1993 年 5 月不变价格计算，其静态设计约 900 亿元人民币。

8) 受河川天然径流丰枯变化的影响，无水库调节或水库调节能力较差的水电站，其可发电力在年内和年际间变化较大,与用户用电需要不相适。因此,一般水电站需建设水库调节径流,以适应电力系统负荷的需要。现代电力系统一般采用水、火、核电站联合供电方式,既可弥补水力发电天然径流丰枯不均的缺点,又能充分利用丰水期水电电量,节省火电厂消耗的燃料。潮汐能和波浪能也随时间变化,也宜与其他类型电站配合供电。

9) 水电站的水库可以综合利用,承担防洪、灌溉、航运、城乡生活和工矿生产供水、养殖、旅游等任务。如安排得当,可以做到一库多用、一水多用,获得最优的综合经济效益和社会效益。

10) 建有较大水库的水电站,有的水库淹没损失较大,移民较多,并改变了人们的生产生活条件;水库淹没影响野生动植物的生存环境;水库调节径流,改变了原有水文情况,对生态环境有一定影响。

11) 水能资源在地理上分布不均,建坝条件较好和水库淹没损失较少的大型水电站站址往往位于远离用电中心的偏僻地区,施工条件较困难,并需要架设较长的输电线路,增加了造价和输电损失。

我国河川水力资源居世界首位,不过装机容量仅占经济可开发资源的 40% 甚至更少,而发达国家大多开发了 70% 以上。我国水电勘测、设计、施工、安装和设备制造均达到国际水平,已形成完备的产业体系。水能作为清洁的可再生能源,它的开发利用对改变我国目前以煤炭为主的能源构成具有现实意义。我国的河川水能资源的 70% 左右集中在西南地区(金沙江、雅砻江、大渡河、澜沧江、黄河上游和怒江等),经济发达的东部沿海地区的水能资源极少。因此,可以在小水电资源丰富地区,优先开发建设小水电站、微水电站,不仅不会对生态环境产生破坏,更可有效改善生态环境。目前通常把小水电站、微水电站看作"绿色电力",它们也是理想的分布式电站,符合人类可持续发展的需求。

第三节 核能发电

一、核电厂简介

利用核能转换为热能产生蒸汽推动汽轮机,汽轮机再带动发电机生产电能的电厂称为核电厂。世界上第一个核反应堆是在 1944 年建成的,我国核电工业起步较晚,1991 年自行设计、制造了 30 万 kW 压水堆核电机组(浙江秦山核电站)。近几十年核电发展非常迅速,主要与核电厂使用的能源材料的特征有关:①不需要氧气来燃烧就可以释放能量(裂变);②核能是不可再生能源,可以按照核能的消耗量制造出等量的核能,而不必减少电厂的输出;③产生同样的能量所需要的核燃料的量比其他传统能源少得多。

根据核反应堆类型不同,核电厂采用的设备与系统也有一定的差别。目前,核电厂常用的反应堆有压水堆、沸水堆和重水堆等,其中应用最广泛的是压水堆。

1. 压水堆核电厂

压水堆核电厂以压水堆为热源,主要由核岛和常规岛组成,如图 1-17 所示。核岛中的四大部件是蒸汽发生器、稳压器、主泵和堆芯。在核岛中,系统设备主要有压水堆本体、一回路系统以及支持一回路系统正常运行和保证反应堆安全的辅助系统。常规岛主要包括汽轮机组及二回路系统，其形式与常规火电厂类似。

这类反应堆主要有以下优点：①使用浓缩铀作为燃料，体积小；②水作为冷却剂和减速剂，便宜而且水量丰富；③需要的控制棒数量比较少，对于一个 1000MW 容量的发电站需要约 60 个控制棒；④将初、次级循环系统隔离，蒸汽并没有放射源污染，维护方便、安全。缺点是：①堆芯再次装料时，电厂需要关闭几个月；②初级循环系统的压力非常高，

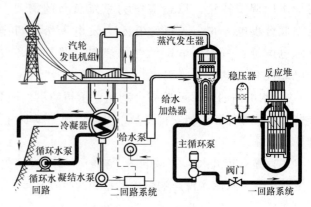

图 1-17 压水堆核电厂

需要使用造价高昂的压力容器；③由于次级循环系统压力低，这类电厂的热效率比较低（约 20%）。

2. 沸水堆核电厂

沸水堆核电厂以沸腾轻水作为慢化剂和冷却剂，并在反应堆压力容器内接产生饱和蒸汽为动力源，如图 1-18 所示。来自汽轮机系统的给水进入反堆压力容器后，沿堆芯围筒与容器内壁之间的环形空间下降，在喷射泵作用下进入堆下腔室，再向上流过堆芯，受热并部分汽化。汽水混合物经汽水分离器分离后，水分沿环形空间下降，与给水混合；蒸汽则经干燥器后出堆，通往汽轮发电机做功发电。汽轮机乏汽冷凝后经净化、加热再由给水泵送入反应堆压力容器，形成闭合循环。再循环泵的作用是使堆内形成强迫循环，进水取自环形空间底部，升压后再送入反应堆压力容器，成为喷射泵驱动流。

与压水堆相比，沸水堆具有如下特点：①沸水堆与压水堆同属轻水堆，使用低浓铀燃料与饱和汽轮机，具有结构紧凑、安全可靠、建造费低和负荷跟随能力强等优点；②沸水堆比压水堆简单，特别是省去蒸汽发生器，减少了事故概率；③沸水堆失水事故处理比压水堆简单；④沸水堆流量功率调节比压水堆具有更大灵活性；⑤沸水堆直接产生蒸汽，除了放射问题外，燃料棒破损时气体和挥发性裂变产物会直接污染汽轮机系统，故燃料棒质

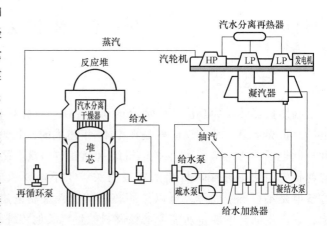

图 1-18 沸水堆核电厂

量要求比压水堆更高；⑥沸水堆燃耗深度比压水堆低，但天然铀需要量比压水堆大；⑦沸水堆压力容器底部除有为数众多的控制棒开孔外，还有中子探测器开孔，增加了小失水事故的可能性；⑧控制棒驱动机构较复杂，可靠性要求高，维修困难。

3. 重水堆核电厂

重水堆核电厂是发展较早的核电厂，以重水作慢化剂的反应堆为动力源，可以直接利用天然铀作为核燃料。以圆筒形反应堆厂房为中心，周围为燃料厂房、核辅助厂房、汽轮机厂房、电气和控制厂房等。重水堆核电厂的种类很多，但已实现工业规模的只有加拿大的CANDU型压力管式重水堆核电厂。

二、核电厂系统及设备

1. 反应堆系统与设备

1）反应堆系统主要包括冷却系统、压力调节系统和超压保护系统。

① 冷却系统。它由反应堆冷却剂泵、反应堆和蒸汽发生器及相应管道组成。在正常运行时，冷却剂泵使冷却水强迫循环通过堆芯，带走燃料元件产生的热量。

② 压力调节系统。冷却水经波动管涌入或流出稳压器，引起一回路压力升高或降低。当压力超过设定值时，压力调节系统调节喷淋阀，由冷管段引来的过冷水向稳压器汽空间喷淋降压；当压力低于设定值时，压力调节系统启动加热器，使部分水蒸发，升高蒸汽压力。

③ 超压保护系统。当一回路系统压力超过限值时，装在稳压器顶部卸压管线上的安全阀开启，向卸压箱排放蒸汽，使稳压器压力下降，以维持整个一回路系统的完整性。

2）反应堆本体主要由堆芯、堆芯支撑结构、反应堆压力容器及控制棒驱动机构组成。

① 堆芯。它位于反应堆压力容器中心偏下的位置。反应堆冷却剂流过堆芯时起到慢化剂的作用。控制棒组件控制反应堆，提供反应堆停堆能力和控制反应快慢，在堆启动和运行中起重要作用。

② 堆芯支撑结构。它用来为堆芯组件提供支撑、定位和导向，组织冷却剂流通，以及为堆内仪表提供导向和支撑。

③ 反应堆压力容器。它支撑和包容堆芯和堆内构件，工作在高压高温含硼酸水介质环境和放射性辐照条件下。

④ 控制棒驱动机构。它是反应堆的重要动作部件，带动控制棒组件在堆芯内上下运动，实现反应堆的起动、功率调节、停堆和事故情况下的安全控制。

3）反应堆冷却剂泵为反应堆冷却剂提供驱动压头，保证足够的强迫循环流量通过堆芯，把反应堆产生的热量送至蒸汽发生器，产生推动汽轮机做功的蒸汽。

4）蒸汽发生器是压水堆核电厂一回路、二回路的枢纽，将反应堆产生的热量传递给蒸汽发生器二次侧，产生蒸汽推动汽轮机做功。蒸汽发生器又是分隔一次侧、二次侧介质的屏障，对核电厂安全运行十分重要。

5）稳压器建立并维持一回路系统的压力，避免冷却剂在反应堆内发生容积沸腾。在电厂稳态运行时，将一回路压力维持在恒定压力；在一回路系统瞬态时，将压力变化限制在允许值内；在事故时，防止一回路系统超压，维护一回路完整性。此外，稳压器作为一回路系统的缓冲容器，吸收一回路系统水容积的迅速变化。

2. 二回路热力系统

二回路热力系统将热能转换为电能的动力转换系统。将核蒸汽供应系统的热能转换为电能的原理与火电基本相同，都是建立在朗肯循环的基础上。当然二者也有很大差别，在核电厂，用压水堆进行核再热是不现实的，只能采用新蒸汽对高压缸排汽进行中间再热。此外，核电厂的冷却剂回路是封闭的，防止放射性物质泄漏，从热力学角度提高了循环热效率。

3. 核汽轮发电机组

核汽轮发电机组与火电厂汽轮机组的原理及结构相似，都是将蒸汽的热能转换成机械能的蜗轮式机械，主要用途是在热力发电厂中作为带动发电机的原动机。在采用化石燃料（煤、燃油和天然气）和核燃料的发电厂中，基本都采用汽轮机作为原动机。

4. 核电厂主要辅助系统

1) 化学和容积控制系统。通过改变反应堆冷却剂的硼质量分数，控制堆芯反应性；维持稳压器水位，控制一回路系统的水装量；对反应堆冷却剂的水质进行化学控制和净化，减少冷却剂对设备的腐蚀，控制冷却剂中裂变产物和腐蚀产物的含量，降低放射性水平；向反应堆冷却剂系统提供轴封水；为反应堆冷却剂系统提供充水和水压试验；对于上充泵兼作高压安注泵的化学和容积控制系统，事故时用上充泵向堆芯注入应急冷却水。

2) 反应堆硼和水补给系统。它是化学和容积控制系统的支持系统，辅助化学和容积控制系统完成主要功能。为一回路系统提供除汽除盐含硼酸水，辅助化学和容积控制系统的容积控制；为进行水质的化学控制提供化学药品添加设备；为改变冷却剂硼质量分数，向化学和容积控制系统提供硼酸水和除汽除盐水；为换料水储存箱、安注系统的硼注入罐提供硼酸水和补水，为稳压器卸压箱提供喷淋冷却水，为主泵轴封蓄水管供水。

3) 余热排出系统。它以一定速率从堆芯及一回路系统排出堆芯剩余发热、一回路及余热排出系统流体和设备的显热以及主泵运行加给一回路的热量。

4) 设备冷却水系统。它是一个封闭的冷却水回路，作用是把热量从具有放射性介质的系统传输到外界环境的中间冷却系统。

5) 重要厂用水系统。它的主要作用是冷却设备冷却水，将设备冷却水系统传输的热量排入海水，又称为重要生水系统，是核岛的最终热阱。

6) 反应堆换料水池、乏燃料池冷却和处理系统。反应堆换料后，卸出的乏燃料在乏燃料池中存放半年以上，待燃料冷却到一定程度，再送往后处理下厂。

7) 废物处理系统。从核电厂放射性气体、液体（主要是废水）和固体的来源、分类及特点来看，放射性废水有可复用废水和不可复用废水。可复用废水经过处理分离成水和硼酸再利用；不可复用废水按放射性水平高低、化学物含量多少分别处理。废气主要分为放射性水平较高的含氢废气和放射性水平较低的含氧废气。固体废物处理系统处理废树脂、放射性水蒸发浓缩液、废滤芯和其他固体废弃物等。

8) 核岛通风空调及空气净化系统。它是核电厂通风空调的一部分，属于核岛辅助系统，承担以下任务；确保工作人员人身安全；通过良好通风和合理气流有效防止工作场所空气中放射性剂量的增高，保障工作人员的人身安全；控制污染空气保护环境；通风系统将被污染的空气局限在小范围内，经净化后排放，防止扩散造成大面积污染；满足核电厂运行工艺要求。工艺设备、仪器仪表的正常工作对核电厂安全运行十分重要。运行人员也需要良好的人居环境。

9) 核电厂的安全设施。为在事故工况下确保反应堆停闭，排出堆芯余热和保持安全壳的完整性，避免在任何情况下放射性物质的失控排放，减少设备损失，保护公众和核电厂工作人员的安全，核电厂设置了专设安全设施。安全设施主要包括安全注射系统、安全壳、安全壳喷淋系统、安全壳隔离系统、安全壳消氢系统、辅助给水系统和应急电源。在核电厂发生事故时，这些设施向堆芯注入应急冷却水，防止堆芯熔化；对安全壳气空间冷却降压，防止放射性物质向大气释放；限制安全壳内氢气浓度；向蒸汽发生器应急供水。

三、核电厂的运行

核电厂正常启动分为冷态起动和热态起动。反应堆停闭相当长时间，温度降至60℃以下的起动称为冷态起动；反应堆停闭短时间后的起动称为热态起动，起动时反应堆温度和压力等于或接近工作温度和压力。核电厂停闭是指反应堆从功率运行水平降至中子源功率水平，分为正常停闭和事故停闭。

核电厂正常停闭分为热停闭和冷停闭。热停闭是核电厂短期的暂时停堆，此时，一回路系统保持热态零功率运行的温度和压力，二回路系统处于热备用状态，随时准备带负荷运行。核电厂只有经过热停闭后，才能进入冷停闭，此时，所有控制棒组全部插入并向一回路加硼。

当核电厂发生直接涉及反应堆的安全事故时，安全保护系统动作，所有控制棒组快速插入堆芯，称为紧急停堆。事故严重时，需向堆芯紧急注入含硼水。事故停闭后，必须保证反应堆的长期冷却。

第四节 小 结

本章主要介绍传统发电（火力发电、水力发电和核能发电）的基本概念和主要构成。火电厂是利用煤炭、石油、天然气或其他燃料的化学能生产电能的发电厂。从能量转换观点分析，其基本过程是：燃料的化学能—热能—机械能—电能。水电厂是将水能转换为电能。从能量转换的观点分析，其过程为：水能—机械能—电能。实现这一能量转换的生产方式，一般是在河流的上游筑坝，提高水位以造成较高的水头；建造相应的水工设施，有控制地获取集中的水流。经引水机构将集中的水流引入坝后水电厂内的水轮机，驱动水轮机旋转，水能便被转换为水轮机的旋转机能，同时与水轮机直接相连接的发电机将机械能转换成电能，并由电气系统升压分配送入电网。核能发电是利用重核裂变释放能量发电的核电厂，从能量转换观点分析，是由重核裂变能—热能—机械能—电能的转换过程。

第五节 思考题与习题

1. 火电厂主要有几种形式？
2. 火电厂的基本构成是什么？其生产的主要流程有哪些？能量转换的基本原理是什么？
3. 燃煤式火电厂的燃烧系统的主要构成有哪些？其作用是什么？
4. 锅炉的主要结构组成和作用有哪些？
5. 火电厂汽水系统的主要构成及作用有哪些？
6. 了解火电厂主要设备运行的基本概念有哪些？
7. 火力发电的基本特点是什么？
8. 水电站常规类型有哪些？分别有什么特点？能量转换的基本原理是什么？
9. 水轮机的基本构成及工作原理是什么？

10. 水力发电的主要特点有哪些？
11. 水力发电与火力发电比较具有哪些特点？
12. 核电厂反应堆的类型主要有哪几类？主要特点有哪些？
13. 核电厂的基本组成及作用有哪些？
14. 压水堆核电厂的基本工作过程是什么？与同容量火力发电机组在常规系统上的区别有哪些？

第二章
新能源发电概述

新能源是指常规能源（化石燃料、水能、核能）之外的太阳能、风能、生物质能、地热能和海洋能等一次能源，是在高新技术基础上开发利用的可再生能源，它的开发利用不会（或较少）污染环境，是清洁能源。将能源转化为清洁、方便的电能是开发利用新能源的最有效的途径之一。但新能源具有能量密度低且高度分散的特点，风能、太阳能、潮汐能还具有间歇性、随机性的问题，因此，新能源发电技术属于多学科交叉、综合性强的高新技术。

第一节 风力发电

一、概况

风能储量巨大，是对环境无污染、对生态无破坏的清洁能源，是可再生能源的一种表现形式。风能与空气密度成正比，与风力发电机叶轮直径的二次方成正比。因此，风电与水电相比，单位装机容量（kW）和单位发电量（kW·h）的机械设备较大，从而使风力发电的度电成本增加。自然风是一种随机的湍流运动，风能的不确定性也是风电的缺点之一，另外风能密度较低。

风力发电是通过连接在风力机轴上的多个桨叶将水平移动的空气动能转换成桨叶旋转的机械能，再由发电机将机械能转换成电能的技术。常见的风力机是在水平轴上连接两只或三只桨叶。电网侧目前有三种互相竞争的电能转换技术：直接并网的异步发电机、双馈异步发电机以及采用电力电子功率变换器的发电机。

风能是目前最具有应用前景的新能源。过去十几年里，风力发电在许多国家经历了很快的发展，目前其主要形式是通过风电场和配电网及输电网相连。小型风电场通常包含 3~10 台风力机，可以和中压电网相连。但是更大的风电场需要和配电网及输电网相连。随着可再生能源应用的推广，大型风电场的新项目不断涌现。

当前世界上最大的风电场是得克萨斯州的 Horse Hollow 风能中心。它包含了 291 台 1.5MW 的风力机和 130 台 2.3MW 的风力机，总容量为 735MW。正在瑞典北部城市 Pitea 规划的风电场，有 1100 台容量为 2~3MW 的风力机，预计每年发电量在 8~12TW·h 之间，也就是瑞典全年用电量的 5%~8%。风力发电量在许多国家也不断增长，丹麦风力发电量超过其总发电量的 20%；而欧洲的一些其他风力发电大国，例如德国和西班牙，风力发电量分别占其总发电量的 7% 和 12%。

我国的风电建设始于 20 世纪 80 年代。进入 21 世纪以来，我国的风电产业得到了迅速的发展。2004 年，我国风电设备国产化率仅为 10%，而到 2010 年已经达到了 90%，在这 7 年的时间里，我国的风电设备制造业实现了跨越式发展。从 2005 年开始，我国风电装机以每年翻番的速度增长。2009 年，我国新增风机总数 10129 台，平均每天 27 台。2010 年底，我国风力发电累计装机容量达到 44.733GW，首次超过美国，跃居世界第一。据全球风能理事会预计，2030 年我国风电装机比例将达到 15%，发电量将达到全国总发电量的 8.4%；到 2050 年，我国风电总装机容量将达到 100GW，可以满足国内 17% 的电力需求。

二、风力发电的工作原理

现代风力发电系统是将风能转化为电能的机械、电子和控制设备的组合，通常由气动系统、传动系统、变桨距系统、电气系统和控制系统等子系统组成，其结构如图 2-1 所示。

气动系统是指风能捕获机构，主要由桨叶和轮毂组成，通常称为风轮。该机构负责捕获风能，通过降低空气流速吸收空气动能，是将风能转换为机械能的环节。

传动系统是指气动系统和电气系统之间的机械传动机构，由机械装置互连组成，主要包括连接轴和齿轮箱

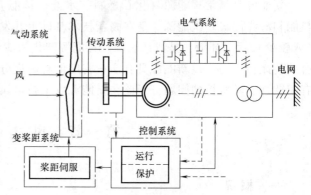

图 2-1　风力发电系统结构示意图

（直驱式风力发电系统除外）等。传动系统负责机械能的传递，通过控制系统两端惯量源旋转机械能的相等实现转速的平衡与稳定运行，对风力发电过程的动态特性有显著影响，其转速和机械转矩状态代表了风力发电系统的运行水平，并间接影响电能质量和发电能耗等。

变桨距系统是指用于气动系统风轮桨叶变桨距调节的伺服机构，主要分为液压型和电动型两种。现代风力发电系统大多具有变桨技术，通过控制桨距伺服机构，调节桨距角而改变风能利用系数，实现在额定风速以下最大风能捕获和在额定风速以上限制风能捕获。

电气系统是指风力发电系统和电网之间的电气转换与连接机构，主要包括发电机、变频器和变压器等，负责电能的获取与传递，将传统系统的机械能转换为电能，并通过变频器和变压器向电网输送电能。现代风力发电系统大多数具有变速技术，通过控制发电机电磁转矩改变发电机转子转速、风轮转子转速，进而实现系统的变速运行。基于不同的发电机类型，相应的电气系统的设计也不同，因而有多种选择以适应于不同地域和风速条件下的风力发电过程。

控制系统是风力发电系统在全工况条件下可靠运行的基础，主要包括风力发电过程控制和保护控制等方面，通过控制转速成功率等状态，保证风力发电系统安全运行。此外，控制系统降低风力发电能耗和改善电能质量也是风力发电系统优化运行的关键，对于提高能量转换效率等有重要影响。

总体而言，气动系统、传动系统、变桨距系统和电气系统负责能量流的传递，而围绕控制系统的则是信息流的传递。通过反馈的信息流，控制系统经过运算处理，再以信息流控制气动系统、传动系统、变桨距系统和电气系统等子系统以整体方式协调运行，使得其中的能

量流以安全高效的方式传递，最终使系统具有可靠的并网发电能力。由于发电过程的安全等级较高，因此在投产之前需要经过充分调试，以保证风力发电系统能够长时间连续运行，达到相当的安全性和可靠性。

三、风力发电设备

1. 风力机概念及分类

风力机是以风力作为能源，将风力转化为机械能而做功的一种动力机。具体地讲，风力机就是一种能截获流动的空气所具有的动能并将风轮叶片迎风扫掠面积内的一部分动能转化为有用机械能的装置，俗称风动机、风力发动机或风车。近年来，世界各国研制成功的风力机种类繁多，类型各异。

按转轴与风向的关系，风力机大体上可分为两类：一类是水平轴风力机（风轮的旋转轴与风向平行）；另一类是垂直轴风力机（风轮的旋转轴垂直于地面或气流方向）。目前，在风力机中应用较多的是水平轴风力机，而且多采用螺旋桨式的叶片。

（1）水平轴风力机

水平轴风力机是指风轮轴平行或接近平行于水平的风力机，较为常见，其结构如图2-2所示。其主要部件的功能如下：

1) 风轮。风轮的主要作用是将风能转换为机械能，是风力发电机接收风能的部件。一般它主要由叶片和轮毂组成，叶片的翼型和材料强度决定了风轮吸收风能的效率和叶片寿命。叶片装在轮毂上，通过轮毂与主轴连接，同时，叶片与轮毂相对固定的称定桨距风轮，由于有较强的刚度，其结构可以简化，使得其寿命提高和成本降低。叶片相对轮毂安装叶片轴转动的称变桨距风轮，能实现叶片桨距角控制，但需要有足够的强度。

2) 风力发电机。风力发电机的作用是将风能最终转换成电能而输出。近年来，人们逐渐注重适用于大型风力机的低速发电机的研制与开

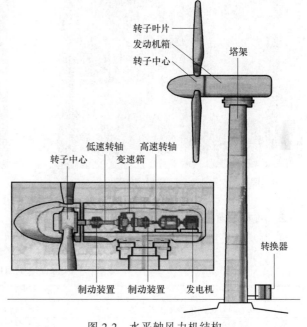

图 2-2 水平轴风力机结构

发。当前，风力发电机类型主要有四种形式：直流发电机、同步交流发电机、异步交流发电机和交流永磁发电机。

3) 塔架。塔架的作用是用来支撑风力机及机舱内（或机座上）各种设备，并使之离开地面一定高度，以使风力机能处于良好的风况环境下运转。同时还要承受风吹向风力发电机而产生的巨大的力矩。

4) 机舱（或机座）。机舱（或机座）位于塔架顶端，用来支撑风轮以及与风轮相连接

的齿轮传动（变速）装置、调速装置及调向机构等。

5）调向装置。调向装置又称调向器，其作用是使风轮能随着风向的变化随时都迎着风向，最大限度地获取风能。风力机有上风型和下风型两种，一般大多为上风型。下风型风力机的风轮能自然地对准风向，因此一般不需要安装调向装置（对大型的下风型风力机，为减轻结构上的振动，往往也有采用对风控制系统的）。上风型风力机则必须采用调向装置。

6）调速装置（或调速器）。风力机必须有一套装置来控制、调节它的转速。调速装置的功能是当风速不断变化时使风轮的转速维持在一个接近稳定的范围内。

7）刹车制动装置。刹车制动装置又称制动器，刹车制动装置是使风力发电机停止转动的装置，也称刹车。

（2）垂直轴风力机

垂直轴风力机是指风轮轴垂直于水平面的风力机，也称竖轴风力机或立式风力机，其结构组成如图2-3所示。垂直轴风力机如图2-4所示。

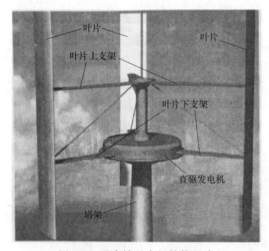

图 2-3　垂直轴风力机结构组成

图 2-4　垂直轴风力机

2. 风力发电机组

风力发电机组有多种形式，按不同的分类方式可分成若干类。见表2-1。

表 2-1　风力发电机组的分类

分类依据	类别名称
风力机轴的空间位置	水平轴风力发电机组、垂直轴风力发电机组
风轮的迎风方式	上风型水平轴风力发电机组、下风型水平轴风力发电机组
风轮与发电机之间的连接方式	直驱式风力发电机组、变速式风力发电机组
叶片能否围绕其纵向轴线转动	定桨距式风力发电机组、变桨距风力发电机组
发电机组负载形式	并网型风力发电机组、离网型风力发电机组
风力发电机组的发电机类型	直流发电机式风力发电机组、同步交流发电机式风力发电机组、异步交流发电机式风力发电机组、交流永磁发电机式风力发电机组

3. 风电场

风电场的概念于20世纪70年代在美国提出，很快在世界各地普及。如今，风电场已经成为大规模利用风能的有效方式之一。

风电场是在某特定区域内建设的所有风力发电设备及配套设施的总称。在风力资源丰富的地区，将数十至数千台单机容量较大的风力发电机组集中安装在特定场地，按照地形和主风向排成阵列，组成发电机群，产生数量较大的电力并送入电网，这种风力发电的场所就是风电场，如图 2-5 所示。

图 2-5　风电场

建设风电场最基本的条件是要有能量丰富、风向稳定的风能资源。利用已有的测风数据以及其他地形地貌特征，如长期受风吹而变形的植物、风蚀地貌等，在一个较大范围内，如一个省、一个县或一个电网辖区内，找出可能开发风电的区域，初选风电场场址。现有测风数据是最有价值的资料，中国气象科学研究院和部分省区的有关部门绘制了全国或地区的风能资源分布图，按照风的功率密度和有效风速出现的小时数进行风能资源区划分，标明了风能丰富的区域，可用于指导宏观选址。有些省区已进行过风能资源的调查。某些地区完全没有或者只有很少现成的测风数据，还有些区域地形复杂，由于风在空间的多变性，即使有现成资料用来推算测站附近的风况，其可靠性也受到限制。

并网型风力发电机组需要与电网相连接，场址选择时应尽量靠近电网。对小型的风电项目而言，要求离 10~35kV 电网比较近。对比较大型的风电项目而言，要求离 110~220kV 电网比较近。风电场离电网近不但可以降低并网投资，而且可以减少线路损耗，满足电压降要求。接入电网容量要足够大，避免受风电机组随时起动并网、停机解列（脱网）的影响。一般来讲，规划风能资源丰富的风电场，选址时应考虑接入系统的成本，要与电网的发展相协调。

风电场建设时，其机组基础的位置最好选择在承载力强的基岩、密实的壤土或黏土等区域，并要求地下水位低、地震烈度小。选择场址时，在主风向上要求尽可能开阔、宽敞、障碍物少、粗糙度低、对风速影响小。考虑到风能资源丰富的地区般都在比较偏远的地区，如山脊、戈壁滩、草原和海岛等，风电场选址时应考虑交通方便，便于设备运输、安装和管理，同时减少道路投资。

随着技术的发展和风电机组生产批量的增加，风电成本将逐步降低，但目前中国风电上网电价仍高于煤电价格。虽然风电对保护环境是有利的，但对那些经济发展缓慢、电网比较小、电价承受能力差的地区，会造成沉重的负担。所以国家实施有关优惠政策是至关重要的。

四、风力发电控制系统的基本要求

风能具有地域性、季节性、不可预测性和随机性等特点。风能的发电能力与输变电能力不匹配，调峰特性与电网调峰能力不足，发电的出力不平稳等问题较为明显，对电网系统稳定性产生显著的影响。在严重情况下，将会使系统失去稳定性，导致系统的瓦解。因此，风力发电控制系统的基本目标分为：保证可靠运行，获取最大能量，提供良好电力质量，延长机组寿命。

控制系统要实现的具体功能包括以下几点：①运行风速范围内，确保系统稳定运行；②低风速时，跟踪最优叶尖速比，实现最大风能捕获；③高风速时，限制风能捕获，保持风力发电机组的额定输出功率；④减少阵风引起的转矩峰值变化，减小风轮的机械应力和输出功率波动；⑤减小功率传动链的暂态响应；⑥控制代价小，不同输入信号的幅值应有限制，如桨距角的调节范围和变桨距速率有一定限制；⑦抑制可能引起机械共振的频率；⑧调节机组功率，控制电网电压、频率稳定。

五、风力发电技术的发展前景

风力发电是未来重要的可再生能源，受到国内外的极大重视，当前风力发电技术发展趋势包括以下几部分。

1）单机容量增大。目前世界上最大风电机组的单机容量达到了 6MW，叶轮直径 127m，8~10MW 的风电机组已在设计开发中。由于风电机组设备的大型化尚未出现技术限制，其单机容量将继续增大。

2）传动系统设计不断创新。从中长期看，直驱式和半直驱式传动系统在特大型风力机中所占比例将日趋提高。传动系统采用集成化设计和紧凑型结构是未来特大型风力机的发展趋势。

3）叶片技术不断改进。对于 2MW 以下风力机，通常采用增加塔筒高度和叶片长度来提高发电量，但对于更大容量的风电机组，这两项措施可能会大幅增加运输和吊装的难度及成本。为此，开发高效叶片越来越受到重视。另外，特大型风力机叶片长，运输困难，分段式叶片是个很好的解决方案，而解决两段叶片接合处的刚性断裂问题则成为技术关键问题。

4）变速变桨距风机组占主导地位。变桨距功率调节方式具有系统柔性好、调节平稳及发电量大的优点，这种调节方式将逐渐取代失速功率调节方式。变速恒频调节方式通过控制发电机的转速，能使风力机的叶尖速比接近最佳值，从而最大限度地利用风能，提高发电量，已逐渐取代恒速恒频调节方式。

5）开发新型风力发电机。无刷交流双馈异步发电机除了具有交流双馈异步发电机的优点外，还因省去电刷和集电环而具有结构简单可靠、基本上免维护的优点。高压同步发电机的特点是输出电压高达 10~40kV，因而可省去变压器而直接与电网连接，并采用高压直流输电；其转子采用多极永磁励磁，可直接与风力机轴相连，省去了齿轮箱。

6）开发建设海上风力发电项目。海上风力发电场成为新的大型风电机组的应用领域。海上风电技术发展的焦点是大容量风电机组，特别是大容量轻质量机舱装备的生产技术、大尺寸叶片的制造技术和先进的合成工艺技术、近海风力发电场基础的设计安装和维护技术等。

7) 开发应用混合型塔架（混凝土+金属结构）。当塔架底部钢管直径超过时，其运输难度明显加大，造价明显提高，故 80m 以上高度被认为是钢制塔架的极限。为此，国外在陆地上安装 80m 以上塔架时，多采用混合型塔架。目前的混合型塔架造价仍然高，仅在钢制塔架极限高度以上才具有经济性，因而尚在继续改进不断完善之中。

第二节　太阳能发电

太阳能是太阳内部连续不断的核聚变反应过程中产生的能量。地球轨道上的平均太阳辐射强度为 $1367kW/m^2$，地球赤道的周长为 40000km，从而可计算出地球获得的能量可达 173000TW。太阳辐射到地球大气层的能量仅为其总辐射能量（约为 $3.75×10^{26}W$）的 22 亿分之一，即太阳每秒照射到地球上的能量相当于燃烧 500 万吨煤产生的能量。地球上几乎所有其他能源都直接或间接地来自太阳能（核能和地热能除外），太阳能是地球的能源之母、万物生长之源，人类依赖这些能量维持生存。太阳能是可再生能源，既可免费使用，又无需开采和运输，还是清洁而无任何污染的能源。但太阳能的能流密度较低，还具有间歇性和不稳定性，给开发利用带来不少的困难。太阳能的这些特点使它在整个综合能源体系中的作用受到一定的限制。

在常规能源日益紧缺、环境污染日趋严重的今天，充分利用太阳能显然具有持续发展和保护环境的双重意义。由于太阳能可以转换成多种其他形式的能量，其应用的范围非常广泛，主要有太阳能发电、太阳能热利用、太阳能动力利用、太阳能光化利用、太阳能生物利用和太阳能光利用等。

将吸收的太阳辐射热能转换成电能的发电技术称太阳能热发电技术，它包括两大类型：一类是利用太阳热能直接发电，如半导体或金属材料的温差发电、真空器件中的热电子和热离子发电以及碱金属热电转换和磁流体发电等，这类发电的特点是发电装置本体没有活动部件，但目前此类发电量小。另一类是太阳热能间接发电，就是利用光热电转换，即通常所说的太阳能热发电。将太阳热能转变为介质的热能，通过热机带动发电机发电，其基本组成与火力发电设备类似，只不过其热能是从太阳能转换而来，就是说用"太阳锅炉"代替火电厂的常规锅炉。

一、太阳能光伏发电

太阳能是最重要的可再生能源之一，光伏发电技术也是分布式发电系统中不可或缺的重要组成部分。我国是太阳能资源丰富的国家，因此光伏发电技术在我国有着广阔的市场前景。

太阳能光伏发电系统在不同的地区有不同的利用形式，总的来说有以下三种：在荒漠地区，可以构建大型光伏电站；在发展较好的地区，可以发展太阳能光伏建筑；在偏远地区，可以构建独立光伏微电网。

荒漠光伏电站已经成为我国能源发展战略中非常重要的部分。2010—2020 年正式启动我国开阔地（荒漠）光伏电站计划，争取 2010—2020 年新增光伏电站装机容量达到 11970MWp，到 2020 年年底累计开阔地（荒漠）光伏电站装机容量达到 12GWp。从目前我国的国力和政策看，荒漠光伏电站应靠近主干电网（最好在50km以内），以减少新增输电线路的投资。还应靠近距离用电负荷中心在100km以内，以减少输电损耗。如果附近没有用电负荷中心，则最好有大型水电站，可以将光伏电站的电力通过抽水蓄能进行转换。

太阳能光伏发电在发达地区推广利用的最佳形式就是与公共电网并网，并且与建筑结合，即光伏建筑一体化。光伏发电系统与建筑结合的早期形式主要就是所谓的"屋顶计划"，这是德国率先提出的方案并进行具体实施。目前，光伏建筑已经从单纯地将光伏组件安装在屋顶上，发展成为将光伏组件作为建筑材料的一部分。现在通常将光伏组件构造成平板状结构，经过特殊设计和加工满足建筑材料的基本要求。

偏远地区远离城市电网，可构建独立光伏微电网。在我国西部地区和一些海岛还有大约28000个村庄、700万户、3000万人口无电，这些无电地区有很丰富的太阳能资源，光伏发电在这样的地区有广阔的市场前景。考虑到光伏发电的低能量密度和随机性，光伏发电系统对边远地区供电，当容量较小时需配以储能单元才能独立运行，或者是几种能源组成联合发电系统，如风/光联合发电系统、光伏/小型水电站联合发电系统等。

1. 太阳能光伏发电原理

光伏电池，是利用光伏效应将太阳能直接转换为电能的器件，也称太阳电池。

常见的"光伏电池"都是由很多单体光伏电池构成的。单体光伏电池是指具有正、负电极，并能把光能转换为电能的最小光伏电池单元。

图2-6是常规的单体硅光伏电池结构示意图，其工作原理如图2-7所示。当N型硅和P型硅结合时，N型区的电子（带负电荷）扩散到P型区，P型区的空穴（带正电荷）扩散到N型区，如图2-7b所示。

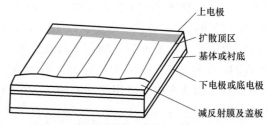

图2-6 常规的单体硅光伏电池结构示意图

此时，N型区带正电，P型区带负电，在硅半导体内部产生内建电场，如图2-7c所示，

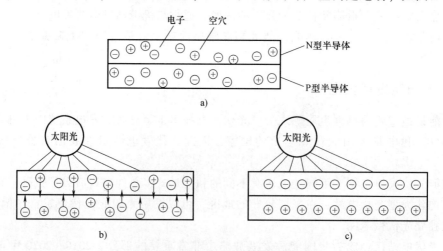

图2-7 晶体硅太阳能光伏电池工作原理
a）半导体晶片 b）带正电的空穴向P型半导体区移动，带负电的电子向N型半导体区移动
c）电子从N区负电极流出负电，空穴从P区正电极流出正电

在 PN 结的两边出现电压。当太阳光照射在半导体 PN 结上时,太阳辐射中的光子打入半导体中,产生可以自由移动的电子和空穴,形成新的空穴-电子对。在 PN 结电场作用下,空穴由 N 型区流向 P 型区,电子由 P 型区流向 N 型区。于是,PN 结两端的接触电极将分别带上正电荷和负电荷。若接通 PN 结两侧的电路,就会形成电流,从 P 型区经外电路流向 N 型区。

描述光伏电池特性的两个重要参数分别是短路电流 I_{SC} 和空载电压 U_{OC}。短路电流就是将光伏电池置于标准光源的照射下,在输出短路时流过光伏电池两端的电流。空载电压就是将光伏电池置于标准光源的照射下,在输出开路时光伏电池的输出电压,其值可用高内阻的直流毫伏计测量。

2. 太阳能光伏发电系统

光伏系统就是光伏电池应用系统,或称光伏电池发电系统。光伏系统通常由太阳电池板、充电控制器、逆变器和蓄电池等部分组成,图 2-8 为光伏发电系统的示意图。其主要组成部分的功能如下:

1)太阳电池板。太阳电池板的作用是将太阳辐射能直接转换成直流电,供负载使用,或存储于蓄电池内备用。一般根据用户需要,将若干太阳电池板按一定方式连接,组成太阳能电池方阵,再配上适当的支架及接线盒。

2)充电控制器。由于天气的原因,太阳电池方阵发出的直流电的电压和电流不是很稳定,因此在太阳发电系统中,需要安装充电控制器。其基本作用是为蓄电池提供最佳的充电电流和电压,快速、平稳、高效地为蓄电池充电,并在充电过程中减少损耗,尽量延长蓄电池的使用寿命。同时保护蓄电池,避免过充电和过放电现象的发生。如果用户使用直流负载,通过充电控制器还能为负载提供稳定的直流电。

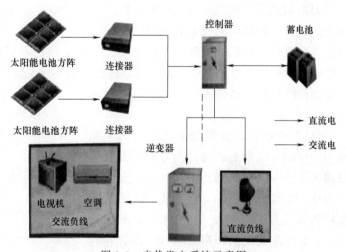

图 2-8 光伏发电系统示意图

3)逆变器。逆变器的作用就是将太阳电池方阵和蓄电池提供的低压直流电逆变成 220V 交流电,供给交流负载使用。

4)蓄电池组。蓄电池组是将太阳电池方阵发出的直流电储存起来供负载使用。在光伏发电系统中,电池处于浮充放电状态,夏天日照量大,除了供给负载用电外,还对蓄电池充电。在冬天日照量少时,这部分储存的电能逐步放出。白天太阳电池方阵给蓄电池充电,同时方阵还要给负载用电,晚上负载用电全部由蓄电池供给。常用的蓄电池有铅酸蓄电池和硅胶蓄电池,在要求较高的场合也有价格比较昂贵的镍储蓄电池,光伏系统一般分为独立光伏系统和并网光伏系统两大类。独立光伏系统是指供用户单独使用的光伏系统,如在边远地区使用的家用光伏电源等。并网光伏系统是指与电网系统相连的光伏系统,产生的电能可以输入电网。这里所称的电网可以是传统意义上的大电网，也可以是由各种可再生能源构成的分布式发电系统。

二、太阳能热发电

通常所说的太阳能热发电，就是指太阳能蒸汽热动力发电。典型太阳能热发电系统的原理如图 2-9 所示。

太阳能蒸汽热动力发电的原理和传统火力发电的原理类似，所采用的发电机组和动力循环都基本相同。区别在于产生蒸汽的热量来源是太阳能，而不是煤炭等化石燃料。一般用太阳能集热装置收集太阳能的光辐射并转换为热能，将某种工质加热到数百摄氏度的高温，然后经热交换器产生高温高压的过热蒸汽，驱动汽轮机旋转并带动发电机发电。

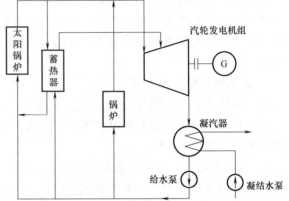

图 2-9 典型太阳能热发电系统原理图

太阳能热发电系统，由集热部分、热传输部分、蓄热与热交换部分和汽轮发电部分组成。典型的太阳能蒸汽热动力发电系统的原理图如图 2-10 所示，其中定日镜、集热器实现集热功能，蓄热器是蓄热与热交换部分的主要设备，汽轮机、发电机是发电的核心设备，凝汽器、水泵为热动力循环提供水和动力。

1）集热部分。太阳能是比较分散的能源，定日镜（或聚光系统）的作用就是将太阳辐射聚焦，以提高其功率密度。大规模太阳能热发电的聚光系统，会形成庞大的太阳能收集场。为了能够聚集和跟踪太阳的光照，一般要配备太阳能跟踪装置，保证在有阳光时段持续高效地获得太阳能。

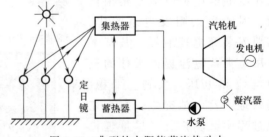

图 2-10 典型的太阳能蒸汽热动力
发电系统的原理图

集热器的作用是将聚焦后的太阳能辐射吸收，并转换为热能提供给工质，是各种利用太阳能装置的关键部分，目前常用的有真空管式和腔体式结构。整个集热部分可以看成是庞大的聚光型集热器。

2）热能传输部分。热能传输部分把集热器收集起来的热能传输给蓄热部分。对于分散型集热系统，通常要把多个单元集热器串联或并联起来组成集热器方阵。传热介质通常选用加压水或有机流体。为减少输热管的热损失，一般在输热管外加装绝热材料，或利用特殊的热管输热。

3）蓄热与热交换部分。由于太阳能受季节、昼夜和气象条件的影响，为保证发电系统的热源稳定，需要设置蓄热装置。蓄热分低温（小于 100℃）、中温（100～500℃）、高温（500～1000℃）和极高温（1000℃以上）4 种类型，分别采用水化盐、导热油、熔化盐和氧化锆耐火球等作为蓄热材料。蓄热装置所储存的热能，还可供光照短缺时使用。

为了适应汽轮发电的需要，传输和储存的热能还需通过热交换装置，转化为高温高压蒸汽。

4）汽轮发电部分。经过热交换形成的高温高压蒸汽，可以推动汽轮发电机工作。汽轮发电部分是实现电能供应的重要部分，其电能输出可以是单机供电，也可以采用并网供电。

应用于太阳能热发电的发电机组，除了通常的蒸汽轮机发电机组以外，还有用太阳能加热空气的燃气轮机发电机组、斯特林发动机等。

第三节 其他发电系统

一、生物质能发电

生物质能是绿色植物通过叶绿素将太阳能转换为化学能而储存在生物质内部的能量，一直是人类赖以生存的重要能源，通常包括木材和森林工业废弃物、农业废弃物、水生植物、油料植物、城市与工业有机废弃物和动物粪便等。生物质能由太阳能转换而来，是可再生能源。

开发利用生物质能，具有很高的经济效益和社会效益，主要体现在：生物质能是可再生能源，来源广、便宜、容易获得，并可转换为其他便于利用的能源形式，如燃气、燃油、酒精等；生物质燃烧产生的污染远低于化石燃料，并使得许多废物、垃圾的处置问题得到解决，有利于环境保护。以生物质能为能源发电，只是其中利用的一种的形式。由于生物质能表现形式的多样性，以及将生物质原料转换成能源的装置的不同，生物质能发电厂的种类较多，规模大小受生物质能资源的制约，主要有垃圾焚烧发电厂、沼气发电厂、木煤气发电厂、薪柴发电厂和蔗渣发电厂等。尽管如此，从能源转换的观点和动力系统的构成来看，生物质能发电与火力发电基本相同。一种是将生物质原料直接或处理后送入锅炉燃烧把化学能转换为热能，以蒸汽作为工质进入汽轮机驱动发电机，如垃圾焚烧发电厂；另一种是将生物质原料处理后，形成液体燃料或气体燃料直接进入发电机驱动发电机发电，如沼气发电厂。

利用生物质能发电关键在于生物质原料的处理和转换技术。除了直接燃烧外，利用现代物理、生物和化学等手段，可以把生物质资源转化为液体、气体或固体形式的燃料和原料。目前研究开发的转换技术主要分为物理干馏、热解法和生物、化学发酵法几种，包括干馏制取木炭技术、生物质可燃气体（木煤气）技术、生物质厌氧消化（沼气制取）技术和生物质能生物转化技术。

1. 生物质转化的能源形式

通过转化技术得到的能源形式有如下几种：

1）酒精（乙醇）。它被称为绿色"石油燃料"，把植物纤维经过一定的加工改造、发酵即可获得。用酒精作燃料，可大大减少石油产品对环境的污染，而且其生产成本与汽油基本相同。

2）甲醇。它是由植物纤维素转化而来的重要产品，是一种对环境污染很小的液体燃料。甲醇的突出优点是燃烧中碳氢化合物、氧化氮和一氧化碳的排放量很低，而且效率较高。

3）沼气。它是在极严格的厌氧条件下，有机物经多种微生物的分解与转化作用产生的，是高效的气体燃料，主要成分为甲烷（55%~70%）、二氧化碳（约占 30%~35%）和极少量的硫化氢、氢气、氨气、磷化三氢和水蒸气等。

4）可燃气体（木煤气）。它是可燃烧的生物质，如木材、锯末屑、秸秆、谷壳和果壳等，在高温条件下经过干燥、干馏热解及氧化还原等过程后产生的可燃混合气体，其主要成分有可燃气体 CO、H_2、CH_4、C_mH_n，及不可燃气体 CO_2、O_2、N_2 和少量的水蒸气。不同的生物质资源气化产生的混合气体各成分含量有所差异。生物质气化产生的混合气体与煤、石油经过气化产生的可燃混合气体——煤气的成分大致相同，为了加以区别，俗称"木煤气"。另外，气化过程还有大量煤焦油产生，它是由生物质热解释放出的多种碳氢化合物组成的，也可作为燃料使用。

5）固体燃料。它包括生物质干馏制取的木炭和生物质挤压成型的固体燃料。为克服生物质燃料密度低的缺点，采取将生物质粉碎成一定细度后，在一定的压力、温度和湿度条件下，挤压成棒状、球状和颗粒状的生物质固体燃料。生物质经挤压成型加工，使其密度大大增加，热值显著提高，与中质煤相当，便于贮存和运输，并保持了生物质挥发性高、易着火燃烧、灰分及含硫量低、燃烧产生污染物较少等优点。如果再利用生物质炭化炉还可以将成型的生物质固体燃料进一步炭化，生产生物炭。由于在隔绝空气条件下，生物质被高温分解，生成燃气、焦油和炭，其中的燃气和焦油又从炭化炉释放出去，所以最后得到的生物炭燃烧效果显著改善，烟气中的污染物含量明显降低，是一种高品质的民用燃料，优质的生物炭还可以用于冶金工业。

6）生物油。某些绿色植物能够迅速地把太阳能转变为烃类，而烃类是石油的主要成分。植物依靠自身的生物机能转化为可利用的燃料，是生物质能源的生物转化技术。对这些植物的液体（实际是一种低分子量的碳氢化合物）加以提炼得到的"绿色石油"，燃烧时不会产生一氧化碳和二氧化硫等有害气体，不污染环境，是一种理想的清洁生物燃料。

2. 生物质能发电的特点

采用生物质能发电的特点主要有：

1）生物质能发电重要配套技术是生物质能的转化技术，且转化设备必须安全可靠、维护方便。

2）利用当地生物资源发电的原料必须具有足够数量的贮存，以保证连续供应。

3）发电设备的装机容量一般较小，且多为独立运行的方式。

4）利用当地生物质能资源就地发电、就地利用，不需外运燃料和远距离输电，适用于居住分散，人口稀少，用电负荷较小的农牧业区及山区。

5）城市粪便、垃圾和工业有机废水对环境污染严重，用于发电，则化害为利，变废为宝。

6）生物质能发电所用能源为可再生能源，资源不会枯竭、污染小、清洁卫生，有利于环境保护。

目前，我国城市垃圾处理以填埋和堆肥为主，既侵占土地又污染环境。垃圾焚烧技术可以在高温下对垃圾中的病原菌彻底杀灭实现无害化处理，焚烧后灰渣只占原体积的 5%，达到减量化的目的。采用垃圾焚烧发电，不仅具有以上优点，还可回收能源，是目前发达国家广泛采用的城市垃圾处理技术。垃圾焚烧发电技术的关键在于：焚烧技术即垃圾焚烧炉技术,现有方式主要有层状焚烧、沸腾焚烧和旋转焚烧,其中以层状焚烧应用最广。层状焚烧的垃圾锅炉的垃圾焚烧过程,是通过可移动的、有一定倾斜角的炉排片使垃圾在炉床上缓慢移动,并不断地翻转、搅拌及松散,甚至开裂和破碎,以保证垃圾得到逐渐的干燥,着火燃烧,直至完全燃尽。垃圾焚烧产生的尾气中,有一定量的粉尘、HCl、NO_x 和 SO_x,因此要严格控制燃烧工况(空气量、燃烧温度和炉内停留时间)并安装各种尾气净化设备。此外,垃圾中可燃废弃物的质量和数量随季节和地区的不同而发生变化,垃圾发电的发电量波动性大,稳定性差。

我国经过 30 多年发展,沼气发电在工矿企业、山区农村、小城镇以及远离电网、少煤缺水的地区得到应用,已研制出 0.5~250kW 不同容量的沼气发电机组,基本形成系列产品。沼气电站具有规模小,设备简单,建设快,投资省;制取沼气的资源丰富,分布广泛,价格低廉,不受季节影响可全年发电;可以净化环境,促进生态平衡;容易实现与太阳能、风能的联合利用等优点。以沼气利用技术为核心的综合利用技术模式,由于其明显的经济和社会效益而得到快速发展,已成为中国生物质能利用的特色。

沼气发电站主要由发电机组、废热回收装置、控制和输配电系统、气源工程和辅助建筑物等构成。生产过程为:消化池产生的沼气经汽水分离、脱硫化氢和脱氧化碳等净化处理后,由储气柜输至稳压箱稳压,进入沼气发动机驱动发电机发电。而沼气发动机排出的废气和冷却水中的热量,则通过废热回收装置进行回收,作为消化池料液加温热源或其他用途而得到充分利用,如图 2-11 所示。

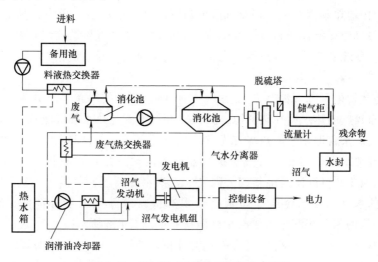

图 2-11 沼气发电系统工艺流程示意图

二、地热发电

地球本身就是一个巨大的热库,其内部蕴藏的热能即"地热能",总量约为地球上储煤发热量的 1.7 亿倍,仅在地面以下 3km 之内可开发的热能就相当于 2.9 万亿吨标准煤的能量,是取之不尽的可再生能源。地球表面的热能主要来自太阳辐射,地球内部的热能大多认为主要来自岩石中放射性元素蜕变产生的热量。在未来一段时期内,能够经济、合理地利用的地热能称为地热资源,目前人类只是开发利用了其中极少的一部分。

1. 地热资源的类型

地热资源根据其在地下储热中存在的形式不同，可以分为五种类型。

1) 蒸汽型地热资源。其地下储热以温度较高的过热蒸汽为主，掺杂有少量其他气体，水很少或没有。

2) 热水型地热资源。其地下储热以热水或湿蒸汽为主，根据其温度分为高温（150℃以上）、中温（90~150℃）和低温（90℃以下）。

3) 地压型地热资源。它以地压水的形式储于地表下 2~3km 以下的深部沉积盆地中，被岩石盖层封闭，有着很高压力，温度在 150~260℃。地压水中还溶有大量的甲烷等碳氢化合物，构成有价值的产物。

4) 干热岩型地热资源。它是比上述各种地热资源规模更为巨大的地热资源，广义上指地下普遍存在的没有水或蒸汽的热岩石。从现阶段来看，是专指埋深较浅，温度较高（150~650℃），有较大开发利用价值的热岩石。

5) 岩浆型地热资源。它是蕴藏于熔融状和半熔融状岩石中的巨大能量，温度在 600~1500℃左右，埋藏部位最深，目前还难以开发。

2. 地热发电原理和分类

地热发电是利用高温地热资源进行发电的方式。其原理与常规火力发电基本相同，只不过高温热源是地下储热。根据地热资源的特点以及开发技术的不同，地热发电通常可分为以下几种。

1) 直接利用地热蒸汽发电。将蒸汽型地热资源现有的温度、压力较高的干蒸汽，从地热井引出，经井口分离装置分离掉蒸汽中所含的固体杂质，直接送入汽轮发电机组发电。这种方式投资少，系统最简单，经济性也高，但蒸汽型地热资源储量很少，只分布在有限的几个地热带上。

2) 闪蒸地热发电系统（减压扩容法）。在目前经济、技术条件下开发，普遍的是储量相对较多、分布较广的热水型地热资源，其热能存在形式是热水或湿蒸汽，比较适合采用闪蒸地热发电系统。来自地热井的热水首先进入减压扩容器，扩容器内维持着比热水压力低的压力，因而部分热水得以闪蒸。将减压扩容器产生的蒸汽送往汽轮机膨胀做功发电，如图 2-12a 所示。如地热井口流体是湿蒸汽，则先进入汽水分离器，分离出的蒸汽送往汽轮机做功，分离剩余的水再进入扩容器（如剩余热水直接排放就是汽水分离法，热能利用不充分），扩容后得到的闪蒸蒸汽也送往汽轮机做功，如图 2-12b 所示。

闪蒸地热发电的优点：系统比较简单、运行和维护较方便，而且扩容器结构简单；凝汽器采用混合式，金属消耗量少，造价低。存在的缺点主要是：产生的蒸汽压力低则比热容大，蒸汽管道、汽轮机的尺寸相应也大，投资增加；设备直接受水质影响，易结垢、腐蚀；当蒸汽中夹带的不凝结气体较多时，需要容量大的抽气器维持高真空，因此自身能耗大。

3) 双循环地热发电系统（低沸点工质循环），如图 2-13 所示。低沸点工质循环是为了克服闪蒸地热发电系统的缺点而出现的一种循环系统。地下热水用深井泵加压打到地面进入蒸发器，加热某种低沸点工质，使之变为低沸点工质过热蒸汽，然后送入汽轮发电机组发电；汽轮机排出的乏汽经凝汽器冷凝成液体，用工质泵再打回蒸发器重新加热，重复循环使用。为充分利用地热水的余热，从蒸发器排出的地热水去预热器加热来自凝汽器的低沸点工质液体，使其温度接近饱和温度，再进入蒸发器。为了保证从地热井来的地热水在输送过程

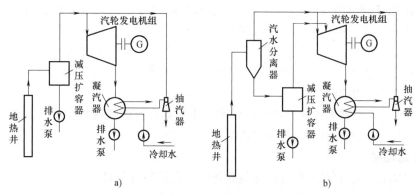

图 2-12 闪蒸地热发电系统
a) 热水 b) 湿蒸汽

中不闪蒸成蒸汽和避免溶解气体从水中逸出,管路中的热水压力始终大于其温度对应的饱和压力。

地热能在开发利用过程中,也会带来环境污染,主要表现在 H_2S、CO_2 的空气污染,含盐废水的化学污染和热污染,噪声污染和地面沉降等几方面。这些污染可以通过气体净化、废水回灌及安装消声器等措施得到解决。因此地热能仍被认为是清洁的可再生能源。

三、海洋能发电

海洋能通常是指海洋中所蕴藏的可再生的自然能源,主要为潮汐能、波浪能、海流能(潮流能)、海水温差能和海水浓度差能。潮汐能和潮流能来源于太阳和月亮对地球的引力作用,其他海洋能均源自太阳辐射。海洋面积约占地球表面积的 71%,因此海洋能的蕴藏量大、分布广,是清洁的可再生能源。

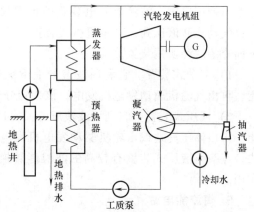

图 2-13 双循环地热发电系统流程图

1. 潮汐电站

潮汐能是指海水潮涨和潮落形成的水的势能,多为 10m 以下的低水头,平均潮差在 3m 以上就有实际应用价值。潮汐电站目前已经实用化。在潮差大的海湾入口或河口筑坝构成水库,在坝内或坝侧安装水轮发电机组,利用堤坝两侧潮汐涨落的水位差驱动水轮发电机组发电。潮汐电站有单库单向式、单库双向式和双库式等几种形式。

1) 单库单向式潮汐电站。这种电站只建一个水库,安装单向水轮发电机组,因落潮发电可利用的水库容量和水位差比涨潮大,这种电站常采用落潮发电方式。涨潮时打开水库闸门向水库充水,平潮时关闸;落潮后,待水库内外有一定水位差时开闸,驱动水轮发电机组发电。单库单向式潮汐电站结构简单、投资少,但一天中只有 1/3 左右的时间可以发电。为了利用库容多发电,可采用发电结合抽水蓄能式,在水头小时,用电网的电力将海水抽入水库,以提高发电水头。

2) 单库双向式潮汐电站。这种电站只建一个水库,安装双向水轮发电机组或在水工建筑布置上满足涨潮和落潮双向发电要求，比单库单向式可增加发电量约25%，同样可采用发电结合抽水蓄能式，但仍存在间歇性发电的缺点。

3）双库（高低库）式潮汐电站。这种电站建有两个互相邻接的水库，两库之间安装单向水轮发电机组。涨潮时，向高水库充水；落潮时，由低水库泄水，高、低库之间始终保持水位差，水轮发电机组连续发电。

4）潮汐电站采用贯流式水轮机，有灯泡贯流式和全贯流式两种型式。灯泡贯流式机组是潮汐发电中的第一代机型，全贯流式机组为第二代机型。

2. 波浪能电站

波浪能是海洋表面波浪所具有的动能和势能，是被研究得最为广泛的一种海洋能源。波浪能电站是利用波浪的上下振荡、前后摇摆和波浪压力的变化，通过某种装置将波浪的能量转换为机械的、气压的或液压的能量，然后通过传动机构、气轮机、水轮机或油压马达驱动发电机发电的电站。目前，特殊用途的小功率波浪能发电，已在导航的灯浮标、灯柱和灯塔等获得推广应用。波浪能发电装置的种类很多，按能量中间转换环节不同主要可分为机械式、气动式和液压式，其中机械式装置多是早期的设计，结构笨重、可靠性差，未获实用。下面介绍两种实用装置。

1）气动式装置。它利用波浪的上下振荡，通过气室将波浪能转换成空气的压能和动能，再由气轮机驱动发电机发电。该装置分为漂浮式和固定式。

2）液压式装置。它利用波浪压能，通过某种装置将波浪的能量转换成液体的压能和位能，再由油压马达或水轮机驱动发电机发电。该装置有点头鸭液压式和收缩斜坡聚焦波道式。点头鸭液压式装置有较高的波浪能转换效率，但结构复杂，海上工作安全性差，未获实用。

3. 海流能电站

海流能是海水流动的动能，主要是指海底水道和海峡中较为稳定的海水流动的动能以及由于潮汐导致的有规律的海水流动的动能。海流发电装置的基本形式和风力发电相似，又称为水下风车。但由于海水的密度约为空气的1000倍，且装置必须放于水下，因此海流发电的关键在于海流透平技术的开发。

海流发电按转换方式可分为以下几种。

1）螺旋桨式。其螺旋桨或敞开或被罩在集流导管中，转轴与海流方向平行。

2）对称翼型立轴式转轮（达里厄转子）。由对称翼型直叶片构成的转轮的转轴垂直于海流方向，在正反向水流作用下总是朝一个方向旋转。

3）降落伞式。串联在链绳上的一组降落伞漂浮在海流中，顺着海流的伞张开接收水流推力，逆着海流的伞收拢以减小阻力。

4）磁流式。海水中有大量的电离子，海流通过磁场产生感应电动势。

目前正在研究中的多为小型海流和潮流发电装置，大多采用螺旋桨式和对称翼型立轴式转轮海流发电机组，并已建成示范性电站。我国是世界上海流资源密度最高的国家之一，发展海流能发电有良好的资源优势。

4. 海水温差能发电

海水温差能是指海洋表层海水和深层海水之间水温之差的热能。海洋的表面把太阳的辐射能的大部分转化成为热水（25~58℃）并储存在海洋的上层，而接近冰点（4~7℃）的深层海水大面积地在不到 1000m 的深度从极地缓慢地环流到赤道。这样，海洋本身就具有天然、稳定的高温和低温两个热源，并在许多热带或亚热带海域终年形成 20℃ 左右的垂直海水温差。利用这一温差可以实现热力循环并发电，其系统构成与地下热水发电很相似。

第四节 储 能

一、概述

以传统化石能源为基础的火力发电等常规能源通常按照用电需求进行发电、输电、配电、用电的调度；而以风能、太阳能为基础的新能源发电取决于自然资源条件，具有波动性和间歇性，其调节控制困难，大规模并网运行会给电网的安全稳定运行带来显著影响。

传统电网的运行时刻处于发电与负荷之间的动态平衡状态，也就是通常所说的"即发即用"状态。因此，电网的规划、运行和控制等都基于"供需平衡"的原则进行，即所发出的电力必须即时传输，用电和发电也必须实时平衡。这种规划和建设思路随着经济和社会的发展越来越显现出缺陷和不足，电网的调度、控制及管理也因此变得日益困难和复杂。

在大容量、高性能和规模化储能技术应用之后，电力将成为可以储存的商品，这将给电力系统运行所必须遵行的发电、输电、配电、用电同时完成的概念以及基于这一概念的运行管理模式带来根本性变化。储能技术把发电与用电从时间和空间上分隔开来，发出的电力不再需要即时传输，用电和发电也不再需要实时平衡，这将促进电网的结构形态、规划设计、调度管理、运行控制以及使用方式等发生根本性变革。

储能技术的应用将贯穿于电力系统发电、输电、配电、用电的各个环节，可以缓解高峰负荷供电需求，提高现有电网设备的利用率和电网的运行效率；可以有效应对电网故障的发生，可以提高电能质量和用电效率，满足经济社会发展对优质、安全、可靠供电和高效用电的要求；储能系统的规模化应用还将有效延缓和减少电源和电网建设，提高电网的整体资产利用率，彻底改变现有电力系统的建设模式，促进其从外延扩张型向内涵增效型转变。

二、储能技术的分类与特点

按照所存储能量的形式，储能方式主要分为三类：机械储能、电磁储能和电化学储能。

1. 机械储能

机械储能包括抽水储能、飞轮储能和压缩空气储能。

1) 抽水储能。电网低谷时利用过剩电力将作为液态能量媒体的水从低标高的水库抽到高标高的水库，电网峰值时高标高水库中的水回流到下水库推动水轮机发电机发电。抽水储能的优点：属于大规模、集中式能量储存，技术相当成熟，可用于电网的能量管理和调峰；效率一般为 65%~75%，最高可达 80%~85%；负荷响应速度快（10%负荷变化需 10s），从全停到满载发电约 5min，从全停到满载抽水约 1min；具有日调节能力，适合于配合核电站、大规模风力发电、超大规模太阳能光伏发电。抽水储能的缺点：需要上池和下池；厂址的选择依赖地理条件，有一定的难度和局限性；与负荷中心有一定距离，需长距离输电。

抽水蓄能在电力系统中可以起到调峰填谷、调频、调相、紧急事故备用、黑启动和为系统提供备用容量等多重作用。

2) 飞轮储能。在一个飞轮储能系统中，电能用于将一个放在真空外壳内的转子（即一个大质量的由固体材料制成的圆柱体）加速（达几万转/min），从而将电能以动能形式储存起来（利用大转轮所储存的惯性能量）。飞轮储能的优点：寿命长（15~30年）；效率高（90%）；少维护、稳定性好；较高的功率密度；响应速度快（毫秒级）；环境友好。飞轮储能的缺点：能量密度低，只可持续几秒至几分钟；由于轴承的磨损和空气的阻力，具有一定的自放电。

飞轮储能多用于工业和不间断电源（UPS）中，适用于配电系统运行，以进行频率调节，可用作一个不带蓄电池的UPS，当供电电源故障时，快速转移电源，维持小系统的短时间频率稳定，以保证电能质量（供电中断、电压波动等）。

3) 压缩空气储能。压缩空气储能采用空气作为能量的载体，大型的压缩空气储能利用过剩电力将空气压缩并储存在一个地下的结构（如地下洞穴），当需要时再将压缩空气与天然气混合，燃烧膨胀以推动燃气轮机发电。压缩空气储能的优点：有调峰功能，适合用于大规模风场，因为风能产生的机械功可以直接驱动压缩机旋转，减少了中间转换成电的环节，从而提高效率。压缩空气储能的缺点：需要大的洞穴以存储压缩空气，与地理条件密切相关，适合地点非常有限；需要燃气轮机配合，并要一定量的燃气作燃料，适合于用作能量管理、负荷调平和削峰；以往开发的是一种非绝热（diabatic）的压缩空气储能技术，空气在压缩时所释放的热并没有储存起来，通过冷却消散了，而压缩的空气在进入汽轮前还需要再加热。因此全过程效率较低，通常低于50%。

2. 电磁储能

电磁储能主要包括超级电容器储能和超导储能。

1) 超级电容器储能。超级电容器根据电化学双电层理论研制而成的，又称双电层电容器，两电荷层的距离非常小（一般0.5mm以下），采用特殊电极结构，使电极表面积成万倍的增加，从而产生极大的电容量。超级电容器储能的优点：寿命长、循环次数多；充放电时间快、响应速度快；效率高；少维护、无旋转部件；环境友好等。超级电容器储能的缺点：超级电容器的电介质耐压很低，制成的电容器一般耐压仅有几伏，储能水平受到耐压的限制，因而储存的能量不大；能量密度低；投资成本高；有一定的自放电率。

2) 超导储能。超导储能系统是由一个用超导材料制成的，放在低温容器中的线圈、功率调节系统（PCS）和低温制冷系统等组成。能量以超导线圈中循环流动的直流电流方式储存在磁场中。超导储能的优点：由于直接将电能储存在磁场中，并无能量形式转换，能量的充放电非常快（几毫秒至几十毫秒），功率密度很高；极快的响应速度，可改善配电网的电能质量。超导储能的缺点：超导材料价格昂贵；维持低温制冷运行需要大量能量；能量密度低（只能维持秒级）；虽然已有商业性的低温和高温超导储能产品可用，但因价格昂贵和维护复杂，在电网中应用很少，大多是试验性的。

超导储能适合用于提高电能质量，增加系统阻尼，改善系统稳定性能，特别是用于抑制低频功率振荡。

3. 电化学储能

电化学储能主要包括各种二次电池，有铅酸电池、锂离子电池和钠硫电池等。

1) 铅酸电池。铅酸电池是世界上应用最广泛的电池之一。铅酸电池内的阳极及阴极浸到电解液（稀硫酸）中，两极间会产生2V的电势，这就是铅酸电池的原理。铅酸电池的优点：技术很成熟；结构简单、价格低廉、维护方便；循环寿命可达 1000 次左右；效率可达 80%~90%，性价比高。铅酸电池的缺点：深度、快速及大功率放电时，可用容量下降；能量密度较低；寿命短。

铅酸电池主要应用在电能质量、频率控制、电站备用、黑启动和可再生储能中。

2）锂离子电池。锂离子电池实际上是一个锂离子浓差电池，正负电极由两种不同的锂离子嵌入化合物构成。充电时，Li+从正极脱嵌经过电解质嵌入负极，此时负极处于富锂态，正极处于贫锂态；放电时则相反，Li+从负极脱嵌，经过电解质嵌入正极，正极处于富锂态，负极处于贫锂态。锂离子电池的优点：锂离子电池的效率可达 95%以上；放电时间可达数小时；循环次数可达 5000 次或更多，响应快速；锂离子电池的缺点：锂离子电池的价格依然偏高；有时会因过充电而导致发热、燃烧等安全问题，有一定的风险，所以需要通过过充电保护来解决。

锂离子电池主要应用在电能质量、备用电源和 UPS 中。

3）钠硫电池。钠硫电池的阳极由液态的硫组成，阴极由液态的钠组成，中间隔有陶瓷材料的贝塔铝管。电池的运行温度需保持在 300℃以上，以使电极处于熔融状态。钠硫电池的优点：循环周期可达 4500 次；放电时间可达 6~7h；周期往返效率约为 75%；能量密度高，响应时间快（毫秒级）。钠硫电池的缺点：由于它使用了金属钠，是一种易燃物，又运行在高温下，所以存在一定的风险。

钠流电池主要应用在电能质量、备用电源、调峰填谷、能量管理、可再生储能中。

第五节 小　　结

本章主要介绍新能源发电及储能的主要形式和基本概况，新能源主要指清洁能源，它的开发利用不会（或较少）污染环境，但新能源具有能量密度低且高度分散的特点，风能、太阳能和潮汐能还具有间歇性、随机性的问题。这些问题，随着科学技术的进步，将会得以有效解决。

风力发电的动力系统主要指风力发电机，简单的风力发电机由叶轮和发电机两部分构成，空气流动的动能作用在叶轮上，将动能转换成机械能，从而推动叶轮旋转。如果将叶轮的转轴与发电机的转轴相连，就会带动发电机发出电来。太阳能发电的方式主要有通过热过程的"太阳能热发电"和不通过热过程的"光伏发电""光感应发电""光化学发电"及"光生物发电"等。目前，可进行商业化开发的主要是太阳能热发电和太阳能光伏发电两种。生物质能发电从能源转换的观点和动力系统的构成来看，生物质能发电与火力发电基本相同。一种是将生物质原料直接或处理后送入锅炉燃烧，把化学能转化为热能，以蒸汽作为工质进入汽轮机驱动发电机，如垃圾焚烧发电厂。另一种是将生物质原料处理后，形成液体燃料或气体燃料直接进入发电机驱动发电机发电，如沼气发电厂。地热发电是利用高温地热资源进行发电的方式，其原理与常规火力发电基本相同，只不过高温热源是地下储热。海洋能通常指海洋中所蕴藏的可再生的自然能源，主要为潮汐能、波浪能、海流能（潮流能）、海水温差能和海水浓度差能，利用这些能量发电。储能技术的应用将贯穿于电力系统发电、输电、配电、用电的各个环节，可以缓解高峰负荷供电需求，提高现有电网设备的利用率和电网的运行效率；可以有效应对电网故障的发生，可以提高电能质量和用电效率等；储能方式主要可分为机械储能、电磁储能和电化学储能。

第六节　思考题与习题

1. 新能源发电指的是哪些能源？具有什么样的特点？
2. 风力发电机组包括哪些组件及作用？主要风力发电机类型有哪些？
3. 风力发电的运行方式有哪些？
4. 太阳能发电系统的基本组成部分的作用？太阳能热发电系统有哪些形式及特点？
5. 为什么说太阳能光伏电池是最有前途的新能源技术？
6. 利用生物质能发电的关键在哪些方面？生物质能发电有何特点？
7. 地热资源有哪些类型？地热发电可分为哪几类？
8. 什么是海洋能？海洋能的利用有哪些特点？
9. 潮汐能、波浪能、海流能（潮流能）和海水温差能发电的形式特点有哪些？
10. 储能技术对电力系统的主要影响有哪些？
11. 储能的主要形式有哪些？其特点是什么？

第二篇　电力系统分析基础

　　本篇从工程应用的角度，介绍电力系统运行分析的基本原理、基本方法，不求深而全，力求内容精炼，简单易懂。通过对本篇内容的学习可以使学生对电力系统的组成、稳态和暂态运行特点、分析方法有全面基本的了解；熟悉电力系统各元件的特点、数学模型和相互间的关系，理解并掌握电力系统分析物理概念、原理和方法；锻炼提高工程分析计算和解决问题的能力，为进一步在电力生产实践中的应用打下基础。同时，本篇可为后续两篇的学习提供有关电力系统物理规律的背景知识和基本分析方法。本篇的主要内容包括电力系统元件的特性和模型、电力系统潮流的计算分析方法、电力系统的有功功率和频率控制及无功功率和电压控制、电力系统短路故障分析和电力系统稳定性分析。

第三章 电力系统等效电路

电力系统等效电路是对电力系统各元件的数学建模,是电力系统运行分析的基础,本章介绍各元件的等效电路和整个电力系统的等效电路。其中重点介绍变压器、架空输电线路的等效电路以及标幺制计算。电力系统正常运行时三相对称,不对称状态或故障可以转化为三相对称的方法分析,故本章的等效电路都是针对一相而言,元件电抗和电纳参数均不计频率特性影响。

第一节 电力系统的基本概念

电力系统是由生产、变换、传送、分配和消耗电能的电气设备(发电机、变压器、电力线路以及各种用电设备等)联系在一起组成的统一整体。动力系统是电力系统和发电厂动力部分的总和。电力网是电力系统中除去发电机和用电设备外的部分。电力系统、动力系统及电力网示意图如图 3-1 所示。

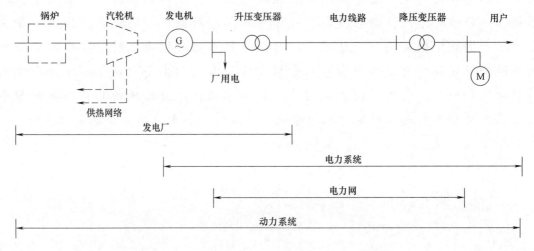

图 3-1 电力系统、动力系统及电力网示意图

综合考虑导线截流部分截面大小和绝缘等要求,对应一定的输送功率和输送距离有一最合理的线路电压。但从设备制造商的角度考虑,为保证产品的系列性,规定了电力系统的电压等级。我国大多数地区电网的电压等级序列是 1000/500/220/110/35/10/0.4kV。特别地,西北地区电网主要采用 750/330(220)/110(35)/10/0.4kV 电压等级序列,东北地区电网主要采用 500/220/66(110)/35/10/0.4kV 电压等级序列。电压等级一般区分为输电电压和配

电电压。输电电压分为高压输电电压（220kV、110kV）、超高压输电电压（750kV、500kV和330kV）和特高压输电电压（1000kV）。配电电压分为高压配电电压（110kV、66kV和35kV）、中压配电电压（20kV、10kV）以及低压配电电压（380V、220V）。

电力系统各个元件（设备）的额定电压规定如下：线路的额定电压取线路电压等级额定电压。各用电设备的额定电压取与线路额定电压相等。发电机的额定电压为所连接线路额定电压的105%。变压器一次侧的额定电压按用电设备来考虑（直接与发电机相连的变压器一次侧的额定电压应等于发电机的额定电压）；二次侧的额定电压高于线路额定电压。其中升压变压器二次侧的额定电压比线路额定电压高10%，降压变压器的二次侧较线路额定电压高10%或5%。为适应电力系统运行调节的需要，通常在双绕组变压器的高压绕组或三绕组变压器的高、中压绕组上设计有分接头，用百分数表示分接头电压与主抽头电压的差值为主抽头电压的百分之几。注意，电压等级及元件的额定电压均指线电压。

在稳态运行时，各并网发电机同步运行，整个电力系统的频率是相等的，电力系统额定频率是50Hz或60Hz。我国规定，电力系统的额定频率为50Hz，就是工业用电的标准频率，简称工频。欧洲地区采用50Hz，美洲地区采用60Hz。

电能质量的三个主要指标是电压、频率和波形。我国目前规定3kV及以上电压允许变化范围为±5%，10kV及以下为±7%，低压照明及农业用户允许变化范围为-10%~5%。频率要求为：正常运行时，中小系统允许的频率偏差为±0.5Hz，大系统允许±0.2Hz偏差；事故运行时，30min以内允许±1Hz的偏差，15min以内允许±1.5Hz偏差，绝不允许低于-4Hz。波形要求为：110kV电网，要求电压总谐波畸变率不超过2.0%，66kV、35kV电网不超过3.0%，10kV、6kV电网不超过4.0%，0.38kV电网不超过5.0%。

我国电力系统的中性点接地方式主要有中性点不接地、中性点经消弧线圈接地和中性点直接接地。中性点不接地方式要求的绝缘水平最高，有选择性的接地保护比较困难，但能避免产生很大的单相接地电流，供电可靠性较高，对通信干扰不严重。中性点经消弧线圈接地方式比中性点不接地方式的单相接地电流小，要求的绝缘水平低。中性点直接接地方式降低了绝缘水平，也有利于继电保护工作的可靠性，但中性点直接接地电力网在单相接地时将产生很大的单相接地电流，供电可靠性低，对通信干扰严重。通常110kV及以上电压等级的电力系统中性点按直接接地方式运行；3~66kV的电力系统中，中性点按不接地或经消弧线圈接地方式运行。

第二节 变压器等效电路和参数计算

电力交流变压器是一种静止的电气设备，根据电磁感应原理，将一种形态（电压、电流）的交流电能，转换成另一种形态的交流电能。变压器按相数可分为单相、三相变压器；按每相绕组数可分为双绕组、三绕组变压器；按分接开关是否可在带负载的情况下操作可分为普通变压器、有载调压变压器；按绕组的耦合方式可分为普通变压器、自耦变压器。下面介绍三相对称情况下双绕组变压器和三绕组变压器的等效电路及参数计算。

一、双绕组变压器

双绕组变压器的电气接线图如图 3-2 所示。

双绕组变压器的等效电路通常近似将励磁支路前移至电源侧（相比于电机学中的"T"形等效电路，该等效电路一般称之为"Γ"形等效电路），等效电路如图 3-3 所示。

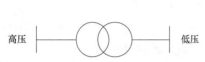

图 3-2 双绕组变压器的电气接线图

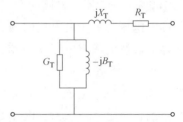

图 3-3 双绕组变压器的等效电路

图中 R_T 反映铜损，X_T 反映内部压降，G_T 反映铁损，B_T 反映励磁功率。四个参数 R_T、X_T、G_T、B_T 根据空载及短路试验数据相应推导获得。

$$空载试验 \rightarrow \begin{cases} P_k \rightarrow R_T \\ U_k\% \rightarrow X_T \end{cases} \qquad 短路试验 \rightarrow \begin{cases} P_0 \rightarrow G_T \\ I_0\% \rightarrow B_T \end{cases}$$

其中 P_k、$U_k\%$ 为短路试验中的两个量；P_0、$I_0\%$ 为空载试验中的两个量，各自含义为：P_k 为短路损耗（三相变压器消耗的总有功功率）；$U_k\%$ 为短路电压，通常用额定电压的百分数来表示 $U_k\% = \dfrac{U_k}{U_N} \times 100$；$P_0$ 为三相有功空载损耗；$I_0\%$ 为空载电流，通常用百分数表示 $I_0\% = \dfrac{I_0}{I_N} \times 100$。

四个参数计算推导及在公式推导过程中所做的假设分别如下：

（1）$P_k \rightarrow R_T$

短路试验中，由于短路电压比额定电压低很多，此时励磁电流及铁心损耗均忽略不计，因此短路损耗 P_k 可以看作是额定电流时高低压三相绕组的总铜耗，即

$$P_k = 3I_N^2 R_T \times 1000 = 3\left(\frac{S_N}{\sqrt{3}U_N}\right)^2 R_T \times 1000$$

从而可得

$$R_T = \frac{P_k}{1000} \times \frac{U_N^2}{S_N^2} \tag{3-1}$$

式中，R_T 为变压器高低压绕组的总电阻（Ω）；U_N 为变压器的额定电压（kV）；S_N 为变压器的额定容量（MV·A）；P_k 为变压器的短路损耗（kW）。

（2）$U_k\% \rightarrow X_T$

短路试验中，变压器的漏抗 X_T 比电阻 R_T 要大许多倍，因此，短路电压和 X_T 上的电压降相差甚小，从而有

$$U_k\% = \frac{U_k}{U_N} \times 100 = \frac{\sqrt{3}I_N X_T}{U_N} \times 100 = \frac{S_N X_T}{U_N^2} \times 100$$

从而可得

$$X_T = \frac{U_k\%}{100} \times \frac{U_N^2}{S_N} \quad (3\text{-}2)$$

式中，X_T 为高低压绕组的总电抗（Ω）；U_N 为变压器的额定电压（kV）；S_N 为变压器的额定容量（MV·A）；$U_k\%$ 为变压器的短路电压百分数。

(3) $P_0 \rightarrow G_T$

空载试验中，由于空载电流很小，绕组中的铜耗可以忽略不计，P_0 非常接近铁心损耗，所以励磁支路的电导为

$$G_T = \frac{P_0}{10^3 U_N^2} \quad (3\text{-}3)$$

式中，G_T 为变压器的电导（S）；P_0 为变压器空载损耗（kW）；U_N 为变压器的额定电压（kV）。

(4) $I_0\% \rightarrow B_T$

空载试验中，由于励磁支路导纳中的 G_T 远小于电纳 B_T，空载电流与支路 B_T 中电流的有效值几乎相等，则有

$$I_0\% = \frac{I_0}{I_N} \times 100 = \frac{U_N B_T}{\sqrt{3} I_N} \times 100 = \frac{U_N^2}{S_N} B_T \times 100$$

从而可得

$$B_T = \frac{I_0\%}{100} \times \frac{S_N}{U_N^2} \quad (3\text{-}4)$$

式中，S_N 为变压器的额定容量（MV·A）；$I_0\%$ 为变压器的空载电流百分数；U_N 为变压器的额定电压（kV）。需要注意的是，变压器的参数一般都归算到同一电压等级，参数计算公式中的 U_N 用哪一级额定电压，参数便已归算到哪一级。

二、三绕组变压器

三绕组变压器的电气接线图如图3-4所示，等效电路如图3-5所示。

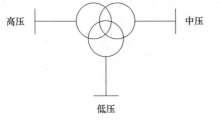

图3-4 三绕组变压器的电气接线图

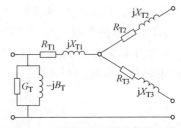

图3-5 三绕组变压器的等效电路

三绕组变压器等效电路中参数的求解，用空载试验推导 G_T、B_T 的方法不变，但短路试验要进行三次：假如三个绕组容量一致，只需分别进行三次短路试验；假如三个绕组容量不一致，则需要对部分参数进行归算。

对于三个绕组容量比为 100/100/100 的变压器来说，通过短路试验可得到任两个绕组的短路损耗 ΔP_{k12}、ΔP_{k23}、ΔP_{k31}，则每一个绕组的短路损耗为式（3-5）所示，单位同前所述。

$$\left.\begin{aligned}\Delta P_{k1}&=\frac{1}{2}(\Delta P_{k12}+\Delta P_{k31}-\Delta P_{k23})\\\Delta P_{k2}&=\frac{1}{2}(\Delta P_{k12}+\Delta P_{k23}-\Delta P_{k31})\\\Delta P_{k3}&=\frac{1}{2}(\Delta P_{k23}+\Delta P_{k31}-\Delta P_{k12})\end{aligned}\right\} \quad (3\text{-}5)$$

然后，用和双绕组变压器相似的公式计算出各绕组的电阻

$$R_{Ti}=\frac{\Delta P_{ki}U_N^2}{10^3 S_N^2}(i=1,2,3) \quad (3\text{-}6)$$

对于三个绕组容量比为 100/100/50 和 100/50/100 的变压器来说，由于短路试验时受 50%容量绕组的限制，故有两组数据是按 50%容量的绕组达到额定容量时测量的值。而三绕组变压器的额定容量是指三个绕组中容量最大的一个绕组的容量，即 100%绕组的额定容量，因此，应先将各绕组的短路损耗按变压器的额定容量进行折算，然后再按式（3-5）和式（3-6）计算电阻。如对容量比为 100/100/50 的变压器，其折算公式为

$$\left.\begin{aligned}\Delta P_{k23}&=\Delta P'_{k23}\left(\frac{S_N}{S_{N3}}\right)^2=\Delta P'_{k23}\left(\frac{100}{50}\right)^2=4\Delta P'_{k23}\\\Delta P_{k31}&=\Delta P'_{k31}\left(\frac{S_N}{S_{N3}}\right)^2=\Delta P'_{k31}\left(\frac{100}{50}\right)^2=4\Delta P'_{k31}\end{aligned}\right\} \quad (3\text{-}7)$$

式中，$\Delta P'_{k23}$、$\Delta P'_{k31}$ 为未折算的绕组间短路损耗（铭牌数据）；ΔP_{k23}、ΔP_{k31} 为折算到变压器额定容量下的绕组间短路损耗。

需要指出，对于三绕组变压器电抗 X_{T1}、X_{T2}、X_{T3} 的计算，制造厂家给出的短路电压百分数一般已归算到变压器的额定容量，因此在计算电抗时，通常短路电压百分数不必再进行折算。

例 3-1 三相三绕组降压变压器的型号为 SFPSL-120000/220，额定容量为 120000/120000/60000kV·A，额定电压为 220/121/11kV，$\Delta P'_{k12}=601\text{kW}$，$\Delta P'_{k13}=182.5\text{kW}$，$\Delta P'_{k23}=132.5\text{kW}$，$U_{k12}\%=14.85$，$U_{k13}\%=28.25$，$U_{k23}\%=7.96$，$\Delta P_0=135\text{kW}$，$I_0\%=0.663$，求该变压器的参数，并作出其等效电路。

解：将变压器归算到 220kV 侧，计算过程如下：

(1) 求解导纳参数

$$G_T=\frac{\Delta P_0}{1000U_N^2}=\frac{135}{1000\times 220^2}\text{S}=2.79\times 10^{-6}\text{S}$$

$$B_T=\frac{I_0\% S_N}{100U_N^2}=\frac{0.663\times 120}{100\times 220^2}\text{S}=16.4\times 10^{-6}\text{S}$$

$$Y_T=G_T-\text{j}B_T=(2.79-\text{j}16.4)\times 10^{-6}\text{S}$$

(2) 求解电阻参数

$$\Delta P_{k1}=\frac{1}{2}\left[\Delta P_{k12}+\Delta P'_{k13}\left(\frac{S_{1N}}{S_{3n}}\right)^2-\Delta P'_{k23}\left(\frac{S_{1N}}{S_{3n}}\right)^2\right]$$

$$= 0.5 \times \left[601 + 182.5 \times \left(\frac{120}{60}\right)^2 - 132.5 \times \left(\frac{120}{60}\right)^2 \right] \text{kW} = 400.5 \text{kW}$$

同理可得 $\Delta P_{k2} = 200.5 \text{kW}$，$\Delta P_{k3} = 329.5 \text{kW}$。

从而可得电阻如下

$$R_{T1} = \frac{\Delta P_{k1} U_N^2}{1000 S_N^2} = \frac{400.5 \times 220^2}{1000 \times 120^2} \Omega = 1.346 \Omega, R_{T2} = 0.674 \Omega, R_{T3} = 1.107 \Omega$$

(3) 求解电抗参数

$$U_{k1}\% = \frac{1}{2}(U_{k12}\% + U_{k13}\% - U_{k23}\%) = 17.57, \quad U_{k2}\% = -2.72, \quad U_{k3}\% = 10.68$$

从而可得电抗如下

$$X_{T1} = \frac{U_{k1}\% U_N^2}{100 S_N} = \frac{17.57 \times 220^2}{100 \times 120} \Omega = 70.87 \Omega,$$

$X_{T2} = -10.97 \Omega$，$X_{T3} = 43.08 \Omega$

由 (2)、(3) 可得变压器阻抗参数

$Z_{T1} = R_{T1} + jX_{T1} = (1.346 + j70.87) \Omega$

$Z_{T2} = R_{T2} + jX_{T2} = (0.674 - j10.97) \Omega$

$Z_{T3} = R_{T3} + jX_{T3} = (1.107 + j43.08) \Omega$

作等效电路如图 3-6 所示

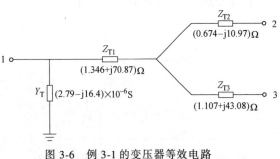

图 3-6 例 3-1 的变压器等效电路

第三节 架空输电线等效电路和参数计算

电力线路包括架空线和电缆，其结构分别如下：
1) 架空线：导线、避雷线、杆塔和绝缘子等，如图 3-7 所示。
2) 电缆：导线、绝缘层、保护层等，如图 3-8 所示。

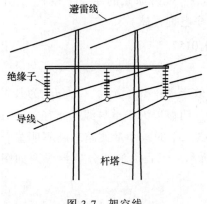

图 3-7 架空线

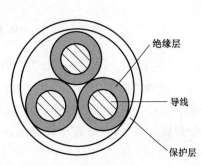

图 3-8 电缆

由于电缆的参数可直接从有关手册、制造厂提供的数据或实测求得，因此，下面主要介绍架空线路的参数计算方法。

一、单位长度架空输电线路等效电路及参数计算

单位长度架空输电线路等效电路如图 3-9 所示。图中 r_1 反映有功损失,x_1 反映磁场效应,g_1 反映泄漏电流及电晕损耗,b_1 反映电场效应。

(1) 单位长度输电线路电阻计算

$$r_1 = \frac{\rho}{S} \tag{3-8}$$

式中,S 为导线载流部分的标称截面积(mm^2)ρ 为导体的电阻率($\Omega \cdot mm^2/km$)。例如,20℃时,铝 $\rho = 31.2\Omega \cdot mm^2/km$ 铜 $\rho = 18.8\Omega \cdot mm^2/km$。

(2) 单位长度输电线路电抗计算

假定三相线路实施整循环换位(减少三相参数不平衡),即在一定长度内三相导线的每 1/3 长度分别处于三个不同的位置,完成一次完整的换位循环。整循环换位图如图 3-10 所示。

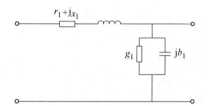

图 3-9 单位长度架空输电线路等效电路

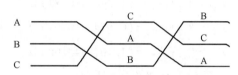

图 3-10 整循环换位图

此时,三相线路的等效单位正序电抗为

$$x_1 = 0.1445 \lg \frac{D_m}{r} + 0.0157 \tag{3-9}$$

式中,$D_m = \sqrt[3]{D_{AB}D_{AC}D_{BC}}$ 称为三相导线之间的几何均距(mm),D_{AB}、D_{AC}、D_{BC} 为三相导线之间的间距(mm);r 为导线半径(mm)。

当采用分裂导线时,只需用分裂导线的等效半径 r_{eq} 代替原先的导线半径 r,并用分裂数 n 除内电抗(感),即得到分裂导线线路的等效正序电抗(感)

$$x_1 = 0.1445 \lg \frac{D_m}{r_{eq}} + \frac{0.0157}{n} \tag{3-10}$$

其中,$r_{eq} = \sqrt[n]{r(d_{12}d_{13}\cdots d_{1n})} = \sqrt[n]{rd_m^{(n-1)}}$ 为分裂导线等效半径;d_{12},d_{13},$\cdots$,d_{1n} 为某根导线与其余 $n-1$ 根导线间的距离。分裂导线的等效半径 r_{eq} 明显地大于单导线的半径,所以电抗 x_1 小于单导线线路。分裂数越多,x_1 越小。但当 $n>3$,x_1 的减小量便越来越不明显,因此通常取分裂数 $n = 2 \sim 4$。分裂导线布置图如图 3-11 所示。工程上的四分裂导线图如图 3-12 所示。

(3) 单位长度输电线路电导计算

输电线路的电导 g 指的是导线与大地之间的电导,其产生原因主要有二:一是电晕,二是泄漏(这方面的影响很小,一般可以忽略不计)。如果已知三相线路每千米的电晕有功损耗 ΔP_0,可用下式计算每相单位等效对地电导

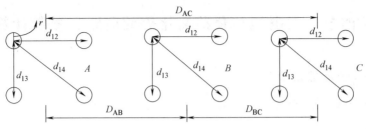

图 3-11 分列导线布置图

$$g_1 = \frac{\Delta P_0}{U^2} \times 10^{-3} \quad (3-11)$$

式中，U 为线路的线电压（kV）。

实际上，在设计线路时，已检验了所选导线的半径是否能满足晴朗天气不发生电晕的要求（或采用分裂导线技术增大每相等效半径减少电晕损耗），一般情况下可设 $g_1 \approx 0$。

（4）单位长度输电线路电纳计算

三相输电线路的单相等效正序电纳为

$$b_1 = \frac{7.58}{\lg \dfrac{D_m}{r}} \times 10^{-6} \quad (3-12)$$

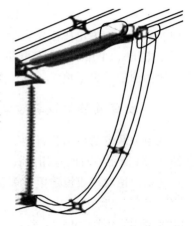

图 3-12 四分裂导线图

对于分裂导线，只需将上面公式中的导线半径 r 用分裂导线的等效半径 r_{eq} 来代替即可。

$$b_1 = \frac{7.58}{\lg \dfrac{D_m}{r_{eq}}} \times 10^{-6} \quad (3-13)$$

可见，分裂导线技术使得输电线路电纳增大。对于含有避雷线的线路，一般情况下，仍可采用上述公式来进行计算。

二、输电线路的等效电路

电力系统稳态分析时，通常假定电源电压三相对称、输电线路、变压器和负荷等都三相对称。输电线集总参数等效电路可以由输电线路方程式推出，用常用 π 形等效电路表示，如图 3-13 所示。图中，$Z = K_Z Z_1 l$，$\dfrac{Y}{2} = K_Y \cdot \dfrac{Y_1 l}{2}$。$Z_1$ 和 Y_1 分别为单位长度线路的正序阻抗和导纳；l 为线路长度；K_Z、K_Y 分别为线路阻抗系数、导纳系数，工程计算中可依据输电线路的电压等级和长度进行选取。

一般对于 35～220kV 的架空线或 100km 以下的电缆线路，$K_Z \approx 1$，$K_Y \approx 1$；对于 35kV 以下架空线，可以更简化处理，令 $K_Z \approx 1$，$K_Y \approx 0$。

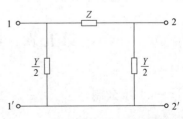

图 3-13 输电线集总参数 π 形等效电路

第四节 发电机与负荷简化等效电路和参数计算

一、发电机的参数及等效电路

发电机的稳态等效电路如图 3-14 所示。

发电机电抗的计算公式为

$$X_G = \frac{X_G\%}{100} \times \frac{U_N^2 \cos\varphi_N}{P_N}$$

式中，$X_G\%$ 为以发电机额定容量为基准的电抗百分数；U_N 为发电机的额定电压（kV）；P_N 为发电机的额定有功功率（MW）；$\cos\varphi_N$ 为发电机的额定功率因数。

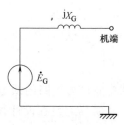

图 3-14 发电机稳态等效电路

二、负荷的参数及等效电路

在电力系统的稳态分析计算中，负荷常常用恒定的复功率表示，如图 3-15a 所示；有时也用阻抗表示，如图 3-15b 所示；或用导纳表示，如图 3-15c 所示。

负荷用恒功率或恒定阻抗表示时，规定有以下关系

$$S_L = \sqrt{3}\,\dot{U}_L \overset{*}{I} = S_L(\cos\varphi_L + j\sin\varphi_L) = P_L + jQ_L \tag{3-14}$$

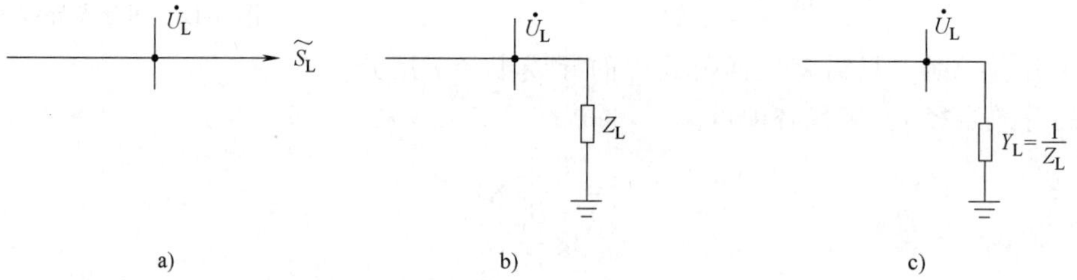

图 3-15 负荷的等效电路

a) 恒定复功率表示　b) 阻抗表示　c) 导纳表示

$$Z_L = \frac{\dot{U}_L}{\sqrt{3}\,\dot{I}_L} = \frac{U_L^2}{\overset{*}{S}_L} = \frac{U_L^2}{P_L - jQ_L} = \frac{U_L^2}{S_L^2}P_L + j\frac{U_L^2}{S_L^2}Q_L = R_L + jX_L \tag{3-15}$$

式中，S_L 为负荷复功率（MV·A）；U_L 为负荷端点电压（kV）；P_L、Q_L 为负荷有功功率（MW）和无功功率（Mvar）；Z_L、R_L、X_L 为负荷等效阻抗、电阻、电抗。

第五节 电力系统等效电路和参数计算

一、标幺制

电力系统物理量的表示方式有两种：有名值和标幺值。有名值为带单位的物理量，标幺

值是无单位的量。采用标幺值可简化计算,并便于对结果进行分析比较。

1. 标幺值概念

标幺值=有名值(实际值)/基准值

标幺值通常以下标 * 来表示,计算分析中有时也会省略。

2. 基准值的选择

1)基准值的单位与有名值相同。

2)基准值之间满足电路基本关系,即五个物理量(阻抗、导纳、电压、电流、功率)的基准值满足电路的基本关系。任取其中两个,一般取电压、功率的基准值,其余基准值推导获得。单相和三相电路基准值设定见表 3-1。

表 3-1 单相和三相电路基准值设定

	基准值	电路关系(有名值)	电路关系(标幺值)
单相电路	$U_{P.B} = Z_B I_B$ $S_{P.B} = U_{P.B} I_B$ $Z_B = 1/Y_B$	$U_P = ZI$ $S_P = U_P I$	$U_{P*} = Z_* I_*$ $S_{P*} = U_{P*} I_*$
三相电路	$U_B = \sqrt{3} Z_B I_B = \sqrt{3} U_{P.B}$ $S_B = \sqrt{3} U_B I_B = 3U_{P.B} I_B = 3S_{P.B}$ $Z_B = 1/Y_B$	$U = \sqrt{3} ZI = \sqrt{3} U_P$ $S = \sqrt{3} UI = 3S_P$	$U_* = Z_* I_* = U_{P*}$ $S_* = U_* I_* = S_{P*}$

可见,在标幺制中,三相电路的计算公式与单相电路的计算公式完全相同,线电压与相电压的标幺值相同,三相功率与单相功率的标幺值相同。

3)基准值的选取是任意的,一般可选额定值。

4)电阻 R 和电抗 X 有相同的阻抗基值 Z_B,有功功率 P 和无功功率 Q 有相同的功率基值 S_B。

对于不同系统采用标幺值计算时,首先要归算到同一基准值下。

3. 标幺值的优缺点

优点:①易于比较电力系统元件特性与参数;②简化计算公式;③简化计算工作。

缺点:没有量纲,物理概念不明确。

二、多电压级网络的等效电路

当电力系统含有多级电压时,制作对应一个电压等级的等效电路,需要解决参数归算问题。

1. 有名值计算

首先确定基本级,一般选元件数多的电压级作为基本级。归算时,变压器电压比取基本级与待归算级电压之比。归算前后功率保持不变,功率不必归算。各参数归算公式如下:

$$Z' = Z \times (k_1 k_2 \cdots k_n)^2$$
$$Y' = Y / (k_1 k_2 \cdots k_n)^2$$
$$U' = U \times (k_1 k_2 \cdots k_n)$$
$$I' = I / (k_1 k_2 \cdots k_n)$$

2. 标幺值计算

解决归算问题可以有两种途径。

（1）参数归算法

1）取基本级基准值（$S_B = S_n$，$U_B = U_n$）。

2）参数归算（将各级电压参数归算到基本级侧）。

3）求标幺值。

（2）基准值归算法

1）取基本级基准值（$S_B = S_n$，$U_{B1} = U_{n1}$）。

2）基准值归算（将基本级 U_{B1} 归算到各电压级，分别求出 U_{B2}，U_{B3}，…，U_{Bn}）。

3）求标幺值。

因第二种计算只需完成电压基准值的归算，不需要将所有元件参数进行归算，更为简便，故实际计算中更多采用此方法。在标幺值的近似计算中，对于变压器的电压比和标幺值基准值的选取等，用到的电压可采用对应电压等级的平均额定电压来计算，并忽略元件阻抗参数的电阻和对地导纳支路。多电压级网络平均额定电压见表 3-2。

表 3-2 多电压级网络平均额定电压

额定电压/kV	3	6	10	35	110	220	500
平均额定电压/kV	3.15	6.3	10.5	37	115	230	525

例 3-2 试绘制图 3-16 所示输电系统等效电路。已知各元件的参数如下：

发电机：$S_{G(N)} = 30\text{MV} \cdot \text{A}$，$U_{G(N)} = 10.5\text{kV}$，$X_{G(N)} = 0.26$；变压器 T_1：$S_{T1(N)} = 31.5\text{MV} \cdot \text{A}$，$U_k\% = 10.5$，$P_k = 200\text{kW}$，$P_0 = 47\text{kW}$，$I_0\% = 2.7$，$k_{T1} = 10.5/121$；变压器 T_2：$S_{T2(N)} = 15\text{MV} \cdot \text{A}$，$U_k\% = 10.5$，$P_k = 100\text{kW}$，$P_0 = 19\text{kW}$，$I_0\% = 1$，$k_{T2} = 110/6.6$；电抗器：$U_{R(N)} = 6\text{kV}$，$I_{R(N)} = 0.3\text{kA}$，$X_R\% = 5$；架空线路长 80km，$r = 0.21\Omega/\text{km}$，$x = 0.4\Omega/\text{km}$，$b = 2.74 \times 10^{-6}\text{S/km}$；电缆线路长 2.5km，$r = 0.45\Omega/\text{km}$，$x = 0.08\Omega/\text{km}$。

1）用有名值精确计算方法。

2）用标幺值精确计算方法（仅计及元件电抗）。

3）用标幺值近似计算方法。

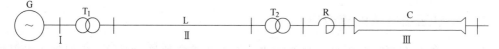

图 3-16 例 3-2 的输电系统

解：（1）有名值精确计算

取 110kV 为基本级，则有

$$X'_G = X_{G(B)} * \frac{U^2_{G(N)}}{S_{G(N)}}/k^2_{T1} = 0.26 \times \frac{10.5^2}{30} \times \left(\frac{121^2}{10.5^2}\right)\Omega = 126.89\Omega$$

$$R_{T1} = \frac{P_k}{1000} \times \frac{U^2_N}{S^2_{T1(N)}} = \frac{200}{1000} \times \frac{121^2}{31.5^2}\Omega = 2.95\Omega$$

$$X_{T1} = \frac{U_k\%}{100} \times \frac{U_N^2}{S_{T1(N)}} = \frac{10.5}{100} \times \frac{121^2}{31.5}\Omega = 48.8\Omega$$

$$G_{T1} = \frac{P_0}{U_N^2} \times 10^{-3} = \frac{47}{121^2} \times 10^{-3}\text{S} = 0.32 \times 10^{-5}\text{S}$$

$$B_{T1} = \frac{I_0\%}{100} \times \frac{S_{T1(N)}}{U_N^2} = \frac{2.7}{100} \times \frac{31.5}{121^2}\text{S} = 0.58 \times 10^{-4}\text{S}$$

$$R_L = 0.21 \times 80\Omega = 16.8\Omega$$

$$X_L = 0.4 \times 80\Omega = 32\Omega$$

$$B_L = 2.74 \times 10^{-6} \times 80\Omega = 2.19 \times 10^{-4}\Omega$$

$$R_{T2} = \frac{P_k}{1000} \times \frac{U_N^2}{S_{T2(N)}^2} = \frac{100}{1000} \times \frac{110^2}{15^2}\Omega = 5.38\Omega$$

$$X_{T2} = \frac{U_k\%}{100} \times \frac{U_N^2}{S_{T2(N)}} = \frac{10.5}{100} \times \frac{110^2}{15}\Omega = 84.7\Omega$$

$$G_{T2} = \frac{P_0}{U_N^2} \times 10^{-3} = \frac{19}{110^2} \times 10^{-3}\text{S} = 0.16 \times 10^{-5}\text{S}$$

$$B_{T2} = \frac{I_0\%}{100} \times \frac{S_{T2(N)}}{U_N^2} = \frac{1}{100} \times \frac{15}{110^2}\text{S} = 0.12 \times 10^{-4}\text{S}$$

$$X'_R = \frac{U_R\%}{100} \times \frac{U_{R(N)}}{\sqrt{3} I_{R(N)}} \times k_{T2}^2 = \frac{5}{100} \times \frac{6}{\sqrt{3} \times 0.3} \times \frac{110^2}{6.6^2}\Omega = 160.38\Omega$$

$$R'_C = 0.45 \times 2.5 \times k_{T2}^2 = 0.45 \times 2.5 \times \frac{110^2}{6.6^2}\Omega = 312.5\Omega$$

$$X'_C = 0.08 \times 2.5 \times k_{T2}^2 = 0.08 \times 2.5 \times \frac{110^2}{6.6^2}\Omega = 55.56\Omega$$

图 3-17 为有名值精确计算等效电路。

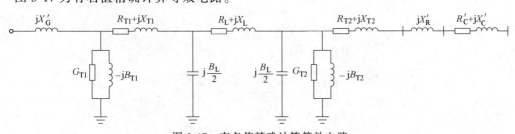

图 3-17 有名值精确计算等效电路

（2）标幺值精确计算

首先选择基准值。取全系统的基准功率 $S_B = 100\text{MV}\cdot\text{A}$。为了使标幺值参数的等效电路中不出现串联的理想变压器，选取相邻段的基准电压比 $k_{B(Ⅰ-Ⅱ)} = k_{T1}$，$k_{B(Ⅱ-Ⅲ)} = k_{T2}$。这样，只要选出三段中的某一段的基准电压，其余的基准电压就可以由基准电压比确定了。选第Ⅰ段的基准电压 $U_{B(Ⅰ)} = 10.5\text{kV}$，于是

$$U_{B(\mathrm{II})} = U_{B(\mathrm{I})} \frac{1}{k_{B(\mathrm{I-II})}} = 10.5 \times \frac{1}{10.5/121} \mathrm{kV} = 121 \mathrm{kV}$$

$$U_{B(\mathrm{III})} = U_{B(\mathrm{II})} \frac{1}{k_{B(\mathrm{II-III})}} = U_{B(\mathrm{I})} \frac{1}{k_{B(\mathrm{I-II})} k_{B(\mathrm{II-III})}} = 10.5 \times \frac{1}{(10.5/121) \times (110/6.6)} \mathrm{kV} = 7.26 \mathrm{kV}$$

各元件电抗的标幺值为

$$X_1 = X_{G(B)*} = X_{G(N)*} \frac{U_{G(N)}^2}{S_{G(N)}} \times \frac{S_B}{U_{B(\mathrm{I})}^2} = 0.26 \times \frac{10.5^2}{30} \times \frac{100}{10.5^2} = 0.87$$

$$X_2 = X_{T1(B)*} = \frac{U_K\%}{100} \times \frac{U_{T1(N1)}^2}{S_{T1(N)}} \times \frac{S_B}{U_{B(\mathrm{I})}^2} = \frac{10.5}{100} \times \frac{10.5^2}{31.5} \times \frac{100}{10.5^2} = 0.33$$

$$X_3 = X_{L(B)*} = X_L \frac{S_B}{U_{B(\mathrm{II})}^2} = 0.4 \times 80 \times \frac{100}{121^2} = 0.22$$

$$X_4 = X_{T2(B)*} = \frac{U_k\%}{100} \times \frac{U_{T2(N1)}^2}{S_{T2(N)}} \times \frac{S_B}{U_{B(\mathrm{II})}^2} = \frac{10.5}{100} \times \frac{110^2}{15} \times \frac{100}{121^2} = 0.58$$

$$X_5 = X_{R(B)*} = \frac{U_R\%}{100} \times \frac{U_{R(N)}}{\sqrt{3} I_{R(N)}} \times \frac{S_B}{U_{B(\mathrm{III})}^2} = \frac{5}{100} \times \frac{6}{\sqrt{3} \times 0.3} \times \frac{100}{7.26^2} = 1.10$$

$$X_6 = X_{C(B)*} = X_C \frac{S_B}{U_{B(\mathrm{III})}^2} = 0.08 \times 2.5 \times \frac{100}{7.26^2} = 0.38$$

图 3-18 为标幺值精确计算等效电路。

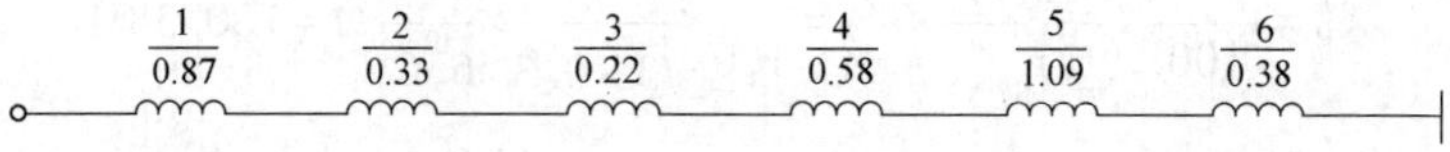

图 3-18 标幺值精确计算等效电路（仅计及元件电抗，不含理想变压器）

（3）标幺值近似计算

给定基准功率 $S_B = 100 \mathrm{MV \cdot A}$，基准电压等于各级平均额定电压。即各级基准电压应为 $U_{B(\mathrm{I})} = 10.5 \mathrm{kV}$，$U_{B(\mathrm{II})} = 115 \mathrm{kV}$，$U_{B(\mathrm{III})} = 6.3 \mathrm{kV}$。各元件电抗的标幺值近似计算如下

$$X_1 = X_{G(N)*} \frac{U_{G(N)}^2}{S_{G(N)}} \times \frac{S_B}{U_{B(\mathrm{I})}^2} = 0.26 \times \frac{10.5^2}{30} \times \frac{100}{10.5^2} = 0.87$$

$$X_2 = \frac{U_k\%}{100} \times \frac{U_{T1(N1)}^2}{S_{T1(N)}} \times \frac{S_B}{U_{B(\mathrm{I})}^2} = \frac{10.5}{100} \times \frac{10.5^2}{31.5} \times \frac{100}{10.5^2} = 0.33$$

$$X_3 = X_L \frac{S_B}{U_{B(\mathrm{II})}^2} = 0.4 \times 80 \times \frac{100}{115^2} = 0.24$$

$$X_4 = \frac{U_k\%}{100} \times \frac{U_{T2(N1)}^2}{S_{T2(N)}} \times \frac{S_B}{U_{B(\mathrm{II})}^2} = \frac{10.5}{100} \times \frac{115^2}{15} \times \frac{100}{115^2} = 0.7$$

$$X_5 = \frac{U_R\%}{100} \times \frac{U_{R(N)}}{\sqrt{3} I_{R(N)}} \times \frac{S_B}{U_{B(\mathrm{III})}^2} = \frac{5}{100} \times \frac{6}{\sqrt{3} \times 0.3} \times \frac{100}{6.3^2} = 1.45$$

$$X_6 = X_C \frac{S_B}{U_{B(\mathrm{III})}^2} = 0.08 \times 2.5 \times \frac{100}{6.3^2} = 0.504$$

图 3-19 为标幺值近似计算等效电路。

图 3-19　标幺值近似计算等效电路

第六节　小　结

本章介绍了变压器、架空输电线路、发电机和负荷以及电力系统的等效电路。电力系统正常运行基本上是三相对称的，等效电路的参数是计及其余两相影响的单相等效参数。重点掌握变压器、架空输电线路等效电路及参数计算；清楚分裂导线对架空线参数的影响；能够求取对应一个电压等级的等效电路计算；了解标幺值的特点。

第七节　思考题与习题

1. 动力系统、电力系统和电力网络的基本组成形式如何？
2. 为什么要规定电力系统的电压等级？主要的电压等级有哪些？
3. 电力系统各个元件（设备）的额定电压是如何确定的？
4. 电能质量的三个主要指标是什么？各有怎样的要求？
5. 变压器等效电路的参数是如何由铭牌上的试验数据计算获得的？
6. 标幺值的计算有何优点？电力系统分析的哪些计算常采用标幺值计算？
7. 试确定图 3-20 所示的电力系统中发电机和各变压器的额定电压（图中示出的是电力系统的额定电压）。

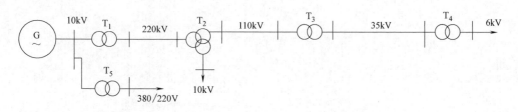

图 3-20

8. 220kV 架空线，水平排列，相间距 7m，每相为两根分裂导线（型号 LGJQ-240），计算直径 21.88mm，分裂间距 400mm，求每相单位长度的电阻、电抗和电纳。

9. 有一容量比为 90/60/60MV·A，额定电压为 220/38.5/11kV 的三绕组变压器。工厂给出的数据为 $\Delta P'_{k12} = 560\mathrm{kW}$，$\Delta P'_{k23} = 178\mathrm{kW}$，$\Delta P'_{k31} = 363\mathrm{kW}$，$U_{k12}\% = 13.15$，$U_{k23}\% = 5.7$，$U_{k31}\% = 20.4$，$\Delta P_0 = 187\mathrm{kW}$，$I_0\% = 0.856$。试求归算到 220kV 侧的变压器参数。

10. 系统接线如图 3-21 所示，参数用标幺值表示，不计线路电阻和导纳，也不计变压器的电阻和导纳。

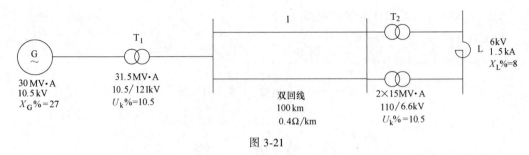

图 3-21

1) 取 $S_B = 100 \text{MV} \cdot \text{A}$，$U_{B(110)} = 110 \text{kV}$ 为基准值（精确计算）作等效电路；
2) 取 $S_B = 100 \text{MV} \cdot \text{A}$，$U_B = U_{av}$（近似计算）作等效电路。

第四章 电力系统潮流计算

潮流计算简单说就是在某一稳态的运行方式下，计算电力网络各节点的电压和功率的分布。电力系统正常运行情况下，运行、管理和调度人员需要知道在给定运行方式下各母线的电压是否满足要求，系统中的功率分布是否合理，元件是否过载，系统有功、无功损耗分别为多少等情况，为此需进行潮流计算。潮流计算是电力系统中最基本、最常用的一种计算。潮流计算的工具分为手工方式计算和计算机计算两种，手工方式物理概念清晰，可用来计算一些接线较简单的电力网，但若将其用于接线复杂的电力网则计算量过大，难以保证计算准确性。计算机计算从数学上看可归结为用数值方法解非线性代数方程，可快速精确地完成计算，其缺点是物理概念不明显。本章重点介绍手工潮流计算，使大家了解潮流分布的物理规律，简要介绍计算机潮流计算原理和方法。

第一节 电力网络元件的电压降落和功率损耗

本节首先介绍潮流计算的基本概念：电压降落和功率损耗。

一、电压降落

电力网络元件等效电路中含有阻抗支路和对地导纳支路，当有功、无功潮流流过网络元件的阻抗支路时，会产生电压降落。

1. 电压降落有关定义

图 4-1 所示为网络元件的一相等效阻抗电路。图中 R 和 X 分别为一相的电阻和等效

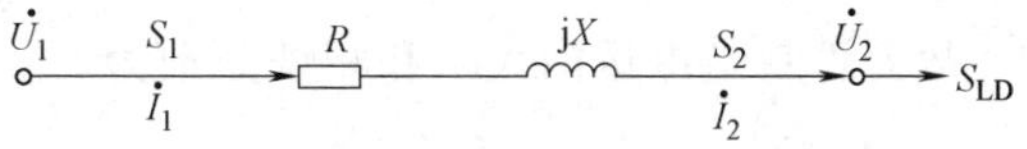

图 4-1 网络元件的一相等效阻抗电路

电抗；$\dot{U}$ 和 $\dot{I}$ 表示相电压和相电流；下标为 2 的量为末端量，下标为 1 的量为始端量。

电压降落：指电力网络元件（输电线路或变压器）两端电压的相量差。由等效电路图 4-1 可知，电压降落为

$$\dot{U}_1 - \dot{U}_2 = (R+jX)\dot{I}_2 = (R+jX)\dot{I}_1 \tag{4-1}$$

电压损耗：指电力网络元件（输电线路或变压器）两端电压的绝对值之差，电压损耗表达式为 $\Delta U = U_1 - U_2$；或表示为百分值 $\Delta U\% = \dfrac{U_1 - U_2}{U_N} \times 100$

电压偏移：指电力网络元件（输电线路或变压器）的一端的实际运行电压与线路额定电压的数值差，通常表示为百分数，即

$$电压偏移\% = \frac{U-U_N}{U_N} \times 100 \qquad (4-2)$$

2. 电压降落有关计算

在电力系统中，习惯用功率进行运算，故用功率替换电流推导电压降落的计算公式。

首先对复功率的符号做一个简要说明

$$S = \dot{U}\dot{I}^* = P + jQ = UI \angle \varphi_u - \varphi_i$$

规定：负荷以滞后功率因数运行时，所吸取的无功功率为正，为感性无功；负荷以超前功率因数运行时，所吸取的无功功率为负，为容性无功；发电机以滞后功率因数运行时，所发出的无功功率为正，为感性无功；发电机以超前功率因数运行时，所发出的无功功率为负，为容性无功。

以电压相量 $\dot{U}_2$ 为参考轴，以单相公式推导（结论适用于三相电路），设 $\dot{U}_2 = U_2 \angle 0°$，由末端电压和功率推导首端电压

$$S_2 = \dot{U}_2 \dot{I}_2^* = P_2 + jQ_2 \qquad (4-3)$$

$$\dot{U}_1 = \dot{U}_2 + \left(\frac{S_2}{\dot{U}_2}\right)^* (R+jX) = \dot{U}_2 + \left(\frac{P_2 - jQ_2}{U_2}\right)(R+jX)$$

$$= \left(U_2 + \frac{P_2 R + Q_2 X}{U_2}\right) + j\frac{P_2 X - Q_2 R}{U_2} = \dot{U}_2 + \Delta\dot{U}_2 + \delta\dot{U}_2 = U_1 \angle \delta \qquad (4-4)$$

式中，$\Delta\dot{U}_2$ 和 $\delta\dot{U}_2$ 分别称为电压降落的纵分量和横分量，分别是与 $\dot{U}_2$ 同方向的分量和与 $\dot{U}_2$ 相垂直的分量。

$$\left.\begin{array}{l}\Delta U_2 = \dfrac{P_2 R + Q_2 X}{U_2} \\ \\ \delta U_2 = \dfrac{P_2 X - Q_2 R}{U_2}\end{array}\right\} \qquad (4-5)$$

故元件首端电压的大小和相位分别为

$$U_1 = \sqrt{(U_2 + \Delta U_2)^2 + (\delta U_2)^2} \qquad (4-6)$$

$$\delta = \tan^{-1}\frac{\delta U_2}{U_2 + \Delta U_2} \qquad (4-7)$$

以电压相量 $\dot{U}_2$ 为参考轴的相量图如图 4-2 所示。图中，$\overline{AB}$ 为电压降落相量 $\dot{U}_1 - \dot{U}_2$，$\overline{AD}$ 和 $\overline{DB}$ 分别对应电压降落的纵分量 $\Delta\dot{U}_2$ 和横分量 $\delta\dot{U}_2$。

以电压相量 $\dot{U}_1$ 为参考轴，设 $\dot{U}_1 = U_1 \angle 0°$，由首端电压和功率推导末端电压，和前面的推导相类似，可得

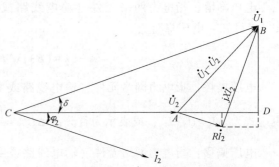

图 4-2 以电压相量 $\dot{U}_2$ 为参考轴的相量图

$$\dot{U}_2 = \left(U_1 - \frac{P_1R+Q_1X}{U_1}\right) - j\frac{P_1X-Q_1R}{U_1} = \dot{U}_1 - \Delta\dot{U}_1 - \delta\dot{U}_1 = U_2\angle-\delta \qquad (4-8)$$

式中，$\Delta\dot{U}_1$ 和 $\delta\dot{U}_1$ 分别称为此时分解的电压降落的纵分量和横分量，分别是与 $\dot{U}_1$ 同方向的分量和与 $\dot{U}_1$ 相垂直的分量

$$\left.\begin{array}{l}\Delta U_1 = \dfrac{P_1R+Q_1X}{U_1}\\[2mm]\delta U_1 = \dfrac{P_1X-Q_1R}{U_1}\end{array}\right\} \qquad (4-9)$$

故元件末端电压的大小和相位分别为（相角为$-\delta$）

$$U_2 = \sqrt{(U_1-\Delta U_1)^2+(\delta U_1)^2} \qquad (4-10)$$

$$\delta = \tan^{-1}\frac{\delta U_1}{U_1-\Delta U_1} \qquad (4-11)$$

以电压相量 $\dot{U}_1$ 为参考轴的相量图如图 4-3 所示。

对于电压损耗的计算，当两点电压之间的相角差不大时，还可进一步简化，如图 4-4 所示，图中 $\Delta U = U_1 - U_2 = AG \approx \Delta U_2$。

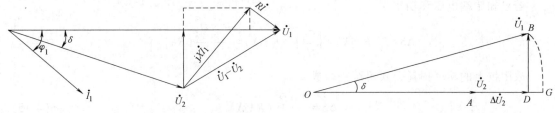

图 4-3　以电压相量 $\dot{U}_1$ 为参考轴的相量图　　　　图 4-4　电压损耗示意图

3. 电压降落计算的注意事项及分析

（1）公式的注意事项

使用电压降落有关公式时，需注意：

1）计算电压降落时，必须用同一端的电压与功率。
2）功率需是直接流向或流出阻抗的功率。
3）各物理量单位：功率为 MV·A、电压为 kV、阻抗为 Ω、导纳为 S。
4）公式对于单相功率、相电压或三相功率、线电压均适用。
5）感性无功为正，容性无功为负。

（2）公式的分析

高压输电线的参数中，电抗要比电阻大得多，当 $R<<X$，$\Delta U \approx QX/U$，$\delta U \approx PX/U$。上式说明，在电抗远远大于电阻的网络中，电压降落的横分量因传送有功功率产生，电压降落的纵分量则是因传送无功功率而产生。换句话说，元件两端存在电压相角差是传送有功功率的条件，元件两端存在电压幅值差则是传送无功功率的条件。感性有功功率从电压相位超前的一端流向电压相位落后的一端，无功功率则从电压较高的一端流向电压较低的一端，这是交流电网中关于功率传送的重要概念。

二、功率损耗

网络元件的功率损耗包括电流通过元件的电阻和等效电抗时产生的功率损耗和电压施加于元件的对地等效导纳时产生的损耗。换句话说，当有功、无功潮流流过网络元件的阻抗支路和导纳支路时，都会产生功率损耗，下面分别进行介绍。

1. 阻抗上的功率损耗

如图4-5所示，以单相公式推导电流流过串联阻抗产生的功率损耗（结论适用于三相电路）为

$$\Delta S = (\dot{U}_1 - \dot{U}_2)\overset{*}{I} = I^2(R+jX) \tag{4-12}$$

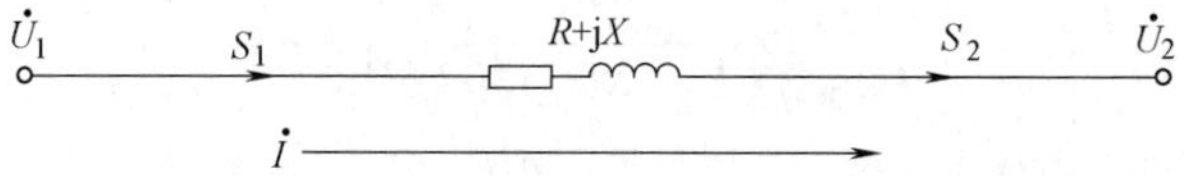

图 4-5 阻抗功率损耗示意图

若已知末端电压和功率

$$\Delta S = I_2^2(R+jX) = \left(\frac{S_2}{U_2}\right)^2(R+jX) = \frac{P_2^2+Q_2^2}{U_2^2}(R+jX) \tag{4-13}$$

若已知始端电压和功率

$$\Delta S = I_1^2(R+jX) = \left(\frac{S_1}{U_1}\right)^2(R+jX) = \frac{P_1^2+Q_1^2}{U_1^2}(R+jX) \tag{4-14}$$

故阻抗上的功率损耗公式可统一写成

$$\Delta S = \frac{P^2+Q^2}{U^2}(R+jX) \tag{4-15}$$

注意此公式的注意事项同电压降落公式的五个注意事项。

2. 导纳上的功率损耗

如图4-6所示，电压加在并联导纳产生的功率损耗为

$$\Delta S_Y = \dot{U}\overset{*}{I} = \dot{U}\dot{U}\overset{*}{Y} = U^2\overset{*}{Y} \tag{4-16}$$

注意此公式的注意事项同电压降落公式的注意事项3）~5）。

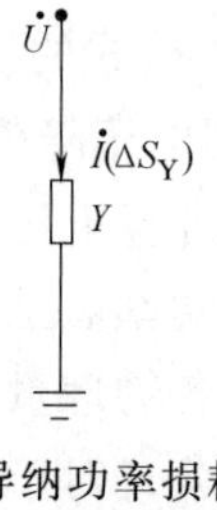

三、电力线路和变压器的电压及功率分布

图 4-6 导纳功率损耗示意图

电力网络元件主要指输电线路和变压器，阻抗和导纳的组合组成电力线路和变压器等效电路，根据前述知识可计算输电线路和变压器的电压降落及功率损耗。

1. 电力线路上的电压及功率分布

线路上的电压及功率分布如图4-7所示，其中导纳上的功率损耗根据式(4-16)，可进一步写成 $\Delta Q_{B1} = -1/2BU_1^2$，$\Delta Q_{B2} = -1/2BU_2^2$，可见线路导纳支路是发出

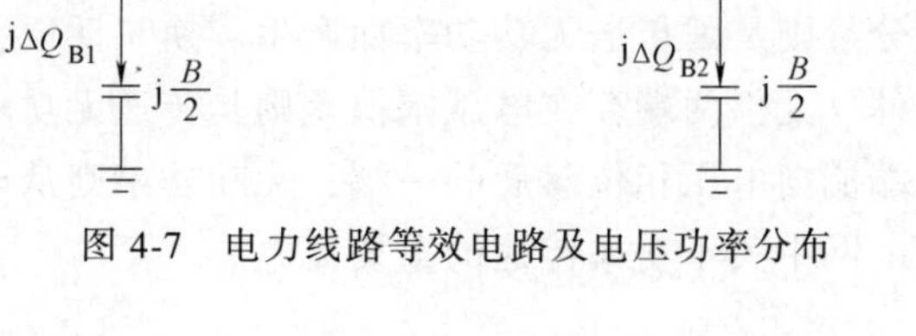

图 4-7 电力线路等效电路及电压功率分布

（感性）无功的。

输电线路的输电效率定义为线路末端输出有功功率与线路始端输入有功功率的比值，以百分数表示为

$$输电效率\% = \frac{P_2}{P_1} \times 100 \quad (4\text{-}17)$$

2. 变压器的电压及功率分布

变压器上的电压及功率分布如图4-8所示，其中导纳上的功率损耗根据式（4-16），可进一步写成 $\Delta S_{T0} = (G_T + jB_T) U_1^2$，可见变压器导纳支路是吸收（感性）无功的。

若假设变压器的电压为额定电压，利用线路额定电压，可用式（4-18）近似计算变压器的功率损耗。公式中功率的单位为 MV·A、MW、MVar。

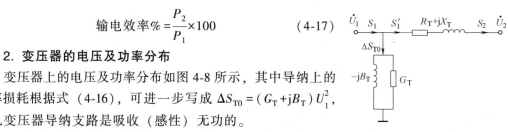

图4-8 变压器等效电路及电压功率

$$\left.\begin{aligned}\Delta S_{T0} &= P_0 + j\frac{I_0\%}{100}S_N \\ \Delta S_{TZ} &= \left(P_k + j\frac{U_k\%}{100}S_N\right)\left(\frac{S}{S_N}\right)^2\end{aligned}\right\} \quad (4\text{-}18)$$

第二节 开式网络的潮流计算

利用手工方式进行潮流计算可能遇到几种不同的情况，开式网络潮流计算是最简单的一种类型。所谓开式网络一般是由一个电源点通过辐射状网络向若干个负荷节点供电。潮流计算的任务就是要根据给定的网络接线和其他已知条件，计算网络中的功率分布、功率损耗和未知的节点电压。

一、等效电路的简化

在进行电压和功率分布计算以前，可对网络的等效电路作些简化处理。供电点 a 通过馈电干线向负荷节点 b、c、d 供电如图4-9所示。等效电路简化的一般做法是，将输电线等效电路中的电纳支路都分别用额定电压 U_N^2 下的充电功率代替，这样，对每段线路的首端和末端的节点都分别加上该段线路充电功率的一半，再将这些充电功率分别与相应节点的负荷功率合并，便得电力网的运算负荷 S_b、S_c、S_d。

$$\Delta Q_{Bi} = -\frac{1}{2}B_i U_N^2$$

$S_b = S_{LDb} + j\Delta Q_{B1} + j\Delta Q_{B2}$，$S_c = S_{LDc} + j\Delta Q_{B2} + j\Delta Q_{B3}$，$S_d = S_{LDd} + j\Delta Q_{B3}$

实际的配电网中，负荷并不都直接接在馈电干线上，可能通过降压变压器连接在馈电干线上，如图4-10所示。以负荷 S_{LDd} 为例，在这种情况下，通常可计算出对应高压侧的负荷功率 S'_{LDd}，再求相应的运算负荷功率 S_d。

$$S'_{LDd} = S_{LDd} + \Delta S_T + \Delta S_0$$

$$\Delta S_T = \left(\frac{S_{LDd}}{U_N}\right)^2 (R_T + jX_T), \quad \Delta S_0 = \Delta P_0 + j\frac{I_0\%}{100}S_N$$

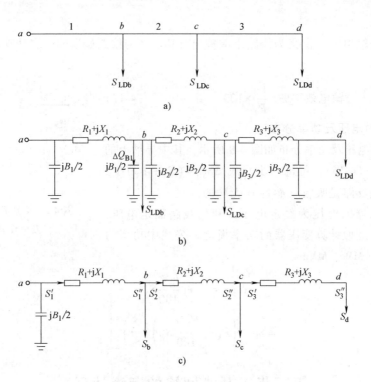

图 4-9 开式网络及其等效电路
a) 接线图 b) 等效电路图 c) 等效电路化简图

$$S_d = S'_{LDd} + j\Delta Q_{B3}$$

有时，节点上可能接有发电机支路，如图 4-11 所示。节点 b 接有发电机，严格地讲，该网络已不能算是开式网络了（开式网络只有一个电源点，任一负荷点只能从唯一的路径取得电能）。但是，该网络在结构上仍是辐射状网络，如果发电厂的功率已经给定，还可以按开式网络处理。把发电机当作是一个功率为负的负荷，于是节点 b 的运算负荷为

$$S_b = -S_G + \Delta S_{Tb} + \Delta S_{0b} + j\Delta Q_{B1} + j\Delta Q_{B2}$$

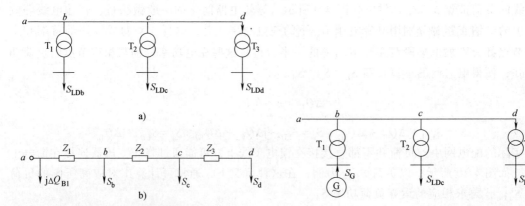

图 4-10 负荷通过降压变压器连接在
馈电干线的开式网络及其等效电路
a) 接线图 b) 等效电路图

图 4-11 某节点接有发电机支路的开式网络

二、已知同一端的电压和功率

已知同一端的功率和电压,求另一端的功率和电压,其思路就是根据等效电路逐级推算功率损耗和电压降落。

以一条线路的简单潮流计算为例,输电线路的等效电路如图 4-7 所示,已知条件为末端电压 U_2,末端功率 S_{LD} 以及线路参数。求线路中的功率损耗及始端电压和功率。

按照从已知端到未知端推算:

线路右侧导纳支路功率损耗

$$\Delta Q_{B_2} = -\frac{1}{2}BU_2^2$$

$$S_2 = S_{LD} + j\Delta Q_{B2}$$

线路阻抗支路功率损耗

$$\Delta S = \left(\frac{S_2}{U_2}\right)^2 (R+jX)$$

$$S_1 = S_2 + \Delta S$$

电压降落计算

$$\Delta U_2 = \frac{P_2 R + Q_2 X}{U_2}$$

$$\delta U_2 = \frac{P_2 X - Q_2 R}{U_2}$$

始端电压为

$$U_1 = \sqrt{(U_2 + \Delta U_2)^2 + (\delta U_2)^2}$$

线路左侧导纳支路功率损耗

$$\Delta Q_{B_1} = -\frac{1}{2}BU_1^2$$

始端功率为

$$S_{\text{始}} = S_1 + j\Delta Q_{B1}$$

注意:此时的潮流计算中电压和功率需交替计算。

例 4-1 某 220kV 单回架空电力线路,长度为 200km,导线单位长度的参数为:$r_1 = 0.108\Omega/\text{km}$,$x_1 = 0.42\Omega/\text{km}$,$b_1 = 2.66\times 10^{-6}\text{S/km}$。已知其始端输入功率为 120+j50MV·A,始端电压为 240kV,求末端电压及功率。

解:由题意,首先求线路参数并作等效电路图

$R+jX = (0.108+j0.42)\times 200\Omega = 21.6+j84\Omega$

$j\dfrac{B}{2} = j\dfrac{2.66\times 10^{-6}\times 200}{2}\text{S} = j2.66\times 10^{-4}\text{S}$

等效电路图如图 4-12 所示。

由图 4-12 可知

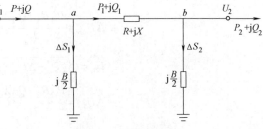

图 4-12 等效电路图

$$P_1+jQ_1=P+jQ-\Delta S_1=P+jQ-\left(-j\frac{B}{2}U_1^2\right)=120+j65.32\text{MV}\cdot\text{A}$$

设 $\dot{U}_1=U_1\angle 0°$，则线路末端的电压为

$$\dot{U}_2=\dot{U}_1-\left(\frac{P_1R+Q_1X}{U_1}+j\frac{P_1X-Q_1R}{U_1}\right)=240-(33.6+j36.12)\text{kV}=209.44\angle -9.33°\text{kV}$$

线路阻抗上消耗的功率为

$$\Delta S=\frac{P_1^2+Q_1^2}{U_1^2}(R+jX)=\frac{120^2+65.32^2}{240^2}(21.6+j84)\text{MV}\cdot\text{A}=7.0+j27.22\text{MV}\cdot\text{A}$$

在节点 b 处导纳产生的无功功率为

$$\Delta S_2=-j\frac{B}{2}U_2^2=-j2.66\times 10^{-4}\times 209.44^2\text{MV}\cdot\text{A}=-j11.67\text{MV}\cdot\text{A}$$

所以末端功率为

$$P_2+jQ_2=P_1+jQ_1-\Delta S_2-\Delta S=120+j65.32+j11.67-(7.0+j27.22)\text{MV}\cdot\text{A}=113+j49.77\text{MV}\cdot\text{A}$$

三、已知不同端的电压和功率

已知不同点的电压和功率有两种情况：①已知始端电压、末端功率，求始端功率、末端电压；②已知末端电压、始端功率，求末端功率、始端电压。求解思路为采用迭代法进行计算。根据电力系统实际运行的特点，通常前一种求解情况居多，现结合图 4-9c 所示供电系统（假设已知始端电压、末端功率）讲解具体的求解步骤。

第一步：作出简化的等效电路，表示出相关的运算负荷或功率。

第二步：设所有未知电压节点的电压为线路额定电压，从已知功率端开始逐段求功率，直到推得已知电压点的功率。

$$S_3''=S_d,\quad \Delta S_{L3}=\left(\frac{S_3''}{U_N}\right)^2(R_3+jX_3),\quad S_3'=S_3''+\Delta S_{L3}$$

$$S_2''=S_c+S_3',\quad \Delta S_{L2}=\left(\frac{S_2''}{U_N}\right)^2(R_2+jX_2),\quad S_2'=S_2''+\Delta S_{L2}$$

$$S_1''=S_b+S_2',\quad \Delta S_{L1}=\left(\frac{S_1''}{U_N}\right)^2(R_1+jX_1),\quad S_1'=S_1''+\Delta S_{L1}$$

第三步：从已知电压点开始，用推得的功率分布和已知电压点的电压，逐段向未知电压点求电压。

$$\Delta U_{ab}=\frac{P_1'R_1+Q_1'X_1}{U_a},\quad \delta U_{ab}=\frac{P_1'X_1-Q_1'R_1}{U_a}$$

$$U_b=\sqrt{(U_a-\Delta U_{ab})^2+(\delta U_{ab})^2}$$

$$\Delta U_{bc}=\frac{P_2'R_2+Q_2'X_2}{U_b},\quad \delta U_{bc}=\frac{P_2'X_2-Q_2'R_2}{U_b}$$

$$U_c=\sqrt{(U_b-\Delta U_{bc})^2+(\delta U_{bc})^2}$$

$$\Delta U_{cd} = \frac{P'_3 R_3 + Q'_3 X_3}{U_c}, \quad \delta U_{cd} = \frac{P'_3 X_3 - Q'_3 R_3}{U_c}$$

$$U_d = \sqrt{(U_c - \Delta U_{cd})^2 + (\delta U_{cd})^2}$$

通过以上两个步骤便完成了第一轮的计算。为了提高计算精度，可以迭代重复以上的计算直至满足精度要求，迭代过程中，在计算功率损耗时需要利用上一轮求得的节点电压。

四、多级电压的开式网络潮流分布

多级电压的开式网络供电干线中含有变压器，一种简单的处理办法是采用含理想变压器的等效电路。以图 4-13 所示的两级电压的开式网络为例说明，图中变压器的实际电压比为 k，变压器的阻抗已归算到线路 1 的电压级。

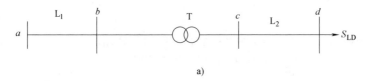

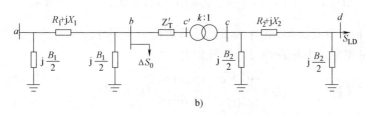

图 4-13 多级电压的开式网络及等效电路
a) 接线图 b) 等效电路图

如图 4-13 所示，等效电路包含理想变压器，计算时，经过理想变压器功率保持不变，两侧电压之比等于实际电压比 k。这种处理办法无须进行线路参数的折算，又能直接求出网络各点的实际电压，故对于手算而言，更为方便。

例 4-2 图 4-14 所示为简单系统及其等效电路，额定电压为 110kV 单回输电线路，长度为 80km，其单位长度的参数为 $r = 0.21\Omega/\text{km}$，$x = 0.416\Omega/\text{km}$，$b = 2.74 \times 10^{-6}\text{S/km}$。变电站中装有一台三相 110/11kV 的变压器，每台的容量为 15MV·A，其参数为：

$\Delta P_0 = 40.5\text{kW}$，$\Delta P_k = 128\text{kW}$，$U_k\% = 10.5$，$I_0\% = 3.5$。母线 a 的实际运行电压为 115kV，负荷功率：$S_{LDb} = 10 + j5 \text{MV·A}$，$S_{LDc} = 10 + j5 \text{MV·A}$。当变压器取主轴时，求母线 c 的电压。

解：（1）计算参数并做出等效电路

输电线路的等效电阻、电抗和电纳分别为

$$R_L = 80 \times 0.21\Omega = 16.8\Omega$$

$$X_L = 80 \times 0.416\Omega = 33.3\Omega$$

$$B_c = 80 \times 2.74 \times 10^{-6}\text{S} = 2.19 \times 10^{-4}\text{S}$$

由于线路电压未知，可用线路额定电压计算线路产生的充电功率，并将其等分为两部分，便得

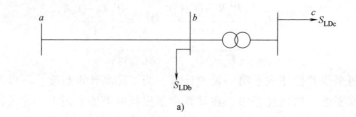

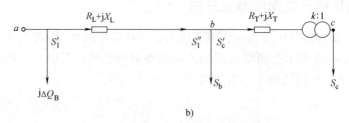

图 4-14 输电系统接线图及其等效电路
a) 接线图　b) 等效电路图

$$\Delta Q_B = -\frac{1}{2} B_c U_N^2 = -\frac{1}{2} \times 2.19 \times 10^{-4} \times 110^2 \text{Mvar} = -1.32 \text{Mvar}$$

将 ΔQ_B 分别接于节点 a 和 b，作为节点运算负荷的一部分。

变压器的等效电阻、电抗及励磁功率分别为

$$R_T = \frac{\Delta P_k U_N^2}{1000 S_N^2} = \frac{128 \times 110^2}{1000 \times 15^2} \Omega = 6.9 \Omega$$

$$X_T = \frac{U_k \% U_N^2}{100 S_N} = \frac{10.5 \times 110^2}{100 \times 15} \Omega = 84.7 \Omega$$

$$\Delta P_0 + j\Delta Q_0 = 0.0405 + j\frac{3.5 \times 15}{100} \text{MV} \cdot \text{A} = 0.04 + j0.53 \text{MV} \cdot \text{A}$$

变压器的励磁功率也作为接于节点 b 的运算负荷，于是节点 b 的负荷为
$$S_b = S_{LDb} + j\Delta Q_B + (\Delta P_0 + j\Delta Q_0) = 10 + j5 + 0.04 + j0.53 - j1.32 \text{MV} \cdot \text{A} = 10.04 + j4.21 \text{MV} \cdot \text{A}$$

节点 c 的功率即是负荷功率 $S_c = 10 + j5 \text{MV} \cdot \text{A}$

这样就得到图 4-14b 所示的等效电路

（2）计算母线 a 输出的功率

先按电力网络的额定电压计算电力网络中的功率损耗。变压器绕组中的功率损耗为

$$\Delta S_T = \left(\frac{S_c}{U_N}\right)^2 (R_T + jX_T) = \frac{10^2 + 5^2}{110^2}(6.9 + j84.7) \text{MV} \cdot \text{A} = 0.07 + j0.88 \text{MV} \cdot \text{A}$$

$$S'_c = S_c + \Delta P_T + j\Delta Q_T = 10 + j5 + 0.07 + j0.88 \text{MV} \cdot \text{A} = 10.07 + j5.88 \text{MV} \cdot \text{A}$$

$$S''_1 = S'_c + S_b = 10.07 + j5.88 + 10.04 + j4.21 \text{MV} \cdot \text{A} = 20.11 + j10.09 \text{MV} \cdot \text{A}$$

线路中的功率损耗为

$$\Delta S_L = \left(\frac{S''_1}{U_N}\right)^2 (R_L + jX_L) = \frac{20.11^2 + 10.09^2}{110^2}(16.8 + j33.3) \text{MV} \cdot \text{A} = 0.7 + j1.39 \text{MV} \cdot \text{A}$$

于是可得

$$S'_1 = S''_1 + \Delta S_L = 20.11 + j10.09 + 0.7 + j1.39 \text{MV} \cdot \text{A} = 20.81 + j11.48 \text{MV} \cdot \text{A}$$

由母线 a 输出的功率为

$$S_a = S'_1 + j\Delta Q_B = 20.81 + j11.48 - j1.32 \text{MV} \cdot \text{A} = 20.81 + j10.16 \text{MV} \cdot \text{A}$$

（3）计算各节点电压

线路中电压降落的纵分量和横分量分别为

$$\Delta U_L = \frac{P'_1 R_L + Q'_1 X_L}{U_a} = \frac{20.81 \times 16.8 + 11.48 \times 33.3}{115} \text{kV} = 6.36 \text{kV}$$

$$\delta U_L = \frac{P'_1 X_L - Q'_1 R_L}{U_a} = \frac{20.81 \times 33.3 - 11.48 \times 16.8}{115} \text{kV} = 4.35 \text{kV}$$

b 点电压为

$$U_b = \sqrt{(U_a - \Delta U_L)^2 + (\delta U_L)^2} = \sqrt{(115 - 6.36)^2 + 4.35^2} \text{kV} = 108.73 \text{kV}$$

变压器中电压降落的纵、横分量分别为

$$\Delta U_T = \frac{P'_c R_T + Q'_c X_T}{U_b} = \frac{10.07 \times 6.9 + 5.88 \times 84.7}{108.73} \text{kV} = 5.22 \text{kV}$$

$$\delta U_T = \frac{P'_c X_T - Q'_c R_T}{U_b} = \frac{10.07 \times 84.7 - 5.88 \times 6.9}{108.73} \text{kV} = 7.47 \text{kV}$$

归算到高压侧的 c 点电压

$$U'_c = \sqrt{(U_b - \Delta U_T)^2 + (\delta U_T)^2} = \sqrt{(108.73 - 5.22)^2 + 7.47^2} \text{kV} = 103.78 \text{kV}$$

变电站低压母线 c 的实际电压

$$U_c = U'_c \times \frac{11}{110} = 103.78 \times \frac{11}{110} \text{kV} = 10.38 \text{kV}$$

如果在上述计算中都不计电压降落的横分量，所得结果为

$$U_b = 108.64 \text{kV}, \quad U'_c = 103.42 \text{kV}, \quad U_c = 10.34 \text{kV}$$

与计及电压降落横分量的计算结果相比，误差很小。

第三节 闭式网络的潮流计算

闭式网络的潮流计算一般包括两端供电网络的潮流计算、单电源简单环网的潮流计算和含变压器的简单环网的潮流计算。本节将分别介绍这三种潮流计算的原理和方法。

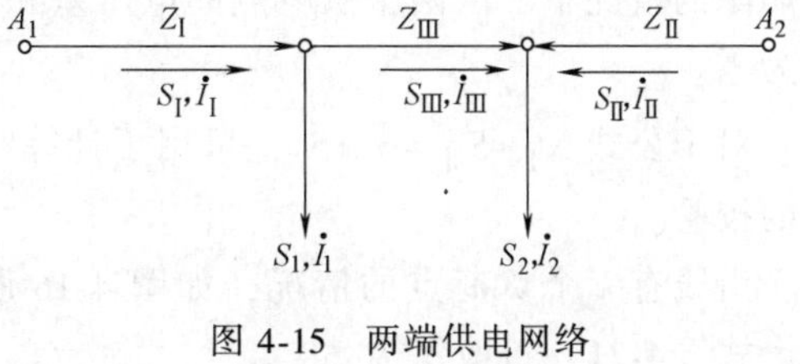

一、两端供电网络的潮流计算

如图 4-15 所示的带两个负荷的两端供电网络，对于此类网络进行潮流计算，求解思路是将闭式网络拆成不同的开式网络进行潮流计算。可分解为下面几个步骤。

图 4-15 两端供电网络

1. 不计功率损耗求功率的初步分布

根据基尔霍夫电压定律和电流定律，对图 4-15 所示的带两个负荷的两端供电网络可写

出下列方程

$$\dot{U}_{A1}-\dot{U}_{A2}=Z_{\mathrm{I}}\dot{I}_{\mathrm{I}}+Z_{\mathrm{III}}\dot{I}_{\mathrm{III}}-Z_{\mathrm{II}}\dot{I}_{\mathrm{II}}$$

$$\dot{I}_{\mathrm{I}}-\dot{I}_{\mathrm{III}}=\dot{I}_{1}$$

$$\dot{I}_{\mathrm{II}}+\dot{I}_{\mathrm{III}}=\dot{I}_{2} \tag{4-19}$$

已知两端电压和负荷电流，由前面的方程组可解出

$$\left. \begin{array}{l} \dot{I}_{\mathrm{I}}=\dfrac{(Z_{\mathrm{II}}+Z_{\mathrm{III}})\dot{I}_{1}+Z_{\mathrm{II}}\dot{I}_{2}}{Z_{\mathrm{I}}+Z_{\mathrm{II}}+Z_{\mathrm{III}}}+\dfrac{\dot{U}_{A1}-\dot{U}_{A2}}{Z_{\mathrm{I}}+Z_{\mathrm{II}}+Z_{\mathrm{III}}} \\ \dot{I}_{\mathrm{II}}=\dfrac{Z_{\mathrm{I}}\dot{I}_{1}+(Z_{\mathrm{I}}+Z_{\mathrm{III}})\dot{I}_{2}}{Z_{\mathrm{I}}+Z_{\mathrm{II}}+Z_{\mathrm{III}}}+\dfrac{\dot{U}_{A2}-\dot{U}_{A1}}{Z_{\mathrm{I}}+Z_{\mathrm{II}}+Z_{\mathrm{III}}} \end{array} \right\} \tag{4-20}$$

在电力网的实际计算中，负荷点的已知量一般是功率，而不是电流。上式确定的电流分布是精确的。但是，在电力网中，由于沿线有电压降落，即使线路中通过同一电流，沿线各点的功率也不一样。为了求取网络中的功率分布，可以采用近似的算法，忽略线路阻抗功率损耗，令 $\dot{U}=U_{N}\angle0°$，并认为 $S \approx U_{N}\dot{I}^{*}$，式（4-20）两端取共轭并同乘 U_{N}，可得

$$S_{\mathrm{I}}=\dfrac{(\overset{*}{Z}_{\mathrm{II}}+\overset{*}{Z}_{\mathrm{III}})S_{1}+\overset{*}{Z}_{\mathrm{II}}S_{2}}{\overset{*}{Z}_{\mathrm{I}}+\overset{*}{Z}_{\mathrm{II}}+\overset{*}{Z}_{\mathrm{III}}}+\dfrac{(\overset{*}{U}_{A1}-\overset{*}{U}_{A2})U_{N}}{\overset{*}{Z}_{\mathrm{I}}+\overset{*}{Z}_{\mathrm{II}}+\overset{*}{Z}_{\mathrm{III}}}=S_{\mathrm{I\,LD}}+S_{\mathrm{I\,C}}$$

$$S_{\mathrm{II}}=\dfrac{\overset{*}{Z}_{\mathrm{I}}S_{1}+(\overset{*}{Z}_{\mathrm{I}}+\overset{*}{Z}_{\mathrm{III}})S_{2}}{\overset{*}{Z}_{\mathrm{I}}+\overset{*}{Z}_{\mathrm{II}}+\overset{*}{Z}_{\mathrm{III}}}+\dfrac{(\overset{*}{U}_{A2}-\overset{*}{U}_{A1})U_{N}}{\overset{*}{Z}_{\mathrm{I}}+\overset{*}{Z}_{\mathrm{II}}+\overset{*}{Z}_{\mathrm{III}}}=S_{\mathrm{II\,LD}}+S_{\mathrm{II\,C}}$$

$$S_{\mathrm{III}}=S_{\mathrm{I}}-S_{1} \tag{4-21}$$

下面对初步功率分布进行分析：

1) 每个电源点送出的功率都包含两部分，第一部分称为基本功率，由负荷功率和网络参数确定，每一个负荷的功率都以该负荷点到两个电源点间的阻抗共扼值成反比的关系分配给两个电源点。力学中也有类似的公式，一根承担多个集中负荷的横梁，其两个支点的反作用力就相当于电源点输出的功率。第二部分称为循环功率，与负荷无关，它可以在网络中负荷切除的情况下，由两个供电点的电压差和网络参数确定。当两电源点电压相等时，循环功率为零。

对于公式 $S_{\mathrm{I}}+S_{\mathrm{II}}=S_{1}+S_{2}$，可用于计算结果的校验。

沿线有 k 个负荷点的情况，如图 4-16 所示，式（4-21）可改写为

$$S_{\mathrm{I}}=\dfrac{\sum_{i=1}^{k}\overset{*}{Z}_{i}'S_{i}}{\overset{*}{Z}_{\Sigma}}+\dfrac{(\overset{*}{U}_{A1}-\overset{*}{U}_{A2})U_{N}}{\overset{*}{Z}_{\Sigma}}=S_{\mathrm{I\,LD}}+S_{\mathrm{I\,C}}$$

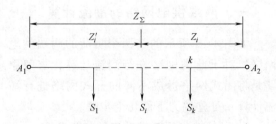

图 4-16 k 个负荷供电的两端供电网络

$$S_{\text{II}} = \frac{\sum_{i=1}^{k} \overset{*}{Z}'_i S_i}{\overset{*}{Z}_\Sigma} + \frac{(\overset{*}{U}_{A2} - \overset{*}{U}_{A1}) U_N}{\overset{*}{Z}_\Sigma} = S_{\text{II LD}} + S_{\text{II C}} \tag{4-22}$$

式中，Z_Σ 为整条线路的总阻抗；Z_i 和 Z'_i 分别为第 i 个负荷点到供电点 A_2 和 A_1 的总阻抗。

2) 网络若为均一网（各段线路的 R 与 X 的比值相等），对于给 k 个负荷供电的两端供电网络，基本功率的公式可简化写成

$$S_{\text{I LD}} = \frac{\sum_{i=1}^{k} S_i R_i \left(1 - j\frac{X_i}{R_i}\right)}{R_\Sigma \left(1 - j\frac{X_\Sigma}{R_\Sigma}\right)} = \frac{\sum_{i=1}^{k} S_i R_i}{R_\Sigma} = \frac{\sum_{i=1}^{k} P_i R_i}{R_\Sigma} + j\frac{\sum_{i=1}^{k} Q_i R_i}{R_\Sigma}$$

$$S_{\text{II LD}} = \frac{\sum_{i=1}^{k} S_i R'_i}{R_\Sigma} = \frac{\sum_{i=1}^{k} P_i R'_i}{R_\Sigma} + j\frac{\sum_{i=1}^{k} Q_i R'_i}{R_\Sigma} \tag{4-23}$$

由此可见，在均一电力网中有功功率和无功功率的分布彼此无关，而且可以只利用各线段的电阻（或电抗）分别计算，功率分布与电阻（或电抗）成反比。

3) 对于各线段单位长度的阻抗值都相等的均一网络，对于给 k 个负荷供电的两端供电网络，基本功率的公式可进一步简化写成

$$S_{\text{I LD}} = \frac{\sum_{i=1}^{k} S_i \overset{*}{Z}_0 l_i}{\overset{*}{Z}_0 l_\Sigma} = \frac{\sum_{i=1}^{k} S_i l_i}{l_\Sigma} = \frac{\sum_{i=1}^{k} P_i l_i}{l_\Sigma} + j\frac{\sum_{i=1}^{k} Q_i l_i}{l_\Sigma}$$

$$S_{\text{II LD}} = \frac{\sum_{i=1}^{k} S_i l'_i}{l_\Sigma} = \frac{\sum_{i=1}^{k} P_i l'_i}{l_\Sigma} + j\frac{\sum_{i=1}^{k} Q_i l'_i}{l_\Sigma} \tag{4-24}$$

各段线路单位长度的阻抗值相等的均一网的功率分布与各段长度成反比。

2. 找功率分点拆成两开式网络

电网中，功率分点是指功率由两个方向流入的节点。功率分点分为有功分点和无功分点，有功分点用"▼"标出，无功分点用"▽"标出。如图 4-17 所示。

在不计功率损耗求出电力网功率分布之后，若节点 2 为功率分点，在功率分点（节点 2）将网络解开，使之成为两个开式网络。将功率分点处的负荷分成两部分，分别挂在两个开式网络的终端。然后按照上节的方法分别计算两个开式网络的功率损耗和功率分布。在计算功率损耗时，网络中各点的未知电压可暂用额定电压代替。当有功功率和无功功率分点不一致时，常选电压较低的分点将网络解开。

3. 在两开式网络分别进行潮流计算

同开式网络潮流计算方法。

二、单电源简单环网的潮流计算

简单环网是指每一节点都只同两条支路相接的环形网络。如图 4-18 所示的单电源简单

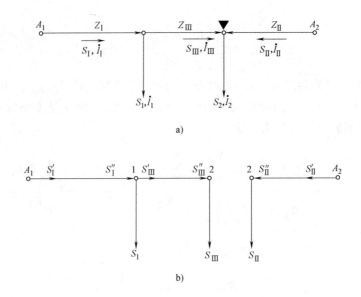

图 4-17 两端供电网络的功率分布与功率分点
a) 两端供电网络的功率分布图　b) 功率分点拆分为两开式网络

环网，此类网络的潮流计算类似于两端供电网络。在电源节点 1 处将环网拆开，如图 4-18c 所示，可转化为两端电压相等的两端供电网络（1 与 1′为同一点）。所有两端供电网络的潮流计算方法，都可以在此应用。而且，由于两端电压相等，初步功率分布中不含循环功率，计算更为简便。当简单环网中存在多个电源点时，给定功率的电源点可以当作负荷点处理，而把给定电压的电源点都一分为二，这样便得到若干个已知供电点电压的两端供电网络。

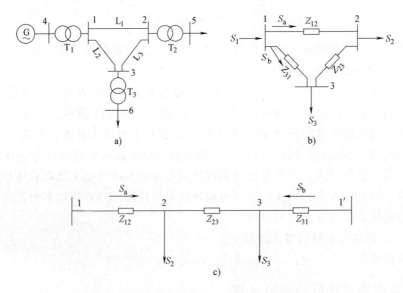

图 4-18 单电源简单环网及等效电路
a) 接线图　b) 等效电路图　c) 1 节点拆开等效电路图

例 4-3 某一额定电压为 10kV 的两端供电网，如图 4-19 所示。线路 L_1、L_2 和 L_3 导线型号均为 LJ—185，线路长度分别为 10km、4km 和 3km；各负荷点负荷如图所示。试求 $\dot{U}_A = 10.5\angle 0°\text{kV}$、$\dot{U}_B = 10.4\angle 0°\text{kV}$ 时的初步功率分布，并找到功率分点（LJ—185 型导线：$z = 0.17+\text{j}0.38\Omega/\text{km}$，不计线路充电功率）。

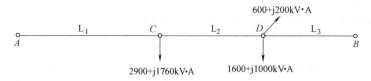

图 4-19　10kV 的两端供电网示意接线图

解：线路等效阻抗分别为

$$Z_{L1} = 10\times(0.17+\text{j}0.38)\Omega = 1.7+\text{j}3.8\Omega$$
$$Z_{L2} = 4\times(0.17+\text{j}0.38)\Omega = 0.68+\text{j}1.52\Omega$$
$$Z_{L3} = 3\times(0.17+\text{j}0.38)\Omega = 0.51+\text{j}1.14\Omega$$

D 点的运算负荷为

$$S_D = 600+\text{j}200+1600+\text{j}1000\text{kV}\cdot\text{A} = 2200+\text{j}1200\text{kV}\cdot\text{A}$$

循环功率为

$$S_c = \frac{(U_A^* - U_B^*)U_N}{Z_\Sigma^*} = \frac{(10.5-10.4)\times 10}{17\times(0.17-\text{j}0.38)}\text{MV}\cdot\text{A} = (0.058+\text{j}0.129)\text{MV}\cdot\text{A} = 58+\text{j}129\text{kV}\cdot\text{A}$$

求初步功率分布，对于各线段单位长度的阻抗值都相等的均一网络，功率分布与各段长度成反比，利用此特点，可以简化计算。

$$S_{AC} = \frac{1}{17}[(2900+\text{j}1760)\times 7 + (2200+\text{j}1200)\times 3] + S_c$$
$$= (1582.35+\text{j}936.47+58+\text{j}129)\text{kV}\cdot\text{A} = (1640.35+\text{j}1065.47)\text{kV}\cdot\text{A}$$

$$S_{BD} = \frac{1}{17}[(2900+\text{j}1760)\times 10 + (2200+\text{j}1200)\times 14] - S_c$$
$$= (3517.65+\text{j}2023.53-58-\text{j}129)\text{kV}\cdot\text{A} = (3459.65+\text{j}1894.53)\text{kV}\cdot\text{A}$$

验算

$$S_{AC}+S_{BD} = (1640.35+\text{j}1065.47+3459.65+\text{j}1894.53)\text{kV}\cdot\text{A} = (5100+\text{j}2960)\text{kV}\cdot\text{A}$$
$$S_C+S_D = (2900+\text{j}1760+2200+\text{j}1200)\text{kV}\cdot\text{A} = (5100+\text{j}2960)\text{kV}\cdot\text{A}$$

故计算无误。

$$S_{DC} = S_{BD} - S_D = (3459.65+\text{j}1894.53-2200-\text{j}1200)\text{kV}\cdot\text{A} = (1259.65+\text{j}694.53)\text{kV}\cdot\text{A}$$

可知 C 点为功率分点。初步功率分布如图 4-20 所示。

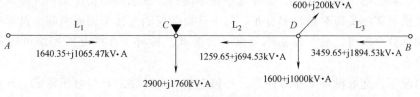

图 4-20　初步功率分布

三、含变压器的简单环网的潮流计算

含变压器的简单环网潮流计算也称之为含多个电压等级的环形网络潮流计算。先讨论电压比不等的两台升压变压器并联运行时的功率分布。设两台变压器的电压比,即高压侧抽头电压与低压侧额定电压之比,分别为 k_1 和 k_2,且 $k_1>k_2$。图 4-21 是不计变压器的导纳支路的等效电路,变压器阻抗归算到高压侧(即图中 B 侧)。

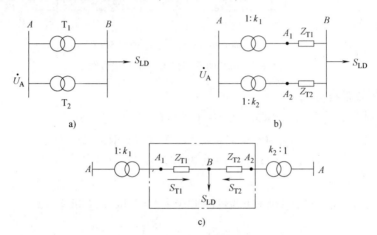

图 4-21 电压比不等的两台升压变压器并联运行时的功率分布
a) 接线图 b) 等效电路图 c) A 点拆开等效电路图

若已知一次侧电压,则 $\dot{U}_{A1}=k_1\dot{U}_A$,$\dot{U}_{A2}=k_2\dot{U}_A$。从 A 点拆开,便得到图 4-21c 中点画线框中一个供电点电压不等的两端供电网络。可运用两端供电网络的潮流计算公式进行计算。初步功率分布如下

$$S_{T1}=\frac{\overset{*}{Z}_{T2}S_{LD}}{\overset{*}{Z}_{T1}+\overset{*}{Z}_{T2}}+\frac{(\overset{*}{U}_{A1}-\overset{*}{U}_{A2})U_{N\cdot H}}{\overset{*}{Z}_{T1}+\overset{*}{Z}_{T2}}=S_{T1,LD}+S_{cir}$$

$$S_{T2}=\frac{\overset{*}{Z}_{T1}S_{LD}}{\overset{*}{Z}_{T1}+\overset{*}{Z}_{T2}}-\frac{(\overset{*}{U}_{A1}-\overset{*}{U}_{A2})U_{N\cdot H}}{\overset{*}{Z}_{T1}+\overset{*}{Z}_{T2}}=S_{T2,LD}-S_{cir} \quad (4\text{-}25)$$

$$S_c=\frac{(\overset{*}{U}_{A1}-\overset{*}{U}_{A2})U_{N\cdot H}}{\overset{*}{Z}_{T1}+\overset{*}{Z}_{T2}}=\frac{\overset{*}{\Delta E}U_{N\cdot H}}{\overset{*}{Z}_{T1}+\overset{*}{Z}_{T2}}$$

式中,$U_{N\cdot H}$ 为高压侧的额定电压,ΔE 称为环路电势,它是因并联变压器的电压比不等而引起的。循环功率由环路电势产生。因此,循环功率的方向同环路电势的作用方向是一致的。当两变压器的电压比相等时,循环功率便不存在。变压器的初步功率分布是由变压器电压比相等且供给实际负荷时的功率分布,与不计负荷仅因变比不同而引起的循环功率叠加而成。初步功率分布求得之后,在功率分点(负荷点)拆环,在两开式网络可进一步计算实际的功率分布。

一般情况下,选好循环功率方向后,环路电势可由环路的开口电压确定,开口处可在高压侧,也可在低压侧。

当变压器阻抗参数归算至高压侧时，如图 4-22a 所示，有

$$\Delta \dot{E} = \dot{U}_P - \dot{U}_{P'} = \dot{U}_A(k_1 - k_2) = \dot{U}_B\left(1 - \frac{k_2}{k_1}\right)$$

当变压器阻抗参数归算至低压侧时，如图 4-22b 所示，有

$$\Delta \dot{E} = \dot{U}_P - \dot{U}_{P'} = \frac{\dot{U}_B}{k_2}\left(1 - \frac{k_2}{k_1}\right) = \dot{U}_A\left(\frac{k_1}{k_2} - 1\right)$$

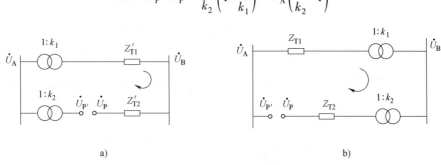

图 4-22 计算环路电势的等效电路
a) 开口在高压侧 b) 开口在低压侧

关于环路电势的求取，需注意：①循环功率的正方向和开口电压的正方向关系需一致，即端口开路电压差正方向与循环功率在通过此端口时正方向一致；②假想开口端口一定要在参数归算侧；③假想端口开路电压差的值会因端口具体位置的不同而有所变化，但这种变化不会影响到开路电压差的正负性质。

简化计算或电力网电压未知的情况下，还可通过下式求取环路电势

$$\Delta E \approx U_{N \cdot H}\left(1 - \frac{k_2}{k_1}\right)$$

$$\Delta E \approx U_{N \cdot L}\left(1 - \frac{k_2}{k_1}\right)$$

$$S_c \approx \frac{U_{N \cdot H}^2\left(1 - \frac{k_2}{k_1}\right)}{\overset{*}{Z}_{T1} + \overset{*}{Z}_{T2}} \approx \frac{U_{N \cdot L}^2\left(1 - \frac{k_2}{k_1}\right)}{\overset{*}{Z}_{T1} + \overset{*}{Z}_{T2}} \qquad (4-26)$$

对于有多个电压级的环形电力网，环路电势和循环功率确定方法与两变压器并列运行时的方法一致。如果环网中原来的功率分布在技术上或经济上不太合理时，则可以通过调整变压器的电压比，产生某一指定方向的循环功率来改善功率分布。

例 4-4 电压比分别为 $k_1 = 110/11\text{kV}$ 和 $k_2 = 104.5/11\text{kV}$ 的两台变压器并联运行，如图 4-23 所示，两台变压器归算到低压侧的电抗均为 1Ω，其电阻和导纳忽略不计。已知低压母线电压为 10kV，负荷功率为 $10+\text{j}8\text{MV} \cdot \text{A}$，试求变压器的功率分布和高压侧电压。

解：（1）假定两台变压器电压比相同，计算其功率分布
因两台变压器电抗相等，故

$$S_{1LD} = S_{2LD} = \frac{1}{2}S_{LD} = \frac{1}{2}(10+\text{j}8)\text{MV} \cdot \text{A} = 5+\text{j}4\text{MV} \cdot \text{A}$$

（2）求循环功率

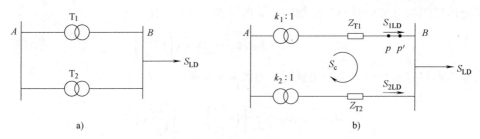

图 4-23 两台变压器并联运行示意图及等效电路图
a) 接线图 b) 等效电路图

因为阻抗已归算到低压侧，宜用低压侧的电压求环路电势。若取其假定正方向为顺时针方向，则可得

$$\Delta E = U_p - U_{p'} = U_B\left(\frac{k_2}{k_1}-1\right) = 10\times\left(\frac{9.5}{10}-1\right)\text{kV} = -0.5\text{kV}$$

故循环功率为

$$S_c \approx \frac{U_B \Delta E}{Z_{T1}^* + Z_{T2}^*} = \frac{-10\times 0.5}{-j1-j1}\text{MV}\cdot\text{A} = -j2.5\text{MV}\cdot\text{A}$$

(3) 计算两台变压器的实际功率分布

$$S_{T1} = S_{1LD} + S_c = (5+j4-j2.5)\text{MV}\cdot\text{A} = (5+j1.5)\text{MV}\cdot\text{A}$$
$$S_{T2} = S_{2LD} - S_c = (5+j4+j2.5)\text{MV}\cdot\text{A} = (5+j6.5)\text{MV}\cdot\text{A}$$

(4) 计算高压侧电压

不计电压降落的横分量时，按变压器 T_1 计算可得高压母线电压为

$$U_A = \left(10+\frac{1.5\times 1}{10}\right)k_1 = (10+0.15)\times 10\text{kV} = 101.5\text{kV}$$

按变压器 T_2 计算可得

$$U_A = \left(10+\frac{6.5\times 1}{10}\right)k_2 = (10+0.65)\times 9.5\text{kV} = 101.18\text{kV}$$

计及电压降落的横分量，按 T_1 和 T_2 计算可分别得

$$U_A = 101.5\text{kV}, \quad U_A = 101.18\text{kV}$$

与不计及电压降落的横分量基本相等。

(5) 计及从高压母线输入变压器 T_1 和 T_2 的功率

$$S'_{T1} = \left(5+j1.5+\frac{5^2+1.5^2}{10^2}\times j1\right)\text{MV}\cdot\text{A} = (5+j1.77)\text{MV}\cdot\text{A}$$

$$S'_{T2} = \left(5+j6.5+\frac{5^2+6.5^2}{10^2}\times j1\right)\text{MV}\cdot\text{A} = (5+j7.17)\text{MV}\cdot\text{A}$$

输入高压母线的总功率为

$$S' = S'_{T1} + S'_{T2} = (5+j1.77+5+j7.17)\text{MV}\cdot\text{A} = (10+j8.94)\text{MV}\cdot\text{A}$$

计算所得功率分布，如图 4-24 所示。

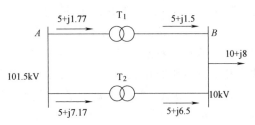

图 4-24 两台变压器并联运行功率分布图

第四节 复杂系统潮流计算

本节简要介绍运用计算机计算电力系统潮流分布的方法。运用计算机计算的步骤一般包括建立数学模型，确定解算方法，制定框图和编制程序，本节介绍前两步。

一、计算机潮流计算数学模型与定解条件

电力网络方程是将网络的有关参数、变量及其相互关系归纳起来的，反映网络特性的数学方程式组，是计算机潮流计算依据的基础。现从节点电压方程开始推出计算机潮流计算的数学模型和定解条件。

n 个独立节点的网络，n 个节点电压方程可以写成

$$\begin{pmatrix} \dot{I}_1 \\ \dot{I}_2 \\ \vdots \\ \dot{I}_n \end{pmatrix} = \begin{pmatrix} Y_{11} & Y_{12} & \cdots & Y_{1n} \\ Y_{21} & Y_{22} & \cdots & Y_{2n} \\ \vdots & \vdots & & \vdots \\ Y_{n1} & Y_{n2} & \cdots & Y_{nn} \end{pmatrix} \begin{pmatrix} \dot{U}_1 \\ \dot{U}_2 \\ \vdots \\ \dot{U}_n \end{pmatrix}$$

简写成

$$I = YU$$

式中，Y 为节点导纳矩阵，特点是直观易得、稀疏、对称。

将第 i 条方程展开为

$$\dot{I}_i = \sum_{j=1}^{n} Y_{ij} \dot{U}_j \quad (i = 1, 2, \cdots, n) \tag{4-27}$$

由于电力系统更多已知节点的注入功率情况，而非节点的注入电流情况，故将上述公式改写为

$$\overset{*}{S}_i = \dot{U}_i^* \dot{I}_i = \dot{U}_i^* \sum_{j=1}^{n} Y_{ij}^* \dot{U}_j^* \quad (i = 1, 2, \cdots, n) \tag{4-28}$$

式（4-27）是一组复数方程（n 个），如果把实部和虚部分开，可以获得 $2n$ 个实数方程。对于每个节点，如果节点电压的幅值、相角、节点注入有功功率、节点注入无功功率均为未知量，则 n 个节点，共 $4n$ 个变量。因此该非线性方程组无定解。为获得方程组的定解，必须给定其中 $2n$ 个变量。通常，依据电力系统运行的实际条件，对每个节点，给定两个变量为已知量，故依据给定量的不同，将节点分为三种类型。

第一类称为 PQ 节点，对这类节点注入功率是给定的，待求的则是节点电压的大小和相位，属于这一类节点的有多数负荷节点按给定有功、无功功率发电的发电厂母线和没有电源的变电站母线；第二类称为 PV 节点，对这类节点，注入有功功率和节点电压大小是给定的，待求的是注入无功功率和节点电压的相位，有一定无功功率储备的发电厂和有一定无功功率电源的变电站母线都可选为 PV 节点；第三类称为平衡节点，潮流计算时，一般只设一个平衡节点，对这个节点，节点电压大小和相位是给定的，待求的是注入节点的有功功率和无功功率，担任调整系统频率任务的发电厂母线往往被选作为平衡节点。

这组非线性方程组的解还需要满足工程实际意义。电力系统中变量的常用约束条件有：

1) 所有节点电压必须满足 $U_{imin} \leqslant U_i \leqslant U_{imax}$，即节点电压幅值在一定的范围之内。

2) 所有电源节点的有功功率和无功功率必须满足条件 $P_{Gimin} \leqslant P_{Gi} \leqslant P_{Gimax}$，$Q_{Gimin} \leqslant Q_{Gi} \leqslant Q_{Gimax}$。

3) 某些节点之间电压的相位差应满足 $|\delta_i - \delta_j| < |\delta_i - \delta_j|_{max}$，这是为了保证系统运行的稳定性。

二、牛顿-拉夫逊法潮流计算

潮流计算常用牛顿-拉夫逊法，下面简要介绍其原理。

设有单变量非线性方程，求解此方程

$$f(x) = 0 \tag{4-29}$$

先给定解的近似值 $x^{(0)}$，它与真解的误差为 $\Delta x^{(0)}$，则真解 $x = x^{(0)} + \Delta x^{(0)}$，将满足

$$f(x^{(0)} + \Delta x^{(0)}) = 0$$

按泰勒级数展开，并略去高次项有

$$f(x^{(0)}) = -f'(x^{(0)})\Delta x^{(0)}$$

$$\Delta x^{(0)} = -\frac{f(x^{(0)})}{f'(x^{(0)})}$$

修正　$x^{(1)} = x^{(0)} + \Delta x^{(0)}$

$$\Delta x^{(1)} = -\frac{f(x^{(1)})}{f'(x^{(1)})}$$

反复迭代，直至 $|f(x^{(k)})| < \varepsilon_1$ 或 $|\Delta x^{(k)}| < \varepsilon_2$。

牛顿法的几何解释如图 4-25 所示，一般将此求解过程描述为逐次线性化的过程，即对于非线性方程，每次迭代求解的是一个线性方程。

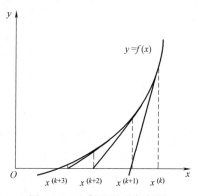

图 4-25　牛顿法的几何解释

对于 n 个变量的非线性方程组

$$\left.\begin{array}{l} f_1(x_1, x_2, x_3, \cdots, x_n) = 0 \\ f_2(x_1, x_2, x_3, \cdots, x_n) = 0 \\ \vdots \\ f_n(x_1, x_2, x_3, \cdots, x_n) = 0 \end{array}\right\} \tag{4-30}$$

其近似解为 $x_1^{(0)}$, $x_2^{(0)}$, $\cdots$, $x_n^{(0)}$。设近似解与精确解相差 $\Delta x_1^{(0)}$, $\Delta x_2^{(0)}$, $\cdots$, $\Delta x_n^{(0)}$，则有

$$\left.\begin{array}{l}f_1(x_1^{(0)}+\Delta x_1^{(0)}, x_2^{(0)}+\Delta x_2^{(0)}, \cdots, x_n^{(0)}+\Delta x_n^{(0)})=0 \\ f_2(x_1^{(0)}+\Delta x_1^{(0)}, x_2^{(0)}+\Delta x_2^{(0)}, \cdots, x_n^{(0)}+\Delta x_n^{(0)})=0 \\ \vdots \\ f_n(x_1^{(0)}+\Delta x_1^{(0)}, x_2^{(0)}+\Delta x_2^{(0)}, \cdots, x_n^{(0)}+\Delta x_n^{(0)})=0\end{array}\right\}$$

线性方程或修正方程组为

$$\begin{pmatrix} f_1(x_1^{(0)},x_2^{(0)},\cdots,x_n^{(0)}) \\ f_2(x_1^{(0)},x_2^{(0)},\cdots,x_n^{(0)}) \\ \vdots \\ f_n(x_1^{(0)},x_2^{(0)},\cdots,x_n^{(0)}) \end{pmatrix} = - \begin{pmatrix} \left.\frac{\partial f_1}{\partial x_1}\right|_0 & \left.\frac{\partial f_1}{\partial x_2}\right|_0 & \cdots & \left.\frac{\partial f_1}{\partial x_n}\right|_0 \\ \left.\frac{\partial f_2}{\partial x_1}\right|_0 & \left.\frac{\partial f_2}{\partial x_2}\right|_0 & \cdots & \left.\frac{\partial f_2}{\partial x_n}\right|_0 \\ & & \vdots & \\ \left.\frac{\partial f_n}{\partial x_1}\right|_0 & \left.\frac{\partial f_n}{\partial x_2}\right|_0 & \cdots & \left.\frac{\partial f_n}{\partial x_n}\right|_0 \end{pmatrix} \begin{pmatrix} \Delta x_1^{(0)} \\ \Delta x_2^{(0)} \\ \vdots \\ \Delta x_n^{(0)} \end{pmatrix} \quad (4-31)$$

（已知）（已知）（待求）

反复迭代，在进行第 $k+1$ 次迭代时，线性方程或修正方程组的矩阵形式为

$$F(X^{(k)}) = -J^{(k)} \Delta X^{(k)} \quad (4-32)$$

式中，J 是 $n \times n$ 方阵，称为雅克比矩阵，具有稀疏、时变和非对称的特点。求出

$$X^{(k+1)} = X^{(k)} + \Delta X^{(k)} \quad (4-33)$$

收敛的判据为

$$\max\{|f_i(x_1^{(k)},x_2^{(k)},\cdots,x_n^{(k)})|\}<\varepsilon_1 \quad \text{或} \quad \max\{|\Delta x_i^{(k)}|\}<\varepsilon_2$$

式中，ε_1 和 ε_2 是预先给定的小正数。

三、节点电压用极坐标表示时的牛顿-拉夫逊法潮流计算

对于 n 个节点的电力网络，设 1，2，$\cdots$，m 节点为 PQ 节点，$m+1$，$\cdots$，$n-1$ 节点为 PV 节点，第 n 个节点为平衡节点。

节点电压用极坐标表示

$$\dot{U}_i = U_i \angle \delta_i, \quad \delta_{ij} = \delta_i - \delta_j, \quad Y_{ij} = G_{ij} + jB_{ij}$$

将上述表示式代入式（4-27），并展开分出实部和虚部，得到功率平衡方程

$$\left.\begin{array}{l} P_i = U_i \sum_{j=1}^{n} U_j (G_{ij}\cos\delta_{ij} + B_{ij}\sin\delta_{ij}) \\ Q_i = U_i \sum_{j=1}^{n} U_j (G_{ij}\sin\delta_{ij} - B_{ij}\cos\delta_{ij}) \end{array}\right\} \quad (4-34)$$

对于 PQ 节点和 PV 节点分别列写方程，下标 s 表示为已知量。则有

针对 PQ 节点（$i=1, 2, \cdots, m$）和 PV 节点（$i=m+1, \cdots n-1$）

$$\Delta P_i = P_{is} - U_i \sum_{j=1}^{n} U_j (G_{ij}\cos\delta_{ij} + B_{ij}\sin\delta_{ij}) = 0$$

针对 PQ 节点（$i=1, 2, \cdots, m$）

$$\Delta Q_i = Q_{is} - U_i \sum_{j=1}^{n} U_j(G_{ij}\sin\delta_{ij} - B_{ij}\cos\delta_{ij}) = 0$$

上式为一共 $n-1+m$ 个非线性方程构成的方程组，求解变量为 PQ 节点的电压幅值 $U_1 \sim U_m$ 和相角 $\delta_1 \sim \delta_m$，PV 节点的节点注入无功功率 $Q_{m+1} \sim Q_{n-1}$ 和相角 $\delta_{m+1} \sim \delta_{n-1}$，因功率变量不必参与迭代，而是在迭代结束后利用式（4-34）可以求出，故参与迭代求解的仅为电压变量，也是 $n-1+m$ 个变量。对于此 $n-1+m$ 阶非线性方程组可用前面介绍的牛顿-拉夫逊法进行求解。

第五节 小 结

本章介绍了手工计算潮流的方法并简要介绍了计算机潮流计算的数学模型和求解。手工计算可以加深对潮流分布的物理概念的理解；计算机潮流计算的数学模型以节点电压方程为基础，推导相应的功率方程，本质上是求解一组非线性方程组，采用数值求解的方法。手工计算时，电力系统的等效电路通常采用对应一个电压等级的等效电路表示；计算机计算时，一般采用对应于多个电压等级的等效电路。本章重点掌握手工计算中电压降落和功率损耗的基本计算、开式网络和闭式网络的计算方法，了解计算机潮流计算的数学模型和节点分类。

第六节 思考题与习题

1. 输电线路和变压器阻抗元件上的电压降落如何计算？电压降落的大小主要由什么决定？电压降落的相位主要由什么决定？什么情况下会出现线路末端电压高于首端电压的情况？
2. 电压降落与电压损耗有何区别？
3. 试画出短距离输电线路电压与电流关系的相量图。
4. 闭式网络潮流计算求初步功率分布的目的是什么？
5. 试述循环功率的优缺点。
6. 两同型号变压器并联运行，当电压比不同时，哪个变压器负荷较重？为什么？
7. 线路 L 的参数为 $r = 0.16\Omega/\text{km}$，$x = 0.38\Omega/\text{km}$，$b = 2.6 \times 10^{-6} \text{S/km}$，长度为 30km，已知线路首端电压为 114kV，末端负荷功率为 $17+j9\text{MV} \cdot \text{A}$。求线路 L 的首端输入功率和末端电压。
8. 电网结构如图 4-26 所示，其额定电压为 10kV。已知各节点的负荷功率及参数：

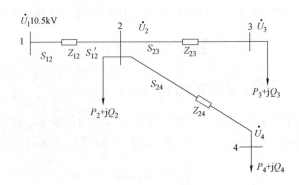

图 4-26

$S_2 = (0.3+j0.2)\text{MV}\cdot\text{A}$,$S_3 = (0.5+j0.3)\text{MV}\cdot\text{A}$,$S_4 = (0.2+j0.15)\text{MV}\cdot\text{A}$,$Z_{12} = (1.2+j2.4)\Omega$,$Z_{23} = (1.0+j2.0)\Omega$,$Z_{24} = (1.5+j3.0)\Omega$,试求电压和功率分布。

9. 某 35kV 变电站有两台变压器并联运行，如图 4-27 所示。变压器 T_1 的参数为：S_N = 8MV·A，ΔP_k = 24kW，$U_k\%$ = 7.5；变压器 T_2 的参数为：S_N = 2MV·A，ΔP_k = 24kW，$U_k\%$ = 6.4。两台变压器的励磁支路均忽略。变电站低压侧通过的总功率为 S = 8.5+j5.3MV·A。试求：

1) 当变压器的电压比为 $k_{T1} = k_{T2} = 35/11\text{kV}$ 时，每台变压器通过的功率各为多少？

2) 当 $k_{T1} = 34.125/11\text{kV}$，$k_{T2} = 35/11\text{kV}$ 时，每台变压器通过的功率各为多少？

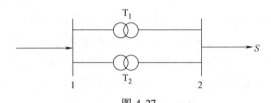

图 4-27

第五章 电力系统调频、调压及经济运行

电力系统稳态分析中，调频、调压、经济运行都是重要的内容。频率和电压都是衡量电能质量的指标，保证电力系统的频率和电压合乎标准是系统运行频率调整和电压调整的任务。频率控制和有功控制密切相关，电压控制与无功控制密切相关；一般来说系统中有功不足频率下降，无功不足电压水平下降；有功平衡可以依据资源分布全局平衡，无功平衡应尽量做到分层分区就地平衡。经济运行是电力系统优化运行的要求，可降低供电成本和发电成本。本章重点介绍频率调整和电压调整的基本原理及方法，简要介绍网损和有功功率的经济分配。

第一节 电力系统频率调整

频率是衡量电能质量的重要指标。系统频率的变化是由于作用在发电机组转轴上的转矩（或有功功率）不平衡所引起的。所以先来介绍有功功率平衡。

一、有功功率平衡

1. 有功功率平衡和备用容量

如图 5-1 是一个凸极发电机转子上的转矩（功率）关系图。若机械转矩（功率）大于电磁转矩（功率），则频率升高；反之频率下降。发电机输出的电磁功率是由系统负荷、系统结构及系统运行状态决定的，这些因素的变化是随机的、瞬时的。而发电机输入的机械功率则是由原动机的汽门或导水叶的开度决定的，这些又受控于原动机的调速系统。调速系统调节汽门或导水叶的速度相对迟缓，无法适应发电机电磁功率的变化。因此严格保证系统频率为额定频率是不切实际的，通常规定一个允许的频率偏移范围，如我国规定正常运行时频率偏差限值为±0.2Hz；当系统容量较小时，偏差限值可以放宽到±0.5Hz。

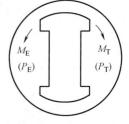

图 5-1 转子上的转矩（功率）关系图

为了保证频率偏移不超过允许值，需要在系统中负荷变化或由其他原因造成电磁转矩变化时，及时调整原动机的机械功率，尽量使发电机转轴上的有功功率平衡。即满足电力系统运行中所有发电厂发出的有功功率的总和在任何时刻都是同系统的总负荷相平衡。总负荷包括用户的有功负荷、厂用电有功负荷及网络的有功损耗。

为保证安全和优质的供电，电力系统的有功功率平衡必须在额定运行参数下确立，而且还应具有一定的备用容量。系统中备用容量就是系统的电源容量大于发电负荷的部分。一般要求备用容量为最大发电负荷的 15%~20%。

备用容量按容量的存在形式可分为两种：热备用和冷备用。

1）热备用　指运行中的发电设备可能发出的最大功率与系统发电负荷的差，又称其为旋转备用或运转备用。

2）冷备用　指未运转的发电设备可能发出的最大功率，检修中的发电设备不属于冷备用。

备用容量按用途可分为以下四种：负荷备用、事故备用、检修备用和国民经济备用。

1）负荷备用：指为了满足系统中短时的负荷变动和短期内计划外的负荷增加而设置的备用。负荷备用容量的大小与系统负荷的大小有关，一般为最大负荷的2%~5%。大系统采用较小的百分数，小系统采用较大的百分数。

2）事故备用：指在发电设备发生偶然事故时，为保证向用户正常供电而设置的备用。事故备用容量的大小与系统容量的大小、机组台数、单机容量以及对系统供电可靠性要求的高低有关。一般为最大负荷的5%~10%，但不能小于系统中最大一台机组的容量。

3）检修备用：指为系统中的发电设备能定期检修而设置的备用。它与系统中的发电机台数、年负荷曲线、检修周期、检修时间的长短、设备新旧程度等有关。检修备用与前两种备用不同，是事先安排的。检修分大修和小修两种：小修一般安排在节假日或负荷低谷期；大修时，水电厂安排在枯水期，火电厂安排在一年中系统综合负荷最小的季节。

4）国民经济备用：指考虑国民经济超计划增长和新用户的出现而设置的备用。这部分备用与国民经济增长有关．一般取最大负荷的3%~5%。

上述四种备用是以热备用和冷备用的形式存在着的。其中负荷备用和一部分事故备用需为热备用，其余备用视需要确定为热备用或冷备用。

2. 有功功率负荷的变动规律

系统中负荷无时无刻不在变动。分析负荷变动规律可见，实际上它是几种负荷变动规律的综合。或者反过来说，可将这种不规则负荷变动规律分解为几种有规律可循的负荷变动。图5-2所示为实际有功负荷的变动及其分解。对于实际的有功负荷 P_Σ，一般可分解为三种负荷的叠加：第一种负荷 P_1 变动周期小于10s，变化幅度小，它是由于中小型用电设备的投入和切除引起的，这种负荷变动有很大的偶然性；第二种负荷 P_2 变动周期为10~180s，变化幅度较大，对应于工业电炉、电力机车和压延机械等冲击性负荷；第三种负荷 P_3 变动周期最大，变化幅度最大，引起负荷变化的原因主要是工厂的作息制度，人民的生活规律，气象条件的变化等，基本上可以预计。

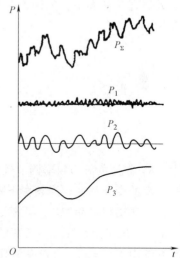

图5-2　实际有功负荷的变动及其分解

有鉴于此，电力系统有功功率和负荷调整大体上可分为一次、二次和三次调整三种。曲线 P_1、P_2 对应的负荷是无法预测的，需要分别通过一次调频和二次调频调节发电机的输入功率来随时平衡负荷的变化。曲线 P_3 对应的负荷一般可以通过研究历年运行的统计资料和负荷可能变化的趋势加以预测，并按照优化原则在各发电厂、发电机组之间实现有功功率的经济分配。具体来说，一次调频是由发电机组的调速器进行的对第一种负荷变动引起的频率偏移的调整。二次调频是由发电机的调频器进行的对第二种负荷变动引起的频率偏移的调整。三次调频的名词不常用，它是指按最优化准则分配第三种有规律变动的负荷,即责成各发电厂按事先给定的发电负荷曲线发电。

二、电力系统的频率特性

在进行频率调整前,有必要概括地了解电力系统负荷、发电机的有功功率和频率的关系,称这种关系为有功功率-频率静态特性。

1. 电力系统负荷的有功功率-频率静态特性

在电力系统的总有功负荷中,有与频率变化无关的负荷,如照明、整流设备等;有与频率成正比的负荷,如球磨机、往复式水泵等;有与频率的二次方成正比的负荷,如变压器的涡流损耗;有与频率的三次方成正比的负荷,如通风机、循环水泵等;有与频率的更高次方成正比的负荷,如给水泵等。整个系统的有功功率负荷与频率的关系可写成下式

$$P_L = a_0 P_{LN} + a_1 P_{LN}\left(\frac{f}{f_N}\right) + a_2 P_{LN}\left(\frac{f}{f_N}\right)^2 + a_3 P_{LN}\left(\frac{f}{f_N}\right)^3 + \cdots \tag{5-1}$$

式中,P_L 为频率等于 f 时系统的有功负荷;P_{LN} 为频率等于额定频率时系统的有功负荷;系数 a_i 为与频率的 i 次方成正比的负荷在 P_{LN} 中所占的份额,显然有

$$a_0 + a_1 + a_2 + a_3 + \cdots = 1$$

当频率偏离额定值不大时,负荷有功-频率静态特性用一条近似直线来表示,如图 5-3 所示。根据图 5-3,直线的斜率为

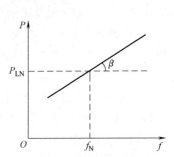

图 5-3 负荷有功-频率静态特性曲线

$$K_L = \tan\beta = \frac{\Delta P_L}{\Delta f} \tag{5-2}$$

标幺值形式为

$$K_{L*} = \frac{\Delta P_L / P_{LN}}{\Delta f / f_N} = \frac{\Delta P_{L*}}{\Delta f_*} \tag{5-3}$$

式中,K_L 称为负荷的频率调节效应系数或称为负荷的频率调节效应,单位 MW/Hz,表示负荷随频率的变化程度。当频率下降时,负荷吸收的有功功率自动减小;当频率上升时,负荷吸收的有功功率自动增加。显然,负荷的这种特性有利于系统的频率稳定。

K_{L*} 取决于全系统各类负荷的比重,不同系统或同一系统不同时刻的值都可能不同。在实际系统中 $K_{L*} = 1 \sim 3$,它表示频率变化 1% 时,负荷有功功率相应变化 1%~3%。K_{L*} 的具体数值通常由试验或计算求得,是调度部门必须掌握的一个数据,因为它是考虑按频率减负荷方案和低频率事故时用一次切除负荷来恢复频率的计算依据。

2. 发电机组的有功功率-频率静态特性

(1) 发电机调速系统及其特性

发电机的功频静特性取决于原动机的调速系统,发电机组的速度调节是由原动机附设的调速器来实现的。原动机调速系统有很多种,可以分为机械液压调速系统和电气液压调速系统两大类。下面介绍离心式的机械液压调速系统。

离心式机械液压调速系统由四个部分组成,如图 5-4 所示。

第五章　电力系统调频、调压及经济运行

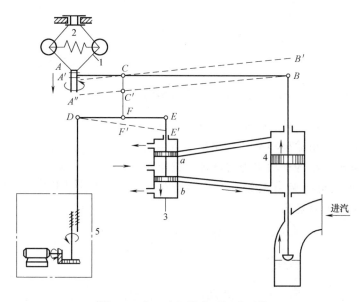

图 5-4　离心式机械液压调速系统
1—转速测量元件——离心飞摆　2—弹簧　3—放大元件——错油门（或称配压阀）
4—执行机构——油动机（或称接力器）　5—转速控制机构或称同步器（调频器）

调速器的飞摆由套筒带动转动，套筒则为原动机的主轴所带动。单机运行时，因机组负荷的增大，转速下降，飞摆由于离心力的减小，在弹簧的作用下向转轴靠拢，使 A 点向下移动到 A″。但因油动机活塞两边油压相等，B 点不动，结果使杠杆 AB 绕 B 点逆时针转动到 A″B。在调频器不动作的情况下，D 点也不动，因而在 A 点下降到 A″时，杠杆 DE 绕 D 点顺时针转动到 DE′，E 点向下移动到 E′。错油门活塞向下移动，使油管 a、b 的小孔开启，压力油经油管 b 进入油动机活塞下部，而活塞上部的油则经油管 a 经错油门上部小孔溢出。在油压作用下，油动机活塞向上移动，使汽轮机的调节汽门或水轮机的导向叶片开度增大，增加进汽量或进水量。

与油动机活塞上升的同时，杠杆 AB 绕 A 点逆时针转动，将连接点 C 从而错油门活塞提升，使油管 a、b 的小孔重新堵住。油动机活塞又处于上下相等的油压下，停止移动。由于进汽或进水量的增加，机组转速上升，A 点从 A″回升到 A′。调节过程结束。这时杠杆 AB 的位置为 A′CB′。分析杠杆 AB 的位置可见，杠杆上 C 点的位置和原来相同，因机组转速稳定后错油门活塞的位置应恢复原状；B′ 的位置较 B 高，A′ 的位置较 A 略低；相应的进汽或进水量较原来多，机组转速较原来略低。这就是频率的"一次调整"作用。

（2）发电机组的有功功率-频率静态特性

当外界负荷增大时，发电机输入功率小于输出功率，转速和频率下降，调速器的作用将使发电机输出功率增加，转速和频率上升。但由于调速器本身特性的影响，转速和频率的上升要略低于原来负荷变化前的值。当负荷减小时，发电机输入功率大于输出功率，使转速和频率增加，调速器的作用使发电机输出功率减小，转速和频率下降，但略高于原来的值，可见调速器的调节过程是一个有差调节过程，其有功功率-频率静态特性曲线近似为一直线，如图 5-5 所示。

根据图 5-5，直线的斜率的相反数为

$$K_G = -\frac{\Delta P_G}{\Delta f} \qquad (5\text{-}4)$$

标幺值形式为

$$K_{G*} = -\frac{\Delta P_G f_N}{P_{GN} \Delta f} = K_G f_N / P_{GN} \qquad (5\text{-}5)$$

式中，K_G 为发电机的单位调节功率，单位 MW/Hz，表示频率变化时发电机组输出功率的变化量。负号表示频率下降时，发电机组的有功出力将增加。发电机的单位调节功率和机组的调差系数有互为倒数的关系。因发电机组的调差系数为

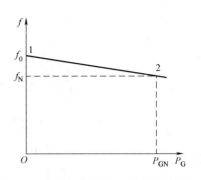

图 5-5 发电机有功-频率静态特性曲线

$$\sigma = -\frac{\Delta f}{\Delta P_G} = -\frac{f_N - f_0}{P_{GN} - 0} = \frac{f_0 - f_N}{P_{GN}} \qquad (5\text{-}6)$$

百分数表示为

$$\sigma\% = -\frac{\Delta f P_{GN}}{f_N \Delta P_{GN}} \times 100 = \frac{f_0 - f_N}{f_N} \times 100 \qquad (5\text{-}7)$$

故

$$K_G = \frac{1}{\sigma} = \frac{1}{\sigma\%} \times 100 \frac{P_{GN}}{f_N} \qquad (5\text{-}8)$$

标幺值形式为

$$K_{G*} = \frac{1}{\sigma\%} \times 100 \qquad (5\text{-}9)$$

一般来说调差系数（或发电机的单位调节功率）是可以整定的。

汽轮发电机组：$\sigma\% = 4 \sim 6$ 或 $K_{G*} = 16.7 \sim 25$。

水轮发电机组：$\sigma\% = 2 \sim 4$ 或 $K_{G*} = 25 \sim 50$。

三、电力系统的频率调整

1. 电力系统频率的一次调整

负荷变化引起频率偏差时，系统中的负荷以及装有调速器又留有可调容量的发电机组都依据各自的功频静特性自动参加频率调整，这就是电力系统频率的一次调整。电力系统频率的一次调整只能做到有差调节。

如图 5-6 所示，由于负荷突增，发电机组功率不能及时变动而使机组减速，系统频率下降，同时，发电机组功率由于调速器的一次调整作用而增大，负荷功率因其本身的调节效应而减少，经过一个衰减的振荡过程，达到新的平衡。换句话说，一次调频，牺牲了频率使原始的负荷增量 ΔP_{L0} 被两部分消化掉，一部分是由负荷自身随频率降低而减少的量（图中的 AB 段），另一部分是发电机组随频率降低而增发的量（图中的 BO 段）。故下面的公式成立

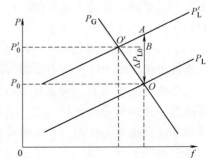

图 5-6 电力系统频率的一次调整

$$\Delta P_{L0} = |AO| = |OB| + |BA| \tag{5-10}$$
$$|OB| = -K_G \Delta f$$
$$|BA| = K_L \Delta f$$
$$\Delta P_{L0} = -K_G \Delta f - K_L \Delta f = -(K_G + K_L)\Delta f = -K_S \Delta f \tag{5-11}$$

式中，K_S 称为系统的单位调节功率，单位 MW/Hz。表示原动机调速器和负荷本身的调节效应共同作用下引起频率单位变化时的负荷变化量。

标幺值形式（K_S 的基准值为 P_{LN}/f_N）为

$$K_{S*} = \frac{K_S}{P_{LN}/f_N} = \frac{K_S f_N}{P_{LN}} \tag{5-12}$$

对于系统有若干台机组参加一次调频

$$K_S = \sum K_G + K_L \tag{5-13}$$

2. 电力系统频率的二次调整

当负荷变动幅度较大，周期较长，仅靠一次调频作用不能使频率的变化保持在允许范围内，这时需要借助调速系统中的调频器动作，以使发电机组的功频特性平行移动，从而改变发电机的有功功率以保持系统频率不变或在允许范围内。现代电力系统中的机组普遍装有自动调频装置。自动调频装置不仅反应速度快、频率波动小，而且还可以同时顾及实现有功负荷的经济分配，保持系统联络线交换功率为定值，并能满足系统安全经济运行的各种约束条件。二次调频的原理图如图 5-7 所示，原理解释如下：

负荷增加后，为使机组转速仍能维持原始转速，需调频器参与动作。

如图 5-4 所示调频器带动蜗轮、蜗杆，将 D 点抬高。D 点上升时，杠杆 DE 绕 F 点顺时针转动，错油门再次向下移动，开启小孔。在油压作用下，油动机活塞再次向上移动，进一步增加进汽或进水量。机组转速上升，离心飞摆使 A 点由 A' 向上升。而在油动机活塞向上移动时，杠杆 AB 又绕 A 逆时针转动，带动 C、F、E 点向上移动，再次堵塞错油门小孔，再次结束调节过程。如 D 点的位移选择得恰当，A 点就有可能回到原来位置。这就是频率的"二次调整"作用。

如图 5-7 所示频率的二次调整就是操作调频器，使发电机组的频率特性平行地上、下移动，从而使负荷变动引起的频率偏移可保持在允许范围内。当负荷增加 ΔP_{L0}，由于有二次调频参与调节，最终的平衡点稳定在 O'' 点，显然，频率的变化量小于一次调频的变化量。原始的负荷增量 ΔP_{L0} 被以下三部分消化掉：二次调频的发电机组增发的功率（图中的 CO 段）；发电机组执行一次调频，按有差特性的调差系数分配而增发的功率（图中的 BC 段）；由系统的负荷频率调节效应所减少的负荷功率（图中的 AB 段）。

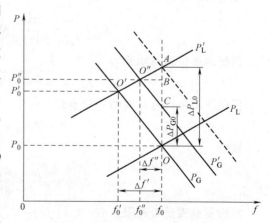

图 5-7 电力系统频率的二次调整

$$\Delta P_{L0} = |AO| = |CO| + |BC| + |AB| \tag{5-14}$$

$$|CO| = \Delta P_{G0}, \quad |BC| = -K_G \Delta f, \quad |AB| = K_L \Delta f$$

进一步推导得

$$\Delta P_{L0} - \Delta P_{G0} = -(K_G + K_L) \Delta f$$

$$-\frac{\Delta P_{L0} - \Delta P_{G0}}{\Delta f} = K_G + K_L = K_S \tag{5-15}$$

如果 $\Delta P_{L0} = \Delta P_{G0}$，即发电机组二次调频量等于负荷功率的原始增量，则 $\Delta f = 0$，即所谓的无差调节。

频率的二次调整只有部分发电厂承担，按照是否承担二次调整可将所有电厂分为主调频厂、辅助调频厂和非调频厂三类，其中，主调频厂（一般是 1~2 个电厂）负责全系统的频率调整（即二次调整）；辅助调频厂只在系统频率超过某一规定的偏移范围时才参与频率调整，这样的电厂一般也只有少数几个；非调频厂在系统正常运行情况下则按预先给定的负荷曲线发电。

主调频厂须满足的条件是：调整的容量应足够大；调整的速度应足够快；调整范围内的经济性能应该好；注意系统内及互联系统的协调问题。从出力调整范围和调整速度来看，水电厂最适宜承担调频任务。但是在安排各类电厂的负荷时，还应考虑整个电力系统运行的经济性。在枯水季节，宜选水电厂作为主调频厂，火电厂中效率较低的机组则承担辅助调频的任务；在丰水季节，为了充分利用水力资源，避免弃水，水电厂宜带稳定的负荷，而由效率不高的中温中压凝汽式火电厂承担调频任务。

例 5-1 系统的额定频率为 50Hz，总装机容量为 2000MW，调差系数 $\delta = 5\%$，总负荷 $P_L = 1600$MW，$K_L = 50$MW/Hz。在额定频率下运行时增加负荷 430MW，计算下列两种情况下的频率变化。

(1) 所有发电机仅参加一次调频；
(2) 所有发电机均参加二次调频。

解：(1) 所有发电机仅参加一次调频

发电机的单位调节功率为

$$K_G = \frac{P_{GN}}{f_N \delta} = \frac{2000}{50 \times 5\%} \text{MW/Hz} = 800 \text{MW/Hz}$$

系统的单位调节功率为

$$K_S = K_G + K_L = 800 + 50 \text{MW/Hz} = 850 \text{MW/Hz}$$

假设发电机具有足够的备用容量，由于

$$\Delta P_{L0} = 430 \text{MW}$$

故

$$\Delta f = \frac{-\Delta P_{L0}}{K_S} = -\frac{430}{850} \text{Hz} = -0.506 \text{Hz}$$

校验发电机是否越限，有

$$\Delta P_G = -K_G \Delta f = -800 \times (-0.506) \text{MW} = 404.8 \text{MW} > 400 \text{MW}$$

故假设不成立，发电机只能增发 400MW。
实际频率变化量为

$$\Delta f = \frac{-\Delta P_\mathrm{D}}{K_\mathrm{D}} = -\frac{430-400}{50}\mathrm{Hz} = -0.6\mathrm{Hz}$$

（2）所有发电机均参加二次调频

尽管所有发电机均参加二次调频，但根据第一问的解答，发电机依然只能增发 400MW，故负荷自身利用功频静特性消化的增量为 30MW，所以

$$\Delta f = \frac{-\Delta P_\mathrm{D}}{K_\mathrm{D}} = -\frac{430-400}{50}\mathrm{Hz} = -0.6\mathrm{Hz}$$

3. 互联系统的频率调整

大型电力系统的供电地区幅员宽广，电源和负荷的分布情况比较复杂，频率调整难免引起网络中潮流的重新分布。如果把整个电力系统看作是由若干个分系统通过联络线连接而成的互联系统，那么在调整频率时，还必须注意联络线交换功率的控制问题。

两个分系统构成的互联系统如图 5-8 所示，假定系统 A 的负荷变化量为 ΔP_LA，发电机组的二次调频的发电功率增量为 ΔP_GA0，系统的单位调节功率为 K_A；系统 B 的负荷变化量为 ΔP_LB，发电机组的二次调频的发电功率增量为 ΔP_GB0，系统的单位调节功率为 K_B；联络线交换功率增量 ΔP_AB，以由 A 至 B 为正方向。

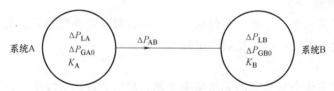

图 5-8 互联系统的功率交换

对于系统 A，ΔP_AB 相当于负荷增量，有

$$\Delta P_\mathrm{LA} + \Delta P_\mathrm{AB} - \Delta P_\mathrm{GA0} = -K_\mathrm{A}\Delta f_\mathrm{A}$$

对于系统 B，ΔP_AB 相当于发电功率增量，有

$$\Delta P_\mathrm{LB} - \Delta P_\mathrm{AB} - \Delta P_\mathrm{GB0} = -K_\mathrm{B}\Delta f_\mathrm{B}$$

互联系统应有相同的频率，联立以上两式，可解出

$$\Delta f = -\frac{(\Delta P_\mathrm{LA}+\Delta P_\mathrm{LB})-(\Delta P_\mathrm{GA0}+\Delta P_\mathrm{GB0})}{K_\mathrm{A}+K_\mathrm{B}} = -\frac{\Delta P_\mathrm{L}-\Delta P_\mathrm{G0}}{K} \tag{5-16}$$

$$\Delta P_\mathrm{AB} = \frac{K_\mathrm{A}(\Delta P_\mathrm{LB}-\Delta P_\mathrm{GB0})-K_\mathrm{B}(\Delta P_\mathrm{LA}-\Delta P_\mathrm{GA0})}{K_\mathrm{A}+K_\mathrm{B}} \tag{5-17}$$

若满足

$$\Delta P_\mathrm{LA} + \Delta P_\mathrm{LB} = \Delta P_\mathrm{GA0} + \Delta P_\mathrm{GB0}$$

则频率变化量为零，即 $\Delta f = 0$。

若满足

$$\frac{\Delta P_\mathrm{LA}-\Delta P_\mathrm{GA}}{K_\mathrm{A}} = \frac{\Delta P_\mathrm{LB}-\Delta P_\mathrm{GB}}{K_\mathrm{B}}$$

则联络线交换功率增量为零，即 $\Delta P_\mathrm{AB} = 0$。

若对其中的一个系统（例如系统 B）不进行二次调整，$\Delta P_\mathrm{GB0}=0$，且互联系统的功率二

次调频能够平衡，频率变化量为

$$\Delta P_{GA0} = \Delta P_{LA} + \Delta P_{LB}$$

则

$$\Delta P_{AB} = \frac{K_A \Delta P_{LB} - K_B (\Delta P_{LA} - \Delta P_{GA0})}{K_A + K_B} = \Delta P_{LB}$$

此时联络线交换功率增量为最大，即 ΔP_{AB} 出现最大，换句话说系统 B 的负荷增量全由联络线的功率增量来平衡。

第二节 电力系统电压调整

电压是衡量电能质量的重要指标。电力系统的运行电压水平取决于无功功率的平衡，系统中各种无功功率电源的无功功率出力应能满足系统负荷和网络损耗在额定电压下对无功功率的需求，否则电压就会偏离额定值。所以在研究电压调整问题之前先介绍无功功率平衡。

一、无功功率的平衡

1. 无功功率电源

电力系统中的无功功率电源主要包括发电机和各种无功补偿装置，此外输电线路的充电功率也可以视为电力系统中的无功功率电源。

（1）同步发电机

发电机是电力系统中最基本的无功功率电源，可以通过调节发电机的励磁电流来改变发电机发出的无功功率。由电机学中发电机的 P-Q 功率极限图（见图5-9）可知，只有当发电机运行在额定状态时，发电机才有最大视在功率，其容量才能得到充分的利用。当发电机在低于其额定功率因数运行时，发电机发出的有功功率降低，其发出的无功功率比额定运行状态的无功功率大。因此，在系统有功备用比较充足的情况下，可利用靠近负荷中心的发电机，在降低有功功率的条件下，多发无功功率，以提高电网的电压水平。

（2）无功补偿装置

常用的无功功率补偿设备有静电电容器、同步调相机、静止补偿器和静止调相机等。

同步调相机相当于空载运行的同步电动机。在过励磁运行时，它向系统供给感性无功功率而起无功电源的作用，能提高系统电压；在欠励磁运行时（欠励磁最大容量只有过励磁容量的50%～65%），它从系统吸取感性无功功率而起无功负荷作用，可降低系统电压。它能根据装设地点电压的数值平滑改变输出（或吸取）的无功功率，进行电压调节。因而调节性能较好。但同步调相机是旋转机械，运行维护比较复杂；有功功率损耗较大，在满负荷时约为额定容量的1.5%～5%，容量越小，百分数越大；而且小容量的调相机每千伏安容量的投资费用也较大。故同步调相机宜大容量集中使用，同步调相机常

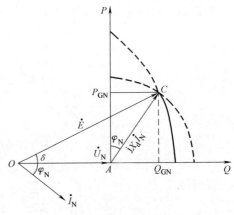

图5-9 发电机的 P-Q 功率极限图

安装在枢纽变电站。

静电电容器是非常经济和方便的补偿设备，它分散安装在各用户处和一些降压变压所的 10kV 或 35kV 母线上，使高低压电力网（包括配电网）的电压损耗和功率损耗都得到减小，在高峰负荷时能提高全网的电压水平。在负荷较低时，可以切除部分并联电容器，防止电压水平过高。静电电容器的装设容量可大可小，既可集中使用，又可以分散安装。电容器每单位容量的投资费用较小，运行时功率损耗也较小，维护也较方便。但由于静电电容器所供应的感性无功功率与其端电压的二次方成正比，又不能实现连续调节，故电容器的无功功率调节性能比较差。

静止补偿器和静止调相机同属"灵活交流输电系统"范畴的两种无功功率电源。前者出现在20世纪70年代初，是这一"家族"的最早成员，目前已为人们所熟知；后者则尚待扩大试运行的规模。静止补偿器的全称为静止无功功率补偿器，由静电电容器与电抗器并联组成，电容器可发出无功功率，电抗器可吸收无功功率，两者结合起来，再配以适当的调节装置，就能够平滑地改变输出（或吸收）的无功功率。静止补偿器有各种不同型式，目前常用的有晶闸管控制电抗器型、晶闸管开关电容器型和饱和电抗器型三种。静止调相机是一种更为先进的静止无功补偿装置。其工作原理是以电容器为电压源，利用由六个可关断晶闸管和六个二极管反向并联组成的逆变器控制其交流侧的电压，达到向系统注入或吸收无功的目的。与静止补偿器相比，静止调相机响应速度更快，运行范围更宽，谐波电流含量更少，尤其重要的是，当系统电压较低时仍可向系统注入较大的无功电流，它的储能元件（如电容器）的容量远比它所提供的无功容量要小。

（3）输电线路的充电功率

第四章潮流计算中介绍了输电线路的功率损耗公式，依据输电线路的等效电路（见图 4-7），线路对地导纳支路的无功损耗为 $\Delta Q_B = -\dfrac{B}{2}(U_1^2 + U_2^2)$，线路阻抗支路的无功损耗为 $\Delta Q_L = \dfrac{P_1^2 + Q_1^2}{U_1^2} X = \dfrac{P_2^2 + Q_2^2}{U_2^2} X$，故输电线路的对地支路呈容性，是发出无功功率的（又称充电功率），可以视为无功电源。但输电线路作为电力系统的一个元件究竟消耗容性或感性无功功率尚不能肯定。一般情况下，35kV 及以下输电线路消耗无功功率；110kV 及以上输电线路在轻载或空载时，成为无功电源，重载时消耗无功功率。

2. 无功负荷

大多数用电设备要消耗无功功率，其中异步电动机的比重很大。异步电动机的简化等效电路如图 5-10 所示。

异步电动机吸取的无功功率由励磁电抗吸收的无功功率 Q_m 和由漏抗吸收的无功功率 Q_σ 两部分组成，即

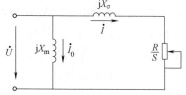

图 5-10　异步电动机的简化等效电路

$$Q_M = Q_m + Q_\sigma = \dfrac{U^2}{X_m} + I^2 X_\sigma \tag{5-18}$$

Q_m 的大小取决于励磁电流，而励磁电流随加于电动机上的电压变化。在额定电压附近时励磁电流变化很大，因此较小的电压变化将引起大的 Q_m 变化；当电压明显低于额定值

时，电压变化引起的 Q_m 变小。由于电动机最大转矩与电压二次方成正比，电压下降时，引起电动机的转差增大，负荷电流增加，因此相应的无功功率 Q_σ 也增加。也就是说，当电压从额定电压开始下降时，Q_m 下降显著，成为决定 Q_M 的主导方面；当电压降低到某一临界值后，Q_m 的变化不大，而 Q_σ 随电压下降而增加，这时 Q_M 主要受 Q_σ 的影响。图 5-11 为异步电动机的无功功率-电压静特性。图中 β 称为受载系数，即实际负载和额定负载之比。综合负荷的无功功率-电压静特性与异步电动机的曲线相似。

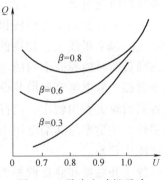

图 5-11　异步电动机无功功率-电压静特性

3. 无功功率损耗

电网元件的无功功率损耗，从变压器和输电线路两方面来分析。

（1）变压器的无功功率损耗

变压器中的无功功率损耗分两部分，即励磁支路损耗和绕组漏抗中损耗，见式（5-19）。其中，励磁支路损耗的百分值基本上等于空载电流 I_0 的百分值，约为 1%~2%；绕组漏抗中损耗的百分值在变压器满载时，基本上等于短路电压 U_k 的百分值，约为 10%。假定一台变压器的空载电流 $I_0\% = 1.5$，短路电压 $U_\mathrm{k}\% = 10.5$，在额定满载下运行时，无功功率的消耗将达额定容量的 12%。如果从电源到用户需要经过好几级变压，则变压器中无功功率损耗的数值是相当可观的。

$$Q_\mathrm{LT} = \Delta Q_0 + \Delta Q_\mathrm{T} = U^2 B_\mathrm{T} + \left(\frac{S}{U}\right)^2 X_\mathrm{T} \approx \frac{I_0\%}{100} S_\mathrm{N} + \frac{U_\mathrm{k}\% S^2}{100 S_\mathrm{N}} \left(\frac{U_\mathrm{N}}{U}\right)^2 \tag{5-19}$$

式中，Q_LT 为变压器的无功功率损耗；ΔQ_0 为励磁支路损耗；ΔQ_T 为绕组漏抗中损耗。

（2）输电线路的无功损耗

根据之前的分析，输电线路的阻抗支路是消耗无功的，导纳支路是发出无功的，输电线路作为电力系统的一个元件究竟是无功电源还是产生了无功损耗并不确定。具体分析见本节无功电源的第三点。

4. 无功功率平衡

无功功率平衡有两层含义：一是在运行中的电力系统，要求无功电源发出的无功功率与无功负荷及网络中的无功损耗所需的无功功率相平衡；二是在电力系统规划设计时，系统所配置的无功电源容量，应与系统所需无功电源功率及系统无功备用电源功率相平衡，以满足系统运行的可靠性和负荷发展的需要。

无功功率平衡方程式为

$$Q_\mathrm{GC} - Q_\mathrm{LD} - Q_\mathrm{L} = Q_\mathrm{res} \tag{5-20}$$

式中，$\sum Q_\mathrm{GC}$ 为电源供应的无功之和，包括发电机的无功功率和各种补偿设备的无功功率；Q_LD 为无功负荷；Q_L 为网络无功损耗之和（注意这里将输电线路导纳支路的充电功率作为感性无功损耗考虑，数值应取为负值并计入 Q_L 中）；Q_res 为无功功率备用。$Q_\mathrm{res} > 0$，表示系统中无功功率可以平衡且有适量的备用，才能维持系统电压在较高的水平。

通过一个例子来分析无功功率平衡与系统电压水平的关系。以隐极式同步发电机经过一段线路向负荷供电的简单系统为例，图 5-12 是该系统的等效电路和运行相量图。

第五章 电力系统调频、调压及经济运行

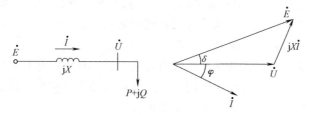

图 5-12 等效电路和相量图

根据相量图有

$$XI\cos\varphi = E\sin\delta$$
$$U + XI\sin\varphi = E\cos\delta$$

可进一步推出

$$P = UI\cos\varphi = \frac{EU}{X}\sin\delta$$

$$Q = UI\sin\varphi = \frac{EU}{X}\cos\delta - \frac{U^2}{X}$$

将上两式两边同时二次方后相加，消去 δ，有

$$Q = \sqrt{\left(\frac{EU}{X}\right)^2 - P^2} - \frac{U^2}{X} \tag{5-21}$$

当负荷有功功率 P 和发电机电动势 E 为定值时，发电机送至负荷的无功功率 Q 与电压 U 的关系如图 5-13 所示，为一条抛物线。它与负荷的无功-电压静特性曲线 2 交于 a 点，对应负荷点的电压值为 U_a，即系统的无功功率平衡是在负荷电压为 U_a 的情况下实现的。

当系统无功负荷增加时，负荷的无功-电压静特性曲线平行移至曲线 $2'$。假设发电机的励磁电流不变，即系统供应的无功功率电源曲线保持 1 不变，最终只能在 a' 点达到新的平衡。这说明负荷增加后，系统的无功电源已不能满足在电压 U_a 下无功平衡的需要，因而只好降低电压运行，以

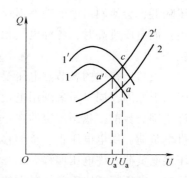

图 5-13 无功功率与电压的关系

取得在较低电压下的无功平衡。如果发电机具有充足的无功备用，通过调节励磁电流，增大发电机的电势 E，则发电机的无功特性曲线将上移到曲线 $1'$ 的位置，从而使曲线 $1'$ 和 $2'$ 的交点 c 确定的负荷节点电压达到或接近原来的数值 U_a。由此可见，系统的无功功率电源比较充足，就能满足较高电压水平下无功功率平衡的需要，系统就有较高的运行电压水平，在电力系统中应力求做到额定电压下的无功功率平衡。

电力系统的无功功率平衡应分别按正常运行时的最大和最小负荷进行计算。经过无功功率平衡计算发现无功功率不足时，可以采取的措施有：

1) 要求各类用户将负荷的功率因数提高到现行规程规定的数值。

2) 挖掘系统的无功潜力。例如将系统中暂时闲置的发电机改作调相机运行；动员用户的同步电动机过励磁运行等。

3）根据无功平衡的需要，增添必要的无功补偿容量，并按无功功率就地平衡的原则进行补偿容量的分配。小容量的、分散的无功补偿可采用静电容电器；大容量的、配置在系统中枢点的无功补偿则宜采用同步调相机或静止补偿器。

注意，有时候，某一地区无功功率电源有富余，另一地区则存在缺额，调余补缺是不适宜的，应该分别进行处理。在超高压电网配置并联电抗补偿的同时，较低电压等级的配电网络配置必要的并联电容补偿，这种情况是正常的。

二、电力系统的电压调整

1. 电压调整的必要性

电力系统正常运行时，由于负荷及运行方式变化导致节点电压可能会偏移额定值。而任何电压的偏移都会带来经济、安全方面的不利影响，这是因为：

1）所有的用电设备都是按运行在额定电压时效率为最高设计的，偏离额定电压必然导致效率下降，经济性变差。

2）电压过高会大大缩短白炽灯一类照明灯的寿命，也会对设备的绝缘不利。

3）电压过低会大大增加恒定转矩的异步电动机的转差，由此引起工业产品出现次品、废品，转差增大的结果使异步电动机电流增加，由此引起发热，甚至损坏。

4）运行电压严重偏低的情况下，一些变电站在负荷的微小扰动下会出现电压大幅度下滑，以至电压崩溃，造成大面积停电。

5）电压偏移过大，除了影响用户的正常工作以外，对电力系统本身也有不利影响。电压降低，会使网络中的功率损耗和能量损耗加大，电压过低还可能危及电力系统运行的稳定性；而电压过高时，各种电气设备的绝缘可能受到损害，在超高压网络中还将增加电晕损耗等。

虽然运行中的各节点电压要求能保持在额定值，但是在实际运行中是不可能实现的。鉴于以上原因，同时考虑到用电设备对电压的要求，电力系统一般规定一个电压偏移的最大允许范围。目前，我国规定的在正常运行情况下，供电电压的允许偏移为：35kV及以上电压供电负荷，供电电压正、负偏移的绝对值之和不超过额定电压的10%；10kV及以下三相电压供电负荷允许电压偏移为±7%；低压单相负荷允许电压偏移为-10%~7%，当系统发生事故时，电压损耗比正常情况下的要大，因此对电压质量的要求允许降低一些，通常允许事故时的电压偏移较正常情况下大5%。

为了实现节点供电电压在允许偏移之内，需要对电压进行调整。

2. 中枢点电压调整的三种方式

在电力系统的大量节点中，通常选择一些具有代表性的节点加以监视、控制，如果这些节点的电压满足要求，则该节点邻近的节点基本上也能满足要求，这些节点即称为中枢点。一般可选择下列母线作为电压中枢点：

1）大型发电厂的高压母线（高压母线上有多回出线）。

2）枢纽变电站的二次母线。

3）有大量地方性负荷的发电厂母线。

中枢点的调压方式有逆调压、顺调压和常调压三种。

逆调压：对于供电线路较长，负荷波动较大的网络，在最大负荷时线路上的电压损耗增加，这时适当提高中枢点电压以补偿增大的电压损耗，比线路 U_N 高5%（即 $1.05U_N$）；最小负荷时线路上电压损耗减小，可降低中枢点电压为 U_N。

顺调压：负荷变动小，供电线路不长，在允许电压偏移范围内某个值或较小的范围内，最大负荷时电压可以低一些，但不能小于 $1.025U_N$，小负荷时电压可以高一些，但不能大于 $1.075U_N$。

常调压（恒调压）：负荷变动小，供电线路电压损耗也较小的网络，无论最大或最小负荷时，只要中枢点电压维持在允许电压偏移范围内某个值或较小的范围内（如 $1.025U_N$～$1.05U_N$），就可保证各负荷点的电压质量。这种在任何负荷情况下，中枢点电压保持基本不变的调压方式称为常调压。

在实际电力系统中，由同一中枢点供电的负荷可能很多，且中枢点到负荷处线路上的电压损耗的大小和变化规律的差别可能很大，完全可能出现在某些时段内，中枢点电压取任何值均不能满足要求，这时须采取其他措施（如在负荷处进行无功补偿，改变变压器电压比等）。

3. 电压调整的措施及原理

下面以图 5-14 为例，解释电压调整的措施及原理。

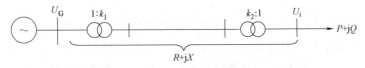

图 5-14　电压调整原理图

如对 U_i 进行电压管理，根据式（5-22），可知电压调整的措施有四种，分别是改变发电机端电压调压（改变 U_G）、改变变压器电压比调压（改变 k_1、k_2）、补偿无功功率调压（主要改变 Q）和改变电力线路参数调压（主要改变 X）。

$$U_i = (U_G k_1 - \Delta U)/k_2 = \left(U_G k_1 - \frac{PR+QX}{U_N}\right)/k_2 \tag{5-22}$$

(1) 改变发电机端电压调压

根据运行情况调节励磁电流来改变发电机端电压，这实际上是改变发电机的无功功率输出。因此，发电机端电压的调节受发电机无功功率极限的限制，当发电机输出的无功功率达到上限或下限时，发电机就不能继续进行调压。对于不同类型的供电网络，发电机所起的作用是不同的。

由发电机直接供电的小系统，在最大负荷时，系统电压损耗最大，发电机应保持较高的端电压，以提高网络电压；反之，在最小负荷时，发电机应维持低一些的电压，以满足电力网各点的电压要求。也就是说，在发电机直接供电的小系统中，依靠发电机进行逆调节，一般可满足用户的电压要求。

对于线路较长、供电范围较大、有多级变压的供电系统，从发电厂到最远处的负荷点之间，电压损耗的数值和变化幅度都比较大。图 5-15 所示为一多级变压供电系统，其各元件在最大和最小负荷时的电压损耗已注明在图中，这时调压的困难不仅在于电压损耗的绝对值过大，而且更主要的是在于不同运行方式下电压损耗之差（即变化幅度）太大。单靠发电机调压就无法满足系统各点的电压要求，必须与其他调压措施配合使用。

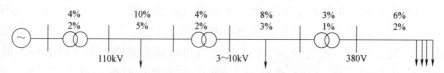

图 5-15 多级变压供电系统的电压损耗分布

所以，改变发电机端电压的调压措施，适合于由孤立发电厂不经升压直接供电的小型电力网，在大型电力系统中发电机调压一般只作为一种辅助性的调压措施。显然，如果发电机能实现逆调压，则会减轻其他调压设备的负担，使系统的电压调整容易解决一些。

还需注意的是，互联系统中利用发电机调压可能引起发电机间无功功率的重新分配，可能与无功功率的经济分配发生矛盾。

(2) 改变变压器电压比调压

双绕组变压器的高压绕组和三绕组的高、中压绕组有若干分接头可供选择，如有 $U_N\pm5\%$、$U_N\pm2\times2.5\%$ 或 $U_N\pm4\times2\%$ 等，其中对应于 U_N 的分接头常称主接头或主抽头。改变变压器的电压比调压实际上就是根据调压要求适当选择分接头。普通变压器的分接头只能在停电的情况下改变，所以在任何负荷情况下只能用同一个分接头，有载调压变压器可以带负荷改变分接头。

对于普通变压器，须在投运前选择好合适的接头以满足各种负荷要求。为使最大、最小负荷两种情况下变电站低压母线实际电压偏离要求值大体相等，分接头电压应根据两种运行方式的要求分别计算，然后取平均值选择接近的一档，最后进行校验。有关普通变压器分接头选择的问题将在例 5-2、例 5-3 中详细介绍计算过程。

有载调压变压器可以在带负荷的条件下切换分接头，而且调节范围比较大，一般在 15% 以上。采用有载调压变压器时，可以根据最大负荷算得的分接头电压值和最小负荷算得的分接头电压值来分别选择各自合适的分接头。这样就能缩小次级电压的变化幅度，甚至改变电压变化的趋势。

需要说明的是，当电力系统无功功率不足时，不能通过改变变压器的电压比来调压。因为改变变压器的电压比从本质上并没有增加系统的无功功率，这样以减少其他地方的无功功率来补充某地由于无功功率不足而造成的电压低下，其他地方则有可能因此而造成无功功率不足，不能根本性解决整个电力网的电压质量问题，所以必须首先进行无功补偿，再进行调压。

(3) 补偿无功功率调压

在电力系统的适当地点加装无功补偿设备，可以减少线路和变压器中输送的无功功率，从而改变线路和变压器的电压损耗，达到调压的目的。

如图 5-16 所示的系统，供电点电压 U_1 和负荷功率 $P+jQ$ 已给定，线路电容和变压器的励磁功率略去不计，且不计电压降落的横分量，U_2' 为归算到高压侧的变电站低压母线电压。

补偿前

$$U_1 = U_2' + \frac{PR+QX}{U_2'}$$

补偿后

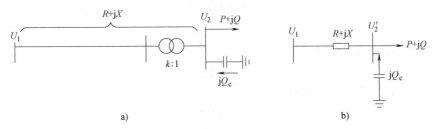

图 5-16 并联无功功率补偿的简单电力网及其等效电路
a) 接线图   b) 等效电路图

$$U_1 = U'_{2c} + \frac{PR+(Q-Q_c)X}{U'_{2c}}$$

如果补偿前后 U_1 保持不变，则有

$$U'_2 + \frac{PR+QX}{U'_2} = U'_{2c} + \frac{PR+(Q-Q_c)X}{U'_{2c}}$$

进而可推出

$$Q_c = \frac{U'_{2c}}{X}\left[(U'_{2c}-U'_2)+\left(\frac{PR+QX}{U'_{2c}}-\frac{PR+QX}{U'_2}\right)\right] \tag{5-23}$$

忽略第二项，并利用等式 $U'_{2c}=kU_{2c}$，有

$$Q_c = \frac{kU_{2c}}{X}(kU_{2c}-U'_2) = \frac{k^2 U_{2c}}{X}\left(U_{2c}-\frac{U'_2}{k}\right) \tag{5-24}$$

由此可见，补偿容量与调压要求和降压变压器的电压比选择均有关。电压比 k 的选择原则是在满足调压的要求下，使无功补偿容量为最小。无功补偿设备的性能不同，选择电压比的条件也不相同。

在高压电力网中，电抗远大于电阻，ΔU 中无功功率引起的 QX/U 分量就占很大的比重。在这种情况下，减少输送无功功率可以产生比较显著的调压效果。反之，对截面不大的架空线路和所有电缆线路，用这种方法调压就不合适。

(4) 改变电力线路参数调压

对于 35～110kV 的架空线路，如果线路长度很长，负荷变化范围很大，或向冲击负荷供电等情况下，可在线路中串联电容器，用容性电抗抵消线路的一部分感抗，使线路等效参数 X 变小，从而可以改变电压损耗，达到调压的目的。

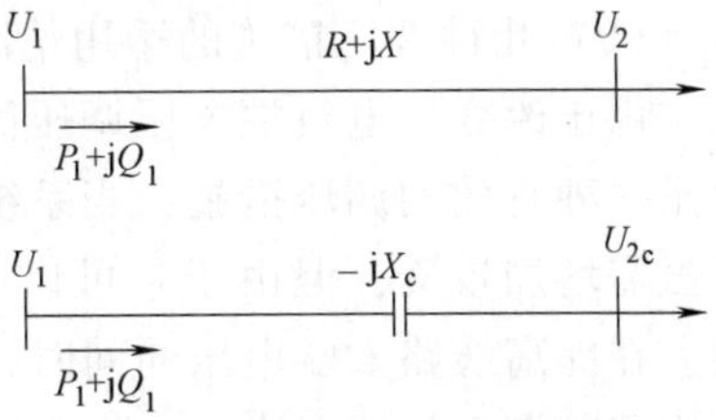

图 5-17 是线路串联电容补偿调压的示意图（忽略线路充电电容）

图 5-17 串联电容补偿调压

未加串联电容前

$$\Delta U = \frac{P_1 R + Q_1 X}{U_1}$$

加了串联电容 X_C 后

$$\Delta U_C = \frac{P_1 R + Q_1(X - X_C)}{U_1}$$

显然 $\Delta U_C < \Delta U$，由此线路末端电压水平提高了

$$\Delta U - \Delta U_C = Q_1 X_C / U_1$$

则电容串联补偿装置的容抗值为

$$X_C = \frac{U_1(\Delta U - \Delta U_C)}{Q_1} \tag{5-25}$$

由于单个串联电容器的额定电压不高，额定容量也不大，所以实际上的串联电容补偿装置是由许多个电容器串、并联组成的串联电容器组。如果每台电容器的额定电流为 I_{NC}，额定电压为 U_{NC}，额定容量为 $Q_{NC} = U_{NC} I_{NC}$，则可根据通过的最大负荷电流 $I_{C\max}$ 和所需的容抗值 X_C 分别计算电容器串、并联的台数 n、m 以及三相电容器的总容量 Q_C。

串联电容器组的并联支路数 m，可根据线路通过的最大负荷电流 $I_{C\max}$ 来确定

$$m I_{NC} \geq I_{C\max}$$

即

$$m \geq \frac{I_{C\max}}{I_{NC}} \tag{5-26}$$

每一并联支路串联数 n，可根据最大电流通过 X_C 时的电压降确定

$$n U_{NC} \geq I_{C\max} X_C \quad 即 \quad n \geq \frac{I_{C\max} X_C}{U_{NC}} \tag{5-27}$$

m、n 取整后，三相总共需要的电容器台数为 $3mn$，总容量

$$Q_C = 3mn Q_{NC} = 3mn U_{NC} I_{NC} \tag{5-28}$$

串联电容器提升的末端电压的数值 QX_C/U（即调压效果）随无功负荷增大而增大、无功负荷的减小而减小，恰与调压的要求一致，这是串联电容器调压的一个显著优点。但对负荷功率因数高（$\cos\phi > 0.95$）或导线截面积小的线路，由于 PR/U 分量的比重大，串联补偿的调压效果就很小。电力线路采用串联电容补偿，带来一些特殊问题，因此作为改善电压质量的措施，串联电容器只用于 110kV 以下电压等级、长度特别大或有冲击负荷的架空分支线路上。10kV 及以下电压的架空线路，由于 R_L/X_L 很大，所以使用串联电容补偿是不经济和不合理的。220kV 以上电压等级的远距离输电线路中采用串联电容补偿，其作用在于提高运行稳定性和输电能力。

（5）几种调压措施的适用情况

由于改变发电机端电压调压简单经济，应优先考虑，但可调范围有限。改变变压器电压比是一种有效的调压措施，当系统中无功功率充裕时，这种措施效果明显。补偿无功功率调压虽需增加投资，但由于它可以降低网损，也经常采用。改变电力线路参数，如串联电容器，在提高线路末端电压的同时，对提高电力系统的运行稳定性也有积极的作用，这一措施的应用应综合加以考虑。

实际电力系统的电压调整问题是一个复杂的综合性问题，系统中各母线电压与各线路中的无功功率是互相关联的。所以各种调压措施要相互配合，使全系统各点电压均满足要求，并使全网无功功率分布合理，有功功率损耗达到最小。

三、改变变压器分接头调压的计算

下面对普通变压器分接头的选择做详细计算说明。普通变压器不能带负荷选择分接头，

分接头选择需使最大、最小负荷两种情况下变电站低压母线实际电压偏离要求值大体相等，采用折中选择并最后校验的思路。

1. 双绕组降压变压器分接头的选择

如图5-18的降压变压器，利用电压比的公式可以得到

$$\frac{U_{1t}}{U_{2N}} = \frac{U_1 - \Delta U_T}{U_2} \tag{5-29}$$

式中，U_{1t}为变压器高压侧分接头电压；ΔU_T为变压器内部压降。

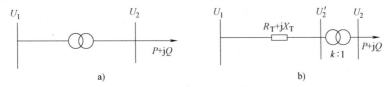

图5-18　降压变压器及其等效电路
a) 接线图　b) 等效电路图

最大负荷时，选择高压侧分接头电压

$$U_{1tmax} = \frac{(U_{1max} - \Delta U_{Tmax}) U_{2N}}{U_{2max}} \tag{5-30}$$

最小负荷时，选择高压侧分接头电压

$$U_{1tmin} = \frac{(U_{1min} - \Delta U_{Tmin}) U_{2N}}{U_{2min}} \tag{5-31}$$

折中取均值

$$U_{1t \cdot av} = (U_{1tmax} + U_{1tmin})/2 \tag{5-32}$$

根据$U_{1t \cdot av}$值可选择一个与它最接近的分接头，然后根据所选取的分接头，利用式（5-33）校验最大负荷和最小负荷时低压母线上的实际电压是否满足要求。

$$U_{2max} = \frac{(U_{1max} - \Delta U_{Tmax}) U_{2N}}{U_{1t}}$$

$$U_{2min} = \frac{(U_{1min} - \Delta U_{Tmin}) U_{2N}}{U_{1t}} \tag{5-33}$$

例5-2　某110kV系统如图5-19所示。变压器电压比 110±2×2.5%/11kV，线路和变压器阻抗均已归算至变压器高压侧。若B点电压要求满足 $10.2kV \leq U_B \leq 10.7kV$，电压中枢点$A$的调压方式为逆调压，试选择变压器T的分接头。

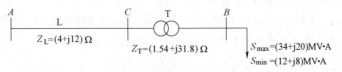

图5-19　例5-2的系统图

解：电压中枢点A采用逆调压方式，即高峰负荷时将中枢点A点电压调节到$1.05U_N$，低谷负荷时降低到U_N，也就有

$$U_{Amax} = 1.05 \times 110kV = 115.5kV$$

$$U_{Amin} = 110kV$$

确定变压器分接头的方法如下：

首先将传输线路 L 和变压器 T 的阻抗合并，记作

$$Z = Z_L + Z_T = R + jX = 5.54 + j43.8\Omega$$

绘制等效电路如图 5-20 所示。

(1) 最大负荷时

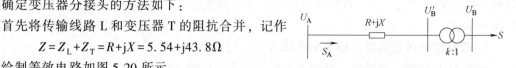

图 5-20 等效电路

$$S_{Amax} = 34 + j20 + \frac{34^2 + 20^2}{110^2}(5.54 + j43.8) = (34.7 + j25.63) \text{MV} \cdot \text{A}$$

$$U'_{Bmax} = 115.5\text{kV} - \frac{34.7 \times 5.54 + 25.63 \times 43.8}{115.5}\text{kV} = 104.12\text{kV}$$

则

$$U_{1tmax} = \frac{104.12 \times 11}{10.2}\text{kV} = 112.3\text{kV}$$

(2) 最小负荷时

$$S_{Amin} = 12 + j8 + \frac{12^2 + 8^2}{110^2}(5.54 + j43.8) = (12.09 + j8.75) \text{MV} \cdot \text{A}$$

$$U'_{Bmin} = 110\text{kV} - \frac{12.09 \times 5.54 + 8.75 \times 43.8}{110}\text{kV} = 105.91\text{kV}$$

则

$$U_{1tmin} = \frac{105.91 \times 11}{10.7}\text{kV} = 108.9\text{kV}$$

由 (1)(2) 知，分接头电压

$$U_{1t \cdot av} = \frac{U_{1tmax} + U_{1tmin}}{2} = \frac{112.3 + 108.9}{2}\text{kV} = 110.6\text{kV}$$

选择最近的分接头即 110kV/11kV，也就是电压比 $k = 10$

最后进行检验

最大负荷时

$$U_B = \frac{104.12}{10}\text{kV} = 10.412\text{kV} > 10.2\text{kV}，合格$$

最小负荷时

$$U_B = \frac{105.91}{10}\text{kV} = 10.591\text{kV} < 10.7\text{kV}，合格$$

均满足要求。

2. 双绕组升压变压器分接头的选择

升压变压器分接头的选择方法与降压变压器分接头的选择方法基本相同，只是潮流方向不同。如图 5-21 的升压变压器，利用电压比的公式可以得到

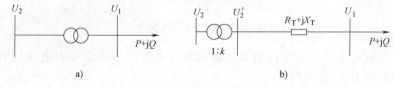

图 5-21 升压变压器及其等效电路

a) 接线图　b) 等效电路图

$$\frac{U_{1t}}{U_{2N}} = \frac{U_1 + \Delta U_T}{U_2} \tag{5-34}$$

最大负荷时，选择高压侧分接头电压

$$U_{1tmax} = \frac{(U_{1max} + \Delta U_{Tmax})U_{2N}}{U_{2max}} \tag{5-35}$$

最小负荷时，选择高压侧分接头电压

$$U_{1tmin} = \frac{(U_{1min} + \Delta U_{Tmin})U_{2N}}{U_{2min}} \tag{5-36}$$

折中取均值

$$U_{1t \cdot av} = (U_{1tmax} + U_{1tmin})/2 \tag{5-37}$$

根据 $U_{1t \cdot av}$ 值可选择一个与它最接近的分接头 U_{1t}。然后根据所选取的分接头，利用式（5-38）校验最大负荷和最小负荷时低压母线上的实际电压是否满足要求。

$$U_{2max} = \frac{(U_{1max} + \Delta U_{Tmax})U_{2N}}{U_{1t}}$$

$$U_{2min} = \frac{(U_{1min} + \Delta U_{Tmin})U_{2N}}{U_{1t}} \tag{5-38}$$

例 5-3 一升压变压器，送出的负荷、分接头范围及其归算至高压侧的阻抗参数如图 5-22 所示，最大负荷时高压母线电压为 120kV，最小负荷时高压母线电压为 114kV，发电机电压的调节范围为 6~6.6kV，试选择变压器的分接头。

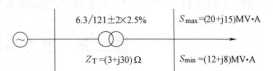

图 5-22 例 5-3 的系统图

解： 最大负荷时变压器的电压降为

$$\Delta U = \frac{P_{max}R + Q_{max}X}{U_{1max}} = \frac{20 \times 3 + 15 \times 30}{120} \text{kV} = 4.25 \text{kV}$$

归算至高压侧的低压侧电压为

$$U'_{1max} = U_{1max} + \Delta U_{max} = (120 + 4.25) \text{kV} = 124.25 \text{kV}$$

最小负荷时变压器电压降落为

$$\Delta U = \frac{P_{min}R + Q_{min}X}{U_{1min}} = \frac{12 \times 3 + 8 \times 30}{114} \text{kV} = 2.42 \text{kV}$$

归算至高压侧的低压侧电压为

$$U'_{1min} = U_{1min} + \Delta U_{min} = (114 + 2.42) \text{kV} = 116.42 \text{kV}$$

因升压变高压母线的调压方式为逆调压，故可假定最大负荷时发电机电压为 6.6kV，最小负荷时电压为 6kV。从而

$$U_{1tmax} = 124.25 \times \frac{6.3}{6.6} \text{kV} = 118.6 \text{kV}$$

$$U_{1tmin} = 116.42 \times \frac{6.3}{6} \text{kV} = 122.24 \text{kV}$$

$$U_{1t \cdot av} = \frac{(U_{1tmax} + U_{1tmin})}{2} = 120.42 \text{kV}$$

选择最接近的分接头 121kV。

校验：最大负荷时发电机端实际电压为

$$124.25 \times \frac{6.3}{121} \text{kV} = 6.47 \text{kV}$$

最小负荷时发电机端实际电压为

$$116.42 \times \frac{6.3}{121} \text{kV} = 6.06 \text{kV}$$

均满足要求。

3. 三绕组变压器分接头的选择

三绕组变压器除高压绕组有抽头外，一般中压绕组也具有抽头可供选择。对高、中压绕组都具有抽头的三绕组变压器，各绕组接头电压的确定仍按上述双绕组变压器的方法分两步进行。

首先，根据低压母线的调压要求在高-低压绕组之间进行计算，选取高压绕组的分接头电压即电压比 U_{tH}/U_{tL}；然后根据中压的调压要求及选取的高压绕组接头电压 U_{tH}，在高-中压绕组之间进行计算，选取中压绕组的分接头电压 U_{tM}，确定的电压比即为 $U_{tH}/U_{tM}/U_{tL}$。

第三节 电力系统经济运行简介

本节将对电力系统的优化经济运行的内容做简要介绍。电力系统经济运行的基本要求是，在保证整个系统安全可靠和电能质量符合标准的前提下，努力提高电能生产和输送的效率，尽量降低供电成本或供电的燃料消耗。下面将分别从降低供电成本（主要是降低网损）和降低供电的燃料消耗两个方面介绍。

一、电力网的电能损耗

1. 网损和网损率

网损即电力网的损耗电量，指在给定的时间内所有送电、变电和配电环节所损耗的电量。换句话说电能从发电厂送出，经升压变压器到输电线路，到降压变压器，到配电线路，至配电变压器，直至用户的电能表为止的传输过程中所引起的损失电量总和，统称为电力网的损耗电量。供电量指在给定的时间内，系统中所有发电厂的总发电量同厂用电量之差。在同一时间内，电力网损耗电量占供电量的百分比，称为电力网的损耗率，简称网损率或线损率。

$$\text{网损率} = \frac{\text{电力网损耗电量}}{\text{供电量}} \times 100\% \tag{5-39}$$

在实际生产中，根据电力网损耗电量的数据来源，网损率可分为统计网损率和理论网损率。网损率是衡量供电企业技术和管理水平的重要标志。

$$\text{统计网损率} = \frac{\text{供电量} - \text{售电量}}{\text{供电量}} \times 100\%$$

$$\text{理论网损率} = \frac{\text{计算出的电力网损耗电量}}{\text{供电量}} \times 100\%$$

2. 降低网损的技术措施

为了降低供电网的电能损耗，可采取各种技术措施和管理措施。下面主要介绍技术措施。

（1）闭式网络中功率的经济分布

在环网中引入环路电势产生循环功率，是对环网进行潮流控制和改善功率分布的有效手段。根据潮流计算学到的知识，环网中初步功率的分布与阻抗共轭成反比分布的，这种分布称为功率的自然分布。欲使网络的功率损耗为最小，可以证明功率的分布应与电阻成反比。使自然功率分布接近经济功率分布的措施有三种：

1）规划建设时尽量采用均一网。

2）在由非均一线路组成的环网中，功率的自然分布不同于经济分布。电网的不均一程度越大，两者的差别也就越大。为了降低网络的功率损耗，可以在环网中引入环路电势进行潮流控制，使功率分布尽量接近于经济分布。

3）选择适当地点作开环运行。为了限制短路电流或满足继电保护动作选择性要求，需将闭式网络开环运行，开环点的选择也尽可能兼顾到使开环后的功率分布更接近于经济分布。

（2）减少线路输送的无功功率

1）装设无功补偿装置，提高用户功率因数。装设并联无功补偿设备是提高用户功率因数的重要措施。对于一个具体的用户，负荷离电源点越远，补偿前的功率因数越低，安装补偿设备的降损效果也就越大。对于电力网来说，配置无功补偿容量需要综合考虑实现无功功率的分地区平衡，提高电压质量和降低网络功率损耗这三个方面的要求，通过优化计算来确定补偿设备的安装地点和容量分配。

2）增大异步电动机的受载系数，提高用户功率因数。为了减少对无功功率的需求，用户应尽可能避免用电设备在低功率因数下运行。许多工业企业都大量地使用异步电动机。异步电动机所需要的无功功率中的励磁功率，它与负载情况无关，其数值约占 Q_N 的 60%～70%。绕组漏抗中的损耗，与受载系数的二次方成正比。受载系数降低时，电动机所需的无功功率只有一小部分按受载系数的二次方而减小，而大部分则维持不变。因此受载系数越小，功率因数越低。

3）条件许可的情况下，选用同步电动机。在技术条件许可的情况下，可采用同步电动机代替异步电动机运行（前者可向系统输出无功功率）、用户中已运行的同步电动机过励运行等措施。

（3）合理安排电力网的运行方式

1）合理确定电力网的运行电压水平。运行时，变压器铁心中的功率损耗在额定电压附近大致与电压二次方成正比，当网络电压水平提高时，如果变压器的分接头也做相应的调整，则铁损将接近于不变。而线路的导线和变压器绕组中的功率损耗则与电压二次方成反比。必须指出，在电压水平提高后，负荷所取用的功率会略有增加。在额定电压附近，电压提高1%，负荷的有功功率和无功功率将分别增大1%和2%，这将稍微增加网络中与通过功率有关的损耗。一般情况，铁损小于50%的电力网，适当提高运行电压可以降低网损；铁损大于 50% 的电力网，适当降低运行电压可以降低网损。

无论对于哪一类电力网，为了经济的目的提高或降低运行电压水平时，都应将其限制在电压偏移的容许范围内。当然，更不能影响电力网的安全运行。

2）组织变压器的经济运行。在电力网中，变压器的损耗占电网总损耗的很大部分。在一个变电站内装有多台容量和型号都相同的变压器时，根据负荷的变化适当改变投入运行的变压器台数，可以减少功率损耗。投入 n 台和 $n-1$ 台变压器并列运行的损耗曲线如图 5-23 所示。

应该指出，对于季节性变化的负荷，使变压器投入的台数符合损耗最小的原则是有经济意义的，也是切实可行的。但对一昼夜内多次大幅度变化的负荷，为了避免断路器因过多的操作而增加检修次数，变压器则不宜完全按照上述方式运行。此外，当变电站仅有两台变压器而需要切除一台时，应有措施保证供电的可靠性。

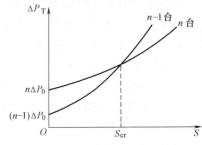

图 5-23 并列运行变压器的损耗曲线

(4) 对原有电网进行技术改造

为了满足日益增长的负荷需要，应对原有电网进行技术改造，例如增设电源点、提升线路电压等级、简化网络结构、减少变电层次、增大导线截面积等，都可减少网络损耗。

(5) 加强用户端电能需求管理

加强用户端电能需求管理，如调整用户的负荷曲线，减小高峰负荷和低谷负荷的差值，提高最小负荷率，使形状系数接近于 1，也可降低能量损耗。

二、电力系统有功功率的经济分配

电力系统有功功率的经济分配的目的，是在满足对一定量负荷持续供电的前提下，使发电设备在生产电能的过程中单位时间内所消耗的能源最少。下面仅对火电厂间有功功率负荷的经济分配做简要介绍。

1. 耗量特性及等耗量微增率概念

发电机组的耗量特性是反映发电机组单位时间内能量输入和输出关系的曲线。锅炉的输入是燃料（t 标准煤/h），输出是蒸汽（t/h），汽轮发电机组的输入是蒸汽（t/h），输出是电功率（MW）。整个火电厂的耗量特性如图 5-24 所示，其横坐标为电功率（MW），纵坐标为燃料（t 标准煤/h）。为便于分析，假定耗量特性连续可导（实际的特性并不都是这样）。

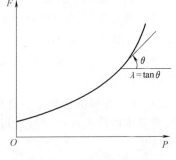

图 5-24 发电机组的耗量特性

有关发电机组耗量特性曲线，首先给出几个概念：

1）比耗量 μ：耗量特性曲线上某点的纵坐标和横坐标之比，即输入和输出之比。$\mu = F/P$。

2）效率 η：发电厂效率，即比耗量倒数。$\eta = P/F$。

3）耗量微增率 λ：耗量特性曲线上某点切线的斜率，表示在该点的输入增量与输出增量之比。$\lambda = \mathrm{d}F/\mathrm{d}P$。

2. 等耗量微增率准则

设系统有两台火力发电机组，如图 5-25 所示。电力系统有功功率经济分配问题具体描述为两台火电机组供电的网络，忽略有功网损，假定各台机组的燃料消耗量和输出功率不受限制，确定负荷功率在两台机组间的分配，使总的燃料消耗量最小。可转化为下述数学问题：

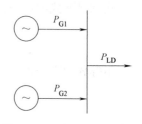

图 5-25　两台火电机组并联

在满足等式约束条件下（忽略有功网损）

$$P_{G1}+P_{G2}-P_{LD}=0$$

使目标函数最优

$$F_{\min}=F_1(P_{G1})+F_2(P_{G2})$$

求解过程：
首先构造拉格朗日函数

$$L=F_1(P_{G1})+F_2(P_{G2})-\lambda(P_{G1}+P_{G2}-P_{LD})$$

对自变量 P_{G1}，P_{G2}，λ 分别求偏导

$$\frac{\partial L}{\partial P_{G1}}=\frac{dF_1}{dP_{G1}}-\lambda=0$$

$$\frac{\partial L}{\partial P_{G2}}=\frac{dF_2}{dP_{G2}}-\lambda=0$$

$$\frac{\partial L}{\partial \lambda}=P_{G1}+P_{G2}-P_{LD}=0$$

进一步推导得

$$\frac{dF_1}{dP_{G1}}=\frac{dF_2}{dP_{G2}}$$

$$P_{G1}+P_{G2}-P_{LD}=0$$

由此可得结论：负荷在两台机组间分配时，如它们的燃料消耗微增率相等，即

$$\frac{dF_1}{dP_{G1}}=\frac{dF_2}{dP_{G2}}$$

则总的燃料消耗量将是最小的。这就是著名的等微增率准则。等微增率准则的物理意义是：
假如两台机组微增率不等

$$\frac{dF_1}{dP_{G1}}>\frac{dF_2}{dP_{G2}}$$

并且总输出功率不变，调整负荷分配，机组1减少 ΔP，机组2增加 ΔP，节约的燃料消耗为

$$\Delta F=\frac{dF_1}{dP_{G1}}\Delta P-\frac{dF_2}{dP_{G2}}\Delta P=\left(\frac{dF_1}{dP_{G1}}-\frac{dF_2}{dP_{G2}}\right)\Delta P>0$$

这样的负荷调整可以一直进行到两台机组的微增率相等为止。

3. 多个火电厂（或多台机组）有功功率负荷的经济分配

不难理解，等微增率准则也适用于 n 个火电厂（或 n 台机组）间的负荷分配。为不失一般性，增加各台机组输出有功功率、无功功率受限的约束条件以及节点电压需符合一定范围的约束条件，将此类问题转化为如下的数学问题：

在满足等式约束条件（忽略有功网损）

$$\sum_{i=1}^{n} P_{Gi} - P_{LD} = 0 \quad (5\text{-}40)$$

不等式约束条件

$$\left. \begin{array}{l} P_{Gimin} \leq P_{Gi} \leq P_{Gimax} \\ Q_{Gimin} \leq Q_{Gi} \leq Q_{Gimax} \end{array} \right\} \quad (i=1,2,\cdots,n) \quad (5\text{-}41)$$

$$U_{imin} \leq U_i \leq U_{imax} \quad (i=1,2,\cdots,n) \quad (5\text{-}42)$$

使目标函数最优

$$F = \sum_{i=1}^{n} F_i(P_{Gi})$$

求解过程分为以下三步：

第一步，先不考虑该不等式约束条件进行经济分配计算，得到 n 个方程（与两个火电厂（或两台机组）间的负荷分配问题类似，不再重复推导）

利用等微增率准则列写 $n-1$ 个方程

$$\frac{dF_i}{dP_{Gi}} = \lambda \quad (i=1,2,\cdots,n) \quad (5\text{-}43)$$

利用等式约束条件式（5-40）列写一个方程。

第二步，检验有功约束条件，若发现越限，越限的发电厂（发电机组）按极限分配负荷，其余发电厂（发电机组）再按等微增率准则经济分配。

第三步，有功分配确定后，节点电压及无功功率约束条件在经济功率分配后的潮流计算中处理。

例 5-4 某火电厂三台机组并联运行，各机组的燃料消耗特性及功率约束条件如下

$$F_1 = 4 + 0.3 P_{G1} + 0.0007 P_{G1}^2 \quad t/h, 100\text{MW} \leq P_{G1} \leq 200\text{MW}$$

$$F_2 = 3 + 0.32 P_{G2} + 0.0004 P_{G2}^2 \quad t/h, 120\text{MW} \leq P_{G2} \leq 250\text{MW}$$

$$F_3 = 3.5 + 0.3 P_{G3} + 0.00045 P_{G3}^2 \quad t/h, 120\text{MW} \leq P_{G3} \leq 280\text{MW}$$

试确定当总负荷为 700MW 时，发电厂间功率的经济分配（不计网损的影响）。

解： 按所给耗量特性可得各厂的微增耗量特性为

$$\lambda_1 = \frac{dF_1}{dP_{G1}} = 0.3 + 0.0014 P_{G1}$$

$$\lambda_2 = \frac{dF_2}{dP_{G2}} = 0.32 + 0.0008 P_{G2}$$

$$\lambda_3 = \frac{dF_3}{dP_{G3}} = 0.3 + 0.0009 P_{G3}$$

令 $\lambda_1 = \lambda_2 = \lambda_3$，可解出

$$P_{G1} = 14.29 + 0.572 P_{G2} = 0.643 P_{G3}$$

$$P_{G3} = 22.22 + 0.889 P_{G2}$$

总负荷为 700MW，即

$$P_{G1} + P_{G2} + P_{G3} = 700\text{MW}$$

将 P_{G1} 和 P_{G3} 都用 P_{G2} 表示，便得

$$14.29+0.572P_{G2}+P_{G2}+22.22+0.889P_{G2}=700\text{MW}$$

由此可算出 $P_{G2}=270\text{MW}$，已越出上限值，故应取 $P_{G2}=250\text{MW}$。剩余的负荷功率 450MW 再由电厂 1 和 3 进行经济分配，即

$$P_{G1}+P_{G3}=450\text{MW}$$

将 P_{G1} 用 P_{G3} 表示，便得

$$0.643P_{G3}+P_{G3}=450\text{MW}$$

由此可解出

$$P_{G3}=274\text{MW}$$
$$P_{G1}=(450-274)\text{MW}=176\text{MW}$$

都在限值以内。

第四节 小 结

本章介绍了电力系统稳态运行的调频、调压和经济运行有关知识。电力系统频率的恒定是以系统有功功率的平衡为前提的，一次调频借助发电机组的调速器和负荷的频率特性来完成，只能做到有差调节；二次调频由主调频厂承担，可做到无差调节。电力系统的运行电压水平与无功平衡密切相关，改善电压质量和减少网损，应尽量避免无功功率的远距离传送。经济运行是电力系统优化运行的目标之一。本章重点掌握一次调频、二次调频、互联系统的频率调整以及电压调整的措施和计算，了解经济运行的概念、降损措施和有功功率分配的等耗量微增率准则。

第五节 思考题与习题

1. 电力系统有功平衡和频率的关系是什么？
2. 什么是负荷的频率调节效应系数？其大小与哪些因素有关？其值可整定吗？
3. 什么是发电机组的单位调节功率？其大小与哪些因素有关？其值可整定吗？
4. 电力系统频率的一次调整指的是什么？能否做到频率的无差调节？
5. 电力系统频率的二次调整是指什么？如何才能做到频率的无差调节？
6. 电力系统的无功电源、无功负荷都有哪些？无功损耗包括什么？
7. 无功平衡与电压水平的关系是什么？
8. 电压调整的三种方式是什么？
9. 电压调整的四种措施包括哪些？其原理是什么？
10. 在系统无功不足的情况下可否采用改变变压器分接头的方式进行调压？为什么？
11. 网损是什么？降损措施有哪些？
12. 火电厂有功功率经济分配的原则是什么？物理意义是什么？
13. 某电力系统总负荷为 4000MW，$K_{L*}=1.5$，正常运行时的频率为 50Hz，假定此时系统全部发电机均满载运行。若系统在发生某一事故时失去了 300MW 的发电出力，求系统频率将下降到什么数值？

14. 某发电厂装有三台发电机,参数见表 5-1。若该电厂总负荷为 500MW,负荷频率调节响应系数 $K_D = 45\text{MW/Hz}$。

(1) 若负荷波动-10%,求频率变化增量和各发电机输出功率。

(2) 若负荷波动+10%,求频率变化增量和各发电机输出功率(发电机不能过载)。

表 5-1

发电机号	额定容量/MW	原始发电功率/MW	K_G/(MW/Hz)
1	125	100	55
2	125	100	50
3	300	300	150

15. 某变电站由 35kV 线路供电,详见图 5-26。变电站负荷集中在变压器 10kV 母线上。最大负荷 (8+j5)MV·A,最小负荷 4+j3MV·A,线路送端母线 A 的电压在最大负荷与最小负荷时均为 36kV,要求变电站 10kV 母线 B 上的电压在最小负荷时不超过 10.5kV,最大负荷时的电压不低于 9.5kV,试选择变压器分接头。

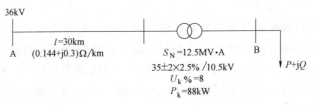

图 5-26

16. 升压变压器的容量为 31.5MV·A,电压比为 121±2×2.5%/6.3kV,归算到高压侧的阻抗为 (3+j48) Ω。在最大负荷和最小负荷时通过变压器的功率分别为 $S_{max} = (25+j18)\text{MV·A}$ 和 $S_{min} = (14+j10)\text{MV·A}$。高压侧的要求电压分别为 $U_{1max} = 120\text{kV}$ 和 $U_{1min} = 114\text{kV}$,发电机电压的可能调整范围是 6.0~6.6kV。试选择分接头。

17. 已知两台机组的耗量特性和机组功率约束条件为

$$F_1 = 4 + 0.3P_{G1} + 0.0007P_{G1}^2 \quad \text{t/h}, \qquad 20\text{MW} \leqslant P_{G1} \leqslant 125\text{MW}$$

$$F_2 = 3 + 0.32P_{G2} + 0.0004P_{G2}^2 \quad \text{t/h}, \qquad 20\text{MW} \leqslant P_{G2} \leqslant 125\text{MW}$$

当总负荷为 200MW 时,试问负荷在两台机组间的经济分配比平均分配时每年所节约的燃料为多少(设每年运行 8000h)?

第六章
电力系统三相短路故障实用计算

为保证电力系统安全可靠运行，在电力系统规划设计、运行分析以及继电保护规划设计中，不仅要考虑系统正常运行状态，还需要考虑故障状态可能产生的后果。电力系统在正常运行过程中，时常会发生故障，其中多数是短路故障。所谓短路，是指电力系统中相与相之间或相与地之间的非正常连接。电力系统暂态分析中，短路过程计算分析是重要内容之一。短路发生后很短的时间内，主要是电和磁的变化，忽略转子角速度等机械量的变化，常称之为"电磁暂态过程"。本章首先从无限大电源三相短路引出短路的有关概念，接下来重点介绍起始次暂态电流、冲击电流计算方法，最后简要介绍计算曲线法的应用。

第一节 概 述

一、电力系统故障的分类

电力系统故障可以从不同的角度分类。

复杂程度上可分为：简单故障即在电力系统中只发生一个故障、复杂故障即在电力系统中的不同地点（两处及以上）同时发生不对称故障。分析方法上可分为：不对称故障、对称故障。计算方法上可分为：并联型故障、串联型故障。形式上可分为：短路故障（横向故障）、断线故障（纵向故障）。

本节主要研究简单的短路故障的分析和计算。而简单的短路故障又可进一步进行分类：三相短路、两相接地短路、两相短路和单相短路。各种短路的示意图和代表符号见表 6-1。

表 6-1 各种短路的示意图和代表符号

短路种类	示　意　图	代表符号
三相短路		$k^{(3)}$
两相接地短路		$k^{(1,1)}$
两相短路		$k^{(2)}$

短路种类	示意图	代表符号
单相短路		$k^{(1)}$

二、短路的原因、危害

产生短路的主要原因如下：

1）恶劣天气，如雷击造成的闪络放电或避雷器动作，架空线路由于大风或导线覆冰引起电杆倒塌等。

2）绝缘材料的自然老化，设计、安装及维护不良所带来的设备缺陷发展成短路。

3）人为误操作，如运行人员带负荷拉刀开关，线路或设备检修后未拆除地线就加上电压引起短路。

4）挖沟损伤电缆，鸟兽跨接在裸露的载流部分等。

短路的危害一般有以下几个方面：

1）短路导致电网电压突然降低，特别是靠近短路点处的电压下降得最多，影响用电设备正常工作。

2）电流剧增，设备发热增加，若短路持续时间较长，可能使设备过热甚至损坏；由于短路电流的电动力效应，导体间还将产生很大的机械应力，致使导体变形甚至损坏。

3）当短路发生地点离电源不远而持续时间又较长时，并列运行的发电机可能失去同步，破坏系统运行的稳定性，造成大面积停电，这是短路最严重的后果。

4）发生不对称短路时，三相不平衡电流会在相邻的通信线路感应出电动势，影响通信。

三、短路计算的目的

短路电流计算的目的有：

1）短路电流计算结果是选择电气设备（断路器、互感器、瓷瓶、母线和电缆等）的依据。

2）短路电流计算结果是电力系统继电保护设计和整定的基础。

3）短路电流计算结果是比较和选择发电厂和电力系统电气主接线图的依据，根据它可以确定限制短路电流的措施。

在实际工作中，根据一定的任务进行短路计算时，需根据短路发生时系统的运行方式，短路的类型和发生地点，中性点的运行状态以及短路发生后所采取的措施等确定计算条件开展计算。

第二节 无限大容量电源供电电路的三相短路

一、无限大容量电源三相短路暂态过程

1. 无限大容量电源

无限大容量电源（又称恒定电势源），是指端电压幅值和频率都保持恒定的等效电源或

等效系统，其内阻抗为零。

无限大容量电源是一个相对的概念，真正的无限大容量电源在实际电力系统中是不存在的。但当许多个有限容量的发电机并联运行，或电源距短路点的电气距离很远时，就可将其等效电源近似看作无限大容量电源。前一种情况常根据等效电源的内阻抗与短路回路总阻抗的相对大小来判断该电源能否看作无限大容量电源。若等效电源的内阻抗小于短路回路总阻抗的10%时，则可以认为该电源为无限大容量电源。后一种情况则是通过电源与短路点之间电抗的标幺值来判断的，即该电抗在以电源额定容量作基准容量时的标幺值大于3，则认为该电源是无限大容量电源。由这样电源供电的系统三相短路时，短路电流成分及变化特点与实际系统发电机机端短路时有区别的，但引入无限大功率电源的概念后，在分析网络突然三相短路的暂态过程时，可以忽略电源内部的暂态过程，使分析得到简化，从而推导出工程上适用的短路电流计算公式。

2. 无限大容量电源供电的系统三相短路物理过程分析

下面分析如图 6-1 所示的无限大容量电源供电的简单三相电路中发生突然对称短路的暂态过程。短路前处于正常稳态，由于电路对称，可以用对一相的讨论代替三相。

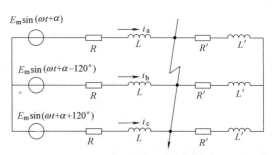

图 6-1　简单三相电路短路

（1）短路前

短路前电路处于稳态，以 a 相为例，可列写电路方程

$$\left.\begin{array}{l} e = E_\mathrm{m}\sin(\omega t+\alpha) \\ i = I_\mathrm{m}\sin(\omega t+\alpha-\varphi') \end{array}\right\} \quad (6\text{-}1)$$

式中，I_m 为短路前回路电流的最大值，$I_\mathrm{m} = \dfrac{E_\mathrm{m}}{\sqrt{(R+R')^2+\omega^2(L+L')^2}}$；$\varphi'$ 为短路前回路的阻抗角 $\varphi' = \tan^{-1}\dfrac{\omega(L+L')}{R+R'}$。

（2）短路发生

假定 $t=0$ 时刻发生短路，此时电路被分成两个独立的电路，短路点左侧的部分仍与电源连接，右边的部分则被短接为无源网络。该无源网络的暂态过程是电流从 $t=0$ 时刻的初始值按指数规律衰减到零的过程，在此过程中，电路中储存的能量将全部转换成为电阻所消耗的热能。因此，三相电路的暂态过程主要针对短路点左侧的有源电路。左边回路 a 相电流的瞬时值应满足如下微分方程

$$Ri+L\dfrac{\mathrm{d}i}{\mathrm{d}t} = E_\mathrm{m}\sin(\omega t+\alpha) \quad (6\text{-}2)$$

根据微分方程的数学求解，其解为特解+齐次方程的通解，即

$$i = i_\mathrm{P}+i_\mathrm{aP} = I_\mathrm{Pm}\sin(\omega t+\alpha-\varphi)+Ce^{-t/T_\mathrm{a}} \quad (6\text{-}3)$$

式（6-3）即是短路的全电流表达式，下面对其进行分析。

1）短路的全电流由两部分组成：周期分量和非周期分量。

2) I_{Pm} 是短路后电流的最大值，$I_{Pm} = \dfrac{E_m}{\sqrt{R^2 + (\omega L)^2}}$，$I_{Pm} > I_m$，且 I_{Pm} 在短路的暂态过程中数值保持不变。

3) α 是 $t = 0$ 时刻 a 相电源电势的初始相角，亦称合闸角。

4) φ 是短路后回路的阻抗角，$\varphi = \tan^{-1}\dfrac{\omega L}{R}$，一般 $\varphi \neq \varphi'$，如果回路中的感抗比电阻大得多，$\varphi \approx \varphi' \approx 90°$。

5) T_a 是非周期分量电流衰减的时间常数 $T_a = \dfrac{L}{R}$。

6) C 是非周期分量的初始值，是由初始条件决定的积分常数。

利用 $t = 0$ 时刻短路电流不突变的性质，有
$$I_m \sin(\alpha - \varphi') = I_{Pm} \sin(\alpha - \varphi) + C$$

推出
$$C = i_{aP0} = I_m \sin(\alpha - \varphi') - I_{Pm} \sin(\alpha - \varphi) \tag{6-4}$$

因此，a 相短路电流的表达式可以进一步写成
$$i = I_{Pm} \sin(\omega t + \alpha - \varphi) + [I_m \sin(\alpha - \varphi') - I_{Pm} \sin(\alpha - \varphi)] e^{-t/T_a} \tag{6-5}$$

根据三相线路的对称性，如果用 $\alpha - 120°$ 或 $\alpha + 120°$ 去代替公式（6-5）中的 α，就可得到 b 相或 c 相短路电流的表达式。

由上可见，短路至稳态时，三相中的稳态短路电流为三个幅值相等、相角相差 120° 的交流电流，其幅值大小取决于电源电压幅值和短路回路的总阻抗。从短路发生到短路稳态之间的暂态过程中，每相电流还包含着逐渐衰减的直流电流，它们出现的物理原因是电感中电流在短路瞬时的前后不能突变。很明显，三相的直流电流是不相等的。

二、短路计算的一些基本概念

（1）短路起始次暂态电流 I''

对于无限大容量电源三相短路，根据短路电流的表达式可知，短路电流周期分量（基频分量）是不衰减的，故 I'' 即指短路电流周期分量（基频分量）的有效值。而对于本章后面介绍的有限容量电源构成的实际系统，短路电流周期分量（基频分量）是衰减的，I'' 指短路电流周期分量（基频分量）的初始有效值。有关内容详见本章第三节的介绍。

（2）短路冲击电流

短路冲击电流指短路电流最大可能的瞬时值，用 i_{imp} 表示。其主要作用是校验电气设备的电动力稳定度。

1) 冲击电流出现的条件。当电路的参数已知时，短路电流周期分量的幅值是一定的，而短路电流的非周期分量则是按指数规律单调衰减的直流，因此，非周期电流的初值 C 越大，暂态过程中短路全电流的最大瞬时值也就越大。

一般电力系统中，短路回路的感抗比电阻大得多，研究 C 取最大的条件，可在式（6-5）中近似取 $\varphi \approx \varphi' \approx 90°$，得到
$$C = i_{aP0} = I_m \sin(\alpha - 90°) - I_{Pm} \sin(\alpha - 90°) = (I_{Pm} - I_m) \cos\alpha$$

因此，非周期电流有最大值的条件为：①短路前电路空载（$I_m=0$）；②短路发生时，电源电势过零（$\alpha=0$）。

2) 冲击电流的计算。按照冲击电流出现的条件，将 $I_m=0$，$\alpha=0$ 和 $\varphi \approx \varphi' \approx 90°$ 代入短路全电流表达式（6-6），得到此时的短路电流表达式（6-6），波形如图 6-2 所示。

$$i = -I_{Pm}\cos\omega t + I_{Pm}e^{-t/T_a} \tag{6-6}$$

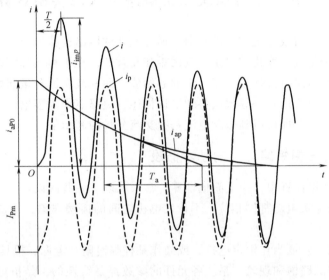

图 6-2 非周期分量有最大可能值时的短路电流波形

图 6-2 短路电流的最大瞬时值在短路发生后约半个周期时出现。若 $f=50$Hz，这个时间约为 0.01s，将其代入式（6-6），可得短路冲击电流

$$i_{imp} = I_{Pm} + I_{Pm}e^{-0.01/T_a} = (1+e^{-0.01/T_a})I_{pm} = k_{imp}I_{Pm} \tag{6-7}$$

式中，$k_{imp} = 1+e^{-0.01/T_a}$，$k_{imp}$ 为冲击系数，$1 \leq k_{imp} \leq 2$，实用计算时，短路发生在发电机电压母线时 $k_{imp}=1.9$；短路发生在发电厂高压母线时 $k_{imp}=1.85$；在其他地点短路 $k_{imp}=1.8$。

(3) 短路容量（短路功率）

短路容量也称为短路功率，它等于短路电流有效值同短路处的正常工作电压（一般用平均额定电压）的乘积，即

$$S_t = \sqrt{3}U_{av}I_t \tag{6-8}$$

用标幺值表示为

$$S_{t*} = \frac{\sqrt{3}U_{av}I_t}{\sqrt{3}U_B I_B} = \frac{I_t}{I_B} = I_{t*} \tag{6-9}$$

由式（6-9）可知，在三相短路计算时，对某一短路点，短路功率的标幺值与短路电流的标幺值相等。短路容量主要用来校验开关的切断能力。把短路容量定义为短路电流和工作电压的乘积，是因为一方面开关要能切断这样大的电流，另一方面，在开关断流时其触头应经受住工作电压的作用。系统的短路功率越大，则等效电抗越小，网络联系越紧密。在短路的实用计算中，常只用周期分量电流的初始有效值来计算短路功率即 $S_t = \sqrt{3}U_{av}I''$。

从上述分析可见，为了确定冲击电流、短路电流非周期分量、短路电流的有效值以及短路功率等，都必须计算短路电流的周期分量。实际上，大多数情况下短路计算的任务也只是计算短路电流的周期分量。在给定电源电势时，短路电流周期分量初始值的计算只是一个求解稳态正弦交流电路的问题，具体的求解方法在本章第三节介绍。

第三节 电力系统三相短路电流的实用计算

电力系统是由很多台发电机和各种负荷，通过复杂的网络连接组成的，因而要准确计算三相短路电流的各分量及其变化情况是十分困难和复杂的。在工程实际问题中，多数情况下只需计算短路瞬间的短路电流基波交流分量的起始值。而基波交流分量起始值的计算并不困难，只需将各同步发电机用某一等效电势和电抗描述，短路点作为零电位，然后将网络作为稳态交流电路进行计算，即可得到短路电流基频交流分量的起始值。

一、电力系统三相短路计算的基本假设

在短路电流的实用计算中，为了简化计算，常采取以下一些假设：

1）假定所有发电机电势都同相位：不计发电机之间的摇摆现象，并认为所有发电机的电势都同相位。

2）负荷近似估计：或当作恒定电抗，或当作某种临时附加电源，视具体情况而定。

3）不计元件的磁路饱和现象：系统各元件的参数都是线性的，是恒定的数值，因此系统分析可以应用叠加原理。

4）假定系统为对称三相系统：除不对称故障处出现局部的不对称以外，实际的电力系统通常都认为是对称的。

5）等效电路采用近似计算：电压取各电压等级的平均额定电压，元件参数用纯电抗表示，忽略高压输电线的电阻和电容，忽略变压器的电阻和励磁电流（三相三柱式变压器的零序等效电路除外），加上所有发电机电势都同相位的条件，避免了复数运算。

6）假定发生金属性短路：短路处相与相（或地）的接触往往经过一定的电阻（如外物电阻、电弧电阻和接触电阻等），这种电阻通常称为"过渡电阻"。实用计算中，通常认为发生金属性短路，就是不计过渡电阻的影响，即认为过渡电阻等于零的短路情况。

二、短路电流实用计算中的各元件参数

计算短路电流时，除特殊说明需要采用有名值外，一般都是采用标幺值计算，然后将计算结果换算为有名值。基本假设中提到，在短路电流的计算中，普遍采用近似计算的标幺值法。它的特点是，取系统各级的平均额定电压为相应的基准电压，而且认为每一元件的额定电压就等于其相应的平均额定电压。这样，变压器的电压比就取为相应平均额定电压之比。从而在标幺值的计算中避免了电压的归算。采用近似计算时，各元件参数标幺值的计算公式如下：

发电机

$$X_{G*} = X_{GN*} \frac{S_B}{S_{GN}}$$

式中，X_{GN*} 为以发电机额定值为基值的标幺值。

变压器

$$X_{T*} = \frac{U_K\%}{100} \frac{S_B}{S_{TN}}$$

线路

$$X_{L*} = X_L \frac{S_B}{U_{av}^2}$$

式中，U_{av} 为线路所在网络的平均额定电压。

电抗器

$$X_{R*} = \frac{X_R\%}{100} \frac{U_{RN}}{\sqrt{3} I_{RN}} \frac{S_B}{U_{av}^2}$$

式中，U_{av} 为电抗器所在网络的平均额定电压。

三、网络变换及化简

1. 网络化简

电力系统接线较为复杂，在电力系统短路电流实用计算中，通常要将原始的等效电路进行适当的网络变换及化简，以达到简化计算的目的。下面介绍常用的几种网络变换化简的方法以及转移电抗的概念。

（1）电源合并

以图 6-3 所示并联有源支路的化简为例说明电源合并的方法。

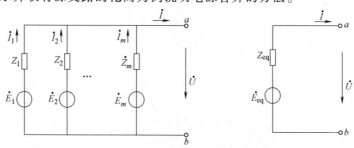

图 6-3 并联有源支路的化简

$$\sum_{i=1}^{m} \frac{\dot{E}_i - \dot{U}}{Z_i} = \dot{I}$$

令 $\dot{E}_i = 0$

$$Z_{eq} = -\frac{\dot{U}}{\dot{I}} = \frac{1}{\sum_{i=1}^{m} \frac{1}{Z_i}} \quad (6-10)$$

令 $\dot{I} = 0$

$$\dot{E}_{eq} = Z_{eq} \sum_{i=1}^{m} \frac{\dot{E}_i}{Z_i} \quad (6-11)$$

对于两条有源支路并联等效电源和阻抗分别为

$$\dot{E}_{eq} = \frac{\dot{E}_1 Z_2 + \dot{E}_2 Z_1}{Z_1 + Z_2}$$

$$Z_{eq} = \frac{Z_1 Z_2}{Z_1 + Z_2}$$

（2）星角变换

以图 6-4 所示星形和三角形联结为例说明星角变换的方法。

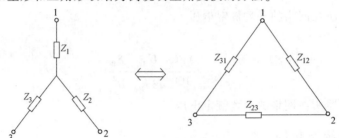

图 6-4　星形和三角形联结

根据电路知识，星形和三角形的相互变换公式为

$$\left.\begin{aligned} Z_1 &= \frac{Z_{12} Z_{31}}{Z_{12} + Z_{23} + Z_{31}} \\ Z_2 &= \frac{Z_{12} Z_{23}}{Z_{12} + Z_{23} + Z_{31}} \\ Z_3 &= \frac{Z_{23} Z_{31}}{Z_{12} + Z_{23} + Z_{31}} \end{aligned}\right\} \quad (6\text{-}12)$$

$$\left.\begin{aligned} Z_{12} &= Z_1 + Z_2 + \frac{Z_1 Z_2}{Z_3} \\ Z_{23} &= Z_2 + Z_3 + \frac{Z_2 Z_3}{Z_1} \\ Z_{31} &= Z_3 + Z_1 + \frac{Z_3 Z_1}{Z_2} \end{aligned}\right\} \quad (6\text{-}13)$$

（3）多支路星形变为网形

多支路星形变为网形如图 6-5 所示。

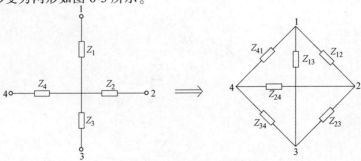

图 6-5　多支路星形变为网形

根据电路知识,多支路星形变为网形见式(6-14),还可以把该变化推广到 $i = n$ 的情况。

$$\left.\begin{aligned} Z_{12} &= Z_1 Z_2 \sum_{i=1}^{4} \frac{1}{Z_i} \\ Z_{23} &= Z_2 Z_3 \sum_{i=1}^{4} \frac{1}{Z_i} \\ &\vdots \\ Z_{ij} &= Z_i Z_j \sum_{i=1}^{4} \frac{1}{Z_i} \end{aligned}\right\} \quad (6\text{-}14)$$

式中,$\sum_{i=1}^{4} \frac{1}{Z_i} = \frac{1}{Z_1} + \frac{1}{Z_2} + \frac{1}{Z_3} + \frac{1}{Z_4}$。

(4)分裂电动势

分裂电动势源就是将连接在一个电源点上的各支路拆开,分开后各支路分别连接在电动势相等的电源点上,如图 6-6b 所示。

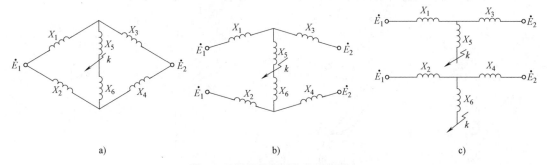

图 6-6 分裂电势源和分裂短路点
a)原等效电路图 b)分裂电势源化简图 c)分裂短路点化简图

(5)分裂短路点

分裂短路点就是将接于短路点的各支路在短路点处拆开,拆开后的各支路仍带有短路点,则总的短路电流等于两处短路电流之和,如图 6-6c 所示。

(6)利用网络的对称性化简

对称性指网络的结构相同,电源一样,阻抗参数相等(或其比值相等)以及短路电流的走向一致等。在对应的点上,电位必然相同。同电位点之间的电抗可根据需要短接或断开。如图 6-7 所示,由于 a、b、c 等电位,g、h、i 等电位,故等效电路可简化为图 6-7c。

2. 转移电抗概念

在需要分别求出系统中每个发电机单独向短路点提供的短路电流时,往往不把所有的电源都合并成一个等效电源来计算短路电流,而是要求出这些电源分别与短路点之间直接相连的电抗。电源和短路点直接相连的电抗称之为电源对短路点的转移阻抗。图 6-8 记录了网络变换求解两电源点到短路点的转移电抗的过程。通过电源支路等效合并和网络变换,把原网络简化成一端接等效电势源,另一端接短路点的单一支路,该支路的阻抗即等于短路点的输入阻抗,也就是等效电势源对短路点的转移电抗。在图 6-8 中,为求取两电源点到短路点的

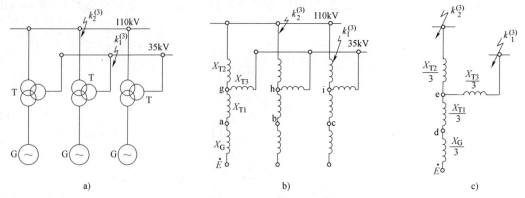

图 6-7 利用电路的对称性进行网络简化
a) 接线图　b) 等效电路图　c) 等效电路化简图

转移电抗，图 6-8a 到图 6-8b 进行了星-三角变换，图 6-8b 到图 6-8c 进行了三角-星变换，图 6-8c 到图 6-8d 再进行一次星-三角变换，最后得到两电源点到短路点的转移电抗分别为 Z_{1k} 和 Z_{2k}。两电源直接相连的电抗因不影响短路电流的大小，常常不必画出。

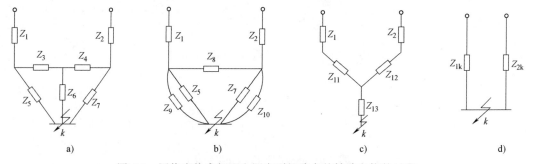

图 6-8 网络变换求解两电源点到短路点的转移电抗的过程
a) 原等效电路图　b) 等效电路化简图 1　c) 等效电路化简图 2　d) 等效电路化简图 3

四、起始次暂态电流和冲击电流的实用计算

1. 计算条件

在求取起始次暂态电流的过程中，系统所有的元件都用其次暂态参数代表，次暂态电流的计算其实与稳态电流的计算一样。各元件的次暂态参数考虑如下。

（1）发电机

旋转电机的次暂态参数不同于其稳态参数。在突然短路瞬间，同步电机（包括同步电动机和调相机）的次暂态电势保持着短路发生前瞬间的数值。

同步发电机简化相量图如图 6-9 所示，取同步发电机在短路前瞬间的端电压为 $U_{[0]}$，电流为 $I_{[0]}$ 和功率因数角为 $\varphi_{[0]}$，在实用计算中，汽轮发电机和有阻尼绕组的凸极发电机的次暂态电抗可以取为 $X'' = X_d''$，利用下式即可近似地算出次暂态电势值，即

$$\dot{E}'' = \dot{U} + jX_d'' \dot{I}$$

$$E_0'' \approx U_{[0]} + X_d'' I_{[0]} \sin\varphi_{[0]} \tag{6-15}$$

假定发电机在短路前额定满载运行，$U_{[0]}=1$，$I_{[0]}=1$，$\cos\varphi_{[0]}=0.85$，$X''_d=0.13\sim0.20$，则 $E''_0=1.07\sim1.11$。如果不能确知同步发电机短路前的运行参数，则取 $E''_0\approx1.05\sim1.1$ 亦可。不计负载影响时，常取 $E''_0\approx1$。发电机的等效电路如图 6-10 所示。

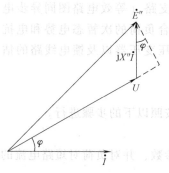

图 6-9 同步发电机简化相量图

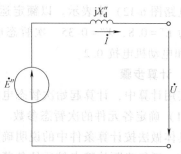

图 6-10 发电机的等效电路

（2）网络元件

网络元件指线路和变压器，其次暂态参数与其稳态参数相同。

（3）负荷

1）异步电动机。电力系统的负荷中包含有大量的异步电动机。在正常运行情况下，异步电动机的转差率很小，可以近似地看作同步转速运行。根据短路瞬间转子绕组磁链守恒的原则，异步电动机也可以用与转子绕组的总磁链成正比的次暂态电势以及相应的次暂态电抗来代表。异步电机次暂态电抗的额定标幺值为

$$X''=\frac{1}{I_{\text{st}}} \tag{6-16}$$

近似计算一般可取 $X''=0.2$。

异步电动机简化相量图如图 6-11 所示，可得次暂态电势的近似计算公式为

$$\dot{E}''=\dot{U}-\text{j}X''\dot{I}$$
$$E''_0\approx U_{[0]}-X''I_{[0]}\sin\varphi_{[0]} \tag{6-17}$$

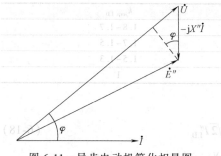

图 6-11 异步电动机简化相量图

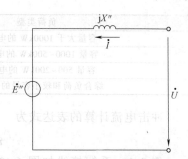

图 6-12 异步电动机的等效电路

在系统发生短路后，只当电动机端的残余电压小于异步电动机的次暂态电势时，电动机才会暂时地作为电源向系统供给一部分短路电流。异步电动机的等效电路如图 6-12 所示。

2）综合负荷。由于配电网络中电动机的数目很多，要查明它们在短路前的运行状态是困难的，加以电动机所提供的短路电流数值不大。所以，在实用计算中，只对于短路点附近

能显著地供给短路电流的大型电动机,才按式(6-16)和式(6-17)算出次暂态电抗和次暂态电势。其他的电动机,则看作是系统中负荷节点的综合负荷的一部分。综合负荷的参数需由该地区用户的典型成分及配电网典型线路的平均参数来确定。在短路瞬间,这个综合负荷也可以近似地用一个含次暂态电势和次暂态电抗的等效支路(等效电路图同异步电动机的等效电路图6-12)来表示。以额定运行参数为基准,综合负荷的次暂态电势和电抗的标幺值约为 $E'' = 0.8$,$X'' = 0.35$。次暂态电抗0.35中包括降压变压器以及馈电线路的估计电抗0.15和电动机电抗0.2。

2. 计算步骤

实用计算中,计算起始次暂态电流和冲击电流通常按照以下的步骤进行。

(1) 确定各元件的次暂态参数

具体做法按计算条件中的说明确定各元件的次暂态参数,并对负荷对短路电流的影响进行评估,可忽略距故障点较远的负荷对短路电流的影响。

(2) 作短路故障后电力系统等效电路

选取基准功率 S_B,取系统各级的平均额定电压为相应的基准电压 $U_B = U_{av}$,采用近似计算的标幺值法进行元件参数计算,绘制电力系统等效电路并进行化简,以求得各电源或等效电源到短路点的转移电抗。

(3) 计算起始次暂态电流

利用简化的短路故障后电力系统等效电路计算次暂态电流,注意短路点电压为0,此时与电路中稳态电流的计算方法完全相同。注意计算后标幺值结果要转化成有名值。

(4) 计算冲击电流

在实用计算中,将冲击电流分为两部分:电源提供的冲击电流(I''_G)和负荷提供的冲击电流(I''_{LD}),它们对冲击电流的贡献是有区别的,体现在冲击系数的确定上。电源提供的冲击电流(I''_G)其冲击系数 k_{imp} 的确定见本章第二节中的介绍,此外同步电动机和调相机冲击系数之值和相同容量的同步发电机的大约相等。负荷提供的冲击电流(I''_{LD})的冲击系数 $k_{imp \cdot LD}$ 的确定与负荷的性质及容量有关,具体见表6-2。

表6-2 $k_{imp \cdot LD}$ 的确定

负荷类型	$k_{imp \cdot LD}$
容量大于1000kW的电动机	1.8~1.7
容量1000~500kW的电动机	1.7~1.5
容量500~200kW的电动机	1.5~1.3
综合负荷和较小容量的电动机	1

冲击电流计算的表达式为

$$i_{imp} = k_{imp}\sqrt{2}I''_G + k_{imp \cdot LD}\sqrt{2}I''_{LD} \tag{6-18}$$

例6-1 系统接线如图6-13所示,已知各元件参数如下。发电机 G_1:$S_N = 60\text{MV} \cdot \text{A}$,$X''_d = 0.15$;$G_2$:$S_N = 150\text{MV} \cdot \text{A}$,$X''_d = 0.2$。变压器 T_1:$S_N = 60\text{MV} \cdot \text{A}$,$U_k\% = 12$;$T_2$:$S_N = $

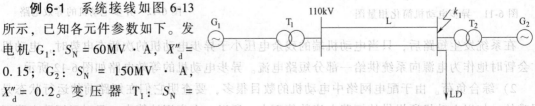

图6-13 例6-1系统接线图

90MV·A，$U_k\% = 12$。线路 L：每回路 $l = 80km$，$X = 0.4\Omega/km$。负荷 LD：$S_{LD} = 120MV·A$。试计算 k_1 点发生三相短路时起始次暂态电流和冲击电流的有名值。

解：(1) 计算各元件次暂态参数

采用标幺值的近似计算，选取 $S_B = 100MV·A$、$U_B = U_{av}$。发电机的次暂态电势取 $E_1 = E_2 = 1.08$，综合负荷 LD 的次暂态电势取 $E_3 = 0.8$，$x''_{LD} = 0.35$。

发电机 G_1
$$X_1 = X''_d \times \frac{100}{60} = 0.25$$

发电机 G_2
$$X_2 = X''_d \times \frac{100}{150} = 0.133$$

变压器 T_1
$$X_{T1} = \frac{U_k\% S_B}{100 S_N} = \frac{12 \times 100}{100 \times 60} = 0.2$$

变压器 T_2
$$X_{T2} = 0.133$$

双回并联线路 L
$$X_L = 0.5 \times 80 \times 0.4 \times \frac{100}{115^2} = 0.121$$

负荷 LD
$$X_{LD} = 0.35 \times \frac{100}{120} = 0.292$$

(2) 作系统等效电路

k_1 点发生三相短路时，等效电路如图 6-14 所示。则有

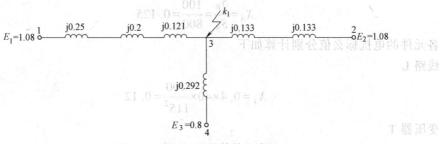

图 6-14 例 6-1 系统等效电路图

$X_{13} = X_1 + X_{T1} + X_L = 0.571$
$X_{23} = X_2 + X_{T2} = 0.266$
$X_{43} = X_{LD} = 0.292$

(3) 计算起始次暂态电流
$$I'' = \frac{E_1}{X_{13}} + \frac{E_2}{X_{23}} + \frac{E_3}{X_{43}} = 8.691$$

有名值为

$$I'' = 8.691 \times \frac{100}{\sqrt{3} \times 115} \text{kA} = 4.363 \text{kA}$$

(4) 计算冲击电流

发电机 G_1 电源端冲击系数取 1.8，发电机 G_2 电源端冲击系数取 1.85，由于负荷是综合负荷，负荷端冲击系数取 1。故短路点的冲击电流为

$$i_{\text{imp}} = \left(1.8 \times \sqrt{2} \times \frac{1.08}{0.571} + 1.85 \times \sqrt{2} \times \frac{1.08}{0.266} + 1 \times \sqrt{2} \times \frac{0.8}{0.292}\right) \times \frac{100}{\sqrt{3} \times 115} \text{kA}$$
$$= 9.694 \text{kA}$$

在计算电力系统的某个发电厂（或变电站）内的短路电流时，往往缺乏整个系统的详细数据。在这种情况下，可以把整个系统（该发电厂或变电站除外）或它的一部分近似看作是一个由无限大功率电源供电的网络（电势标幺值通常取 1），因而短路电流周期分量的幅值不随时间而变化，只有非周期分量是衰减的。根据系统连接母线处的短路容量（短路功率）可以计算系统的等效电抗，并进一步计算短路电流的周期分量。具体计算方法通过例 6-2 来说明。

例 6-2 在图 6-15 所示的电力系统中，各元件的参数为：线路 L：$l = 40\text{km}$；$x = 0.4\Omega/\text{km}$。变压器 T：$30\text{MV} \cdot \text{A}$，$U_k\% = 10.5$。已知系统侧（母线 a 处）的短路功率为 $800\text{MV} \cdot \text{A}$，现三相短路发生在 k 点，试计算短路电流周期分量。

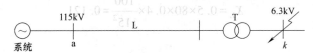

图 6-15 例 6-2 的电力系统

解：选 $S_B = 100\text{MV} \cdot \text{A}$，$U_B = U_{\text{av}}$。系统用一个无限大功率电源代表，它到母线 a 的等效电抗标幺值为

$$X_S = \frac{S_B}{S_S} = \frac{100}{800} = 0.125$$

各元件的电抗标幺值分别计算如下

线路 L

$$X_1 = 0.4 \times 40 \times \frac{100}{115^2} = 0.12$$

变压器 T

$$X_2 = 0.105 \times \frac{100}{30} = 0.35$$

网络 6.3kV 电压级的基准电流为

$$I_B = \frac{100}{1.732 \times 6.3} \text{kA} = 9.16 \text{kA}$$

等效电路及参数如图 6-16 所示。

当 k 点短路时

$$X_{k\Sigma} = X_S + X_1 + X_2 = 0.595$$

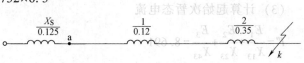

图 6-16 例 6-2 等效电路图

短路电流为

$$I = \frac{I_B}{X_{k\Sigma}} = \frac{9.16}{0.595}\text{kA} = 15.39\text{kA}$$

五、某时刻短路电流周期性分量有效值的计算

有限容量电源构成的实际系统发生三相短路，短路电流周期分量（基频分量）是衰减的，准确计算时刻 t 的短路电流周期分量非常复杂，工程计算中求任意时刻 t 的短路电流周期分量常利用制作的运算曲线来完成。

1. 运算曲线的形成

如图 6-17 所示，电力系统某一点发生三相短路，在发电机的参数和运行初态给定后，短路电流仅是电源到短路点的距离（用归算到发电机额定容量的外接电抗标幺值 X_e 描述）和时间的函数。即

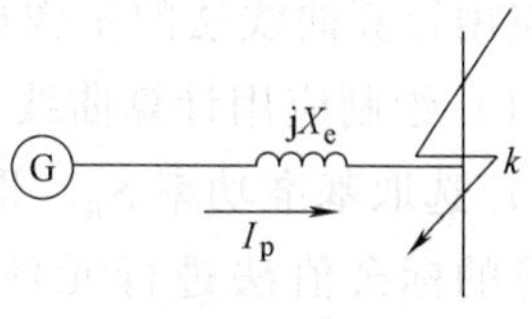

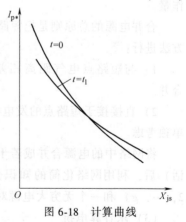

图 6-17 电力系统某一点发生三相短路

$$I_p = f(X_e, t) \tag{6-19}$$

把归算到发电机额定容量的外接电抗的标幺值和发电机纵轴次暂态电抗的标幺值之和定义为计算电抗，即

$$X_{js} = X''_d + X_e \tag{6-20}$$

故式（6-19）可进一步改写为

$$I_{P*} = f(X_{js}, t) \tag{6-21}$$

可见，短路电流周期分量的标幺值可表示为计算电抗和时间的函数，反映这一函数关系的曲线称为计算曲线，如图 6-18 所示。为了方便应用，计算曲线也常做成数字表的形式。国内有关部门根据统计的方法，针对我国同步发电机容量的配置情况，根据不同的计算电抗和时间，分别事先算出汽轮发电机和水轮发电机的各种计算曲线。这样在具体使用时可直接查计算曲线，得出时刻 t 的短路电流周期分量。

计算曲线的制作过程中，考虑到我国的发电厂大部分功率是从高压母线送出，选用了图 6-19 所示的典型接线。短路前发电机额定满载运行，50%的负荷接于发电厂的高压母线，$\cos\varphi$ 取 0.9，其余的负荷功率经输电线送到短路点以外，负荷用恒阻抗表示。短路计算计及了定子回路电阻及强行励磁对短路电流的影响，曲线的关系比较复杂，短路电流并不是随时间增加而一直衰减。由于发电机的类型不同，其各种参数也不相同，计算曲线也是不同的。在工程计算中实际使用的曲线，是根据统计分别得出各类型汽轮发电机或水轮发电机的参数，逐台进行计算，然后取某时刻 t 和计算电抗 X_{js} 时所计算出的短路电流的平均值为曲线中的数值。最后提出汽轮发电机和水轮发电机两种类型的计算曲线，见附录 A。

图 6-18 计算曲线

当 $X_{js} \geq 3.45$ 时，可近似认为短路电流周期分量已不随时间变化，直接用下式计算

$$I_{P*} = 1/X_{js} \tag{6-22}$$

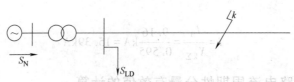

图 6-19 制作计算曲线的典型接线图

2. 计算曲线的应用

应用计算曲线法的步骤如下：

（1）绘制应用计算曲线时的等效网络

1）选取基准功率 S_B，取系统各级的平均额定电压为相应的基准电压 $U_B = U_{av}$，采用近似计算的标幺值法进行元件参数计算，略去网络中各元件的电阻以及各元件对地的导纳支路。

2）发电机的电抗为 X''_d。

3）略去电力系统中的负荷。

4）无穷大容量电源内阻抗为零。

（2）求转移电抗

实际的电力系统中，发电机的数目是很多的，如果每一台发电机都用一个电源点来代表，计算工作将变得非常繁重。因此，在工程计算中常采用合并电源的方法来简化网络。将类型相同、位置相近的发电机尽可能多地合并起来，用一个等效发电机来表示。再求各等效发电机对短路点的转移电抗，这种方法既能保证必要的计算精度，又可大量地减少计算工作量。

合并电源的总原则是把短路电流变化规律大体相同的发电机合并起来，具体可以按下列方法进行：

1）与短路点电气距离相差不大的同类型发电机合并，远离短路点的同类型发电厂合并。

2）直接接于短路点的发电机（或发电厂）单独考虑，无限大功率电源（如果有的话）单独考虑。

将网络中的电源合并成若干组，假设为 g 组发电机电源和一个无穷大电源（如果有的话）后，利用网络化简的知识分别求取 g 组发电机电源对短路点的转移电抗：$X_{ik}(i=1, 2, \cdots, g)$ 和一个无穷大电源对短路点的转移电抗 X_{sk}。

（3）求计算电抗

g 组发电机电源对短路点的计算电抗为

$$X_{jsi} = X_{ik} \frac{S_{Ni}}{S_B} \qquad (i=1, 2, \cdots, g) \tag{6-23}$$

（4）查计算曲线（或计算曲线表）

根据计算电抗及短路指定时刻（注意发电机的类型）查相应的计算曲线（或计算曲线表），分别得到 g 组发电机电源提供的时刻 t 的短路电流周期分量的标幺值：I_{pt1*}，I_{pt2*}，$\cdots$，$I_{pt \cdot g *}$。

注意对于无限大容量电源，不查表，其供给的时刻 t 的短路电流周期分量的标幺值为

$$I_{pS*} = \frac{1}{X_{Sk}} \qquad (6-24)$$

(5) 计算短路电流周期分量的有名值

第 i 组发电机电源提供的短路电流有名值为

$$I_{pt \cdot i} = I_{pt \cdot i*} I_{Ni} = I_{pt \cdot i*} \frac{S_{Ni}}{\sqrt{3} U_{av}} \qquad (6-25)$$

无限大容量电源提供的短路电流有名值为

$$I_{pS} = I_{pS*} I_B = I_{pS*} \frac{S_B}{\sqrt{3} U_{av}} \qquad (6-26)$$

短路点时刻 t 的短路电流周期分量有名值为

$$I_{pt} = \sum_{i=1}^{g} I_{pt \cdot i*} \frac{S_{Ni}}{\sqrt{3} U_{av}} + I_{pS*} \frac{S_B}{\sqrt{3} U_{av}} \qquad (6-27)$$

式中, U_{av} 是短路处电压等级的平均额定电压。

例 6-3 系统接线如图 6-20 所示, 已知各元件参数如下: 发电机 G_1、G_2: $S_N = 60 MV \cdot A$, $U_N = 10.5 kV$, $X'' = 0.15$; 变压器 T_1、T_2: $S_N = 60 MV \cdot A$, $U_k = 10.5\%$; 外部系统 S: $S_N = 300 MV \cdot A$, 容量为无穷大, $X = 0$; 110kV 线路 L 长 55km, 参数为 $0.4\Omega/km$。系统中所有发电机均装有励磁调节器。k 点发生三相短路, 发电机 G_1、G_2 及外部系统 S 各用一台等效发电机代表, 试用运算曲线法计算 0.2s 时的短路周期电流。

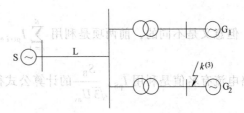

图 6-20 例 6-3 系统接线图

解: 按标幺值进行计算, 取 $S_B = 60 MV \cdot A$, $U_B = U_{av}$。作系统等效电路, 如图 6-21 所示。

$$X_{G1} = X_{G2} = 0.15$$
$$X_{T1} = X_{T2} = 0.105$$
$$X_L = 0.4 \times 55 \times \frac{60}{115^2} = 0.1$$

进行网络变换, 各电源点到短路点的转移电抗为

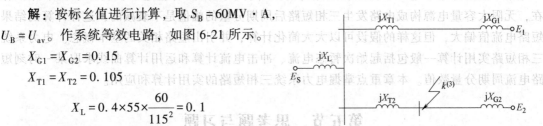

图 6-21 例 6-3 系统等效电路图

$$X_1 = (X_{T1} + X_{G1}) + X_{T2} + \frac{(X_{T1} + X_{G1})X_{T2}}{X_L} = 0.628$$

$$X_2 = 0.15$$

$$X_S = X_L + X_{T2} + \frac{X_L X_{T2}}{X_{T1} + X_{G1}} = 0.246$$

计算电抗分别为

$$X_{js1} = 0.628 \times \frac{60}{60} = 0.628$$

$x_{js2} = 0.15$

查运算曲线,可得短路电流的标幺值如下

G_1

$I_{0.2} = 1.45$

G_2

$I_{0.2} = 4.60$

系统 S 供给的短路电流标幺值

$$I_S = \frac{1}{X_S} = \frac{1}{0.246} = 4.065$$

0.2s 短路周期电流的有名值为

$$I_{0.2} = \left(1.45 \times \frac{60}{\sqrt{3} \times 10.5} + 4.60 \times \frac{60}{\sqrt{3} \times 10.5} + 4.065 \times \frac{60}{\sqrt{3} \times 10.5}\right) kA = 33.37 kA$$

注意,此处最后计算公式中的三项虽然都是短路电流标幺值乘以基准值 $\frac{60}{\sqrt{3} \times 10.5}$ 的形式,但意义是不同的,前两项是利用 $\sum_{i=1}^{g} I_{pt \cdot i*} \frac{S_{Ni}}{\sqrt{3} U_{av}}$ 的计算公式得到的,无穷大电源提供的短路电流有名值是利用 $I_{pS*} \frac{S_B}{\sqrt{3} U_{av}}$ 的计算公式得到的。

第四节 小 结

本章主要介绍了电力系统三相短路的有关计算。无限大容量电源在实际系统中并不存在,无限大容量电源构成电路发生三相短路后周期分量的幅值是不衰减的,这样计算的结果短路电流值偏大,但这样的假设可以大大简化计算,并引出短路相关的基本概念。电力系统三相短路实用计算一般包括起始次暂态电流、冲击电流计算和运用计算曲线求取某一时刻短路电流周期分量数值。本章重点掌握电力系统三相短路的实用计算和应用。

第五节 思考题与习题

1. 电力系统故障是如何分类的?
2. 电力系统短路故障的分类、危害以及短路计算的目的是什么?
3. 什么是无限大容量电源?无限大容量电源供电的电力系统三相短路有何特点?
4. 短路冲击电流产生的条件是什么?
5. 在三相短路计算时,对某一短路点,短路功率的标幺值与短路电流的标幺值是否相等?为什么?
6. 转移电抗指的是什么?
7. 实用计算求取短路电流基频分量的初始有效值的主要步骤有哪些?
8. 应用计算曲线法计算短路电流周期分量的主要步骤有哪些?

9. 系统接线如图 6-22 所示，已知各元件参数如下：发电机 G：$S_N = 60\text{MV·A}$，$X''_d = 0.14$；变压器 T：$S_N = 30\text{MV·A}$，$U_k\% = 8$；线路 L：$l = 20\text{km}$，$X_1 = 0.38\Omega/\text{km}$。试求 k 点三相短路时的起始次暂态电流、冲击电流和短路容量等的有名值。

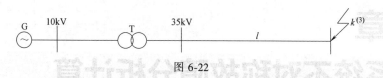

图 6-22

10. 试计算图 6-23 中电力系统在 f 点发生三相短路时的起始暂态电流和冲击电流。系统各元件的参数如下：发电机 G_1：100MW，$X''_d = 0.183$，$\cos\varphi = 0.85$；G_2：50MW，$X''_d = 0.141$，$\cos\varphi = 0.8$；变压器 T_1：120MV·A，$U_k\% = 14.2$；T_2：63MV·A，$U_k\% = 14.5$；线路 L_1：170km；电抗为 $0.427\Omega/\text{km}$；L_2：120km；电抗为 $0.432\Omega/\text{km}$；L_3：100km；电抗为 $0.432\Omega/\text{km}$；负荷 LD：160MV·A。

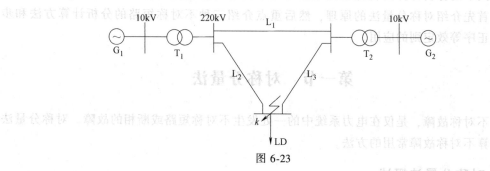

图 6-23

11. 电力系统接线如图 6-24 所示，其中发电机 G_1：$S_{NG1} = 250\text{MV·A}$，$X''_d = 0.4$；G_2：$S_{NG2} = 60\text{MV·A}$，$X''_d = 0.125$。变压器 T_1：$S_{NT1} = 250\text{MV·A}$，$U_k\% = 10.5$；T_2：$S_{NT2} = 60\text{MV·A}$，$U_k\% = 10.5$。线路 L_1：50km，$X_1 = 0.4\Omega/\text{km}$；线路 L_2：40km，$X_1 = 0.4\Omega/\text{km}$；线路 L_3：30km，$X_1 = 0.4\Omega/\text{km}$，当在 k 点发生三相短路时，求短路点总的短路电流 I''。

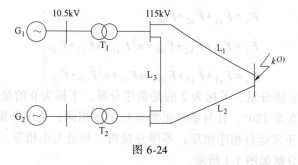

图 6-24

12. 电力系统接线图及参数见例题 6-3。k 点发生三相短路，通过查计算曲线，试按下列两种情况分别计算 I_0、$I_{0.2}$，并对结果进行比较分析。

（1）发电机 G_1 和外部系统 S 合并为一台等效发电机；

（2）发电机 G_1 和 G_2 及外部系统 S 全部合并为一台等效发电机。

第七章
电力系统不对称故障分析计算

实际电力系统中的短路故障大多数是不对称的，为了保证电力系统和各种电气设备的安全运行，必须进行各种不对称故障的分析和计算。电力系统暂态分析中，不对称短路故障过程也是重要分析计算内容之一。不对称故障发生时，仅计及电压和电流的基波分量，将不对称运行方式下的分析计算简化成正弦电势作用下的不对称电路的分析计算，进而采用相量法。本章首先介绍对称分量法的原理，然后重点介绍三种不对称短路的分析计算方法和步骤，总结正序等效定则的应用。

第一节 对称分量法

简单不对称故障，是仅在电力系统中的一处发生不对称短路或断相的故障。对称分量法是分析计算不对称故障常用的方法。

一、对称分量法概述

当电力系统 k 点发生不对称故障时，电压、电流量都变为三相不对称的量。除故障点的局部外，电力系统的其他元件参数三相仍然对称。电压（或电流）三相不对称的量（以 $\dot{F}$ 表示）可以分解为三组对称分量的叠加。

$$\left.\begin{array}{l}\dot{F}_a = \dot{F}_{a1} + \dot{F}_{a2} + \dot{F}_{a0} \\ \dot{F}_b = \dot{F}_{b1} + \dot{F}_{b2} + \dot{F}_{b0} = a^2\dot{F}_{a1} + a\dot{F}_{a2} + \dot{F}_{a0} \\ \dot{F}_c = \dot{F}_{c1} + \dot{F}_{c2} + \dot{F}_{c0} = a\dot{F}_{a1} + a^2\dot{F}_{a2} + \dot{F}_{a0}\end{array}\right\} \quad (7-1)$$

式中，下标为 1 的是正序分量，下标为 2 的是负序分量，下标为 0 的是零序分量。正序分量指三相量大小相等，互差 120°，且与系统正常运行相序相同；负序分量指三相量大小相等，互差 120°，且与系统正常运行相序相反；零序分量指三相量大小相等，相位一致。$a = \mathrm{e}^{\mathrm{j}120°}$。三相不对称量的三序分解如图 7-1 所示。

式 (7-1) 又可以表示为

$$\begin{pmatrix}\dot{F}_a \\ \dot{F}_b \\ \dot{F}_c\end{pmatrix} = \begin{pmatrix}1 & 1 & 1 \\ a^2 & a & 1 \\ a & a^2 & 1\end{pmatrix}\begin{pmatrix}\dot{F}_{a1} \\ \dot{F}_{a2} \\ \dot{F}_{a0}\end{pmatrix} \quad (7-2)$$

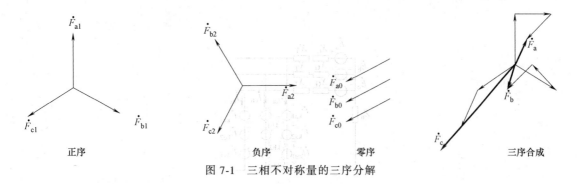

图 7-1 三相不对称量的三序分解

逆关系表达式为

$$\begin{pmatrix} \dot{F}_{a1} \\ \dot{F}_{a2} \\ \dot{F}_{a0} \end{pmatrix} = \frac{1}{3} \begin{pmatrix} 1 & a & a^2 \\ 1 & a^2 & a \\ a & 1 & 1 \end{pmatrix} \begin{pmatrix} \dot{F}_a \\ \dot{F}_b \\ \dot{F}_c \end{pmatrix} \tag{7-3}$$

由上述可见，用对称分量法分析电力系统的不对称故障问题，第一步是制定三序等效网络，因而就要了解系统中各元件的各序阻抗。所谓元件的序阻抗，即为该元件中流过某序电流时，其产生的相应序电压与电流的比值。

二、对称分量法在不对称短路计算中的应用

在三相参数对称的线性电路中，各序对称分量具有独立性，因此，可以对正序、负序、零序分量分别进行计算。图 7-2a 所示网络发电机出口升压变压器高压侧母线发生不对称短路，应用对称相量法可以分解为三序分量单独作用的叠加，如图 7-2b 所示。

选择 a 相为基准相，电路方程表示为

$$\left. \begin{array}{r} \dot{E}_a - \dot{U}_{ka(1)} = \dot{I}_{ka(1)}(z_{G(1)} + z_{T(1)}) \\ -\dot{U}_{ka(2)} = \dot{I}_{ka(2)}(z_{G(2)} + z_{T(2)}) \\ -\dot{U}_{ka(0)} = \dot{I}_{ka(0)}(z_{T(0)} + z_{G(0)} + 3z_n) \end{array} \right\} \tag{7-4}$$

用戴维南定理等效后，电路方程表示为

$$\left. \begin{array}{r} \dot{E}_a - \dot{U}_{ka(1)} = \dot{I}_{ka(1)} z_{\Sigma(1)} \\ -\dot{U}_{ka(2)} = \dot{I}_{ka(2)} z_{\Sigma(2)} \\ -\dot{U}_{ka(0)} = \dot{I}_{ka(0)} z_{\Sigma(0)} \end{array} \right\} \tag{7-5}$$

对称分量法分析计算的主要思路是：当电力系统 k 点发生不对称故障时，相当于在 k 点接上三相阻抗不对称的故障电路。这时整个电力系统由两部分性质不同的电路组成，一部分是未发生故障前原来的三相阻抗对称的系统，另一部分就是三相阻抗不对称的故障电路。由于在应用对称分量法时，只有在三相阻抗相等的条件下才可以建立各序的独立序网络，因此

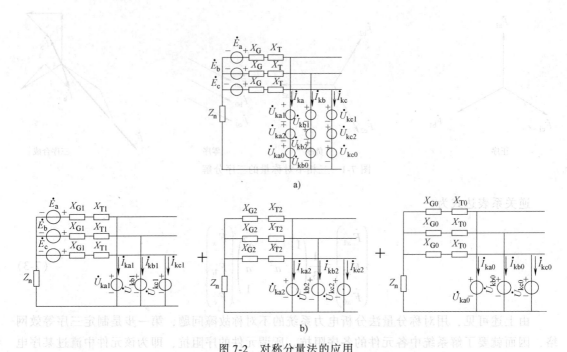

图 7-2 对称分量法的应用
a) 不对称短路电路图 b) 分解为三序分量单独作用的叠加

可在 k 点把这两部分电路分开处理。对原来三相对称的系统，从 k 点看可以得到三个相互独立的对称分量序网和序网方程（基本方程）。从 k 点看故障电路可以得到三个故障条件（边界条件），也就是对称分量之间的关系方程式（边界条件方程），联解这六个方程式，就可以求出故障处的对称分量电压和电流。

第二节　各元件序参数

本节简要介绍同步发电机、负荷和输电线路的各序参数，重点介绍变压器的零序等效电路和参数。对于静止元件，正序和负序阻抗总是相等的，因为改变相序并不改变相间的互感。而对于旋转电机，各序电流通过时引起不同的电磁过程，三序阻抗总是不相等的。

一、同步发电机各序电抗

同步发电机对称运行时只有正序电流存在，相应的参数就是正序参数。稳态时的同步电抗 x_d、x_q，暂态过程中的 x_d'、x_d'' 和 x_q''，都属于正序电抗。

同步发电机负序电抗定义为：发电机端点的负序电压基频分量与流入定子绕组的负序电流基频分量的比值。按这样的定义，在不同的不对称情况下，同步发电机的负序电抗有不同的值。

同步发电机的零序电抗定义为：施加在发电机端点的零序电压基频分量与流入定子绕组的零序电流基频分量的比值。必须指出，发电机中性点通常是不接地的，即零序电流不能通过发电机，这时发电机的等效零序电抗为无限大。

二、异步电动机各序电抗

异步电动机在扰动瞬时的正序电抗为 X''。异步电动机的负序参数可以按转差率 $(2-s)$ 来确定。通常用 $s=1$,故 $X_{(2)} \approx X''$。异步电动机三相绕组通常联结成三角形或不接地星形,因而即使在其端点施加零序电压,定子绕组中也没有零序电流流通,即异步电动机的零序电抗 $X_{(0)} = \infty$。

三、输电线路各序电抗

架空线路是静止元件,它的正序电抗等于负序电抗。三相线路流过正序或负序电流时,由于三相电流之和为零,所以三相线路互为回路,空间磁场只取决于三相导线本身。当三相线路流过零序电流时,由于三相电流相同,它们之和为各相电流的三倍,必须另有回路才能流通。由于三相架空线路中,各相零序电流大小相等、相位相同,各相间互感磁通相互加强,故零序电抗要大于正序电抗。

四、变压器零序等效电路及其参数

1. 普通变压器的零序阻抗及其等效电路

普通变压器正序、负序和零序等效电路结构相同,双绕组变压器和三绕组变压器零序等效电路如图 7-3 所示。

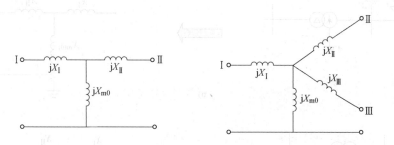

图 7-3 双绕组变压器和三绕组变压器零序等效电路

稳态运行时变压器的等效电抗(双绕组变压器即为两个绕组漏抗之和)就是它的正序或负序电抗。变压器的零序电抗和正序、负序电抗是很不相同的。当在变压器端点施加零序电压时,其绕组中有无零序电流,以及零序电流的大小与变压器三相绕组的接线方式和变压器的结构密切相关。漏磁通的路径与所通电流的序别无关,因此变压器的各序等效漏抗相等。励磁电抗取决于主磁通路径,正序与负序电流的主磁通路径相同,负序励磁电抗与正序励磁电抗相等。因此,变压器的正、负序等效电路参数完全相同。变压器的零序励磁电抗与变压器的铁心结构相关。三个单相变压器组成的三相变压器组及三相四柱式(或五柱式)变压器,零序主磁通在铁心中形成回路,可取 $X_{m0} = \infty$;对于三相三柱变压器,零序主磁通通过绝缘介质和外壳形成回路,$X_{m0} = 0.3 \sim 1.0$。

2. 变压器的零序等效电路与外电路的连接

变压器零序等效电路与外电路的连接取决于零序电流的流通路径,因此,与变压器三相绕组联结形式及中性点是否接地有关。

1) 当外电路向变压器某侧施加零序电压时，如果能在该侧产生零序电流，则等效电路中该侧绕组端点与外电路接通；反之，则断开。根据这个原则，只有中性点接地的星形联结绕组才能与外电路接通。

2) 当变压器绕组具有零序电势（由另一侧感应过来）时，如果它能将零序电势施加到外电路并能提供零序电流的通路，则等效电路中该侧绕组端点与外电路接通，否则断开。据此：只有中性点接地星形联结绕组才能与外电路接通。

3) 三角形联结的绕组中，绕组的零序电势虽然不能作用到外电路中，但能在三相绕组中形成环流。因此，在等效电路中该侧绕组端点接零序等效中性点。

4) 变压器中性点经电抗接地时的零序等效电路，注意正确处理中性点接地阻抗，在单相等效电路中，它的阻抗要取实际值的三倍，而且流过的零序电流应和实际情况相符。

以双绕组变压器为例，具体变压器的零序等效电路与外电路的连接情况如图 7-4 所示。

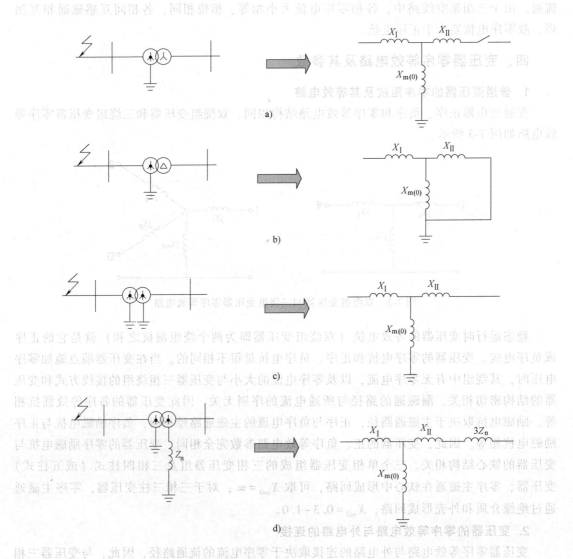

图 7-4　变压器的零序等效电路与外电路的连接情况

第三节 各序网制作

作等效电路图时,根据电力系统的原始资料,在故障点分别施加各序电势,从故障点开始,查明各序电流的流通情况,凡是某序电流能流通的元件,必须包含在该序网络中,并用相应的序参数及等效电路表示。

零序网络是三序网中最应值得注意的。一般情况下零序网络结构和正序、负序网络不一样,而且元件参数也不同。绘制零序网络时,首先要在故障点画上零序电压源,查明零序电流可能流通的途径。然后从短路点开始将变压器用前述的等效电路代替,电力线路用零序阻抗或等效电路代替,其他元件用零序阻抗表示,不通零序电流的元件不需画出。

例 7-1 电力系统如图 7-5 所示,制作三序网($X_{m0} = \infty$)。

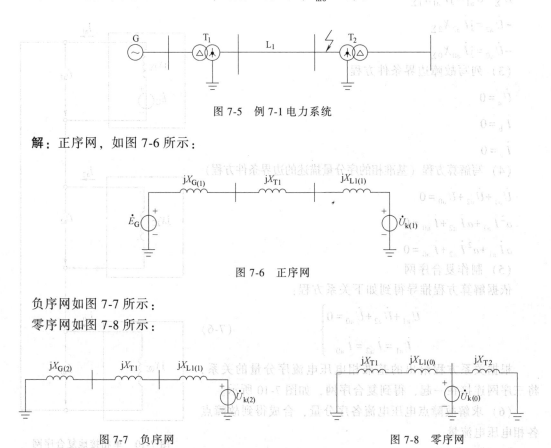

图 7-5 例 7-1 电力系统

解:正序网,如图 7-6 所示:

图 7-6 正序网

负序网如图 7-7 所示:
零序网如图 7-8 所示:

图 7-7 负序网   图 7-8 零序网

第四节 简单不对称短路分析

在本章第一节中介绍了某点发生不对称故障时的三序网方程组的建立,该方程组有三个方程,但有六个未知数,必须根据边界条件列出另外三个方程才能求解。联解这六个方程式,就可以求出故障处的对称分量电压和电流。

一、单相接地故障

以 $K_a^{(1)}$ 为例介绍单相接地故障的分析,故障处的边界条件如图 7-9 所示。

(1) 选取基准相

分析简单故障时,取特殊相为基准最为方便。单相故障时,故障相为特殊相;两相故障时,非故障相为特殊相。当发生 $K_a^{(1)}$ 时,选择 a 相为基准相。

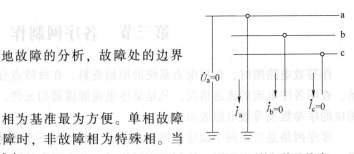

图 7-9 单相接地故障

(2) 制作三序网,得到三序网方程

由第一节可知,三序网方程为

$\dot{E}_\Sigma - \dot{U}_{a1} = j\dot{I}_{a1}X_{1\Sigma}$

$-\dot{U}_{a2} = j\dot{I}_{a2}X_{2\Sigma}$

$-\dot{U}_{a0} = j\dot{I}_{a0}X_{0\Sigma}$

(3) 列写故障边界条件方程

$\dot{U}_a = 0$

$\dot{I}_b = 0$

$\dot{I}_c = 0$

(4) 写解算方程(基准相的序分量描述的边界条件方程)

$\dot{U}_{a1} + \dot{U}_{a2} + \dot{U}_{a0} = 0$

$a^2\dot{I}_{a1} + a\dot{I}_{a2} + \dot{I}_{a0} = 0$

$a\dot{I}_{a1} + a^2\dot{I}_{a2} + \dot{I}_{a0} = 0$

(5) 制作复合序网

依据解算方程推导得到如下关系方程:

$$\left.\begin{array}{l} \dot{U}_{a1} + \dot{U}_{a2} + \dot{U}_{a0} = 0 \\ \dot{I}_{a1} = \dot{I}_{a2} = \dot{I}_{a0} \end{array}\right\} \quad (7\text{-}6)$$

根据关系方程给出的基准相电压电流序分量的关系,将三序网连接在一起,得到复合序网,如图 7-10 所示。

(6) 求解故障点电压电流各序分量,合成得到故障点各相电压电流量

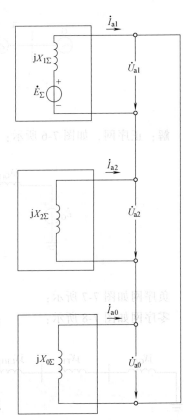

图 7-10 单相接地复合序网

$$\left.\begin{array}{l} \dot{I}_{a2} = \dot{I}_{a0} = \dot{I}_{a1} = \dfrac{\dot{E}_\Sigma}{j(X_{1\Sigma} + X_{2\Sigma} + X_{0\Sigma})} \\ \dot{U}_{a1} = \dot{E}_\Sigma - jX_{1\Sigma}\dot{I}_{a1} = j(X_{2\Sigma} + X_{0\Sigma})\dot{I}_{a1} \\ \dot{U}_{a2} = -jX_{2\Sigma}\dot{I}_{a1} \\ \dot{U}_{a0} = -jX_{0\Sigma}\dot{I}_{a1} \end{array}\right\} \quad (7\text{-}7)$$

$$\left.\begin{aligned}&\dot{I}_f^{(1)} = \dot{I}_a = \dot{I}_{a1} + \dot{I}_{a2} + \dot{I}_{a0} = 3\dot{I}_{a1} \\ &\dot{I}_b = 0 \\ &\dot{I}_c = 0 \\ &\dot{U}_a = 0 \\ &\dot{U}_b = a^2 \dot{U}_{a1} + a\dot{U}_{a2} + \dot{U}_{a0} \\ &\quad = \frac{\sqrt{3}}{2}[(2X_{2\Sigma} + X_{0\Sigma}) - j\sqrt{3}X_{0\Sigma}]\dot{I}_{a1} \\ &\dot{U}_c = a\dot{U}_{a1} + a^2 \dot{U}_{a2} + \dot{U}_{a0} \\ &\quad = \frac{\sqrt{3}}{2}[-(2X_{2\Sigma} + X_{0\Sigma}) - j\sqrt{3}X_{0\Sigma}]\dot{I}_{a1}\end{aligned}\right\} \quad (7-8)$$

二、两相短路故障

以 $K_{bc}^{(2)}$ 为例介绍两相短路故障的分析，故障处的边界条件如图 7-11 所示。

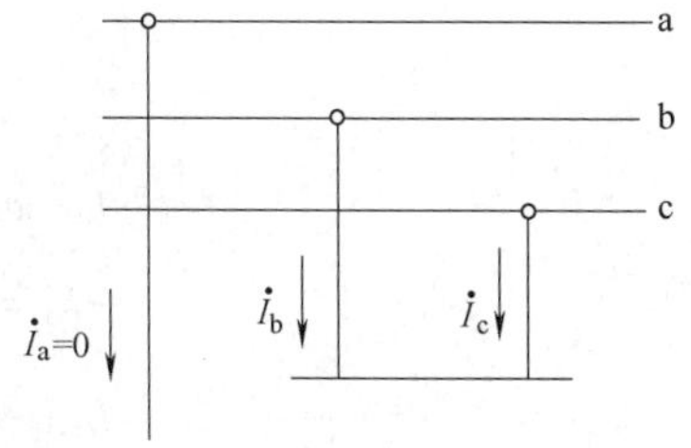

（1）选取基准相

选择 a 相为基准相。

（2）制作三序网，得三序网方程

由第一节可知，三序网方程为

$\dot{E}_\Sigma - \dot{U}_{a1} = j\dot{I}_{a1} X_{1\Sigma}$

$-\dot{U}_{a2} = j\dot{I}_{a2} X_{2\Sigma}$

$-\dot{U}_{a0} = j\dot{I}_{a0} X_{0\Sigma}$

图 7-11 两相短路故障

（3）列写故障边界条件方程

$\dot{I}_a = 0$

$\dot{I}_b + \dot{I}_c = 0$

$\dot{U}_b = \dot{U}_c$

（4）写解算方程（基准相的序分量描述的边界条件方程）

$\dot{I}_{a1} + \dot{I}_{a2} + \dot{I}_{a0} = 0$

$a^2 \dot{I}_{a1} + a\dot{I}_{a2} + \dot{I}_{a0} + a\dot{I}_{a1} + a^2 \dot{I}_{a2} + \dot{I}_{a0} = 0$

$a^2 \dot{U}_{a1} + a\dot{U}_{a2} + \dot{U}_{a0} = a\dot{U}_{a1} + a^2 \dot{U}_{a2} + \dot{U}_{a0}$

（5）制作复合序网

依据解算方程推导得到如下关系方程

$$\left.\begin{aligned}&\dot{I}_{a0} = 0 \\ &\dot{I}_{a1} + \dot{I}_{a2} = 0 \\ &\dot{U}_{a1} = \dot{U}_{a2}\end{aligned}\right\} \quad (7-9)$$

根据关系方程给出的基准相电压、电流序分量的关系,无零序网,将正、负序网连接在一起,得到复合序网,如图 7-12 所示。

(6) 求解故障点电压电流各序分量,合成得到故障点各相电压电流量

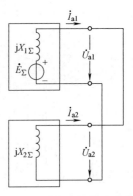

$$\left.\begin{aligned}
&\dot{I}_{a1} = \frac{\dot{E}_\Sigma}{j(X_{1\Sigma}+X_{2\Sigma})} \\
&\dot{I}_{a2} = -\dot{I}_{a1} \\
&\dot{I}_{a0} = 0 \\
&\dot{U}_{a1} = \dot{U}_{a2} = -jX_{2\Sigma}\dot{I}_{a2} = jX_{2\Sigma}\dot{I}_{a1} \\
&\dot{U}_{a0} = 0
\end{aligned}\right\} \quad (7\text{-}10)$$

图 7-12 两相短路复合序网

$$\left.\begin{aligned}
&I_f^{(2)} = I_b = I_c = \sqrt{3}\,I_{a1} \\
&\dot{I}_a = 0 \\
&\dot{I}_b = a^2\dot{I}_{a1} + a\dot{I}_{a2} + \dot{I}_{a0} = (a^2-a)\dot{I}_{a1} = -j\sqrt{3}\,\dot{I}_{a1} \\
&\dot{I}_c = -\dot{I}_b = j\sqrt{3}\,\dot{I}_{a1} \\
&\dot{U}_a = \dot{U}_{a1} + \dot{U}_{a2} + \dot{U}_{a0} = 2\dot{U}_{a1} = j2X_{2\Sigma}\dot{I}_{a1} \\
&\dot{U}_b = a^2\dot{U}_{a1} + a\dot{U}_{a2} + \dot{U}_{a0} = -\dot{U}_{a1} = -\frac{1}{2}\dot{U}_a \\
&\dot{U}_c = \dot{U}_b = -\dot{U}_{a1} = -\frac{1}{2}\dot{U}_a
\end{aligned}\right\} \quad (7\text{-}11)$$

三、两相短路接地故障

以 $K_{bc}^{(1,1)}$ 为例介绍两相短路接地故障的分析,故障处的边界条件如图 7-13 所示。

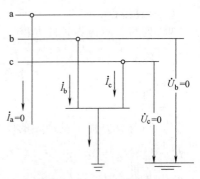

图 7-13 两相短路接地

(1) 选取基准相

选择 a 相为基准相。

(2) 制作三序网,得三序网方程

由第一节可知,三序网方程为

$$\dot{E}_\Sigma - \dot{U}_{a1} = j\dot{I}_{a1}X_{1\Sigma}$$

$$-\dot{U}_{a2} = j\dot{I}_{a2}X_{2\Sigma}$$

$$-\dot{U}_{a0} = j\dot{I}_{a0}X_{0\Sigma}$$

(3) 列写故障边界条件方程

$$\dot{I}_a = 0, \; \dot{U}_b = 0, \; \dot{U}_c = 0$$

(4) 写解算方程(基准相的序分量描述的边界条件方程)

$\dot{I}_{a1}+\dot{I}_{a2}+\dot{I}_{a0}=0$, $a^2\dot{U}_{a1}+a\dot{U}_{a2}+\dot{U}_{a0}=0$, $a\dot{U}_{a1}+a^2\dot{U}_{a2}+\dot{U}_{a0}=0$

(5) 制作复合序网

依据解算方程推导得到如下关系方程

$$\left.\begin{array}{r}\dot{I}_{a1}+\dot{I}_{a2}+\dot{I}_{a0}=0\\ \dot{U}_{a1}=\dot{U}_{a2}=\dot{U}_{a0}\end{array}\right\} \quad (7-12)$$

根据关系方程给出的基准相电压电流序分量的关系,将三序网连接在一起,得到复合序网。两相接地复合序网如图 7-14 所示。

(6) 求解故障点电压电流各序分量,合成得到故障点各相电压电流量

$$\left.\begin{array}{r}\dot{I}_{a1}=\dfrac{\dot{E}_\Sigma}{\mathrm{j}(X_{1\Sigma}+X_{2\Sigma}//X_{0\Sigma})}\\ \dot{I}_{a2}=-\dfrac{X_{0\Sigma}}{X_{2\Sigma}+X_{0\Sigma}}\dot{I}_{a1}\\ \dot{I}_{a0}=-\dfrac{X_{2\Sigma}}{X_{2\Sigma}+X_{0\Sigma}}\dot{I}_{a1}\\ \dot{U}_{a1}=\dot{U}_{a2}=\dot{U}_{a0}=\mathrm{j}\dfrac{X_{2\Sigma}X_{0\Sigma}}{X_{2\Sigma}+X_{0\Sigma}}\dot{I}_{a1}\end{array}\right\} \quad (7-13)$$

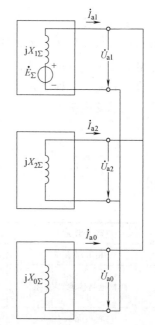

图 7-14 两相接地复合序网

$$\left.\begin{array}{r}I_\mathrm{f}^{(1,1)}=I_\mathrm{b}=I_\mathrm{c}=\sqrt{3}\sqrt{1-\dfrac{X_{2\Sigma}X_{0\Sigma}}{(X_{2\Sigma}+X_{0\Sigma})^2}}I_{a1}\\ \dot{I}_\mathrm{a}=0\\ \dot{I}_\mathrm{b}=a^2\dot{I}_{a1}+a\dot{I}_{a2}+\dot{I}_{a0}=\left(a^2-\dfrac{X_{2\Sigma}+aX_{0\Sigma}}{X_{2\Sigma}+X_{0\Sigma}}\right)\dot{I}_{a1}\\ =\dfrac{-3X_{2\Sigma}-\mathrm{j}\sqrt{3}(X_{2\Sigma}+2X_{0\Sigma})}{2(X_{2\Sigma}+X_{0\Sigma})}\dot{I}_{a1}\\ \dot{I}_\mathrm{c}=a\dot{I}_{a1}+a^2\dot{I}_{a2}+\dot{I}_{a0}=\left(a-\dfrac{X_{2\Sigma}+a^2X_{0\Sigma}}{X_{2\Sigma}+X_{0\Sigma}}\right)\dot{I}_{a1}\\ =\dfrac{-3X_{2\Sigma}+\mathrm{j}\sqrt{3}(X_{2\Sigma}+2X_{0\Sigma})}{2(X_{2\Sigma}+X_{0\Sigma})}\dot{I}_{a1}\\ \dot{U}_\mathrm{a}=3\dot{U}_{a1}=\mathrm{j}\dfrac{3X_{2\Sigma}X_{0\Sigma}}{X_{2\Sigma}+X_{0\Sigma}}\dot{I}_{a1}\\ \dot{U}_\mathrm{b}=0\\ \dot{U}_\mathrm{c}=0\end{array}\right\} \quad (7-14)$$

四、正序等效定则

通过三种不对称短路故障的分析，我们发现，在简单不对称短路的情况下，短路点电流的正序分量，与在短路点每一相中加入附加电抗 $X_\Delta^{(n)}$ 而发生三相短路时的电流相等，故障电流为正序电流分量的 $m^{(n)}$ 倍。不同短路情况下，故障点电流正序分量和故障电流可以形成计算通式，称之为正序等效定则，公式描述见式（7-15）和式（7-16）附加电抗和比例系数汇总见表 7-1。

$$\dot{I}_{a1}^{(n)} = \frac{\dot{E}_\Sigma}{j(X_{1\Sigma}+X_\Delta^{(n)})} \tag{7-15}$$

$$I_f^{(n)} = m^{(n)} I_{a1}^{(n)} \tag{7-16}$$

表 7-1　正序等效定则附加电抗和比例系数

短路类型 $K^{(n)}$	$X_\Delta^{(n)}$	$m^{(n)}$
三相短路 $K^{(3)}$	0	1
两相短路接地 $K^{(1,1)}$	$\dfrac{X_{2\Sigma}X_{0\Sigma}}{X_{2\Sigma}+X_{0\Sigma}}$	$\sqrt{3}\sqrt{1-\dfrac{X_{2\Sigma}X_{0\Sigma}}{(X_{2\Sigma}+X_{0\Sigma})^2}}$
两相短路 $K^{(2)}$	$X_{2\Sigma}$	$\sqrt{3}$
单相接地短路 $K^{(1)}$	$X_{2\Sigma}+X_{0\Sigma}$	3

例 7-2　如图 7-15 所示电力系统，各元件参数如下：发电机 G_1：100MW，$\cos\varphi=0.85$，$X_d''=0.183$，$X_2=0.223$；G_2：50MW，$\cos\varphi=0.8$，$X_d''=0.141$，$X_2=0.172$。变压器 T_1：120MV·A，$U_k\%=14.2$；T_2：63MV·A，$U_k\%=14.5$。输电线路 L：每回 120km，$X_1=0.432\Omega/\text{km}$，$X_0=5X_1$。试计算 f 点发生各种不对称短路时的短路电流。

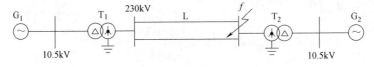

图 7-15　例 7-2 系统图

解：（1）制订各序等效电路，计算各序组合电抗

选取基准功率 $S_B=100\text{MV·A}$ 和基准电压 $U_B=U_{av}$，计算各元件的各序电抗的标幺值，计算结果标于各序网络图中，如图 7-16 所示。

$X_{1\Sigma} = (0.156+0.118+0.049)//(0.230+0.226) = 0.189$

$X_{2\Sigma} = (0.190+0.118+0.049)//(0.230+0.275) = 0.209$

$X_{0\Sigma} = (0.118+0.245)//0.230 = 0.141$

（2）计算各种不对称短路时的短路电流

单相接地短路

$X_\Delta^{(1)} = X_{2\Sigma}+X_{0\Sigma} = 0.209+0.141 = 0.350$，$m^{(1)}=3$

$I_{a1}^{(1)} = \dfrac{E_\Sigma}{X_{1\Sigma}+X_\Delta^{(1)}} = \dfrac{1}{0.189+0.350} = 1.855$

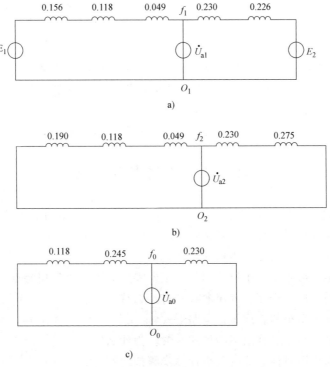

图 7-16 各序等效电路
a) 正序网 b) 负序网 c) 零序网

基准电流

$$I_B = \frac{100}{\sqrt{3} \times 230} \text{kA} = 0.251 \text{kA}$$

$$I_f^{(1)} = m^{(1)} I_{a1}^{(1)} I_B = 3 \times 1.855 \times 0.251 \text{kA} = 1.397 \text{kA}$$

两相短路

$$X_\Delta^{(2)} = X_{2\Sigma} = 0.209, \quad m^{(2)} = \sqrt{3}$$

$$I_{a1}^{(2)} = \frac{E_\Sigma}{X_{1\Sigma} + X_\Delta^{(2)}} = \frac{1}{0.189 + 0.209} = 2.513$$

$$I_f^{(2)} = m^{(2)} I_{a1}^{(2)} I_B = \sqrt{3} \times 2.513 \times 0.251 \text{kA} = 1.092 \text{kA}$$

两相短路接地

$$X_\Delta^{(1,1)} = X_{2\Sigma} // X_{0\Sigma} = 0.208 // 0.141 = 0.084$$

$$m^{(1,1)} = \sqrt{3}\sqrt{1 - [X_{2\Sigma} X_{0\Sigma}/(X_{2\Sigma} + X_{0\Sigma})^2]}$$

$$= \sqrt{3}\sqrt{1 - [0.209 \times 0.141/(0.209 + 0.141)^2]}$$

$$= 1.509$$

$$I_{a1}^{(1,1)} = \frac{E_\Sigma}{X_{1\Sigma} + X_\Delta^{(1,1)}} = \frac{1}{0.189 + 0.084} = 3.663$$

$$I_f^{(1,1)} = m^{(1,1)} I_{a1}^{(1,1)} I_B = 1.509 \times 3.663 \times 0.251 \text{kA} = 1.387 \text{kA}$$

第五节 小 结

本章介绍了不对称短路的分析计算。电力系统不对称故障求解最常用的是对称分量法，依据对称分量法的独立性原理，将不对称故障分解为正序、负序、零序三组对称分量分别求解，应用叠加原理叠加。其实质是将一个不对称系统的问题转化为三个对称系统的问题来进行计算分析。本章重点掌握对称分量法、三种简单不对称短路的分析计算。

第六节 思考题与习题

1. 什么是对称分量法？abc 分量与正序、负序、零序分量具有怎样的关系？
2. 如何应用对称分量法分析不对称短路故障？
3. 电力系统元件序参数的基本概念如何？
4. 变压器的零序参数主要由哪些因素决定？零序等效电路有何特点？
5. 架空线路的正序、负序、零序参数各有什么特点？
6. 如何制定电力系统的各序等效电路形式？
7. 三个序网是否与不对称故障的形式有关？为什么？
8. 电力系统简单不对称故障的分析计算步骤如何？
9. 何谓正序等效定则？
10. 如图 7-17 所示输电系统，在 f 点发生接地短路，试绘出各序网络，并计算电源的组合电势 E_Σ 和各序组合电抗 $X_{1\Sigma}$、$X_{2\Sigma}$ 和 $X_{0\Sigma}$。已知系统各元件参数如下：
发电机 G：50MW，$\cos\varphi = 0.8$，$X''_d = 0.15$，$X_2 = 0.18$，$E_1 = 1.08$。变压器 T_1、T_2：60MVA，$U_k\% = 10.5$，中性点接地阻抗 $X_n = 22\Omega$。负荷线路 L：50km，$X_1 = 0.4\Omega/\text{km}$，$X_0 = 3X_1$。

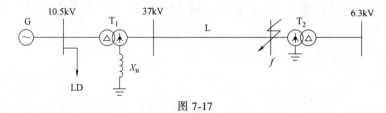

图 7-17

11. 如图 7-18 所示，系统各设备参数见表 7-2，取基准值 $S_B = 100\text{MV} \cdot \text{A}$，$U_B = U_{av}$。

表 7-2 系统各设备参数

元件	视在功率/MV·A	电压等级/kV	X_1	X_2	X_0
G_1	100	25	0.2	0.2	0.05
G_2	100	13.8	0.2	0.2	0.05
T_1	100	25/230	0.05	0.05	0.05
T_2	100	13.8/230	0.05	0.05	0.05
TL_{12}	100	230	0.1	0.1	0.3
TL_{13}	100	230	0.1	0.1	0.3
TL_{23}	100	230	0.1	0.1	0.3

（1）试画出此系统的三序网络并化简。
（2）求各种不对称短路情况下的故障电流。

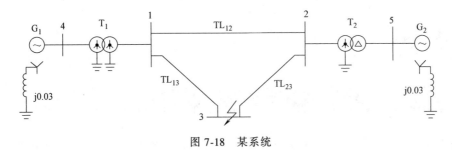

图 7-18　某系统

第八章
电力系统运行稳定性简介

保证电力系统运行的稳定是电力系统正常运行的必要条件，系统的稳定性破坏可能导致系统瓦解和大面积停电等灾难性事故。运行稳定性也是电力系统暂态分析的重要内容。在扰动发生后，由于电力系统功率平衡的破坏，导致系统中的发电机转子上的转矩平衡被打破，转子转速发生了变化，在这个暂态过程中除了电磁参数的变化，还涉及角位移等机械量的变化，因此常称之为"机电暂态过程"。本章主要介绍功角稳定性问题，首先介绍功角和电磁功率特性曲线，然后重点介绍静态稳定和暂态稳定的分析计算，最后介绍提高稳定性的措施。

第一节 概 述

稳定性简单说是抗干扰的能力。电力系统稳定性问题是指系统在某一正常运行状态下受到扰动后能否恢复到原来的运行状态或过渡到新的稳定运行状态的问题。我国电力行业标准DL755—2001《电力系统安全稳定导则》将电力系统稳定分为功角稳定、电压稳定和频率稳定三大类。

功角稳定问题是电力系统稳定性分析中重要的内容，是指电力系统在运行中受到微小的或大的扰动之后能否继续保持系统中同步电机间同步运行的能力。这种稳定性是根据功角的变化规律来判断的，因而称之为功角稳定。

电压稳定是指电力系统受到小的或大的扰动后，系统电压能够保持或恢复到允许的范围内，不发生电压崩溃的能力。

频率稳定是指电力系统发生突然的有功扰动后，系统频率能够保持或恢复到允许的范围内不发生频率崩溃的能力。

本章主要介绍功角稳定。为便于研究，一般将电力系统功角稳定问题分为两大类，即静态稳定性和暂态稳定性。静态稳定性指电力系统在运行中受到微小扰动后独立地恢复到它原来的运行状态的能力。暂态稳定性指电力系统在正常运行时受到一个大的扰动，从原来的运行状态不失去同步地过渡到新的运行状态，并在新的状态下稳定运行的能力。

第二节 功角及电磁功率

一、功角

考虑简单电力系统，即发电机通过变压器、输电线路与无穷大容量母线相连，且不计元件电阻和导纳的电力系统。当发电机为隐极机，单机无穷大系统的系统图、等效电路图和相量图分别如图 8-1a、8-1b 和 8-1c 所示。

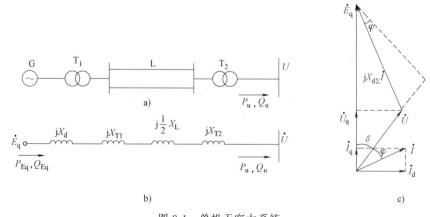

图 8-1 单机无穷大系统
a) 系统接线图　b) 等效电路图　c) 相量图

电势 $\dot{E}_q$ 与 $\dot{U}$ 的夹角即为功角 δ。此外，当把 $\dot{U}$ 理解为无穷大母线（无穷大发电机）的转子 q 轴方向，$\dot{E}_q$ 代表小发电机 G 的转子 q 轴方向，δ 也可以理解为两个发电机转子间的相对空间位置角。更一般的，两发电机转子旋转情况如图 8-2 所示。

因此，功角可以有两层含义：
1) 表示发电机电势之间的相位差，即表征系统的电磁关系。
2) 表征各发电机转子之间相对空间位置（位置角）。

二、电磁功率特性

发电机转子上的转矩为机械转矩与电磁转矩之差。当近似认为机组的转速接近同步转速时，不平衡转矩与不平衡功率的标幺值相等。发电机输出的电磁功率影响着转子的运动变化，下面以图 8-1 所示简单系统为例说明发电机电磁功率的描述和计算。

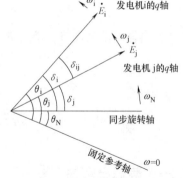

图 8-2 两发电机转子的旋转情况

1. 不计励磁调节

发电机不计励磁调节，可以保持 E_q 不变。

（1）隐极同步发电机的功角特性

以空载电势 E_q 和同步电抗表示时，电磁功率描述见式（8-1），如图 8-3 所示。

$$P_{Eq} = \frac{E_q U}{X_{d\Sigma}} \sin\delta \tag{8-1}$$

（2）凸极式发电机的功角特性

当以空载电势 E_q 和同步电抗表示时，电磁功率描述见式（8-2），如图 8-4 所示。

$$P_{Eq} = \frac{E_q U}{X_{d\Sigma}} \sin\delta + \frac{U^2}{2} \times \frac{X_{d\Sigma} - X_{q\Sigma}}{X_{d\Sigma} X_{q\Sigma}} \sin 2\delta \tag{8-2}$$

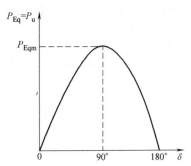

图 8-3　隐极式发电机的功角特性
（以空载电势和同步电抗表示）

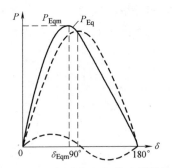

图 8-4　凸极式发电机的功角特性
（以空载电动势和同步电抗表示）

式（8-2）的第二部分因凸极机 d、q 轴向磁阻不等而引起，一般称之为磁阻功率。

2. 计及励磁调节

发电机的自动励磁调节器作用，可以在运行时增加或减少发电机的励磁电流，用以稳定发电机的端电压。

1) 当自动励磁调节，保持 E'_q 不变，以暂态电势 E'_q 和暂态电抗表示时

$$P_{E'_q} = \frac{E'_q U}{X'_{d\Sigma}} \sin\delta - \frac{U^2}{2} \times \frac{X_{q\Sigma} - X'_{d\Sigma}}{X_{q\Sigma} X'_{d\Sigma}} \sin 2\delta \tag{8-3}$$

2) 当自动励磁调节，维持 E' 不变，以暂态电抗后电势 E' 和暂态电抗表示时

$$P_{E'} = \frac{E' U}{X'_{d\Sigma}} \sin\delta' \tag{8-4}$$

第三节　静态稳定性分析

一、静态稳定性

由于互联电力系统的静态稳定性分析非常复杂，为了建立起静态稳定性的基本概念，通常借助于单机无穷大系统来进行分析。由此所得的概念在一定意义下对了解多机系统的行为也有助益。

假设：①单机无穷大系统如图 8-1 所示；②发电机为隐极机；③发电机不计励磁调节。

发电机输送至无穷大母线的有功功率为

$$P_{Eq} = \frac{E_q U}{X_{d\Sigma}} \sin\delta$$

当 E_q 恒定不变时，发电机的输出功率将是功角 δ 的正弦函数，如图 8-5 所示。

发电厂原动机输出的机械功率为 P_0 时，输电系统的运行情况可以对应于功角特性上的 a、b 两点，对应于 a 点的功角为

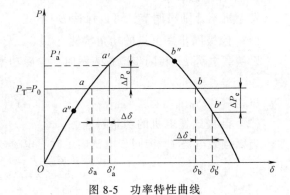

图 8-5　功率特性曲线

δ_a,b点的功角为δ_b。在a点,在小扰动下,正的功角增量$\Delta\delta$将引起正的功率变量ΔP_e,若P_0不变则发电机的制动转矩将超过原动机的驱动转矩,使转子减速,小于同步转速,δ减小,使运行状态经过振荡衰减回复到a点;同样,负的功率增量,最终运行状态也会回到a点,即a点运行是稳定的。在b点,在小扰动下,正的角度增量$\Delta\delta$将引起负的功率变量ΔP_e,从而使转子加速,大于同步转速,δ将不断增加,运行状态无法回复到b点,最后失去稳定;同样负的功角增量,最终运行状态也不会回到b点。因此,系统仅能在a点稳定运行。小扰动后功角变化如图8-6所示。

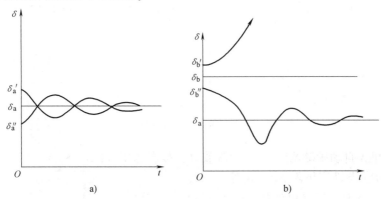

图 8-6 小扰动后功角变化
a) a 点运行 b) b 点运行

二、静态稳定判定

1. 实用判据

以简单系统为例,由前述分析可知,其静态稳定的实用判据为

$$\frac{dP_E}{d\delta} > 0 \tag{8-5}$$

由功率方程式 $P_E = \frac{EU}{X_\Sigma}\sin\delta$ 可得

$$\frac{dP_E}{d\delta} = \frac{EU}{X_\Sigma}\cos\delta \tag{8-6}$$

某一运行状态($\delta = \delta_0$)下,$\frac{dP_E}{d\delta}$越大,静态稳定程度就越高。当$\delta = 90°$时,$\frac{dP_E}{d\delta} = 0$,达到稳定的临界点。实际上,这一点是不能正常运行的,因为当受到任何一个小干扰时就会失稳。此角度称为静态稳定极限角。

如果发电机是凸极式的,与前类似,只有在曲线的上升部分运行时系统是静态稳定的。在等于零处是静稳定极限,此时略小于90°。

2. 静态稳定储备系数的计算

简单电力系统的静态稳定的储备系数定义为

$$K_p = \frac{P_{max} - P_0}{P_0} \times 100\% \tag{8-7}$$

式中,P_{max}为静态稳定的极限功率,实际计算时取电磁功率特性曲线的功率极限;P_0是正常运行时输送的功率。静态稳定储备系数是衡量同步发电机抵抗干扰而能保持稳定运行能力的一个系数。一般正常和正常检修运行方式下，要求 $K_P \geqslant (15\sim20)\%$；事故后及特殊运行方式下要求 $K_P \geqslant 10\%$。

例 8-1 系统接线图如图 8-7 所示，参数如下：试计算发电机无自动励磁调节，E_q 为常数时的静态稳定储备系数。发电机：$S_{GN} = 352.5 \text{MV} \cdot \text{A}$，$U_{GN} = 10.5 \text{kV}$，$x_d = 1.0$，$x_q = 0.6$，$x'_d = 0.25$，$x_2 = 0.2$，$T_{JN} = 8\text{s}$。变压器：$T_1$ $S_{T1N} = 360 \text{MV} \cdot \text{A}$，$U_{kT1}\% = 14$，$k_{T1} = 10.5/242$；$T_2$ $S_{T2N} = 360 \text{MV} \cdot \text{A}$，$U_{kT2}\% = 14$，$k_{T2} = 220/121$。线路 L：$l = 250\text{km}$，$x_L = 0.41 \Omega/\text{km}$，$x_{L0} = 5x_L$，$U_N = 220\text{kV}$。运行条件：$U_0 = 115\text{kV}$，$P_0 = 250\text{MW}$，$\cos\varphi_0 = 0.95$。

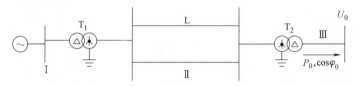

图 8-7 例 8-1 系统接线图

解： 发电机无自动励磁调节、E_q 为常数时，静态稳定极限由 $S_{Eq} = 0$ 确定，由此确定的稳定极限功率 P_{Sl} 与功率极限 P_{Eqm} 相等。

（1）网络参数及运行参数计算

取 $S_B = 250 \text{MV} \cdot \text{A}$，$U_{B(\text{III})} = 115\text{kV}$。为使变压器不出现非标准变比，各段基准电压为

$$U_{B(\text{II})} = U_{B(\text{III})} k_{T2} = 115 \times \frac{220}{121} \text{kV} = 209.1 \text{kV}$$

$$U_{B(\text{I})} = U_{B(\text{II})} k_{T1} = 209.1 \times \frac{10.5}{242} \text{kV} = 9.07 \text{kV}$$

各元件参数归算后的标幺值为

$$X_d = x_d \frac{U_{GN}^2}{S_{GN}} \frac{S_B}{U_{B(\text{I})}^2} = 1 \times \frac{10.5^2}{352.5} \times \frac{250}{9.07^2} = 0.95$$

$$X_q = x_q \frac{U_{GN}^2}{S_{GN}} \frac{S_B}{U_{B(\text{I})}^2} = 0.6 \times \frac{10.5^2}{352.5} \times \frac{250}{9.07^2} = 0.57$$

$$X'_d = x'_d \frac{U_{GN}^2}{S_{GN}} \frac{S_B}{U_{B(\text{I})}^2} = 0.25 \times \frac{10.5^2}{352.5} \times \frac{250}{9.07^2} = 0.238$$

$$X_{T1} = \frac{U_{kT1}\%}{100} \frac{U_{T1N}^2}{S_{T1N}} \frac{S_B}{U_{B(\text{II})}^2} = 0.14 \times \frac{242^2}{360} \times \frac{250}{209.1^2} = 0.13$$

$$X_{T2} = \frac{U_{kT2}\%}{100} \frac{U_{T2N}^2}{S_{T2N}} \frac{S_B}{U_{B(\text{II})}^2} = 0.14 \times \frac{220^2}{360} \times \frac{250}{209.1^2} = 0.108$$

$$X_L = x_1 l \frac{S_B}{U_{B(\text{II})}^2} = 0.41 \times 250 \times \frac{250}{209.1^2} = 0.586$$

$$X_{TL} = X_{T1} + \frac{1}{2}X_L + X_{T2} = 0.13 + \frac{1}{2} \times 0.586 + 0.108 = 0.531$$

$X_{d\Sigma} = X_d + X_{TL} = 0.95 + 0.531 = 1.481$

$X_{q\Sigma} = X_q + X_{TL} = 0.57 + 0.531 = 1.101$

$X'_{d\Sigma} = X'_d + X_{TL} = 0.238 + 0.531 = 0.769$

运行参数为

$$U_0 = \frac{U_0}{U_{B(\text{III})}} = \frac{115}{115} = 1.0$$

$$\varphi_0 = \arccos 0.95 = 18.19°$$

$$P_0 = \frac{P_0}{S_B} = \frac{250}{250} = 1.0$$

$$Q_0 = P_0 \tan\varphi_0 = 1 \times \tan 18.19 = 0.329$$

$$E_{Q0} = \sqrt{\left(V_0 + \frac{Q_0 X_{q\Sigma}}{U_0}\right)^2 + \left(\frac{P_0 X_{q\Sigma}}{U_0}\right)^2} = \sqrt{(1.0 + 0.329 \times 1.101)^2 + (1 \times 1.101)^2} = 1.752$$

$$\delta_0 = \arctan\frac{1 \times 1.101}{1 + 0.329 \times 1.101} = 38.95°$$

$$E_{q0} = E_{Q0}\frac{X_{d\Sigma}}{X_{q\Sigma}} + \left(1 - \frac{X_{d\Sigma}}{X_{q\Sigma}}\right)U_0\cos\delta_0 = 1.752 \times \frac{1.481}{1.101} + \left(1 - \frac{1.481}{1.101}\right) \times 1 \times \cos 38.95° = 2.088$$

$$E'_{q0} = E_{q0}\frac{X'_{d\Sigma}}{X_{d\Sigma}} + \left(1 - \frac{X'_{d\Sigma}}{X_{d\Sigma}}\right)U_0\cos\delta_0 = 2.088 \times \frac{0.769}{1.481} + \left(1 - \frac{0.769}{1.481}\right) \times 1 \times \cos 38.95° = 1.458$$

$$E'_0 = \sqrt{\left(U_0 + \frac{Q_0 X'_{d\Sigma}}{U_0}\right)^2 + \left(\frac{P_0 X'_{d\Sigma}}{U_0}\right)^2} = \sqrt{(1 + 0.329 \times 0.769)^2 + (1 \times 0.769)^2} = 1.47$$

$$\delta'_0 = \arctan\frac{1 \times 0.769}{1 + 0.329 \times 0.769} = 31.54°$$

（2）当保持 $E_q = E_{q0}$ 且为常数时

$$P_{Eq} = \frac{E_{q0}U_0}{X_{d\Sigma}}\sin\delta + \frac{U_0^2}{2}\left(\frac{X_{d\Sigma} - X_{q\Sigma}}{X_{d\Sigma}X_{q\Sigma}}\right)\sin 2\delta = \frac{2.088}{1.481}\sin\delta + \frac{1}{2}\left(\frac{1.481 - 1.101}{1.481 \times 1.101}\right)\sin 2\delta$$

$$= 1.41\sin\delta + 0.117\sin 2\delta$$

$$\frac{dP_{Eq}}{d\delta} = 1.41\cos\delta + 2 \times 0.117\cos 2\delta = 0$$

$1.41\cos\delta + 0.234(2\cos^2\delta - 1) = 0.468\cos^2\delta + 1.41\cos\delta - 0.234 = 0$

$$\cos\delta = \frac{-1.41 \pm \sqrt{1.41^2 + 4 \times 0.468 \times 0.234}}{2 \times 0.468}$$

取正号得

$\delta_{Eqm} = 80.93°$

$P_{Eqm} = 1.41\sin\delta_{Eqm} + 0.117\sin 2\delta_{Eqm} = 1.41\sin 80.93° + 0.117\sin(2 \times 80.93°) = 1.429$

$P_{S1} = P_{Eqm} = 1.429$

$P_{G0} = 1$

$$K_P = \frac{P_{S1} - P_{G0}}{P_{G0}} \times 100\% = \frac{1.429 - 1}{1} \times 100\% = 42.9\%$$

三、提高系统静态稳定性的措施

电力系统静态稳定性的基本性质说明，发电机可能输送的功率极限越高则静态稳定性越高。以单机对无限大系统的情形来看，提高发电机电势、提高系统电压和减少发电机与系统之间的联系电抗都可以增加发电机的功率极限。下面简要介绍几种提高静态稳定性的措施。

1. 采用自动调节励磁装置

发电机装设先进的调节器，若做到维持 E'_q 不变（相当于发电机呈现的电抗减小为 x'_d），若理想状态维持端电压 U_G 不变（相当于发电机呈现的电抗减小为 0），都可以大大提高功率极限，该项措施就相当于缩短了发电机与系统间的电气距离，从而提高静态稳定性。

2. 减少元件的电抗

发电机之间的联系电抗由发电机、变压器和线路的电抗所组成。由于变压器电抗是漏抗，减小很困难，经济上不合算，这里有实际意义的是减少线路电抗，具体做法有以下几种：

1）采用分裂导线。如第 3 章所述，采用分裂导线技术可以减小线路电抗，不过该项措施投资大、施工复杂，一般用在 330kV 及以上电压等级的输电线路中。

2）提高线路额定电压等级。线路电抗的标幺值与线路额定电压的二次方成反比，提高电压等级相当于减小线路电抗。

3）采用串联电容补偿。在线路的中间串联接入电容器后，线路的总电抗可由原来 X_L 减少到 $(X_L - X_C)$。对于一条具体的输电线路，在输送一定功率时，有一个最经济的串联电容补偿度 $K_C = \dfrac{X_C}{X_L}$，通常经济补偿度约为 20%~50%。

4）改善系统的结构和采用中间补偿设备。

上面的提高静态稳定的措施均是从减少电抗这一点着眼，在正常运行中提高发电机的电动势和电网的运行电压水平也可以提高功率极限。为使电网具有较高的电压水平，必须在系统中装设足够的无功功率电源。

第四节 暂态稳定性分析

一、大扰动过程的功率特性

首先介绍暂态稳定性分析的基本假设：

1）忽略发电机定子电流的非周期分量和与之对应的转子电流的周期分量。
2）发生不对称故障时，不计零序和负序电流对转子运动的影响。
3）忽略暂态过程中发电机的附加损耗。
4）不考虑频率变化对系统参数的影响。
5）发电机采用 E' 恒定的简化模型（不考虑发电机调速器的作用）。

暂态稳定性分析系统受到大扰动之后的发电机同步运行问题。大扰动主要包括短路故障，投切输电线路、变压器或发电机组，投切大容量负荷。其中以短路故障最为严重，常以此作为检验系统是否具有暂态稳定的条件。

下面以双回路送电的单机无穷大系统为例,说明某一时刻第二回线路始端发生短路故障(对称或不对称短路故障)的暂态稳定性问题。该过程出现三种运行情况:正常运行、故障发生、故障切除。系统接线图如图 8-8a 所示,正常运行等效电路如图 8-8b 所示,发生故障等效电路如图 8-8c 所示,故障切除等效电路如图 8-8d 所示。

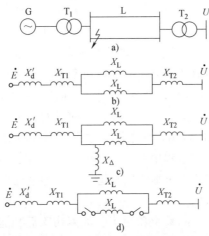

图 8-8 三种运行情况功率特性

a) 系统接线图   b) 正常运行等效电路   c) 发生故障等效电路   d) 故障切除等效电路

三种运行情况的等效电抗和功率特性分别为

$$X_{\mathrm{I}} = X'_{\mathrm{d}} + X_{\mathrm{T1}} + \frac{1}{2}X_{\mathrm{L}} + X_{\mathrm{T2}} \qquad P_{\mathrm{I}} = \frac{E_0 U_0}{X_{\mathrm{I}}}\sin\delta = P_{\mathrm{m\,I}}\sin\delta$$

$$X_{\mathrm{II}} = X_{\mathrm{I}} + \frac{(X'_{\mathrm{d}} + X_{\mathrm{T1}})\left(\frac{1}{2}X_{\mathrm{L}} + X_{\mathrm{T2}}\right)}{X_{\Delta}} \qquad P_{\mathrm{II}} = \frac{E_0 U_0}{X_{\mathrm{II}}}\sin\delta = P_{\mathrm{m\,II}}\sin\delta$$

$$X_{\mathrm{III}} = X'_{\mathrm{d}} + X_{\mathrm{T1}} + X_{\mathrm{L}} + X_{\mathrm{T2}} \qquad P_{\mathrm{III}} = \frac{E_0 U_0}{X_{\mathrm{III}}}\sin\delta = P_{\mathrm{m\,III}}\sin\delta$$

不难分析,一般 $X_{\mathrm{I}} < X_{\mathrm{III}} < X_{\mathrm{II}}$,$P_{\mathrm{I}} < P_{\mathrm{III}} < P_{\mathrm{II}}$。

二、简单电力系统受大干扰后发电机转子的摇摆情况

如图 8-9 所示,在正常运行情况下,若原动机输入的机械功率为 P_{T},发电机输出的电磁功率与原动机输入的机械功率相平衡,发电机工作点由 P_{I} 和 P_{T} 的交点确定,即为 a 点,与此对应的功角为 δ_0。

发生短路瞬间,发电机运行点由 P_{I} 突然降为 P_{II},由于发电机组转子机械运动的惯性所致,功角 δ 不可能突变,运行点将由 a 点跃变到短路时功角特性曲线 P_{II} 上的 b 点。到达 b 点后,由于输入的机械功率 P_{T} 大于输出的电磁功率 $P_{\mathrm{II b}}$,过剩功率

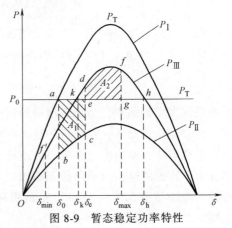

图 8-9 暂态稳定功率特性

（$\Delta P = P_T - P_{IIb}$）大于零，转子开始加速，大于同步转速 w_0，功角 δ 开始增大。此时，运行点将沿着功角特性曲线 P_{II} 移动。假设功角增大至 δ_c，运行点达到 c 点时故障线路两端的继电保护装置动作，切除了故障线路。在此瞬间，运行点从 P_{II} 上的 c 点跃升到 P_{III} 上的 d 点，此时转子的速度 $w_d = w_c = w_{max}$。到达 d 点后，过剩功率（$\Delta P = P_T - P_{IId}$）小于零，转子将开始减速。由于此时 $w_d > w_0$，功角 δ 还将增大，运行点沿 P_{III} 曲线由 d 向 f 点移动，运行点达到 f 点恢复至同步转速（即 $w_f = w_0$，$\delta_f = \delta_{max}$）。由于此时过剩功率（$\Delta P = P_T - P_{IIf}$）仍然小于零，转子仍将继续减速，小于 w_0，功角开始减小，运行点仍将沿着功角特性曲线 P_{III} 从 f 点向 d、k 点移动。在 k 点时有 $P_T = P_{IIk}$，过剩功率等于零，减速停止，则转子速度达到最小 $w_k = w_{min} < w_0$。功角 δ 将继续减小，当过 k 点后，过剩功率又将大于零，转子又开始加速。加速到同步速 w_0 时，运行点到达 f' 点（$w'_f = w_0$），此时的功角 $\delta_{f'} = \delta_{min}$ 达到最小。随后功角 δ 又将开始增大，即开始第二次振荡。如果振荡过程中不计阻尼的作用，则将是一个等幅振荡，不能稳定下来，但实际振荡过程中总有一定的阻尼作用，因此这样的振荡将逐步衰减，系统最后停留在一个新的运行点 k 上继续同步运行。上述过程表明系统在受到大干扰后，可以保持暂态稳定。

如果短路故障切除迟一些，δ_c 将摆得更大。故障切除后，运行点沿曲线 P_{III} 向功角增大的方向移动的过程中，虽然转子也在逐渐地减速，但运行点到达曲线 P_{III} 上的 h 点时，若发电机的转子还没有减速到同步转速，过了 h 点后，情况将发生变化，由于这时过剩功率又将大于零，发电机转子又开始加速（还没有减速到同步转速又开始加速），而且加速越来越快，功角 δ 无限增大，发电机与系统之间将失去同步（原动机输入的机械功率与发电机输出的电磁功率不可能平衡）。这样的过程表明系统在受到大干扰后暂态不稳定。

三、等面积定则

下面介绍判定暂态稳定性的等面积定则。根据暂态稳定的过程分析，转子由 δ_0 到 δ_c 运动时过剩转矩所做的功为

$$W_a = \int_{\delta_0}^{\delta_c} \Delta M d\delta = \int_{\delta_0}^{\delta_c} \frac{\Delta P}{\omega} d\delta$$

用标幺值计算时，因发电机转速偏离同步转速不大，$\omega \approx 1$，于是

$$W_a \approx \int_{\delta_0}^{\delta_c} \Delta P d\delta = \int_{\delta_0}^{\delta_c} (P_T - P_{II}) d\delta = S_{abcea}$$

此面积称为加速面积，为转子动能的增量。

转子由 δ_c 到 δ_{max} 运动时过剩转矩所做的功为

$$W_b = \int_{\delta_c}^{\delta_{max}} \Delta M d\delta \approx \int_{\delta_c}^{\delta_{max}} (P_T - P_{III}) d\delta = -S_{edfge}$$

此面积称为减速面积，为动能增量的负值，转子动能减少，转速下降。

正常运行情况下，发电机的输出电功率与原动机输入机械功率保持平衡，发生短路时，机械功率不变，输出电功率变小，使转子加速，开始大于同步转速。切除故障后，输出电功率变大，转子减速，当功角达到最大 δ_{max} 时，转子转速重新达到同步转速。在加速期间积蓄的动能增量全部耗尽，即加速面积和减速面积大小相等，系统能够稳定，此即等面积定则。

$$W_\mathrm{a} + W_\mathrm{b} = \int_{\delta_0}^{\delta_\mathrm{c}} (P_\mathrm{T} - P_\mathrm{II}) \mathrm{d}\delta + \int_{\delta_\mathrm{c}}^{\delta_\mathrm{max}} (P_\mathrm{T} - P_\mathrm{III}) \mathrm{d}\delta = 0 \tag{8-8}$$

$$|S_\mathrm{abcea}| = |S_\mathrm{edfge}| \tag{8-9}$$

暂态稳定的判定：当切除角 δ_c 时，有一个最大可能的减速面积 S_dfhe，若此面积大于加速面积，则系统能够保持暂态稳定，否则系统暂态不稳定。

根据等面积定则可求得转子的最大摇摆角 δ_max，即极限切除角：加速面积等于最大可能的减速面积时的切除角。

$$\int_{\delta_0}^{\delta_\mathrm{clim}} (P_0 - P_\mathrm{mII}\sin\delta) \mathrm{d}\delta + \int_{\delta_\mathrm{clim}}^{\delta_\mathrm{cr}} (P_0 - P_\mathrm{mIII}\sin\delta) \mathrm{d}\delta = 0$$

$$\delta_\mathrm{clim} = \cos^{-1} \frac{P_0(\delta_\mathrm{cr}-\delta_0) + P_\mathrm{mIII}\cos\delta_\mathrm{cr} - P_\mathrm{mII}\cos\delta_0}{P_\mathrm{mIII} - P_\mathrm{mII}} \tag{8-10}$$

$$\delta_\mathrm{cr} = \pi - \sin^{-1} \frac{P_0}{P_\mathrm{mIII}}$$

注意式（8-10）中的角度都是用弧度表示的。

实际上，工程上需要知道维持暂态稳定的极限切除时间（与极限切除角对应的切除时间 t_clim）。通过求解转子运动方程可得到与极限切除角对应的极限切除时间，如图 8-10 所示。

例 8-2 简单电力系统如图 8-11 所示，各元件的参数及初始运行情况均按照例 8-1（静态稳定储备系数）给定的条件。假定在输电线路之一的始端发生了两相接地短路，线路两侧开关故障后同时切除，试计算极限切除角 δ_clim。

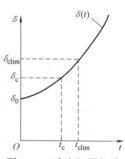

图 8-10 确定极限切除

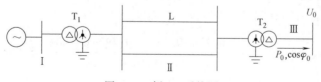

图 8-11 例 8-2 系统图

解： 参数补充计算

$$X_2 = x_2 \frac{S_\mathrm{B}}{S_\mathrm{GN}} \frac{U_\mathrm{GN}^2}{U_\mathrm{B(I)}^2} = 0.2 \times \frac{250}{352.5} \times \frac{10.5^2}{9.07^2} = 0.19$$

$X_\mathrm{L0} = 5X_\mathrm{L} = 5 \times 0.586 = 2.93$

由例 8-1 的计算已知 $P_\mathrm{T} = P_0 = 1.0$，$E'_0 = 1.47$，$\delta'_0 = \delta_0 = 31.54°$。

（1）计算功率特性

1）正常运行时。此时系统的等效电路如图 8-12a 所示，则有

$$X_\mathrm{I} = X'_\mathrm{d} + X_\mathrm{T1} + \frac{X_\mathrm{L}}{2} + X_\mathrm{T2} = X'_\mathrm{d\Sigma} = 0.769$$

$$P_\mathrm{I} = \frac{E'_0 U}{X_\mathrm{I}}\sin\delta = \frac{1.47 \times 1}{0.769}\sin\delta = 1.912\sin\delta$$

2）短路故障时。输电线路始端短路时的负序和零序等效网络的等效电抗分别为

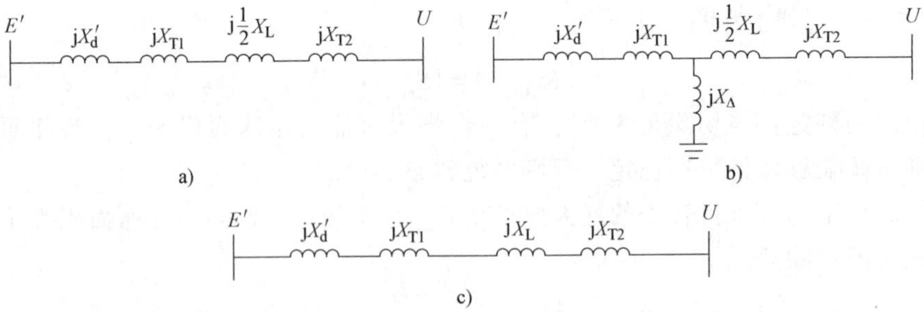

图 8-12 三种运行情况等效电路
a) 正常运行 b) 短路故障 c) 故障切除

$$X_{2\Sigma} = (X_2 + X_{T1}) // \left(\frac{1}{2}X_L + X_{T2}\right) = \frac{(0.19+0.13)\times(0.293+0.18)}{0.19+0.13+0.293+0.18} = 0.191$$

$$X_{0\Sigma} = X_{T1} // \left(\frac{1}{2}X_{L0} + X_{T2}\right) = \frac{0.13\times(1.465+0.108)}{0.13+1.465+0.108} = 0.12$$

附加电抗为

$$X_\Delta = X_{2\Sigma} // X_{0\Sigma} = \frac{0.12\times 0.191}{0.12+0.191} = 0.074$$

短路时根据正序等效定则，应在正常等效电路的短接点接入短路附加电抗 X_Δ，如图 8-12b 所示，于是

$$X_\text{II} = X'_d + X_{T1} + \frac{1}{2}X_L + X_{T2} + \frac{(X'_d + X_{T1})\left(\frac{1}{2}X_L + X_{T2}\right)}{X_\Delta}$$

$$= 0.238+0.13+0.293+0.108+\frac{(0.238+0.13)\times(0.293+0.108)}{0.074} = 2.76$$

$$P_\text{II} = \frac{E'_0 U}{X_\text{II}}\sin\delta = \frac{1.47\times 1}{2.76}\times\sin\delta = 0.533\sin\delta$$

3) 故障切除后。此时系统的等效电路如图 8-12c 所示，则有

$$X_\text{III} = X'_d + X_{T1} + X_L + X_{T2} = 0.238+0.13+0.586+0.108 = 1.062$$

$$P_\text{III} = \frac{E'_0 U}{X_\text{III}}\sin\delta = \frac{1.47\times 1}{1.062}\sin\delta = 1.384\sin\delta$$

(2) 计算极限切除角 δ_clim

$$\delta_\text{cr} = \pi - \arcsin\frac{P_T}{P_{m\text{III}}} = 180 - \arcsin\frac{1.0}{1.384} = 133.74°$$

$$\delta_\text{clim} = \arccos\frac{P_0(\delta_\text{cr}-\delta_0) + P_{m\text{III}}\cos\delta_\text{cr} - P_{m\text{II}}\cos\delta_0}{P_{m\text{III}} - P_{m\text{II}}}$$

$$= \arccos\frac{1.0\times\frac{\pi}{180}(133.74°-31.54°) + 1.384\cos 133.74° - 0.533\cos 31.54°}{1.384-0.533} = 64.04°$$

四、提高暂态稳定性的措施

可以说，所有提高静态稳定的措施基本上都有利于提高暂态稳定性，下面介绍在大扰动出现后采取的提高暂态稳定性的措施。

(1) 快速切除故障

快速切除故障在提高暂态稳定性方面起着首要的、决定性的作用。根据等面积定则的原理，快速切除故障减小了加速面积，增加了最大可能的减速面积。故障切除时间包括继电保护动作时间和断路器的动作时间，因此，为了实现快速切除故障，人们不断研制和应用新型的快速继电保护装置和快速动作的断路器。

(2) 采用自动重合闸

电力系统的故障大多数是暂时性的，当切断故障线路，经过一段时间使电弧熄灭和去游离之后，短路故障便消除了。此时自动重合闸技术再将线路投入运行，它便能继续工作。这对提高系统暂态稳定性和事故后系统的静态稳定性有很大的作用。

图 8-13 描述了自动重合闸成功和失败对暂态稳定性的影响。当重回于瞬时性故障，增加了最大可能的减速面积，有利于暂态稳定，如图 8-13a 所示，当重合于永久性故障，增加了加速面积，减小了最大可能的减速面积，是不利于暂态稳定的，如图 8-13b 所示。

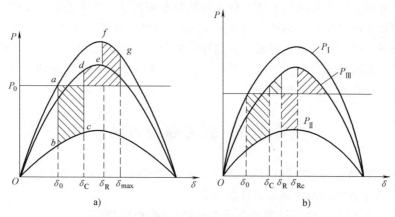

图 8-13 自动重合闸对暂态稳定性的影响
a) 自动重合闸成功 b) 自动重合闸失败

(3) 快速关闭汽门

电力系统受到干扰后，发电机的输出功率突然变化，而原动机输出功率因机械惯性几乎无法变化，因而在发电机轴上出现过剩功率，危及系统稳定性。快速动作汽门装置根据故障情况快速关闭汽门（汽门动作后可在 0.3s 内关闭 50% 以上功率），以增大最大可能的减速面积，保持系统的暂态稳定性，并在功角减少时重新开启汽门，以减小转子振荡幅度。

(4) 装设强行励磁装置

发电机都备有强行励磁装置，当系统发生故障而使发电机端电压 U_G 低于额定电压的 85%~90%时，迅速大幅度地增加励磁电流 I_f，从而使发电机空载电动势 E_q、发电机的端电压 U_G 增加，一般可保持发电机端电压 U_G 为恒定值，这样也增加了发电机输出的电磁功率。因此强行励磁对提高发电机并列运行的暂态稳定性是很有利的。由于强行励磁作用，可使发

电机的励磁电流 I_f 增大 3~5 倍，时间长了会使发电机转子励磁绕组过热。此外，强行励磁还增大了短路电流，这些影响都应给予足够的重视。

（5）电气制动

当电力系统中发生短路故障时，发电机输出的有功功率急剧减少，发电机组因功率过剩而加速，如果能迅速投入制动电阻，消耗发电机的有功功率以制动发电机，使发电机不失步，仍能同步运行，便可提高电力系统的暂态稳定性。运用电气制动提高暂态稳定性时，制动电阻的大小及其投切时间要选择恰当。否则，可能会发生所谓欠制动，即制动作用过小，发电机仍要失步；或者过制动，即制动过大，发电机虽在第一次振荡中没有失步，却在切除故障和切除故障制动电阻后的第二次振荡中或以后失步了。

另外，在输电线路送端的变压器中性点经小电阻接地，当线路送端处发生不对称短路接地时，零序电流通过该电阻将消耗一部分有功功率，这部分功率主要由送端的发电机供给，这样短路时它们的加速就要减缓，或者说这些电阻中的功率损耗起了制动作用，因而能提高系统的暂态稳定性。这一措施也可看作是对接地性短路故障的电气制动。

第五节 小 结

本章简要介绍了电力系统机电暂态分析的功角稳定问题。功角稳定关注的是转子的运动变化情况，同步发电机的转速取决于作用在其轴上的转矩平衡。静态稳定的分析针对小扰动，简单系统可采用实用判据来判断；暂态稳定的分析针对大扰动，可采用等面积定则来判定。一般来说，提高静态稳定的措施均有利于改善暂态稳定；在系统受到大扰动后才投入或起作用的措施，仅有利于提高暂态稳定。

第六节 思考题与习题

1. 什么叫电力系统的运行稳定性？如何分类？研究的主要内容是什么？
2. 简单电力系统的功角 δ 具有怎样的含义？
3. E_q 为常数时功角特性方程的基本形式如何？（隐极机和凸极机）
4. 自动调节励磁装置对功角特性影响如何？E'_q 为常数时的功角特性与 E' 为常数有什么区别？
5. 简单电力系统的静态稳定性的基本概念是怎样的？
6. 简单电力系统的静态稳定性的实用判据是什么？
7. 简单电力系统的静态稳定性的储备系数和整步功率系数指的是什么？
8. 提高电力系统静态稳定性的措施主要有哪些？
9. 电力系统暂态稳定性的基本概念如何？
10. 试述等面积定则的基本含义？
11. 提高电力系统暂态稳定性的措施主要有哪些？并说明其道理。
12. 简单电力系统如图 8-14 所示。各元件参数如下：

发电机 G：$P_N = 250$MW，$\cos\varphi_N = 0.85$，$U_N = 10.5$kV，$X_d = X_q = 1.7$，$X'_d = 0.25$。变压器 T_1：$S_N = 300$MVA，$U_k\% = 15$，$K_{T1} = 10.5/242$；变压器 T_2：$S_N = 300$MV·A，$U_k\% = 15$，

$K_{T2}=220/121$。线路：$l=250\text{km}$，$U_N=220\text{kV}$，$x_1=0.42\Omega/\text{km}$。运行初始状态为：$U_0=115\text{kV}$，$P_0=220\text{MW}$，$\cos\varphi_0=0.98$。发电机无励磁调节：$E_q=E_{q0}=$ 常数，试求功角特性 $P_{Eq}=f(\delta)$，功率极限 P_{Eqm}，δ_{Eqm}，并求此时的静态稳定储备系数 $K_P\%$。

图 8-14

13. 简单电力系统如图 8-15 所示。已知系统参数：$X_{d\Sigma}=X_{q\Sigma}=1.513$，$X'_{d\Sigma}=0.769$；正常运行时 $E_{q0}=2.219$，$\delta_0=45.29°$，$U_0=1$，$P_0=1$。试计算

1）无励磁调节时的静态稳定极限和稳定储备系数。

2）发电机装有按电压偏差调节的比例式励磁调节器时（保持 E'_q 不变）的静态稳定极限和稳定储备系数。

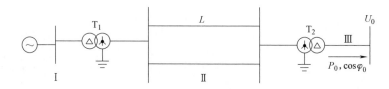

图 8-15

14. 某发电机通过一网络向一无穷大母线输送 1.0 的功率。最大输送功率为 1.8，这时发生一故障，使发电机最大输送功率降为 0.4。切除故障后，最大输送功率变为 1.3。求临界故障切除角 δ_1，画出功角曲线，并指出加速面积和减速面积（忽略电阻）。

第三篇　电气设备及其绝缘防护

电气设备是电力系统的基本构成要素，是电力系统实现生产、变换、传输、分配和使用电能的重要载体。因此，电气设备的运行情况、连接方式及其绝缘状态等，都直接决定了系统的安全、可靠运行。鉴于此，本篇将围绕电气设备的工作原理、作用、连接方式、绝缘及其绝缘防护等问题展开讨论。

第九章从介绍电力系统主要电气设备的基本功能、基本原理入手，分析设备的运行特点和基本操作，最后讲解如何根据实际工程需要，进行电气设备的选择。

第十章讲解如何将电气主设备合理、有效地连接起来，形成一个有机的整体，即电气主系统，从而安全、可靠地实现电能的生产、变换、传输、分配和使用。

电气设备的可靠运行，依赖于其绝缘的可靠。因此，第十一章在讲授绝缘基本特性的基础上，重点讲解了危害设备绝缘的各种内、外过电压的形成机理及其防护手段。

通过本篇有关电气设备及其绝缘防护的学习，学生能够较为全面地掌握电气设备的基本性能、运行方式、绝缘特性等相关电气问题。

第九章 电气设备

第一节 概 述

电力系统作为地球上最庞大、最复杂的人工系统之一，为人类社会源源不断地提供着可靠、优质的电能，保证着社会生活有序、繁荣地发展。而如此重要的能源系统是由各种电气设备彼此连接构建而成，也通过电气设备实现电能的生产、变换、传输、分配和使用。电气设备在电力系统中的重要性不言而喻。那么，如此众多的电气设备分别具有什么功能？运行中有什么样的特性？如何才能实现对它们的有效控制？实际工程中，根据电力系统的不同需求，又是如何选择合适的电气设备呢？

为了解决以上问题，本章以电能生产到使用为主线，依次讲授主要电气一次设备的基本功能、基本工作原理、电气技术参数、主要运行特点以及相关基本操作。并在此基础上，介绍如何选择电气设备。

一、一次设备

电气设备种类繁多，通常把生产、变换、输送、分配和使用电能的设备，称为一次设备，包括：

1）生产和转换电能的设备。如发电机、变压器和电动机等，它们是直接生产和转换电能的最主要的电气设备。

2）接通或断开电路的开关电器。为了满足运行、操作或事故处理的需要，将电路接通或者断开的电气设备，如断路器、隔离开关和熔断器等。

3）限制故障电流和防御过电压的保护电器。如用于限制短路电流的电抗器和防御过电压的避雷器等。

4）载流导体。电气设备必须通过载流导体按照生产和分配电能的顺序或者按照设计要求连接起来，常见的载流导体有裸导体、绝缘导线和电力电缆等。

5）互感器。包括电压互感器和电流互感器，它们分别将一次回路中的高电压和大电流变成二次回路中的低电压和小电流，供给测量仪表和继电保护装置使用。

6）补偿装置。如调相机、电力电容器和消弧线圈等。它们分别用来补偿无功功率、补偿小电流接地系统中的单相接地电容电流等。

7）接地装置。用来保证电力系统正常工作的工作接地或者保护人身安全的保护接地，还有防雷接地，它们均与埋入地中的金属接地体或者连成接地网的接地装置相连接。

二、二次设备

对一次设备和系统的运行状态进行测量、控制、监视和起保护作用的设备,称为二次设备,包括:

1)测量表计。如电压表、电流表、频率表、功率表和电能表等,用于测量电路中的电气参数。

2)继电保护、自动装置及远动装置。它们用以迅速反应电气故障或者不正常运行情况,并根据要求切除故障、发出信号或者做相应的调节。

3)直流电源设备。主要用于保护、操作、信号以及事故照明等设备的直流供电,包括直流发电机组、蓄电池组和整流装置等。

4)操作电器、信号设备及控制电缆。控制设备是指对断路器进行手动或者自动的开、合操作的控制设备;信号设备有光字牌信号、断路器和隔离开关位置信号、主控制室的中央信号等。控制电缆用于二次设备之间的连接。

三、电气设备的符号

为了方便绘制图样,通常使用一些规定的图形、文字符号来表示不同的电气设备。其中,图形符号是表示电气图中电气设备、装置和元器件的一种图形和符号。文字符号是电气图中电气设备、装置和元器件的种类字母和功能字母代码。本书常用电气一次设备的图形和文字符号见表 9-1。

表 9-1 常用电气一次设备图形和文字符号

名称	图形符号	文字符号	名称	图形符号	文字符号
交流发电机		G	自耦变压器		T
双绕组变压器		T	电动机		M
三绕组变压器		T	断路器		QF
隔离开关		QS	调相机		G
熔断器		FU	消弧线圈		L
普通电抗器		L	电压互感器		TV
分裂电抗器		L	具有两个铁心和两个二次绕组,一个铁心两个二次绕组的电流互感器		TA
负荷开关		QL			

第二节 发 电 机

电能作为二次能源,是将一次能源通过不同的形式转换得到的,实现这一能源形式转换的设备就是发电机。作为重要的电气一次设备,发电机是构成电力系统的最基本部分,电力系统中传输和使用的电能都是由发电机产生的,可以说,若没有发电机的存在和发展就没有电力系统和现代社会的发展。

一、发电机的基本结构

发电机是将其他形式的能源转换成电能的电气一次设备,它由水轮机、汽轮机、柴油机或其他动力机械驱动,将水流、气流、燃料燃烧或原子核裂变产生的能量转换为机械能传给发电机,再由发电机转换为电能。

发电机的形式很多,但因其工作原理都是基于电磁感应定律和电磁力定律,故其构造的一般原则是用适当的导磁和导电材料构成相互进行电磁感应的磁路和电路,以产生电磁功率,达到能量转换的目的。

发电机通常主要由三大部分组成,其主要部件如图9-1所示。

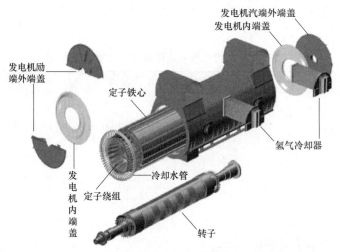

图 9-1　发电机主要部件

1) 发电机转子。由转子铁心(或磁极、磁轭)、绕组、护环、中心环、集电环及转轴等部件组成。正常运行时,发电机转子铁心、绕组高速旋转,故称其为转子。在转子绕组中通入直流电流,就形成了一个电磁铁。电磁铁有S极和N极,便在周围空间中形成了磁场,高速旋转的电磁铁(转子)就形成了高速旋转的磁场。

2) 发电机定子。由定子铁心、线包绕组、机座以及相关结构固件组成。运行时定子绕组不动,故称为定子。由轴承及端盖将发电机的定子、转子连接组装起来,使转子在定子中旋转,做切割磁力线的运动,从而产生感应电势,通过接线端子引出,接在回路中,便产生了电流。

3) 氢气冷却系统。发电机在运行时,由于导线中流过的电流、铁心中有损耗及摩擦发热等,势必造成温度升高,所以必须外加冷却物质通过发电机绕组、铁心等部位,使其冷却。

二、发电机的工作原理

发电机的类型主要有直流发电机、同步发电机、柴油发电机、水冷式发电机等，下面主要介绍同步发电机和直流发电机的工作原理。

1. 同步发电机

在发电厂中，同步发电机是机械能转变成电能的唯一电气设备。因而，将一次能源（水力、煤、油、风力和原子能等）转换为二次能源的发电机，现在几乎都是采用三相交流同步发电机。

同步发电机和其他类型的旋转电机一样，由固定的定子和可旋转的转子两大部分组成，一般分为转场式同步发电机和转枢式同步发电机。图9-2给出了最常用的转场式同步发电机的结构模型，其定子铁心的内圆均匀分布着定子槽，槽内嵌放着按一定规律排列的三相对称交流绕组，这种同步发电机的定子又称为电枢，定子铁心和绕组又称为电枢铁心和电枢绕组。转子铁心上装有制成一定形状的成对磁极，磁极上绕有励磁绕组，通以直流电流时，将会在发电机的气隙中形成极性相间的分布磁场，称

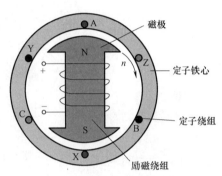

图9-2 转场式同步发电机

为励磁磁场（也称为主磁场、转子磁场）。气隙处于电枢内圆和转子磁极之间，气隙层的厚度和形状对电机内部磁场的分布和同步发电机的性能有重大影响。

转枢式同步发电机的磁极安装于定子上，而交流绕组分布于转子表面的槽内，这种同步发电机的转子充当了电枢。

当原动机拖动转子旋转时，极性相间的励磁磁场随轴一起旋转并顺次切割定子各相绕组。由于电枢绕组与主磁场之间的相对切割运动，电枢绕组中将会感应出大小和方向按周期性变化的三相对称交变电势，通过引出线即可提供交流电源。

而交流电动势的频率 f 取决于发电机的极对数 p 和转子每分钟的转速 n（单位：r/min）。由于发电机每一转对应 p 对磁极，而转子每一秒钟的转速为 $n/60$，因此每秒钟有 $pn/60$ 对磁极切割电枢导体，使它的感应电动势交变 $pn/60$ 个周期，而每秒钟变化的周期数称为频率，所以感应电动势的频率应为

$$f=\frac{pn}{60} \tag{9-1}$$

由式（9-1）可以看出，当发电机的极对数 p 和转速 n 一定时，定子绕组感应电动势的频率 f 也是一定的。从供电质量的要求考虑，由众多同步发电机并联构成的交流电网的频率应该是一个定值，这就要求发电机的频率应该和电网的频率一致。我国电网的频率为50Hz，故有

$$n=\frac{60f}{p}=\frac{3000}{p} \tag{9-2}$$

可见，若使得发电机供给电网50Hz频率的电能，发电机的转速必须为某些固定值，这

些固定值称为同步转速。例如，两极发电机的同步转速为3000r/min，四极发电机的同步转速为1500r/min，依次类推。

2. 直流发电机

直流发电机的主体结构依然是转子和定子两部分，其工作原理如图9-3所示。它们的不同点在于直流发电机中以换向器（即两个半金属环）代替了交流发电机中的集电环，从而能输出方向不变的直流电。直流发电机的工作原理就是把电枢线圈中感应产生的交变电动势，靠换向器配合电刷的换向作用，使之从电刷段引出时变为直流电动势。

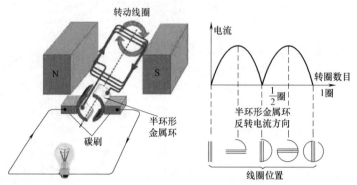

图9-3 直流发电机工作原理

如图9-3所示，用原动机拖动直流发电机的电枢，而电刷上不加直流电压，则电刷端可以引出直流电动势作为直流电源，对外输出电能，从而实现直流发电机将机械能转换成电能的作用。

第三节 变 压 器

发电机实现了将一次能源转换成电能，但发电机出口电压比较低，无法满足远距离供电的需要。所以，发电机出口电压需升高电压等级输送至远方，而用户则需把电压再降低才能使用，这个任务就是由变压器来完成的。随着输电距离、输送容量的增长，对变压器的要求也越来越高。不仅需要变压器的数量多、性能好、技术经济指标先进，更重要的是要能够保证运行安全、可靠。其实，变压器除了应用于电力系统外，还广泛应用在一些工业部门中，如电炉整流、电焊设备、船舶和电机等都有应用特种变压器。

变压器是通过电磁感应原理，把一种等级的交流电转换成相同频率的另一种等级的交流电的静止电器，其在电力系统中的主要作用如下：

1）变压器在电力系统中用来变换电压，以利于功率的传输。
2）升高电压可以减少线路损耗，提高送电的经济性，达到远距离送电的目的。
3）降低电压，把高电压变为用户所需要的各级使用电压，满足用户需要。

一、变压器的工作原理

变压器是应用电磁感应原理来进行能量转换的，其工作原理如图9-4所示。变压器主要由两个（或两个以上）相互绝缘的绕组组成，它们共用一个铁心，两个绕组之间只有磁场的耦合,没有电的耦合,能量转换通过磁场实现。

在两个绕组中,通常把接电源的一侧称为一次绕组,而把接负载的一侧称为二次绕组。当一次绕组接交流电源时,在外加电压作用下,一次绕组中通过交流电流,并在铁心中产生交变磁通,其频率和外加电压的频率一致,这个交变磁通同时交链着一次和二次绕组。根据电磁感应定律,交变磁通在一二次绕组中感

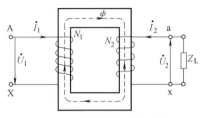

图 9-4　变压器的工作原理

应出相同频率的电动势,二次侧有电动势便可向负载输出电能,从而实现了能量转换。利用一次、二次绕组匝数的不同及不同的连接方法,可使一次侧和二次侧具有不同的电压、电流。

在变压器中,若忽略负荷电流的影响,一次电压和二次电压的比值可以用一次绕组和二次绕组的匝数比来表达,称为变压器的电压比,即

$$\frac{U_1}{U_2}=\frac{N_1}{N_2}=K \tag{9-3}$$

二、变压器的基本结构

变压器虽种类形式众多,但其基本工作原理一致。电力变压器结构及外形示意图如图 9-5 所示,主要由以下部分构成。

1) 铁心。铁心是变压器最基本的组成部件之一,是变压器的磁路部分,变压器的一次、二次绕组都在铁心上。铁心又分铁心柱和铁轭两部分,铁心柱上套绕组,铁轭将铁心连接起来,使之形成闭合磁路。

2) 绕组。绕组是变压器的最基本的部件之一。它是变压器的电路部分,一般用绝缘纸包裹的铜线或者铝线绕成。连接高压电网的绕组为高压绕组,连接低压电网的绕组为低压绕组。

变压器绕组的引出线从油箱内穿过油箱盖时,必须经过绝缘套管,以使带电的引出线与接地的油箱绝

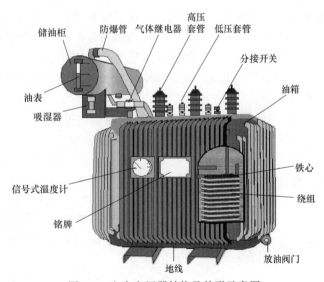

图 9-5　电力变压器结构及外形示意图

缘。绝缘套管一般是瓷制的,它的结构取决于它的电压等级。

3) 冷却系统。因变压器运行时产生的铜损、铁损等损耗都会转变成热量,使变压器的有关部分温度升高,故需要冷却系统使变压器的运行温度控制在安全范围内。

除以上重要组成部分外,变压器还有油箱、储油柜和分接开关等部件。

三、变压器的主要类型

在电力系统中,变压器占据着及其重要的地位,无论是在发电厂或变电站,都可以看到

各种型式和不同容量的变压器。根据不同需求，可以从不同角度对变压器进行分类。

1）按相数分类，变压器可以分为单相变压器和三相变压器。在电力系统中，一般应用三相变压器。但在容量过大且受运输条件限制时，三相电力系统也可应用三台单相变压器连接成三相变压器组。

2）按绕组数分类，变压器可以分为双绕组变压器、三绕组变压器和更多绕组变压器。所谓双绕组变压器是在一相铁心上套有两个绕组，一个为一次绕组，另一个为二次绕组。对于容量较大（5600kV·A）的变压器，有时可能有三个绕组，即在一相铁心上套有三个绕组，用以连接三种不同电压，此种变压器称作三绕组变压器。

3）按冷却方式分类，变压器可以分为干式（自冷）变压器、油浸（自冷）变压器、氟化物（蒸发冷却）变压器等。

4）按用途分类，变压器可以分为电源变压器、调压变压器、音频变压器、中频变压器、高频变压器和脉冲变压器等。

此外，还有各种专门用途的特殊变压器，例如试验用高压变压器、电炉用变压器和电焊用变压器等。

四、变压器的主要技术参数

变压器制造厂按照国家标准，根据设计和实验数据而规定的每台变压器的正常运行状态和条件，称为额定运行情况。表征变压器额定运行情况的各种数值如容量、电压、电流和频率等，称为变压器的额定值，额定值一般标记在变压器的铭牌上。

1）额定容量 S_N。额定容量是变压器的额定视在功率，即在额定使用条件下，施加在变压器上的是额定电压、额定频率，输出的是额定电流，温升也不超过极限值时的变压器的输出容量，用 S_N 表示，单位为 kV·A。

2）一次侧额定电压 U_{1N} 和二次侧额定电压 U_{2N}。按规定，二次侧额定电压 U_{2N} 是当变压器一次侧施加额定电压 U_{1N} 时二次侧的开路电压。对于三相变压器，额定电压指线电压。

3）一次侧额定电流 I_{1N} 和二次侧额定电流 I_{2N}。根据额定容量和额定电压算出的线电流，称为额定电流，单位为 A。其中，单相变压器

$$I_{1N}=\frac{S_N}{U_{1N}} \quad I_{2N}=\frac{S_N}{U_{2N}}$$

三相变压器

$$I_{1N}=\frac{S_N}{\sqrt{3}\,U_{1N}} \quad I_{2N}=\frac{S_N}{\sqrt{3}\,U_{2N}}$$

4）阻抗电压百分比 $U_K\%$。阻抗电压又称短路电压。对双绕组变压器来说，当一个绕组短接时，在另一个绕组中为产生额定电流所需要施加的电压称为阻抗电压或短路电压，用 U_K 表示，可以理解为运行时额定电流在变压器上产生的电压降。阻抗电压常以额定电压的百分数 $U_K\%$ 来表示，可以用于计算变压器电抗。

5）空载损耗 P_0。当用额定电压施加于变压器的一个绕组上，而其余绕组均为开路时，变压器所吸收的有功功率称为空载损耗，用 P_0 表示，单位为 kW。

6）短路损耗 P_k。对双绕组变压器来说，当以额定电流通过变压器的一个绕组，而另一个绕组短接时，变压器所吸取的功率叫短路损耗，用 P_k 表示，单位为 kW。

7）空载电流 $I_0\%$。当用额定电压施加于变压器的一个绕组，而其余绕组均为开路时，变压器所流入电流的三相算术平均值称为变压器的空载电流，常用额定电流的百分数表示 $I_0\%$，为变压器的励磁电流。

8）连接组别。代表变压器各相绕组的连接方法和相位关系的符号称为变压器的连接组别。如 Y 表示星形联结；N 表示有中性点引线；d 表示三角形联结。各符号中由左至右代表一、二次绕组连接方式，数字代表二次和一次电压的相位移。例如，YN0d11 的标号，YN0 代表一次绕组为星形联结，有中性点引线，可用于中性点接地；d11 中的 d 代表二次绕组为三角形联结，11 常称为钟表上的 11 点钟，即表示一次侧线电压 $\dot{U}_{AB}$ 定为 12 点钟，二次侧线电压 $\dot{U}_{ab}$ 指向 11 点，两侧的电压有 30° 相位移。

除此之外，铭牌上还标有变压器的型号、相数、运行方式和冷却方式等，其中型号的含义见表 9-2。

表 9-2 变压器型号含义

分类项目	代表符号	分类项目	代表符号	分类项目	代表符号
单相变压器	D	风冷式	F	双绕组变压器	不表示
三相变压器	S	水冷式	S	三绕组变压器	S
油浸自冷	不表示	强迫油循环	P	自耦变压器	O
空气自冷	不表示	强迫油导向循环	D	铝线变压器	L

例如，SL—500/10 表示三相油浸自冷两绕组铝线 500kV·A，10kV 电力变压器。

第四节 高压开关电器

开关电器是用于闭合或开断正常电路和故障电路或用于隔离高压电源的电气设备。据统计，在电力系统中，每 1 万 kW 发电设备需要配置 100～120 台断路器、400～500 台隔离开关。可见，开关电器是电力系统的重要设备之一。根据作用不同，开关电器通常有以下几种类型：

1）仅用于正常情况下断开或接通正常工作电流的开关电器，如高压负荷开关、低压刀开关、接触器和磁力启动器等。

2）仅用来断开故障情况下的过负荷电流或短路电流的开关电器，如高、低压熔断器。电路断开后，熔断器必须更换部件后才能再次使用。

3）既能断开或闭合正常工作电流，又能断开或闭合过负荷电流或短路电流的开关电器，如高压断路器、低压断路器等。

4）不要求断开或闭合工作电流，仅用于检修时隔离电压的开关电器，如隔离开关。

其中，高压断路器因其强大的灭弧能力，能够开合正常工作电流和故障电流，而成为电力系统中结构最复杂、承担任务最繁重、地位也最重要的开关电器。

一、高压断路器

1. 高压断路器的作用

高压断路器是电力系统中最重要的控制和保护设备，它具有完善的灭弧装置，可靠的灭弧能力。高压断路器具有两方面的作用：

1）系统正常运行时，接通或断开正常工作电流，把设备或线路接入电路或退出运行，起控制作用。

2）当设备或线路发生故障时，能快速切除故障部分，确保无故障部分正常运行，起保护作用。

2. 高压断路器的基本结构

高压断路器种类多样，因其主要工作过程都是在密闭的灭弧室内，经开断元件的开合，并通过一定的灭弧方法熄灭电弧，从而实现电路的接通和断开。因此，高压断路器主要由四部分构成，其基本结构如图9-6所示。

1）开断元件：是断路器核心部件，它包括动触头、静触头、导电部件和灭弧室等。

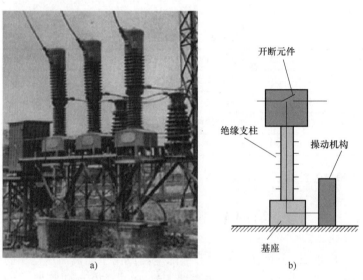

图9-6 高压断路器的基本结构
a）实物图 b）结构示意图

2）绝缘支柱：断路器断口的引入载流导体和引出载流导体通过接线座连接。开断元件是带电的，放置在绝缘支柱上，使处在高电位状态下的触头和导电部分保证与接地的零电位部分绝缘。

3）操动机构：提供动力使动触头完成开断动作和关合动作。操动机构与动触头的连接由传动机构和提升杆来实现。操动机构使断路器合闸、分闸；当断路器合闸后，操动机构使断路器维持在合闸状态。

4）基座：用于支撑和固定绝缘支柱。

3. 高压断路器的类型

根据灭弧介质和灭弧原理的不同，高压断路器可以分为以下几种类型：

（1）油断路器

以具有绝缘能力的矿物质油作为灭弧介质的断路器称为油断路器。油断路器又可分为多油断路器和少油断路器。

多油断路器中的油除了作为灭弧介质外，还作为触头断开后的间隙绝缘介质和带电部分与接地外壳间的绝缘介质。多油断路器结构简单、绝缘性能好，断路器内部带有电流互感器，可靠性较高。但其体积大，用油较多，发生火灾的可能性很大，且检修工作量大。目前仅在35kV电压等级还有少量使用。

少油断路器中的油只作为灭弧介质和触头断开后的间隙绝缘介质，而带电部分对接地之间采用固体绝缘（例如瓷绝缘）。因此，少油断路器具有用油量少、结构简单、体积小、重量轻、价格低等优点，曾在我国得到广泛应用。但近年来，在35kV及以下电压级有被真空断路器取代的趋势，在110kV和220kV有被六氟化硫（SF_6）断路器取代的趋势。

（2）真空断路器

以真空的高介质强度实现灭弧和绝缘的断路器，称为真空断路器，如图9-7所示。真空断路器的优点是灭弧室作为独立的元件，安装调试简单、方便；触头开距短，故灭弧室小巧，操作功率小，动作快；灭弧能力强，灭弧时间短；可连续多次操作，触头不易氧化和烧坏；运行维护简单，使用寿命长；无火灾和爆炸危险，操作噪声小。但是，真空断路器对材料、加工工艺和密封性能要求严格。性能优良的真空断路器在35kV及以下电压等级的应用日益广泛。

（3）压缩空气断路器

采用压缩空气作灭弧介质和触头断开后的间隙绝缘介质的断路器，称为压缩空气断路器，有时简称为空气断路器。它具有灭弧能力强、动作快、无火灾危险等优点。但是，压缩空气断路器结构复杂、金属消耗量大、噪声较大、维修时间长，同时还需要配备一套压缩空气装置作为气源。压缩空气断路器在对开断电流、开端时间及自动重合闸等要求较高的220kV及以上电压等级有部分应用。目前，已逐渐被SF_6断路器所取代。

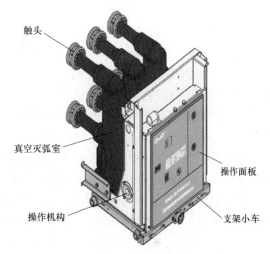

图9-7 真空断路器

（4）六氟化硫（SF_6）断路器

采用SF_6气体作为灭弧介质和触头断开口的间隙绝缘介质的断路器，称为SF_6断路器。罐式SF_6断路器如图9-8所示。SF_6气体是一种无色、无味、无毒、不燃的惰性气体，具有优良的灭弧性能和绝缘性能。因此，SF_6断路器具有开断能力强、灭弧速度快、操作过电压低；外形尺寸小，占地面积少；运行可靠性高，维护工作量小，寿命长等优点。但是，该断路器结构较为复杂，金属消耗量较大，对材

图9-8 罐式SF_6断路器

料、工艺和密封要求都很高，价格昂贵。尽管如此，因其优良的灭弧性能和绝缘性能，SF_6 断路器和以 SF_6 气体为绝缘介质的全封闭组合电器正在得到广泛的应用。

4. 高压断路器的技术参数

高压断路器的性能常用以下技术参数来表征：

1) 额定电压 U_N。额定电压是指保证高压断路器长期正常工作的线电压，用 U_N 表示，以 kV 为单位。该参数表征了断路器长期正常工作的绝缘能力。考虑到电网运行电压的波动，还规定了高压断路器可以长期运行的最高工作电压。220kV 及以下断路器的最高工作电压为其额定电压的 1.15 倍；330kV 及以上为其额定电压的 1.1 倍。

2) 额定电流 I_N。额定电流是断路器允许长期通过的最大工作电流，以 A 为单位。长期通过额定电流时，断路器各部分发热温度不超过正常最高允许温度。

3) 额定开断电流 I_{Nbr}。额定开断电流是指在额定电压下能保证正常开断的最大短路电流，它是表征高压断路器开断能力的重要参数。用 I_{Nbr} 表示，单位为 kA。

4) 短路关合电流 i_{Ncl}。在断路器合闸之前，若线路上已存在短路故障，则在断路器合闸过程中，动、静触头间在未接触时即有巨大的短路电流通过（预击穿），给断路器关合造成阻力，影响动触头合闸速度及触头的接触压力，甚至出现触头弹跳、熔化以至断路器爆炸等事故。

短路时，保证断路器能够关合而不致发生触头熔焊或者其他损伤的最大短路电流，称为断路器的关合电流。短路关合电流是断路器的重要参数之一。

5) 热稳定电流 I_t。热稳定电流又称短时耐受电流。它指的是在某一规定的短时间 t 内，断路器能耐受的短路电流热效应所对应的电流值，以 kA 为单位。

6) 动稳定电流 i_{es}。动稳定电流又称峰值耐受电流，它是断路器在关合位置时能允许通过而不致影响其正常运行的短路电流最大瞬时值，以 kA 为单位。

7) 分闸时间 t_{br}。分闸时间（也称全开断时间）是指断路器的操动机构接到分闸指令起到各相触头电弧完全熄灭为止的一段时间，它包括断路器的分闸时间和燃弧时间两部分。固有分闸时间是指接到分闸命令起到触头刚刚分离的一段时间。燃弧时间是指从触头分离到各相电弧均熄灭的一段时间。

8) 合闸时间 t_{cl}。处于分闸位置的断路器从接到合闸信号瞬间起到断路器三相触头全接通为止所经历的时间为合闸时间。

5. 高压断路器的型号含义

国产高压断路器的型号主要由八个单元组成，其含义如图 9-9 所示。

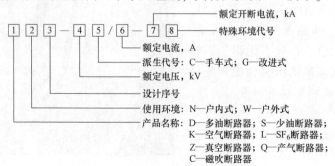

图 9-9 国产高压断路器的型号含义

例如，SN10—10/3000—750 型断路器，表示户内少油断路器，设计序号 10，最高工作电压为 10kV，额定电流为 3000A，额定开断电流为 25kA。

二、隔离开关

隔离开关是目前我国电力系统中用量最大、使用范围最广的高压开关设备。如图 9-10 所示，在结构上，隔离开关具有明显可见的断开点，并具有可靠的绝缘。因而，主要用于隔离高压电源。由于隔离开关没有专门的灭弧装置，所以不能用来开断负荷电流和短路电流，否则，将会产生强烈的电弧，造成人员伤亡、设备损坏或引起相间短路故障。所以，通常隔离开关的分、合操作需与断路器配合使用。

图 9-10　GN19—10 型户内高压隔离开关

1. 隔离开关的作用

1) 隔离电源。在检修电气设备时，用断路器开断电流以后，再用隔离开关将被检修的设备与电源电压隔离，形成明显可见的断开点，以确保检修的安全。

2) 倒闸操作。投入备用母线或旁路母线以及改变运行方式时，常用隔离开关配合断路器协同操作来完成。

3) 分、合小电流。因隔离开关具有一定分、合小电感电流和电容电流的能力，故一般可用来进行以下操作：分、合避雷器、电压互感器和空载母线；分、合励磁电流不超过 2A 的空载变压器；关合电容电流不超过 5A 的空载线路。

2. 隔离开关的类型

隔离开关种类很多，可根据装设地点、电压等级和构造进行分类，主要有以下几种分类方式：

1) 按安装地点分：户内式和户外式。
2) 按绝缘支柱的数目分：单柱式、双柱式和三柱式。
3) 按开关的动作方式分：水平旋转式、垂直旋转式、摆动式和插入式。
4) 按有无接地开关分：单接地刀开关、双接地刀开关和无接地刀开关。
5) 按所配操动机构分：手动式、电动式、气动式和液压式。

3. 隔离开关的技术参数

表征隔离开关技术性能的主要参数有：

1）额定电压（kV）：指隔离开关长期运行时所承受的工作电压。

2）最高工作电压（kV）：指由于电网电压的波动，隔离开关所能承受的超过额定电压的电压值。它不仅决定了隔离开关的绝缘要求，而且在相当程度上决定了隔离开关的外部尺寸。

3）额定电流（A）：指隔离开关可以长期通过的工作电流，即长期通过该电流，隔离开关各部分的发热不会超过允许值。

4）热稳定电流（kA）：指隔离开关在某一规定的时间内，允许通过的最大电流。它表征了隔离开关承受短路电流热效应的能力。

5）极限通过电流峰值（kA）：指隔离开关所能承受的瞬时冲击短路电流。这个值表征了隔离开关承受短路电流带来的巨大电动力的能力，它与隔离开关各个部分的机械强度有关。

4. 隔离开关的型号含义

隔离开关的型号主要由以下六个单元组成：

$$\boxed{1}\;\boxed{2}\;\boxed{3}-\boxed{4}\;\boxed{5}/\boxed{6}$$

$\boxed{1}$：产品名称：G—隔离开关。

$\boxed{2}$：安装地点：N—户内型；W—户外型。

$\boxed{3}$：设计序号。

$\boxed{4}$：额定电压（kV）。

$\boxed{5}$：补充特性：C—瓷套管出线；D—带接地开关；K—快分型；G—改进型；T—统一设计。

$\boxed{6}$：额定电流（A）。

例如，GN19—10/630，表述户内隔离开关、设计序号为19、额定电压为10kV、额定电流为630A。

第五节 互 感 器

庞大而复杂的电气一次系统运行是否正常？一旦发生故障，如何判断并及时处置？这些问题都需要电气二次设备及其系统来解决。可是，具有低电压、小电流特点的二次设备如何实现对高电压、大电流的一次设备及其系统的测量、监视、控制和保护呢？显然，必须将一次系统的高电压、大电流转换成低电压、小电流，完成这一重要任务的电气设备就是互感器。

互感器是一次系统和二次系统之间的联络元件，分为电流互感器（TA）和电压互感器（TV），分别用以变换电流和电压，为测量仪表、保护装置和控制装置提供电流和电压信号，从而反映电气设备的正常运行和故障情况。

互感器的主要作用是：

1）将一次回路的高电压和大电流变为二次回路标准的低电压（100V 或 $\dfrac{100}{\sqrt{3}}$/V）和小电

流（5A 或 1A），使测量仪表和保护装置标准化、小型化，并使其结构轻巧、价格便宜，便于屏内安装。

2）使二次设备与一次高电压部分实现电气隔离，且互感器的二次侧均接地，从而保证了设备和人身的安全。

下面，将分别介绍电流互感器和电压互感器的工作原理、技术参数、运行特点、接线方式等。

一、电磁式电流互感器

1. 电磁式电流互感器的工作原理

目前，电力系统中广泛使用着电磁式电流互感器（以下简称电流互感器），图 9-11 所示为电磁式电流互感器的原理结构与接线图，其工作原理与变压器相似。

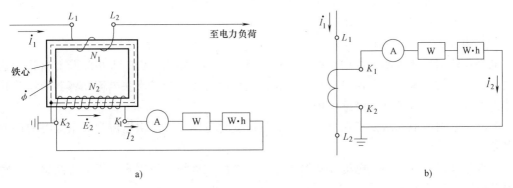

图 9-11 电磁式电流互感器的原理结构与接线图
a）原理结构 b）接线图

这样的工作原理，使电磁式电流互感器具有以下运行特点：

1）一次绕组串联在电路中，并且匝数很少，故一次绕组中的电流完全取决于被测电路的负荷电流，而与二次电流大小无关。

2）电流互感器二次绕组所接仪表的电流线圈阻抗很小，所以正常情况下，电流互感器在近似于短路状态下运行。

2. 电磁式电流互感器的技术参数

（1）额定电流比 K_i

电流互感器一、二次额定电流之比，称为电流互感器的额定电流比 K_i，可表示为

$$K_i = \frac{I_{1N}}{I_{2N}} \approx \frac{N_2}{N_1}$$

式中，I_{1N}、I_{2N} 分别为一、二次绕组的额定电流；N_1、N_2 分别为一、二次绕组的匝数。

（2）电流互感器的误差

根据磁势平衡原理得

$$\dot{I}_1 N_1 + \dot{I}_2 N_2 = \dot{I}_0 N_1$$

可以看出，电流互感器在工作时，由于本身存在励磁损耗和磁路饱和等因素的影响，使

得一次电流 $\dot{I}_1$ 与二次电流 $\dot{I}_2$ 在数值上和相位上都有差异，即测量结果存在误差，分别用电流误差和相位误差来表征这种误差。

电流误差是由二次线圈测得的一次电流，近似指 K_iI_2 与一次电流实际值 I_1 之差，对一次电流实际值的百分比，称为电流误差 f_i，即

$$f_i = \frac{K_iI_2 - I_1}{I_1} \times 100\%$$

并规定，$K_iI_2 < I_1$ 时，电流误差为负，反之为正。

相位差是旋转180°的二次侧电流向量与一次侧电流相量的相角之差，以分为单位，并规定二次侧相量超前一次侧相量为正误差，反之为负误差。

电流互感器产生误差的根本原因在于励磁电流的存在，所以在制造上要采用高磁导率材料，在使用上，要根据主电路的电流合理选用电流互感器，使一次电流的变化范围不超过规定范围，互感器的二次总负荷阻抗应小于额定阻抗值。

（3）电流互感器的准确级

电流互感器误差大小，集中反映在励磁电流的大小。励磁电流的大小除了与电流互感器的铁心材料、结构有关外，还与一次电流及二次负载有关。为了反映电流互感器的误差并限定其工作范围，引入了准确级这一概念。

电流互感器的准确级是指在规定的二次负荷变化范围内，一次电流为额定值时的最大电流误差。

根据测量误差的大小，电流互感器划分为不同的准确级。我国测量用电流互感器准确级和误差限制，见表9-3。

表 9-3　测量用电流互感器准确级和误差

准确级	电流误差(±%) 在下列一次额定电流(%)时				相位差(±′) 在下列一次额定电流(%)时			
	1	5	20	100~120	1	5	20	100~120
0.2S	0.75	0.35	0.2	0.2	30	15	10	10
0.5S	1.5	0.75	0.5	0.5	90	45	30	30
0.1		0.4	0.2	0.1		15	8	5
0.2		0.75	0.35	0.2		30	15	10
0.5		1.5	0.75	0.5		90	45	30
1		3.0	1.5	1.0		180	90	60
3	在(50~120)%额定电流时,电流误差为±3%,相位差不作规定							
5	在(50~120)%额定电流时,电流误差为±5%,相位差不作规定							

（4）电流互感器的额定容量

电流互感器的额定容量是指电流互感器在额定二次电流和额定二次阻抗下运行时，二次绕组输出的容量，即

$$S_{2N} = I_{2N}^2 Z_{2N}$$

由于电流互感器的二次电流为标准值（5A 或 1A），故容量也常用额定二次阻抗 Z_{2N} 表示。

需要说明的是，因电流互感器的误差和二次负荷有关，故同一台电流互感器使用在不同准确级时，会有不同的额定容量。例如，某一台电流互感器在0.5级工作时，其额定二次阻

抗为 0.4Ω；而在 1 级工作时，其额定二次阻抗为 0.6Ω。

3. 电流互感器的运行特点

电流互感器在运行时，二次绕组严禁开路。电流互感器正常运行时二次侧接近于短路状态，二次绕组开路时，电流互感器由正常短路工作状态变为开路工作状态，励磁磁动势由正常很小的 I_0N_0 骤增为 I_1N_1，铁心中的磁通波形呈现严重饱和的平顶波。因此，二次绕组将在磁通过零时，感应产生很高的尖顶波电动势，其值可达数千甚至上万伏（与 K_i 及 I_1 大小有关），危及工作人员的安全和仪表、继电器的绝缘。由于磁感应强度骤增，会引起铁心和绕组过热。此外，在铁心中还会产生剩磁，使互感器准确级下降。

4. 电流互感器的类型

1) 按安装地点分，电流互感器分为户内式和户外式。

2) 按安装方式分，可分为穿墙式（安装在墙壁、楼板或金属结构的孔中）、支持式（安装在平面或支柱上）和装入式（套装在变压器或高压断路器的引出套管中）。

3) 按绝缘方式分，可分为油浸式（铁心和绕组放于铁箱或磁箱内，用油浸泡，多用于屋外式）、干式（用绝缘胶浸渍，用于屋内低压）、浇注式（用环氧树脂浇注成型，用于 35kV 及以下的屋内式）和气体式（用 SF_6 气体绝缘，多用于 110kV 及以上的屋外式）。

4) 按一次绕组匝数分；可分为单匝式（一次绕组为一匝，可分为贯穿式与母线式）、多匝式（一次线圈为多匝，一次线圈可做成"8"字形、"U"字形等）。

5. 电流互感器的接线方式

电流互感器在三相电路中常用的接线方式如图 9-12 所示。

1) 单相接线。如图 9-12a 所示，这种接线主要用于测量单相负载电流或三相系统中平衡负载的某一相电流。

2) 星形接线。如图 9-12b 所示，这种接线方式可以用来测量负荷平衡或不平衡的三相电力系统中的三相电流。用三相星形接线方式组成的继电保护电路，能保证对各种故障（三相、两相短路及单相接地短路）具有相同的灵敏度，因此可靠性较高。

3) 两相 V 形接线。如图 9-12c 所示，这种接线方式又被称为不完全星形接线方式。在 6~10kV 中性点不接地系统中应用广泛。该接线通过公共线上仪表中的电流，等于 A、C 相电流的相量和，大小等于 B 相的电流。不完全星形接线方式组成的继电保护电路，能对各种相间短路故障进行保护，但是灵敏度不尽相同，与三相星形联结比较，灵敏度较差。由于不完全星形接线方式比三相星形接线方式少了 1/3 的设备，因此节省了投资费用。

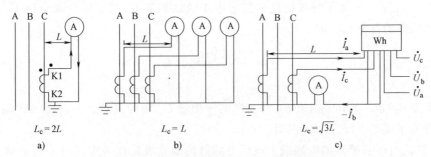

图 9-12 电流互感器与测量仪表的接线方式
a) 单相接线　b) 星形接线　c) 不完全星形接线

二、电压互感器

目前,广泛应用的电压互感器,按其工作原理可分为电磁式和电容分压式两种。对于,500kV 及以上电压等级,我国只生产电容分压式电压互感器。

1. 电磁式电压互感器

(1) 电磁式电压互感器的工作原理

电磁式电压互感器工作原理与变压器相同,结构和连接方式相似。图 9-13 所示为电磁式电压互感器的原理结构和等效电路图。

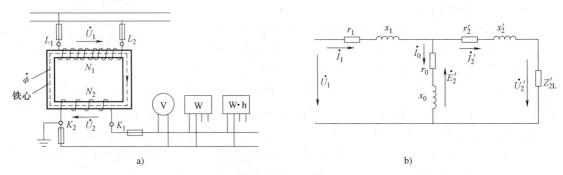

图 9-13 电磁式电压互感器的原理结构和等效电路图
a) 原理结构 b) 等效电路图

(2) 电磁式电压互感器的技术参数

1) 电磁式电压互感器的额定电压比。电压互感器一次绕组额定电压与二次绕组额定电压之比,称为其额定电压比,即

$$k_u = \frac{U_{1N}}{U_{2N}}$$

式中,U_{1N} 为电网的额定电压;U_{2N} 为已统一规定为 100V(或 $100/\sqrt{3}$ V)。

2) 电磁式电压互感器的误差。电压互感器在工作时,由于本身存在励磁损耗和内阻抗等因素的影响,使得测量结果在数值上和相位上都有差异,即测量结果存在电压误差 f_u 和相位误差 δ_u。

电压误差 f_u 是二次电压的测量值和额定电压的乘积 $k_u U_2$ 与实际一次电压 U_1 之差,对实际一次电压值的百分比,即

$$f_u = \frac{k_u U_2 - U_1}{U_1} \times 100\%$$

相位误差 δ_u 是二次电压相量 $\dot{U}_2$ 与一次电压相量 $\dot{U}_1$ 间的夹角,并规定二次侧相量超前一次侧相量为正误差,反之为负误差。

3) 电磁式电压互感器的准确级。电压互感器的准确级是在一定工况下(即规定的一次电压和二次负载变化范围内,负荷功率因数为额定值时),最大电压误差的百分数。电压互感器的准确级和用途,见表 9-4。

表 9-4　电压互感器的准确级和误差限

用途	准确级	误差限值	
		电压误差(±%)	相位差(±′)
测量	0.1	0.1	5
	0.2	0.2	10
	0.5	0.5	20
	1	1.0	40
	3	3.0	不规定
保护	3P	3.0	120
	6P	6.0	240
剩余绕组	6P	6.0	240

可见，与电流互感器相似，电压互感器的准确级是根据电压互感器电压误差 f_u 的大小划分的。对于测量级分为 0.1、0.2、0.5、1 和 3 级；对于保护级分为 3P 和 6P 级。

4）电磁式电压互感器的额定容量。电压互感器的额定容量 S_{2N} 是指在规定的最高准确级下所对应的二次容量。由于 f_u 随二次负载的增加而增大，所以同一台电压互感器在不同的准确级下具有不同的额定容量，准确级越高，对应的额定二次容量 S_{2N} 越小；反之，S_{2N} 越大。

电压互感器除了额定容量，还给出了最大容量。最大容量指电压互感器在最高工作电压下长期工作，由发热条件所决定的二次容量。只有供给对误差无严格要求的测量仪表和继电器或信号灯时，才能够让互感器工作在最大容量状态。

(3) 电磁式电压互感器的类型

1）按安装地点分为户内式（35kV 及以下）和户外式（多为 110kV 及以上）。

2）按相数分为单相式（任何电压等级）和三相式（20kV 及以下）。

3）按每相的绕组数分为双绕组（35kV 以下）、三绕组（任何电压等级）、四绕组和五绕组。

4）按绝缘分为干式（用绝缘胶浸渍，多用于屋内低压）、浇注式（用于 3～35kV 及以下的屋内式）、油浸式（多用于 110kV 及以上的屋外式）和 SF_6 气体绝缘式（多用于 110kV 及以上）。

(4) 电磁式电压互感器的运行特点

1）电压互感器一次绕组匝数很多，与被测电路并联，容量很小，类似一台小容量变压器，但结构上要求有较高的安全系数。

2）二次侧仪表和继电器的电压线圈阻抗大，电压互感器在近于空载状态下运行。

3）电压互感器二次侧严禁短路。因为电压互感器一次绕组与被测电路并联接于高压电网中，二次绕组匝数少、阻抗小，如发生短路，将产生很大的短路电流，有可能烧坏电压互感器，甚至影响一次电路的安全运行，所以电压互感器的二次侧应装设熔断器进行保护。

4）电压互感器铁心及二次绕组一端必须接地。电压互感器铁心及二次绕组接地的目的，是为了防止一、二次绕组绝缘被击穿时，一次侧的高电压窜入二次侧危及工作人员和二次设备安全。

5）电压互感器的负载容量应不大于准确级相对应的额定容量。若负载过大，则将降低电压互感器的准确级。

2. 电容式电压互感器

随着电力系统输电电压等级的不断增高，电磁式电压互感器的体积越来越大，成本随之增高。因此，研制了电容式电压互感器（CTV）。电容式电压互感器同时还可以兼作载波通信系统中的耦合电容器，其原理接线如图9-14所示。

(1) 电容式电压互感器的工作原理

电容式电压互感器实质上就是一个电容分压器，被测电源 U_1 施加到高压电容 C_1 和中压电容 C_2 上，根据电容串联分压原理（按电容量反比分压），得

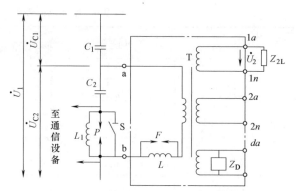

图9-14 电容式电压互感器原理接线

$$U_{C2} = \frac{C_1}{C_1+C_2} U_1 = kU_1$$

式中，k 为分压比，且 $k = C_1/(C_1+C_2)$；U_{C2} 与一次电压 U_1 成正比例变化，故可测量出相对地电压。

(2) 电容式电压互感器的特点

电容式电压互感器结构简单、质量轻、体积小、成本低，而且电压越高效果越显著。此外，分压电容还可以兼作为载波通信的耦合电容，广泛应用于110～500kV中性点直接接地系统中，作为电压测量、功率测量、继电保护及载波通信。

电容式电压互感器的缺点是输出容量小，误差较大，暂态特性不如电磁式电压互感器。

3. 电压互感器的接线方式

电压互感器在三相电路中，有如图9-15所示的几种接线方式。

1）单相电压互感器的接线方式如图9-15a所示。这种接线可以测量某两相之间的线电压，主要用于35kV及以下的中性点非直接接地电网中，用来接电压表、频率表及电压继电器等，为安全起见，二次绕组有一端接地；单相接线也可以用在中性点直接接地系统中测量相对地电压，主要用于110kV及以上中性点直接接地电网。

2）V-V接线又称为不完全星形接线，如图9-15b所示。这种接线方式用来测量线电压，即供仪表、继电器接于三相三线制电路的各个线电压，主要用于20kV及以下中性点不接地或经消弧线圈接地的电网中。它的优点是接线简单、经济，广泛应用于工厂供配电所高压配电装置中；缺点是不能测量相电压。

3）三相三柱式电压互感器Yyn接线如图9-15c所示，用于测量线电压。由于其一次绕组不能引出，不能用来监视电网对地绝缘，也不允许用来测量相对地电压。其原因在于当中性点非直接接地电网发生单相接地故障时，非故障相对地电压升高，造成三相对地电压不平衡，在铁心中产生零序磁通，由于零序磁通通过空气间隙和互感器外壳构成通路，所以磁阻大，零序励磁电流很大，造成电压互感器铁心过热甚至烧坏。

4）三相五柱式电压互感器星形-星形-开口三角形接线如图9-15d所示。这种接线方式中互感器的一次绕组、基本二次绕组均联结成星形，且中性点接地，辅助二次绕组联结成开口三角形。它既能测量线电压和相电压，又可以用作绝缘监察装置，广泛用于小接地电流电

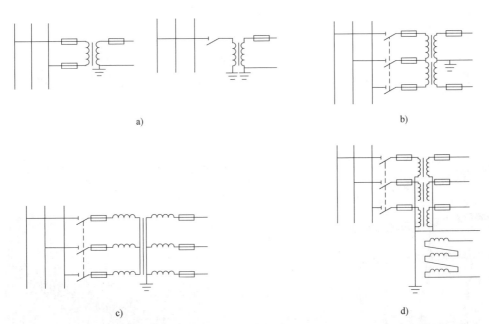

图 9-15 电压互感器的常见接线方式
a) 单相连接 b) V-V 连接 c) Yyn 连接 d) 星形-星形-开口三角形连接

网中。当系统发生单相接地故障时，三相五柱式电压互感器内产生的零序磁通可以通过两边的辅助铁心柱构成回路，由于辅助铁心柱的磁阻小，因此零序励磁电流也很小，不会烧坏互感器。

5) 三个单相三绕组电压互感器接线如图 9-15d 所示。这种连接方式主要用于 3kV 及以上电网中，用于测量线电压、相电压和零序电压。当系统发生单相接地故障时，各相零序磁通以各自的互感器铁心构成回路，对互感器本身不构成威胁。这种连接方式的辅助二次绕组也可联结成开口三角形：在 3~60kV 中性点非直接接地电网中，辅助二次绕组电压为 100/3V；在中性点直接接地电网，辅助二次绕组电压为 100V。

第六节　母线和电力电缆

彼此独立的电气设备，必须通过载流导体相连，方可构成一个有机的整体，完成电能的生产、变换、传输、分配和使用。在发电厂和变电站中，经常使用的载流导体就是母线和电力电缆。

一、母线

在发电厂和变电站各电压等级的配电装置中，将发电机、变压器等大型电气设备与各种电气装置相连接的导体，称为母线。母线的作用是汇集、分配和传输电能。母线是构成电气主系统的主要设备，包括一次设备的主母线、自用电的交流母线、直流系统的直流母线和二次系统的小母线等。发电厂和变电站中使用的母线主要有以下两种。

1. 敞露母线

敞露母线是指导体外无绝缘层或金属外壳包裹的母线。从不同角度，敞露母线可以有以

下几种分类:

1) 按照母线硬度和形态,可以分为硬母线和软母线,如图9-16和图9-17。
2) 按照母线的使用材料,可分为铜母线、铝母线、铝合金母线和钢母线。
3) 按照母线的截面形状,可分为矩形截面母线、圆形截面母线、槽形截面母线、管形截面母线、绞线圆形软母线等,如图9-18所示。

图9-16 硬母线

图9-17 软母线

2. 封闭母线

随着电力技术的提高和电力系统的发展,大容量机组被大量使用。这些大容量机组的输出电流值比较大,因而母线电动力和周围钢架的发热随之大大增加。同时,长期运行经验表明,发电机和变压器连接母线采用敞露母线时,绝缘子表面非常容易积污而造成绝缘子闪络;也会因外物而造成母线短路故障。而且大容量机组的使用,对母线运行可靠性提出了更高的要求。基于此,目前通过采用封闭母线,即用外壳将母线封闭(见图9-19)起来,来解决以上问题,提高系统可靠性。

矩形　　　　圆管形　　　　双槽形

图9-18 母线截面形状

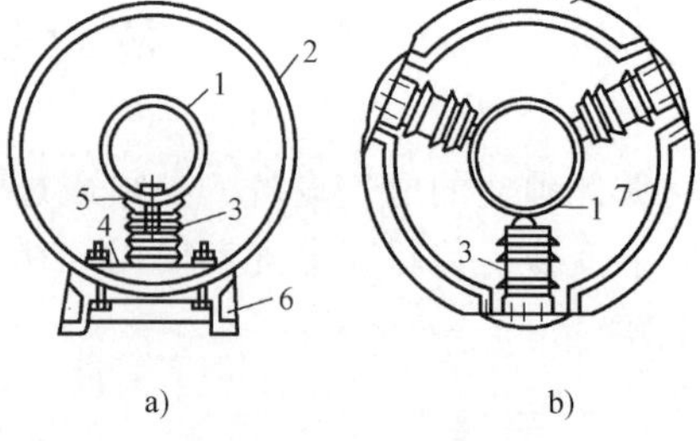

图9-19 封闭母线断面图
a) 单个柱绝缘子　b) 三个支柱绝缘子
1—载流导体　2—保护外壳　3—支柱绝缘子
4—弹性板　5—垫圈　6—底座　7—加强圈

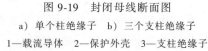

(1) 封闭母线的类型

封闭母线按照外壳结构、所用材料的不同,可分为如下几类:

1）按照外壳材料，可分为塑料外壳和金属外壳。
2）按照外壳结构形式，可分为共箱封闭母线和分相封闭母线，如图 9-20 所示。

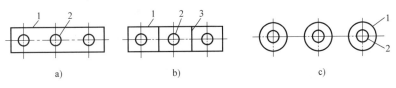

图 9-20　共箱封闭母线和分相封闭母线示意图
a）共箱封闭母线　b）有金属隔板的共箱封闭母线　c）分相封闭母线
1—外壳　2—母线　3—金属隔板

分相封闭母线是指每相导体分别用单独的铝制圆形外壳封闭。根据金属外壳各段的连接方法，可分为不全连分相封闭母线、分段全连分相封闭母线和全连式分相封闭母线。其中，全连式分相封闭母线如图 9-21 所示。由图可见，除每相外壳各段在电气上以套筒相互焊接起来外，还在三相外壳两端通过短路板相互焊接起来并接地。

（2）全连式分相封闭母线的基本结构

全连式分相封闭母线主要有载流导体、支柱绝缘子、保护外壳、金具、密封隔断装置、伸缩补偿装置、短路板和外壳支持件等构成，如图 9-21 所示。

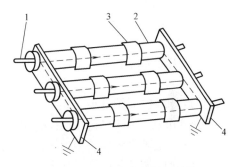

图 9-21　全连式分相封闭母线
1—母线　2—外壳　3—套筒　4—短路板

1）载流导体。一般用铝制成，采用空心结构以减小趋肤效应。当电流很大时，还可采用水内冷圆管母线。

2）支柱绝缘子。采用多棱边式结构以加长漏电距离，每个支持点可采用 1~4 个支柱绝缘子。一般分相封闭母线都采用三个支柱绝缘子的结构。三个支柱绝缘子的结构具有受力好，安装检修方便，可采用轻型绝缘子等优点。

3）保护外壳。由 5~8mm 的铝板制成圆管形，在外壳上设置检修孔与观察孔。

封闭母线在一定长度范围内，设置有焊接的伸缩补偿装置，母线导体采用多层薄铝片做成的收缩节与两端母线搭焊连接，外壳采用多层铝制波纹管与两端外壳搭焊连接。

封闭母线与设备连接处适当部位设置焊接伸缩补偿装置，母线导体与设备端子导电接触面皆采用真空离子镀银，其间用带接头的编织线铜辫作为伸缩节，外壳用橡胶伸缩套连接，同时起到密封的作用。

封闭母线靠近发电机端及主变压器接线端和厂用高压变压器接线端，采用大口径绝缘板作为密封隔断装置，并用橡胶圈密封，以保证区内的密封维持微正压运行的需要。

封闭母线除与发电机、主变压器、厂用变压器和电压互感器柜等连接外，还设有外壳短路板，并装设可靠的接地装置。

（3）全连式分相封闭母线的运行特点

全连式分相封闭母线一般采用氩气弧焊把分段的外壳焊成连续导体，三相外壳在两端用足够截面的铝板焊接起来并接地。由于三相外壳短接，而且铝壳电阻很小，所以外壳上感应产生与母线电流大小相近而方向相反的环流，由于环流的屏蔽作用，使壳外磁场减小到敞露母线的 10%以下，因此壳外钢构发热可忽略不计。当母线通过三相短路电流时，由一相电流产生的磁场，经其外壳环流屏蔽削弱后所剩余的磁场，再进入别相外壳时，还将受到该相外壳涡流的屏蔽作用，使进入壳内磁场明显减弱。由于先后二次屏蔽的结果，进入壳内磁场非常小，故作用于该相母线电动力大大减少，一般可减小到敞露母线电动力的 1/4 左右。同时，各壳间电动力也减小很多。

由以上分析看出，采用分相封闭母线后，对短路时母线间产生的电动力以及母线四周构架的发热都能起到明显的降低改善作用。

全连式分相封闭母线与敞露式相比有以下优点：

1）运行安全、可靠性高。各相的外壳相互分开，母线封闭于外壳中，不受自然环境和外物的影响，能防止相间短路，同时外壳多点接地，保证了人员接触外壳的安全。

2）由于外壳环流和涡流的屏蔽作用，使壳内磁场强度减弱，从而使短路时母线之间的电动力大为减小，可加大绝缘子间的跨距。

3）外壳环流的屏蔽作用也使壳外磁场强度减弱，显著减小了母线附近钢构中的损耗和发热。

4）运行维护工作量小。

全连式分相封闭母线的主要缺点是：

1）有色金属消耗量约增加一倍。

2）外壳产生损耗，母线功率损耗约增加一倍。

3）母线导体的散热条件较差时，相同截面母线载流量减小。

由于以上优点，全连式分相封闭母线被广泛应用在大容量机组上，目前，对于单机容量在 200MW 以上的大型发电机组，发电机与变压器之间的连接线（图 9-22）以及厂用电源和电压互感器等分支线，均采用全连式分相封闭母线。

图 9-22 发电机与变压器之间的全连式分相封闭母线

二、电力电缆

电力电缆是传输和分配电能的一种特殊电力线路，它可以直接埋在地下及敷设在电缆沟、电缆隧道中,也可以敷设在水中或海底。与架空线路相比,它具有防潮、防腐、不占地面、不占空中走廊、运行安全、可靠等优点,所以得到广泛应用。尤其是在有腐蚀性气体和易燃、易爆的场所,只能敷设电缆线路。但同时,电缆线路具有造价高、敷设麻烦、维护检修不便、难于发现和排除故障等缺点,故在使用上受到限制。电力电缆主要用于:发电厂、变电站的进出线;跨越海峡、山谷及江河地区;大城市缺少空中走廊的地区;国防等特殊需要的地区。

1. 电力电缆的基本结构

电力电缆的基本结构如图 9-23 所示,主要有以下三个基本组成部分:

1) 电缆线芯。电缆的线芯是用来传导电流的,通常由多股铜绞线或铝绞线制成。根据导体的芯数,可分为单芯、双芯、三芯和四芯电缆。

2) 绝缘层。绝缘层是用来使导体之间及导体与包皮之间相互绝缘。绝缘层使用的材料有橡胶、聚乙烯、交联聚乙烯、棉、麻、丝、绸、纸、矿物油和气体等。目前,在电压等级不高时,多采用木浆纸在油和松香混合剂中浸渍的浸渍纸。

3) 保护层。保护层是用来保护导体和绝缘层

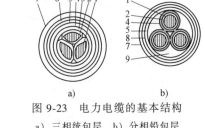

图 9-23 电力电缆的基本结构
a) 三相统包层 b) 分相铅包层
1—导体 2—相绝缘 3—纸绝缘 4—铅包皮
5—麻衬 6—钢带铠甲 7—麻被
8—钢丝铠甲 9—填充物

的,防止外力损伤、水分侵入和绝缘油外流。保护层分为内保护层和外保护层。内保护层是由铝、铅或塑料制成的包皮。外保护层由内衬层(浸过沥青的麻布、麻绳,即麻衬)、铠装层(钢带、钢丝铠甲)和外被层(浸过沥青的麻布,即麻被)组成。

2. 电力电缆的类型

电力电缆的规格很多,分类方法很多,在实际使用中,往往根据不同情况进行分类。

1) 按电压等级分。1kV 及以下为低压电缆;3kV、6kV、10kV 和 35kV 为中压电缆;60kV 及以上为高压电缆。

2) 按电缆导电线芯截面分,380V~35kV 的电缆主要有 $2.5mm^2$、$4mm^2$、$6mm^2$、$10mm^2$、$16mm^2$、$25mm^2$、$35mm^2$、$50mm^2$、$70mm^2$、$95mm^2$、$120mm^2$、$150mm^2$、$185mm^2$、$240mm^2$、$300mm^2$、$400mm^2$、$500mm^2$、$630mm^2$ 和 $800mm^2$ 共 19 种规格。

3) 按电缆芯数分,有单芯、双芯、三芯、四芯四种。

4) 按传输电能的形式分,分为直流电缆和交流电缆。

5) 按特殊需求分,有输送大容量电能的电缆、阻燃电缆和光纤复合电缆等品种。

6) 按电缆绝缘材料和结构分,有油浸纸绝缘电缆、聚氯乙烯绝缘电缆(简称塑力电缆)、交联聚乙烯绝缘电缆(简称交联电缆)、橡胶绝缘电缆、高压充油电缆。

3. 电力电缆的特点

(1) 优点

1) 不受自然气象条件(如雷电、风雨、盐雾和污秽等)的干扰。

2) 不受沿线树木生长的影响。

3) 有利于城市环境美化。

4) 不占地面走廊,同一地下通道可容纳多回线路。

5）有利于防止触电和安全用电。
6）维护费用小。

（2）缺点

1）同样的导线截面积，输送电流比架空线的小。
2）投资建设费用成倍增大，并随电压增高而增大。
3）故障修复时间较长。

三、载流导体的发热和电动力

电气设备（包括载流导体）中有电流通过时将会产生损耗，这些损耗将转变为热量使电气设备的温度升高。而发热和温升会使电气设备机械、电气性能下降，甚至损坏。

与此同时，载流导体在运行中，还会受到电动力的作用。如果电动力超过设备允许值，将会使导体变形，甚至损坏。由此可见，发热和电动力是电气设备运行中必须注意和需要定量研究的问题。

1. 载流导体的发热

电流流经载流导体时，由于载流导体的电阻损耗、周围金属构件处于交变磁场中所产生的磁滞和涡流损耗以及绝缘材料内部的介质损耗等，这些损耗最终都将引起电气设备的发热。

根据导体通过的电流大小和持续时间长短不同，可将导体发热分为长期发热和短时发热两种。长期发热是由正常运行时工作电流产生的，设备运行期间一直存在；短时发热是指故障时的短路电流在极短的时间内引起的发热。

（1）发热对电气设备的影响

电气设备在运行中所产生的热量使其自身的温度升高，而温升会给电气设备造成一些不良的影响。

1）使绝缘材料的绝缘性能降低。有机绝缘材料长期受到高温作用，将逐渐老化，以致失去弹性和降低绝缘性能。

2）使金属材料的机械强度下降。当使用温度超过规定允许值后，由于退火，金属材料机械强度将显著下降。例如，当长期发热温度超过100℃（铝）和150℃（铜），或者短时发热温度超过200℃（铝）和300℃（铜）时，金属材料抗拉强度显著下降，从而就有可能在短路电动力的作用下变形甚至损坏。

3）使导体接触部分的接触电阻增加。当发热温度超过一定值时，接触部分的弹性元件就会因退火而导致压力降低；同时，发热使导体表面氧化，产生电阻率很高的氧化层，使接触电阻增加，则会引起接触部分温度继续升高，从而产生恶性循环，破坏正常工作状态。

为了保证导体可靠地工作，其发热温度不得超过一定限值，这个限值叫作最高允许温度。按照有关规定，导体的正常最高允许温度，一般不超过70℃；在计及太阳辐射（日照）的影响时，钢芯铝绞线及管形导体，可按不超过80℃来考虑；当导体接触面处有镀（搪）锡的可靠覆盖层时，允许提高到85℃；当有银的覆盖层时，可提高到95℃。导体通过短路电流时，短时最高允许温度可高于正常最高允许温度，对硬铝及铝锰合金可取200℃，硬铜可取300℃。

（2）导体的温升过程

当导体的材料相同、截面积相等时，通常称之为均匀导体。均匀导体无电流通过时，其温度与周围环境相同。

当有工作电流通过均匀导体时，导体所产生的热量一部分用于导体温度升高，另一部分则会散失到周围的介质中去。这样，导体在不断产生热量的同时，也不断地向周围介质散发热量。直到导体单位时间所产生的热量与单位时间散失的热量相等时，导体温度将稳定到某一数值，不再变化，如图9-24中曲线AB段所示。

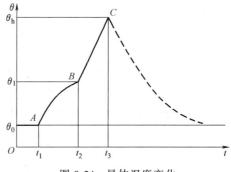

图9-24 导体温度变化

当短路电流流过导体时，由于短路电流值比正常工作电流大许多倍，而且短路电流存在时间很短。所以，数值很大的短路电流所产生的巨大热量，根本无法向周围介质散失（称为绝热过程），这些热量几乎全部用于使导体的温度升高。如图9-24中曲线BC段所示，在很短的时间（短路电流的持续时间）内，导体温度迅速升高到最高温度θ_h。

短路电流被切除后，导体温度会逐渐降至周围环境温度θ_0，其温度变化如图9-24中C点后的虚线所示。

（3）导体短时发热的相关计算

如前所述，载流导体短时发热过程中，短路电流很大，发热量巨大，且因为持续时间极短，无法向周围介质散热，导致导体温度升高很多，极有可能超过导体短时最高允许温度。因此，非常有必要完成导体短时发热的相关计算，来确定导体的最高温度。

1）短路时最高温度的计算。在实用计算中，导体短路时的最高温度可以根据$\theta = f(A)$关系曲线进行计算。如图9-25所示，图中横坐标值A是与发热有关的热状态值，纵坐标为导体温度值θ。由图9-25可见，当导体材料的温度θ值确定之后，由图中曲线即可直接查到所对应的A值。同样，已知A值时也可从曲线中找到对应的θ值。

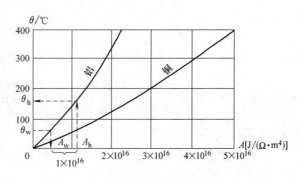

图9-25 导体$\theta = f(A)$曲线

使用图9-25曲线计算导体短路时的最高温度θ_h的步骤如下：①由已知的导体初始温度θ_w通过查取相应导体材料的曲线，查出A_w；②将A_w和Q_k值代入式（9-4），计算得到A_h；③由A_h再从$\theta = f(A)$曲线上即可查出θ_h值，即

$$A_h = \frac{1}{S^2}Q_k + A_w \tag{9-4}$$

式中，A_h为短路时的热状态值（$J/\Omega \cdot m^4$）；S为导体截面积（m^2）；A_w为初始温度θ_w所对应的热状态值（$J/\Omega \cdot m^4$）。

式（9-4）中的Q_k称为短路电流的热效应，它与短路电流产生的热量成正比，即

$$Q_k = \int_0^{t_k} i_{kt}^2 dt \tag{9-5}$$

2)短路电流热效应 Q_k 的计算。由电力系统短路计算可知,短路全电流瞬时值的表达式为

$$i_{kt} = \sqrt{2} I_{pt} \cos\omega t + i_{np0} e^{-\frac{t}{T_a}} \tag{9-6}$$

式中,I_{pt} 为 t 时刻短路电流周期分量有效值(A);i_{np0} 为短路电流非周期分量起始值(A),$i_{np0} = -\sqrt{2} I''$,其中 I'' 为短路电流周期分量在 0s 时的值;T_a 为非周期分量衰减时间常数(s)。

将 i_{kt} 的表达式代入式(9-5),可得

$$\begin{aligned} Q_k &= \int_0^{t_k} i_{kt}^2 dt = \int_0^{t_k} (\sqrt{2} I_{pt} \cos\omega t + i_{np0} e^{-\frac{t}{T_a}})^2 dt \\ &\approx \int_0^{t_k} I_{pt}^2 dt + \int_0^{t_k} i_{np0}^2 e^{-\frac{2t}{T_a}} dt \\ &= Q_p + Q_{np} \end{aligned} \tag{9-7}$$

式中,第一项积分为短路电流周期分量热效应 Q_p,第二项积分为短路电流非周期分量热效应 Q_{np}。分别计算如下:

对于短路电流周期分量热效应,可采用辛普森法进行计算,得到

$$Q_p = \int_0^{t_k} I_{pt}^2 dt = \frac{t_k}{12}(I''^2 + 10 I_{t_k/2}^2 + I_{t_k}^2) \tag{9-8}$$

由式(9-7)可得短路电流非周期分量热效应的计算式为

$$Q_{np} = \int_0^{t_k} i_{np0}^2 e^{-\frac{2t}{T_a}} dt = \frac{T_a}{2}(1 - e^{-\frac{2t_k}{T_a}}) i_{np0}^2 = \frac{T_a}{2}(1 - e^{-\frac{2t_k}{T_a}})(-\sqrt{2} I'')^2 \tag{9-9}$$

$$= T_a(1 - e^{-\frac{2t_k}{T_a}}) I''^2 = T I''^2$$

式中,T 为非周期分量的等效时间(s),其值可由表(9-5)查得。

表 9-5 非周期分量的等效时间

短路点	T/s	
	$t_k \leq 0.1$s	$t_k > 0.1$s
发电机出口及母线	0.15	0.20
发电机升高电压母线及出线、发电机电压电抗器后	0.08	0.10
变电站各级电压母线及出线	0.05	0.05

如果短路电流切除时间 $t_k > 1$s,导体的发热主要由周期分量来决定,此时非周期分量的影响可略去不计,即

$$Q_k \approx Q_p \tag{9-10}$$

例 9-1 铝导体型号为 LMY-100×8,正常工作电压 $U_N = 10.5$kV,正常负荷电流 $I_w = 1500$A。正常负荷时,导体的温度 $\theta_w = 46$℃,继电保护动作时间 $t_{pr} = 1$s,断路器全开断时间 $t_{br} = 0.2$s,短路电流 $I'' = 28$kA,$I_{0.6s} = 22$kA,$I_{1.2s} = 20$kA。计算短路电流的热效应和导体的最高温度。

解: 1)计算短路电流的热效应。短路电流通过的时间等于继电保护动作时间与断路器全开断时间之和,即

$$t_k = t_{pr} + t_{br} = (1+0.2)\text{s} = 1.2\text{s}$$

短路电流周期分量的热效应 Q_P 为

$$Q_P = \frac{t_k}{12}(I''^2 + 10I_{t_k/2}^2 + I_{t_k}^2) = \frac{1.2}{12}\times(28^2 + 10\times22^2 + 20^2)\text{A}^2\cdot\text{s} = 602.4\times10^6\text{A}^2\cdot\text{s}$$

因为短路电流切除时间 $t_k = 1.2\text{s} > 1\text{s}$,导体的发热主要由周期分量来决定,此时非周期分量的影响可略去不计。由此可得短路电流的热效应 Q_k 为

$$Q_k \approx Q_P = 602.4\times10^6\text{A}^2\cdot\text{s}$$

2)计算导体的最高温度。因为 $\theta_w = 46\text{℃}$,由图 9-25 查得 $A_w = 0.35\times10^{16}\text{J}/(\Omega\cdot\text{m}^4)$,代入式(9-4)得

$$A_h = \frac{1}{S^2}Q_k + A_w = \left[\frac{1}{\left(\frac{100}{1000}\times\frac{8}{1000}\right)^2}\times 602.4\times10^6 + 0.35\times10^{16}\right]\text{J}/(\Omega\cdot\text{m}^4) \quad (9\text{-}11)$$

$$= 0.4441\times10^{16}\text{J}/(\Omega\cdot\text{m}^4)$$

再由图 9-25 所示曲线,对应 A_h 即可查得

$$\theta_h = 60\text{℃} < 200\text{℃}(铝导体最高允许温度)$$

由此可见,导体最高温度未超过最高允许值,能满足热稳定要求。

2. 载流导体短路时的电动力

所谓电动力是指载流导体在相邻载流导体产生的磁场中所受的电磁力。载流导体之间电动力的大小,取决于通过导体电流的数值、导体的几何尺寸、形状以及各相安装的相对位置等多种因素。

当电力系统发生短路时,导体中通过很大的短路电流,导体会遭受巨大的电动力作用。如果导体机械强度不够,则巨大的电动力就会使导体变形甚至损坏。为了安全运行,需要对载流导体短路时的电动力大小进行分析和计算。

(1)两条平行导体间的电动力计算

当任意截面的两根平行导体分别通有电流 i_1 和 i_2 时,两导体间的电动力 F 根据电工学中毕奥—萨伐尔定律,可得

$$F = 2\times10^{-7}K\frac{L}{a}i_1 i_2 \quad (9\text{-}12)$$

式中,i_1、i_2 为通过导体的电流瞬时最大值(A);L 为平行导体长度(m);a 为导体轴线间距离(m);K 为形状系数。

对于矩形导体,其截面形状系数如图 9-26 所示。K 是 $\frac{a-b}{h+b}$ 和 $\frac{b}{h}$ 的函数。图中表明,当 $\frac{b}{h} < 1$,即导体竖放时,$K < 1$;当 $\frac{b}{h} > 1$,即导体平放时,$K > 1$;当 $\frac{b}{h} = 1$,即导体截面为正方形时,$K \approx 1$。当 $\frac{a-b}{h+b}$ 增

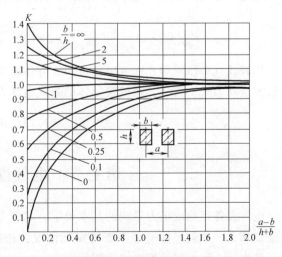

图 9-26 矩形截面形状系数

大时（即加大导体间的净距），K 趋近于 1；当 $\dfrac{a-b}{h+b} \geq 2$，即导体间的净距等于或大于截面周长时，$K=1$，可以不考虑截面形状对电动力的影响，直接应用式（9-12）计算两母线间的电动力。

对于圆形、管形导体，形状系数 $K=1$。对于槽形导体，在计算相间和同相条间的电动力时，一般均取形状系数 $K \approx 1$。

由式（9-12）可知，当发生两相短路时，平行导体之间的电动力最大，为

$$F_{\max}^{(2)} = 2 \times 10^{-7} \dfrac{L}{a} [i_{sh}^{(2)}]^2 \tag{9-13}$$

式中，$i_{sh}^{(2)}$ 为两相短路冲击电流。

（2）三相短路时平行导体间最大电动力计算

发生三相短路时，每相导体所承受的电动力等于该相导体与其他两相之间电动力的矢量和。三相导体水平布置时，由于各相导体所通过的电流不同，所以边缘相与中间相所承受的电动力也不相同。

通过分析计算，边缘相（A 相或 C 相）和中间相（B 相）导体所承受的最大电动力 $F_{A\max}$ 和 $F_{B\max}$ 分别为

$$F_{A\max} = 1.616 \times 10^{-7} \dfrac{L}{a} [i_{sh}^{(3)}]^2 \tag{9-14}$$

$$F_{B\max} = 1.73 \times 10^{-7} \dfrac{L}{a} [i_{sh}^{(3)}]^2 \tag{9-15}$$

式中，$i_{sh}^{(3)}$ 为三相短路冲击电流。

比较式（9-14）和式（9-15）可以看出，发生三相短路后，导线为三相水平布置时，中间相导体所承受的电动力最大。故计算三相短路时的最大电动力时，应该按照中间相导体所承受的电动力，也就是式（9-15）来计算。

那么，当系统中同一处发生三相短路和两相短路时，短路时三相冲击短路电流和两相冲击短路电流之比为 $2/\sqrt{3}$，故两相短路时的冲击电流为 $i_{sh}^{(2)} = \dfrac{\sqrt{3}}{2} i_{sh}^{(3)}$，则

$$F_{\max}^{(2)} = 2 \times 10^{-7} \dfrac{L}{a} [i_{sh}^{(2)}]^2 = 2 \times 10^{-7} \dfrac{L}{a} \left(\dfrac{\sqrt{3}}{2} i_{sh}^{(3)}\right)^2 = 1.5 \times 10^{-7} \dfrac{L}{a} i_{sh}^2 \tag{9-16}$$

比较式（9-15）和式（9-16）可知，导体所承受三相短路时的最大电动力比两相短路时的最大电动力大。所以，在校验导体的最大电动力时，应按照三相短路的情况来计算，即取

$$F_{\max} = 1.73 \times 10^{-7} \dfrac{L}{a} i_{sh}^2 \tag{9-17}$$

第七节　电气设备的选择

电气设备是构成电力系统的基本要素，其可靠、经济的运行是电力系统可靠运行的重要保证。那么，如何根据电力系统的实际情况，选择符合要求的电气设备，即电气设备的选择，是实际工程中需要解决的重要问题。

电力系统中，各种电气设备的功能不同、工作条件也各异，因而它们的选择项目和方法也不尽相同。但是，除了某些特殊的选择校验项目外，大多数电气设备具有必须满足的共同选择校验项目，即对它们的基本要求是一致的，这就是所谓的"电气设备选择的一般条件"。

一、电气设备选择的一般条件

电气设备要安全可靠的工作，意味着它需要在正常运行情况下稳定的运行；同时，当系统发生故障时，它也必须能够耐受短路电流带来的巨大电动力和热效应的冲击而不被损坏。因此，电气设备必须按正常工作条件进行选择，并按短路状态校验热稳定和动稳定。

1. 按正常工作条件选择电气设备

(1) 额定电压

电气设备所在电网的运行电压因调压或负荷的变化，有时会高于电网的额定电压，故所选电气设备允许的最高工作电压不得低于所接电网的最高运行电压。通常，规定一般电气设备允许的最高工作电压为设备额定电压的 1.1~1.15 倍，而电网运行电压的波动范围，一般不超过电网额定电压的 1.15 倍。因此，在选择电气设备时，一般可按照电气设备的额定电压不低于装置地点电网额定电压的条件选择，即

$$U_N \geq U_{SN} \tag{9-18}$$

(2) 额定电流

电气设备的额定电流 I_N 是指在一定周围环境温度下，长时间内设备所能允许通过的电流。选择设备时，应使所选设备额定电流 I_N 不低于所工作回路在各种可能运行方式下的最大持续工作电流 I_{max}，即

$$I_N \geq I_{max} \tag{9-19}$$

需注意的是，电气设备工作的回路不同，其最大持续工作电流 I_{max} 的计算也不同。发电机、调相机和变压器在电压降低 5% 时，出力可保持不变，故其相应回路的 I_{max} 应为发电机、调相机或变压器的额定电流的 1.05 倍；变压器有过负荷运行可能时，应按过负荷确定（1.3~2 倍变压器额定电流）；母联断路器回路一般可取母线上最大一台发电机或变压器的 I_{max}；母线分段电抗器的 I_{max} 应为母线上最大一台发电机跳闸时，保证该段母线负荷所需的电流，或最大一台发电机额定电流的 50%~80%；出线回路的 I_{max} 除考虑正常负荷电流外，还应考虑事故时由其他回路转移过来的负荷。

(3) 环境条件

当电气设备安装地点的环境条件（如温度、风速、污秽等级和海拔等）超出了一般电气设备使用条件时，应采取相应措施，以保证设备安全可靠的运行。

1) 海拔。通常非高原型的电气设备使用环境的海拔不超过 1000m，当地区海拔超过制造厂家的规定值时，由于大气压力、空气密度和湿度相应减少，使空气间隙和外绝缘的放电特性下降。一般当海拔在 1000~3500m 范围内，若海拔比厂家规定值每升高 100m，则电气设备允许最高工作电压要下降 1%。当最高工作电压不能满足要求时，应采用高原型电气设备，或采用外绝缘高一个电压等级的产品。对于 110kV 及以下电气设备，由于外绝缘裕度较大，可在海拔 2000m 以下使用。

2) 温度。我国生产的电气设备一般使用的额定环境温度 $\theta_0 = 40℃$，如周围环境温度高

于40℃（但≤60℃）时，其允许电流一般可按每增高1℃，额定电流减少1.8%进行修正；当环境温度低于40℃时，环境温度每降低1℃，额定电流可增加0.5%，但其最大电流不得超过额定电流的20%。

此外，还应按照电器设备的装置地点、使用条件、检修、运行和环境保护（电磁干扰、噪声）等要求，对电气设备进行种类（屋内或屋外）和型式（防污、防爆和湿热等）的选择。

2. 按短路情况校验

（1）短路热稳定校验

短路电流通过电气设备时，电气设备各部件温度（或发热效应）应不超过允许值。满足热稳定的条件为

$$I_t^2 t \geq Q_k \tag{9-20}$$

式中，Q_k 为短路电流产生的热效应；I_t、t 分别为电气设备允许通过的热稳定电流和时间。

（2）短路动稳定校验

动稳定是电气设备承受短路电流产生的机械效应的能力。满足动稳定校验的条件为

$$i_{es} \geq i_{sh} \tag{9-21}$$

式中，i_{sh} 为短路冲击电流幅值；i_{es} 为电气设备允许通过的动稳定电流的幅值。

同时，应按电气设备在特定的工程安装使用条件，对电气设备的机械负荷能力进行校验，即电气设备的端子允许荷载应大于设备引线在短路时的最大电动力。

（3）可以不校验热稳定或动稳定的几种情况

1）用熔断器保护的电气设备，其热稳定由熔断时间保证，故可不校验热稳定。

2）采用有限流电阻的熔断器保护的设备，可不校验动稳定。

3）装设在电压互感器回路中的裸导体和电气设备可不校验动、热稳定。

二、常见电气设备的选择项目

在电气设备的一般选择条件的基础上，各种电气设备还具有一些自身工作特性所决定的特殊选择校验项目，见表9-6。

表9-6 电气设备选择校验项目

序号	电气设备名称	额定电压 /kV	额定电流 /A	额定容量 /kVA	机械荷载 /N	额定开断电流 /kA	短路稳定	
							热稳定	动稳定
1	高压断路器	✓	✓		✓	✓	✓	✓
2	隔离开关	✓	✓				✓	✓
3	负荷开关	✓	✓			✓	✓	✓
4	熔断器	✓	✓			✓		
5	电压互感器	✓		✓				
6	电流互感器	✓	✓				✓	✓
7	限流电抗器	✓	✓				✓	✓
8	消弧线圈	✓	✓	✓				
9	避雷器	✓		✓				
10	穿墙套管	✓	✓		✓		✓	✓

三、电气设备选择举例

在前文知识的基础上,以高压断路器和隔离开关为例,说明电气设备选择的具体实现过程。

1. 高压断路器的选择

高压断路器是发电厂和变电站中重要的开关电器,在系统中,承担着正常运行时的控制作用和发生故障时的保护作用。为了确保能够可靠地实现以上作用,高压断路器需要完成以下技术参数的选择和校验。

(1) 额定电压选择

$$U_N \geq U_{SN}$$

(2) 额定电流选择

$$I_N \geq I_{max}$$

(3) 额定开断电流选择

断路器额定开断电流 I_{Nbr} 应不小于其触头刚刚分开时的短路电流有效值 I_k,即

$$I_{Nbr} \geq I_k$$

对于一般中小型发电厂和变电站采用非快速动作断路器(开断时间≥0.1s),短路电流非周期分量衰减较多,可不计非周期分量影响,简化用短路电流周期分量在0s时的有效值 I'' 校验断路器的开断能力,即

$$I_{Nbr} \geq I''$$

在中大型发电厂(125MW及以上机组)和枢纽变电站使用快速保护和高速断路器,其开断时间<0.1s,当在电源附近短路时,短路电流的非周期分量可能超过周期分量的20%,需要用短路全电流有效值 I_k 校验断路器的开断能力,即

$$\left. \begin{array}{l} I_{Nbr} \geq I'_k \\ I'_k = \sqrt{I_{pt}^2 + \left(\sqrt{2}I'' e^{-\frac{\omega t'_k}{T_a}}\right)^2} \end{array} \right\}$$

式中,I_{pt} 为开断瞬间短路电流周期分量有效值,当开断时间<0.1s时,$I_{pt} \approx I''$;T_a 为非周期分量衰减时间常数,$T_a = x_\Sigma / r_\Sigma$,其中 x_Σ、r_Σ 分别为电源至短路点的等效总电抗和总电阻。

(4) 短路关合电流选择

在断路器合闸之前,若线路上已存在短路故障,则在断路器合闸过程中,动、静触头间在未接触时即有巨大的短路电流通过(预击穿),更容易发生触头熔焊和遭受电动力的损坏;且断路器在关合短路电流时,不可避免地在接通后又自动跳闸,此时还要求能够切断短路电流。因此,额定关合电流是断路器的重要参数之一。为了保证断路器在关合短路时的安全,断路器的额定短路关合电流 i_{Ncl} 不应小于短路电流最大冲击值 i_{sh},即

$$i_{Ncl} \geq i_{sh}$$

(5) 热稳定校验

$$I_t^2 t \geq Q_k$$

(6) 动稳定校验

$$i_{es} \geq i_{sh}$$

2. 隔离开关的选择

隔离开关与断路器相比,在额定电压、电流的选择及短路动、热稳定校验的项目相同。但由于隔离开关没有灭弧装置,不能用来接通和断开负荷电流及短路电流,故无须进行开断电流和短路关合电流的选择,即

(1) 额定电压选择

$$U_N \geqslant U_{SN}$$

(2) 额定电流选择

$$I_N \geqslant I_{max}$$

(3) 热稳定校验

$$I_t^2 t \geqslant Q_k$$

(4) 动稳定校验

$$i_{es} \geqslant i_{sh}$$

例 9-2 试选择容量为 25MW、$U_N = 10.5\text{kV}$、$\cos\varphi = 0.8$ 的发电机出口断路器及回路的隔离开关。已知发电机出口短路电流值为 $I'' = 26.4\text{kA}$、$I_{2.01} = 29.3\text{kA}$、$I_{4.02} = 29.5\text{kA}$,主保护时间 $t_{pr1} = 0.05\text{s}$,后备保护时间 $t_{pr2} = 3.9\text{s}$,配电装置内最高室温为 43℃。

解: 发电机最大持续工作电流为

$$I_{max} = \frac{1.05 P_N}{\sqrt{3} U_N \cos\varphi} = \frac{1.05 \times 25 \times 10^3}{\sqrt{3} \times 10.5 \times 0.8}\text{A} = 1804\text{A}$$

根据发电机回路的 U_{NS}、I_{max} 及断路器安装在屋内的要求,查附录 B,可选 SN10-10Ⅲ/2000 型少油断路器,固有分闸时间 t_{in} 和燃弧时间 t_a 均为 0.06s。

短路热稳定计算时间为

$$t_k = t_{pr2} + t_{in} + t_a = 3.9\text{s} + 0.06\text{s} + 0.06\text{s} = 4.02\text{s}$$

由于 $t_k > 1\text{s}$,不计非周期热效应。短路电流的热效应 Q_k 等于周期分量热效应 Q_P,即

$$Q_k = \frac{I''^2 + 10 I_{tk/2}^2 + I_{tk}^2}{12} t_k = \frac{26.4^2 + 10 \times 29.3^2 + 29.5^2}{12} \times 4.02(\text{kA})^2 \cdot \text{s} = 3401(\text{kA})^2 \cdot \text{s}$$

短路开断时间为 $t'_k = t_{pr1} + t_{in} = 0.05\text{s} + 0.06\text{s} = 0.11\text{s} > 0.1\text{s}$,故用 I'' 校验 I_{Nbr}。

冲击电流为

$$i_{sh} = 1.9\sqrt{2} I'' = 2.69 \times 26.4\text{kA} = 71.0\text{kA}$$

表 9-7 列出断路器、隔离开关的有关参数,并与计算数据进行比较。由表 9-7 可见所选 SN10-10Ⅲ/2000 型断路器、GN2-10/2000 型隔离开关合格。

表 9-7 断路器、隔离开关的有关参数

计算数据		SN10-10Ⅲ/2000 型断路器		GN2-10/2000 型隔离开关	
U_{NS}	10kV	U_N	10kV	U_N	10kV
I_{max}	1804A	I_N	2000A*	I_N	2000A*
I''	26.4kA	I_{Nbr}	43.3kA	—	
i_{sh}	71.0kA	I_{Ncl}	130kA	—	
Q_k	3401(kA)²·s	$I_t^2 \cdot t$	43.3²×4=7499(kA)²·s	$I_t^2 \cdot t$	51²×5=13005(kA)²·s
i_{sh}	71.0kA	i_{es}	130kA	i_{es}	85kA

* 按最高室温 43℃ 修正后的长期发热允许电流 $I_{a143℃} = (1 - 3 \times 0.018) \times 2000\text{A} = 1892\text{A} > 1804\text{A}$。

第八节 小　　结

　　电气设备是构成电力系统的基本要素，也是保证电力系统可靠运行的关键所在。所有的电气设备按照其在电力系统中起的作用不同，可分为一次设备和二次设备。其中，一次设备是指完成电能的生产、变换、传输、分配和使用的电气设备，也是本章主要的讲授内容。

　　本章介绍了发电机、变压器、高压断路器、隔离开关、电流互感器、电压互感器、母线和电力电缆等一次设备，重点阐述了它们的工作原理、基本结构、主要作用、技术参数以及运行特性等内容。

　　在此基础上，本章最后简要介绍了电气设备选择的一般原则，并通过高压断路器的选择算例，呈现了电气设备选择的具体操作过程。

第九节　思考题与习题

1. 何谓电气一次设备和二次设备？其主要作用分别是什么？
2. 同步发电机的基本工作原理是什么？
3. 变压器的主要作用是什么？有哪些常见类型？
4. 开关电器有哪些类型？分别具有什么样的功能？
5. 高压断路器和隔离开关在结构上有何区别？在电力系统中各有什么作用？
6. 高压断路器有哪些主要技术参数？表征其开断能力的技术参数是什么？
7. SF_6 断路器有何特性？
8. 电流互感器和电压互感器的主要作用各是什么？
9. 电流互感器的二次侧能接熔断器吗？为什么？
10. 什么是电压互感器的误差？电压互感器的常用接线方式有哪几种？
11. 三相三柱式电压互感器能否测量相电压？为什么？
12. 母线有何作用？分相封闭母线有什么特点？
13. 作为重要的载流导体，电力电缆的基本结构是什么？
14. 引起导体发热的原因有哪些？发热会对电气设备造成哪些影响？
15. 何为导体的短时发热？短时发热有哪些特点？
16. 电气设备选择的一般原则是什么？如何校验电气设备的热稳定和动稳定？
17. 所有电气设备都需要校验热稳定和动稳定吗？为什么？

第十章 电气主接线

性能可靠的电气设备，必须通过载流导体相互连接构成回路，才能实现电能的传输、分配和使用。那么，各种各样彼此独立的电气设备，如何连接起来更可靠、更合理、更有利于电能的传输、分配和使用呢？这便是电气主接线方式致力于解决的问题。

将电气一次设备（主设备）按照设计要求连接而成的回路，称为电气一次接线，也叫电气主接线。它不仅能够反映出各种电气设备之间的连接方式和相互关系，更是直接影响到配电装置布置、供电可靠性和运行灵活性等问题，对于发电厂、变电站的安全、可靠和经济运行至关重要。

本章重点讲授电气设备之间基本的连接方式，即电气主接线的基本接线形式；并在此基础上，分析发电厂、变电站的典型电气主接线；最后，简单介绍配电装置的基本知识。

第一节 概 述

电气主接线表示了发电厂、变电站中高电压、大电流的电气一次部分的主体结构，是电力系统网络结构的重要组成部分。电气主接线对发电厂和变电站的安全、可靠和经济运行起着重要作用。图 10-1 是具有两种电压等级（发电机电压及升高电压）的发电厂电气主接线图。

一、电气主接线的基本要求

1. 保证供电的可靠性

1）断路器检修时，不宜影响对系统供电。

2）线路、断路器或母线故障时以及母线或母线隔离开关检修时，尽量减少停运出线回路数和停电时间，并能保证对全部Ⅰ类及全部或大部分Ⅱ类用户的供电。

3）尽量避免发电厂或变电站全部停电的可能性。

4）大型机组突然停运时，不应危及电力系统稳定运行。

2. 保证运行的灵活性

1）操作的方便性：可以方便地投入、切除或停运机组、变压器或开关设备，以满足供电要求。

2）调度的方便性：运行方式多，能适应各种工作情况（故障或检修）的转换。

3）扩建的方便性：考虑到电力负荷的增长，方便日后扩建。

3. 力求投运的经济性

1）节省一次投资：节约设备，选用合理的设备，简化控制和保护。

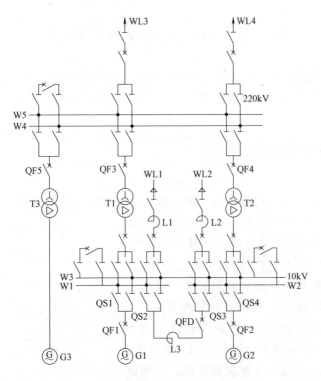

图 10-1 某发电厂的电气主接线图

2）占地面积少：合理选择主变压器、断路器、配电装置布置方式等，以优化设备配置，减小占地面积。

3）电能损耗少：尽量避免两次变压，减少电能损失。

二、主接线的基本接线形式及其分类

所谓电气主接线的基本接线形式是指主要电气设备典型的、常用的连接方式，其构成的基本要素有电源（或进线）、出线（或馈线）和开关电器，即所有电气主接线的基本形式，都必然有以上三个基本要素。

由于各个发电厂或变电站的出线回路数和电源数不同，且每路馈线所传输的功率也不一样，因而为便于电能的汇集和分配，在进出线数较多时（一般超过 4 回），采用汇流母线（汇集和分配电能）作为中间环节，可使接线简单清晰，运行方便，有利于安装和扩建。

而无汇流母线的接线使用电气设备较少，配电装置占地面积较小，通常用于进出线回路少，不再扩建和发展的发电厂或变电站。

综上，主接线的基本接线形式根据有无母线分为两大类：有汇流母线的接线形式和无汇流母线的接线形式，如图 10-2 所示。

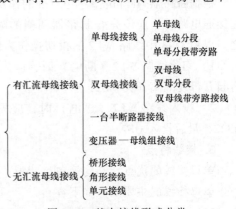

图 10-2 基本接线形式分类

第二节　有汇流母线的基本接线

本节以有汇流母线的基本接线为主要研究对象，从接线构成、主要运行方式和基本倒闸操作、接线特点（优点和缺点）和适用情况等方面，逐一介绍有汇流母线接线的基本接线形式。

一、单母线无分段接线

1. 接线构成

图 10-3 所示为单母线无分段接线，各电源和出线都接在同一条公共母线 W 上，其供电电源在发电厂是发电机或变压器，在变电站是变压器或高压进线回路。母线既可以保证电源并列工作，又能使任一条出线都可以从任一电源获得电能。

每条回路中都装有断路器和隔离开关，紧靠母线侧的隔离开关（如 QS21）称为母线隔离开关；靠近线路侧的隔离开关（如 QS22），称为线路隔离开关。其中，断路器因具有开合电路的专用灭弧装置，可以开断或闭合负荷电流和开断短路电流，故用以接通或断开电路。隔离开关用于隔离电源，通常装设在断路器可能有电源来袭的一侧。若馈线的用户侧没有电源时，断路器通往用户的那一侧可以不装设线路隔离开关。但是由于其费用不高，为了阻止

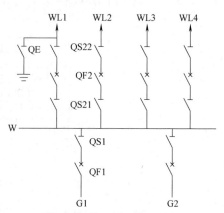

图 10-3　单母线无分段接线

过电压的侵入或用户起动自备柴油发电机的误倒送电，也可以装设隔离开关。QE 是接地隔离开关，用于线路检修时替代临时安全接地线的作用。

2. 基本倒闸操作

发电厂和变电站电气设备有运行、备用和检修三种工作状态。由于正常供电的需要或故障的发生，而转换设备工作状态的操作称为"倒闸操作"。倒闸操作正确与否，直接影响系统安全运行。

根据断路器 QF 和隔离开关 QS 的作用不同，在倒闸操作中必须严格遵守下列操作顺序：在接通电路时，应该先合断路器两侧的隔离开关，再合断路器；而断开电路的时候，则反之。以图 10-3 中线路 WL2 的投切操作为例，倒闸操作顺序如下：

1) 切除线路 WL2（断电）时，应先断开断路器 QF2，再断开线路隔离开关 QS22，最后断开母线隔离开关 QS21。

2) 投入线路 WL2（送电）时，应先合上母线隔离开关 QS21，再合上线路隔离开关 QS22，最后投入 QF2。

3. 接线特点

单母接线的优点：结构简单、清晰、设备少、投资小、运行操作方便且有利于扩建。

单母接线的主要缺点如下：

1) 母线或母线隔离开关检修时，连接在母线上的所有回路都将停止工作。

2）当母线或母线隔离开关上发生短路故障或断路器靠母线侧绝缘套管损坏时，所有断路器都将自动断开，造成全部停电。

3）检修任一电源或出线断路器时，该回路必须停电。

4. 适用情况

因单母线无分段接线可靠性差，一般只用在出线回路少，并且没有重要负荷的发电厂和变电站中。

为了克服以上缺点，可采用将母线分段和加旁路母线的措施。

二、单母线分段接线

1. 接线构成

图 10-4 所示为单母线分段接线：用分段断路器 QFD 将单母线进行分段，将电源（进线）和用户（出线）较为均衡地分配在两段母线上，以缩小事故停电范围，进而提高供电可靠性和灵活性。分段的数目，取决于电源数量和容量。理论上，段数分得越多，故障时停电范围越小。但使用断路器的数量也越多，且配电装置和运行也越复杂，故通常以 2~3 段为宜。

2. 接线特点

单母线分段接线的优点在于可提高供电的可靠性和灵活性。对于重要用户可以从不同段引出两回馈电线路，由两个电源供电。在分段断路器 QFD 接通运行时，当一段母线发生短路故障，在继电保护作用下，分段断路器 QFD 自动将故障段隔离，保证非故障段母线不间断供电，缩小了母线故障的停电范围，保证了重要用户的供电。

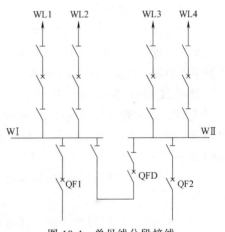

图 10-4　单母线分段接线

通常，为了限制短路电流，简化继电保护，在降压变电站中，采用单母分段接线时，低压侧母线分段断路器常处于断开状态，电源是分列运行的。为了防止因电源断开而引起的停电，应该在分段断路器 QFD 上装设备用电源自动投入装置，在任一分段的电源断开时，将 QFD 自动接通。

但是，该接线依然存在缺点：

1）当一段母线或母线隔离开关故障或检修时，必须断开接在该分段上的全部电源和出线，这样就减少了系统的发电量，并使该段单回路供电的用户停电。

2）任一出线断路器检修时，该回路必须停止工作。

在可靠性要求不高时，或者在工程分期实施时，为了降低设备费用，也可使用一组或两组隔离开关进行分段，任一段母线故障时，将造成两段母线同时停电，在判别故障后，拉开分段隔离开关，完好段即可恢复供电。

3. 适用情况

单母线分段接线，虽然较单母线接线提高了供电可靠性和灵活性，但当电源容量较大和出线数目较多，尤其是单回路供电的用户较多时，其缺点更加突出。因此，一般认为单母线分段接线应用在 6~10kV，出线在 6 回及以上时，每段所接容量不宜超过 25MW；应用在 35~66kV 时，出线回路不宜超过 8 回；应用在 110~220kV 时，出线回路不宜超过 4 回。

三、双母线无分段接线

1. 接线构成

图 10-5 所示为双母线无分段接线，其有两组母线，并且可以互为备用，每一电源和出线回路，都装有一台断路器，通过两组母线隔离开关，可分别与两组母线连接。两组母线之间通过母线联络断路器（简称母联断路器）QFC 来实现连接。

2. 基本倒闸操作

双母线接线通过两组母线隔离开关的倒闸操作，可以实现轮流检修一组母线而不使供电中断，该操作称为倒母线操作。

倒母线操作步骤必须正确，以图 10-5 为例，欲检修工作母线 W1，可把全部电源和线路倒换到备用母线 W2 上，步骤如下：

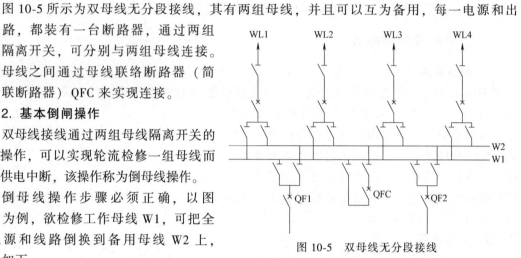

图 10-5　双母线无分段接线

1) 先合上母联断路器两侧的隔离开关，再合母联断路器 QFC，向备用母线充电（两组母线等电位）。

2) 为保证不中断供电，按"先通后断"原则进行操作，即先接通备用母线上的隔离开关，再断开工作母线上的隔离开关。

3) 完成母线转换后，再断开母联断路器 QFC 及其两侧的隔离开关，即可使原工作母线退出运行进行检修。

3. 接线特点

双母线接线有两组母线，使运行的可靠性和灵活性大为提高。

（1）供电可靠

通过两组母线隔离开关的倒闸操作，可以轮流检修一组母线而不致使供电中断。一组母线故障后，能迅速恢复供电。检修任一回路的母线隔离开关时，只需断开此隔离开关所属的一条电路和与此隔离开关相连的该组母线，其他电路均可通过另一组母线继续运行。

（2）调度灵活

各个电源和各回路负荷可以任意分配到某一组母线上，能灵活地适应电力系统中各种运行方式调度和潮流变化的需要；通过倒闸操作可以组成各种运行方式。

1) 当母联断路器断开，一组母线运行，另一组母线备用，全部进出线均接在运行母线上，即相当于单母线运行。

2) 两组母线同时工作，并且通过母联断路器并联运行，电源与负荷平均分配在两组母线上，称之为固定连接方式运行。这也是目前运行中最常采用的运行方式，它的母线继电保护相对比较简单。

3）有时为了系统的需要，亦可将母联断路器断开（处于热备用状态），两组母线同时运行。此时，这个电厂相当于分为两个电厂各向系统送电。这种运行方式常用于系统最大运行方式时，以限制短路电流。

（3）扩建方便

双母线接线还可以完成一些特殊功能。例如：用母联断路器与系统进行同期或解列操作；当个别回路需要单独进行试验时（如发电机或线路检修后需要试验），可将该回路单独接到备用母线上运行；当线路利用短路方式熔冰时，亦可用一组备用母线作为熔冰母线，不致影响其他回路工作等。

4. 适用情况

由于双母线接线有较高的可靠性，广泛用于：进线回路数较多、出线带电抗器的 6~10kV 配电装置；35~60kV 且出线数超过 8 回，或连接电源较大、负荷较大时；110~220kV 且出线数为 5 回及以上配电装置。

四、双母线分段接线

1. 接线构成

在双母线无分段接线的基础上，为了进一步缩小母线故障时的停电范围，也可对母线进行分段，即形成双母线分段接线，如图 10-6 所示。用分段断路器 QFD 将工作母线分为 WⅠ段和 WⅡ段，每段工作母线用各自的母联断路器与备用母线 W2 相连，电源和出线回路均匀地分布在两段工作母线上。

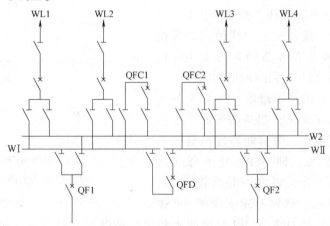

图 10-6 双母线分段接线

2. 接线特点

双母线分段接线比双母线接线的可靠性更高。在具备双母线无分段接线优点的基础上，还可缩小母线故障时的停电范围。当一段工作母线发生故障后，在继电保护作用下，分段断路器先自动跳开，而后将故障段母线所连的电源回路的断路器跳开，该段母线所连的出线回路停电；随后，将故障段母线所连的电源回路和出线回路切换到备用母线上，即可恢复供电。这样，只是部分线路短时停电。

3. 适用情况

双母线分段接线较多用于 220kV 配电装置，当进出线数为 10~14 回时，采用三分段

（仅一组母线用断路器分段），15 回及以上时，采用四分段（二组母线均用断路器分段）；同时在 330~500kV 大容量配电装置中，出线为 6 回及以上时，一般也采用类似的双母线分段接线。

在 6~10kV 配电装置中，当进出线回路数或母线上电源较多，输送和通过功率较大时，为限制短路电流，以选择轻型设备，并为提高接线的可靠性，常采用双母线三或四分段接线，并在分段处加装母线电抗器。

五、带旁路母线的单母线和双母线接线

单母线和双母线接线通过不断地改进，供电可靠性得到了极大的提高。但是，"检修任一电源或出线断路器时，该回路必须停电"的问题依然未能解决。

断路器经过长期运行和切断数次短路电流后都需要进行检修，那么为了解决单母线和双母线的配电装置，在检修断路器时该回路必须停电的问题，可采用增设旁路母线的方法，即增加一条称为"旁路母线"的母线。正常运行时，该母线不带电；在检修某一回路断路器时，可以将该回路转移到旁路母线上，并由旁路断路器代替检修断路器工作，从而实现不停电检修回路断路器。

1. 单母线分段带旁路母线的接线

（1）接线构成

如图 10-7 所示是单母线分段带专用旁路断路器的旁路母线接线。接线中设有旁路母线 WP、旁路断路器 QFP 及母线旁路隔离开关 QSPⅠ、QSPⅡ、QSPP，此外在各出线回路的线路隔离开关的外侧都装有旁路隔离开关 QSP1、QSP2，使旁路母线可以和各出线回路相连。

在正常工作时，旁路断路器 QFP 以及各出线回路上的旁路隔离开关，都是断开的，旁路母线 WP 不带电。通常，旁路断路器两侧的隔离开关处于合闸状态，即 QSPP 处于合闸状态，而 QSPⅠ、QSPⅡ 二者之一是合闸状态，另一个则为开断状态，例如 QSPⅠ 合闸、QSP

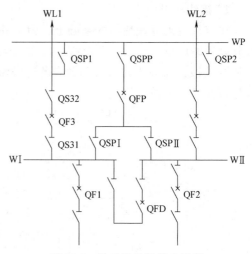

图 10-7 单母线分段带专用旁路断路器的旁路母线接线

Ⅱ分闸，则旁路断路器 QFP 对 WⅠ段母线上各出线断路器的检修处于随时待命的"热备用"状态。

（2）基本倒闸操作

当出线 WL1 的断路器 QF3 要检修时，QSPⅠ处于合闸状态（若属分闸状态，则与 QSPⅡ切换），则合上旁路断路器 QFP，检查旁路母线 WP 是否完好。如果旁路母线有故障，QFP 在合上后会自动断开，就不能使用旁路母线；如果旁路母线是完好的，QFP 在合上后不跳开，就能进行退出运行中的 QF3 操作，即合上出线 WL1 的旁路隔离开关 QSP1（两端为等电位），然后断开出线 WL1 的断路器 QF3，再断开其两侧的隔离开关 QS32 和 QS31，由旁路断路器 QFP 代替断路器 QF3 工作。QF3 便可以检修，而出线 WL1 的供电不致中断。

在上述的操作过程中，当检查到旁路母线完好后，可先断开旁路断路器 QFP，用出线旁

路隔离开关 QSP1，对空载的旁路母线合闸，然后再合上旁路断路器 QFP，之后再进行退出 QF3 的操作。这一操作虽然增加了操作程序，却可以避免万一在倒闸过程中，QF3 事故跳闸下，QSP1 带负荷合闸的危险，确保操作的安全。

（3）分段断路器兼作旁路断路器的接线

上述专用旁路断路器的旁路母线接线极大地提高了供电可靠性，但增加了一台旁路断路器的投资。在可靠性能够得到保证的情况下，可用分段断路器兼作旁路断路器，从而减少设备，节省投资。

图 10-8 所示是分段断路器兼作旁路断路器的旁路母线接线。该接线方式在正常工作时按单母线分段运行，旁路母线 WP 不带电，即分段断路器 QFD 的旁路母线侧的隔离开关 QS3 和 QS4 断开，主母线侧的隔离开关 QS1 和 QS2 接通，分段断路器 QFD 接通。

不停电检修出线断路器的操作：当 WⅠ段母线上的出线断路器要检修时，为了使 WⅠ、WⅡ段母线能保持联系，先合上分段隔离开关 QSD，然后断开断路器 QFD 和隔离开关 QS2，再合上隔离开关 QS4，然后合上 QFD。如果旁路母线是完好的，QFD 不会跳开，则可以合上该出线的旁路隔离开关，最后断开要检修的出线断路器及其两侧的隔离开关，验明无电，挂接地线（合接地隔离开关）后，即可对该出线断路器进行检修。

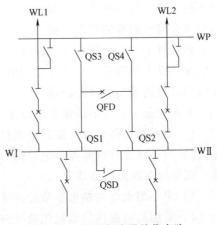

图 10-8 分段断路器兼作旁路断路器的旁路母线接线

（4）接线特点

单母线分段带旁路母线的接线，在单母线分段接线的基础上增设旁路母线，有效地解决了线路断路器检修该回路要停电的问题，从而提高了供电可靠性。

2. 双母线带旁路母线的接线

双母线接线也可以通过增设旁路母线，用旁路断路器替代检修中的回路断路器工作，从而实现该回路不停电。图 10-9 为双母线带旁路母线的接线，可以设专用旁路断路器，如图 10-9a 所示。也可以用旁路断路器兼作母联断路器，或用母联断路器兼作旁路断路器，分别如图 10-9b、c 所示。

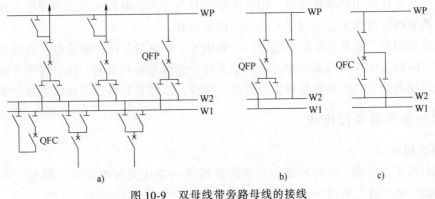

图 10-9 双母线带旁路母线的接线

3. 旁路母线的设置原则

（1）110kV 及以上高压配电装置

110kV 及以上高压配电装置，电压等级高，输送功率较大，送电距离较远，停电影响较大，不允许因检修断路器而长期停电，故需设置旁路母线，从而使检修与它相连的任一回路的断路器时，该回路便可以不停电，提高了供电的可靠性。

当 110kV 出线在 6 回及以上、220kV 出线在 4 回及以上时，宜采用带专用旁路断路器的旁路母线。

带有专用旁路断路器的接线，多装设了价高的断路器和隔离开关，增加了投资，然而这对于接入旁路母线的线路回数较多，且对供电可靠性有特殊需要的场合是十分必要的。不采用专用旁路断路器的接线，虽然可以节约建设投资，但是检修出线断路器的倒闸操作十分繁杂，而且对于无论是单母线分段接线或双母线接线方式，在检修期间均处于单母线不分段运行状况，极大地降低了可靠性。在出线回数较少的情况下，也可为节省投资，采用母联断路器或分段断路器与旁路断路器之间互相兼用的带旁路母线的接线方式。

下列情况下，可不设置旁路设施：

1）当系统条件允许断路器停电检修时（如双回路供电的负荷）。
2）当接线允许断路器停电检修时（每条回路有 2 台断路器供电，如角形、一台半断路器、双母线双断路器接线等）。
3）中小型水电站枯水季节允许停电检修出线断路器。
4）采用高可靠性的六氟化硫（SF_6）断路器及全封闭组合电器（GIS）时。

（2）35~60kV 配电装置

35~60kV 配电装置，采用单母线分段且断路器无停电检修条件时，可设置不带专用旁路断路器的旁路母线；当采用双母线接线时，不宜设置旁路母线，有条件时可设置旁路隔离开关；当采用 35kV 单母线手车式成套开关柜时，由于断路器可迅速置换，故可不设置旁路设施。

（3）6~10kV 配电装置

6~10kV 配电装置，一般不设旁路母线，特别是采用手车式成套开关柜时，由于断路器可迅速置换，可不设置旁路设施。而 6~10kV 单母线接线及单母线分段接线且采用固定式成套开关柜的情况，由于容易增设旁路母线，故可考虑装设。

此外，在其他情况下也可设置旁路母线。例如：出线回路数多，断路器停电检修机会多；多数线路系统向用户单独供电，用户内缺少互为备用的电源，不允许停电；均为架空出线，雷雨季节跳闸次数多，增加了断路器的检修次数。

需要强调的是，随着高压配电装置广泛采用 SF_6 断路器及国产断路器、隔离开关的质量逐步提高，同时系统备用容量增加、电网结构趋于合理与联系紧密、保护双重化的完善以及设备检修逐步由计划向状态检修过渡，为简化接线，总的趋势将逐步取消旁路设施。

六、一台半断路器接线

1. 接线构成

每两个元件（出线、电源）用 3 台断路器构成一串接至两组母线，称为一台半断路器接线，又称 3/2 接线，如图 10-10 所示。

在一串中,两个元件(进线、出线)各自经一台断路器接至不同母线,两回路之间的断路器称为联络断路器,如 QF2。

运行时,两组母线和同一串的三台断路器都投入工作,称为完整串运行,形成多环状供电,具有很高的可靠性。

一台半断路器接线配置中,通常有以下两条原则:

1)电源线宜与负荷线配对成串,即要求采用在同一个"断路器串"上配置一条电源回路和一条出线回路,以避免在联络断路器发生故障时,使两条电源回路或两条出线回路同时被切除。

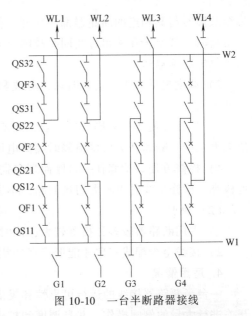

图 10-10 一台半断路器接线

2)配电装置建设初期仅两串时,同名回路宜分别接入不同侧的母线,进出线应装设隔离开关。当一台半断路器接线达三串及以上时,同名回路可接于同一侧母线,进出线不宜装设隔离开关。

2. 一台半断路器接线的配置方式

一台半断路器接线在实际使用中,根据电源(变压器)和出线的配置情况不同,有以下两种配置方式:图 10-11a 所示为电源(变压器)和出线相互交叉;图 10-11b 所示为非交叉接线(或称常规接线)。

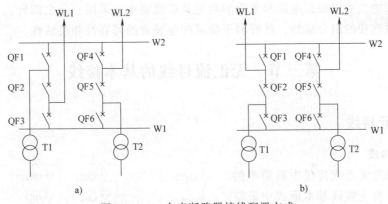

图 10-11 一台半断路器接线配置方式

交叉接线比非交叉接线具有更高的可靠性。交叉接线的配电装置的布置比较复杂,需增加一个间隔。显然,当该接线的串数等于或大于三串时,由于接线本身构成的闭环回路不止一个,一个串中的联络断路器检修或停用时,仍然还有闭合回路,因此可不考虑上述交叉接线。

3. 接线特点

(1)优点

1)可靠性高。任何一个元件(一回出线、一台主变)故障均不影响其他元件的运行,母线故障时与其相连的断路器都会跳开，但各回路供电均不受影响。当每一串中均有一电源一负荷时，甚至于在两组母线同时故障（或一组母线检修另一组母线故障）的极端情况下，功率仍能继续输送。

2）调度灵活。正常运行时两组母线和全部断路器都投入运行，形成多环状供电，调度方便灵活。

3）操作方便。只需操作断路器，而不必利用隔离开关进行倒闸操作，从而使误操作事故大大减少。隔离开关仅供检修时隔离电压用。

4）检修方便。检修任一台断路器只需断开该断路器自身，然后拉开两侧的隔离开关即可检修。检修母线时也不需切换回路，不影响各回路的供电。

(2) 缺点

1）占用断路器较多，投资较大，同时使继电保护也比较复杂。

2）接线至少配成三串才能形成多环状供电。

4. 适用情况

一台半断路器接线的运行可靠性和灵活性很高，在检修母线或回路断路器时不必用隔离开关进行大量的倒闸操作，并且调度和扩建也方便。所以在超高压电网中得到了广泛应用，在500kV的升压变电站和降压变电站中，一般都采用这种接线。

5. 三分之四接线

由于高压断路器造价高，为了进一步减少设备投资，把3条回路的进出线通过4台断路器接到两组母线上，构成三分之四断路器接线方式。这种接线方式通常用于发电机台数（进线）大于线路（出线）数的大型水电厂，以便实现在一个串的3个回路中电源与负荷容量相互匹配。

实际运用中，可以根据电源和负荷的数量及扩建要求，采用三分之四台、一台半及两台断路器的多重连接的组合接线，将有利于提高配电装置的可靠性和灵活性。

第三节 无汇流母线的基本接线

一、单元接线

1. 接线构成

单元接线是无母线接线中最简单的形式，也是所有主接线基本形式中最简单的一种，如图10-12所示。

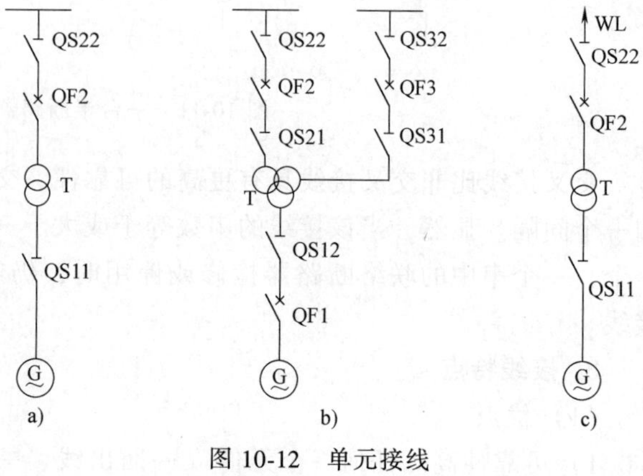

图10-12a为发电机—双绕组变压器组成的单元接线，是大型机组广为采用的接线形式。发电机出口不装断路器，为调试发电机方便可装隔离开关。对200MW以上机组，发电机出口采用分相封闭母线，为了减少开断点，亦可不装隔离开关，但应留有可拆点，以利于

图10-12 单元接线

机组调试。

图 10-12b 所示为发电机—三绕组变压器（自耦变压器类同）单元接线。为了在发电机停止工作时，还能保持和中压电网之间的联系，在变压器的三侧均应装断路器。

图 10-12c 所示为发电机—变压器—线路单元接线，适宜于一机、一变、一线的厂、所。此接线最简单，设备最少，不需要高压配电装置。

2. 接线特点

（1）优点

1）接线简单，电器数目少，因而节约了投资和占地面积，减少了故障可能性，提高了供电可靠性。

2）由于没有发电机电压母线，因此在发电机和变压器之间短路时的短路电流比有母线时要小。

（2）缺点

单元中任一元件检修或故障时，整个单元必须完全停止工作。

3. 适用情况

单元接线广泛应用于区域性电厂、水电厂和大容量机组的火电厂中。

4. 扩大单元接线

当发电机单机容量不大，且在系统备用容量允许时，为了减少变压器台数和高压侧断路器数目，并节省配电装置占地面积，将两台发电机与一台变压器相连接，如图 10-13 所示，即构成了扩大单元接线。图 10-13a 所示为发电机—双绕组变压器扩大单元接线。图 10-13b 所示为发电机—分裂绕组变压器扩大单元接线。

通常，发电机单机容量仅为系统容量的 1%～2% 或更小，而电厂的电压等级又较高，如 50MW 机组接入 220kV 系统、100MW 机组接入 330kV 系统、200MW 机组接入 500kV 系统，可采用扩大单元接线。

二、桥形接线

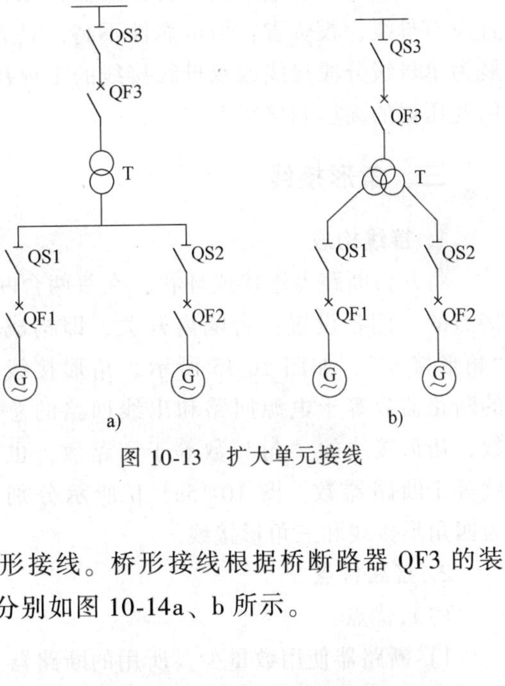

图 10-13 扩大单元接线

1. 接线构成

当只有两台变压器和两条线路时，宜采用桥形接线。桥形接线根据桥断路器 QF3 的装设位置不同，可分为内桥接线和外桥接线两种，分别如图 10-14a、b 所示。

2. 接线特点及适用情况

（1）内桥接线

内桥接线在线路故障或切除、投入时，不影响其余回路工作，并且操作简单；而在变压器故障或切除、投入时，要使相应线路短时停电，并且操作复杂。因而该接线一般适用于线路较长（相对来说线路的故障概率较大）和变压器不需要经常切换（如火电厂）的情况。

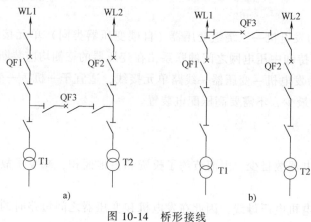

图 10-14 桥形接线
a) 内桥接线 b) 外桥接线

(2) 外桥接线

外桥接线在运行中的特点与内桥接线相反,适用于线路较短(相对来说线路的故障概率较小,不需经常切换,因为线路投切操作不方便)和变压器需要经常切换(变压器切除、投入操作简单)的情况。当系统中有穿越功率通过主接线为桥形接线的发电厂或变电站高压侧时,或者桥形接线的两条线路接入环形电网时,都应该采用外桥接线。

可见,桥形接线只用三台断路器,比具有四条回路的单母线接线节省了一台断路器,并且没有母线,投资省;但可靠性不高,只适用于小容量发电厂或变电站,以及作为最终将发展为单母线分段接线或双母线接线的工程初期接线方式,也可用于大型发电机组的起动/备用变压器的高压侧接线方式。

三、角形接线

1. 接线构成

将几台断路器连接成环状,在每两台断路器的连接点处引一回进线或出线,并在每个连接点的三侧各设置一台隔离开关,即构成"角形接线",如图 10-15 所示。角形接线的断路器数等于电源回路和出线回路的总数,角形接线的"角"数等于回路数,也就等于断路器数。图 10-15a、b 所示分别为四角形接线和三角形接线。

2. 接线特点

(1) 优点

1) 断路器使用数量少。所用的断路器数目比单母线分段接线或双母线接线还少一台,经济性好。

2) 可靠性高。每一个回路都可经两台断路器从两个方向获得供电通路。任一台断路器检修时,只需断开其两侧的隔离开

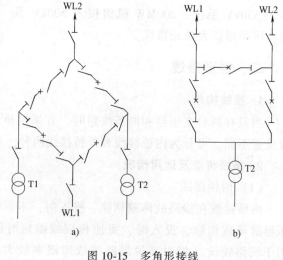

图 10-15 多角形接线
a) 四角形接线 b) 三角形接线

关，不会引起任何回路停电。

3）操作方便。隔离开关只在检修断路器时用于隔离电压，不作为操作电器，误操作的可能性大大减少，也有利于自动化控制。

（2）缺点

1）由于运行方式变化大，电气设备可能在闭环和开环两种情况下工作，回路所流过的工作电流差别较大，会给电气设备的选择带来困难，并且使继电保护装置复杂化。

2）检修任何一台断路器时，角形接线就开环运行，如果此时出现故障，又有断路器跳开，将造成供电紊乱，使相邻的完好元件不能发挥作用而被迫停运，降低了可靠性。

3）不便于扩建。

3. 适用情况

基于角形接线的以上特点，该接线不适用于回路数较多的情况，一般最多用到六角形，而更以四角形和三角形为宜，以减少开环运行所带来的不利影响。

一般用于回路数较少且发展已定型的 110kV 及以上的配电装置中，中、小型水力发电厂中也有应用。

第四节 发电厂和变电站的典型电气主接线

前述的主接线基本形式，从原则上讲它们分别适用于各种发电厂和变电站。但是，由于发电厂的类型、容量、地理位置以及在电力系统中的地位、作用、馈线数目、输电距离以及自动化程度等因素，对不同发电厂或变电站的要求各不相同，所采用的主接线形式也就各异。因此在掌握了主接线的基本接线形式后，本节将对发电厂和变电站的典型电气主接线加以分析。

一、大型区域发电厂的电气主接线

大型区域发电厂一般是指单机容量为 200MW 及以上的大型机组、总装机容量为 1000MW 及以上的发电厂，其中包括大容量凝汽式电厂、大容量水电厂和核电厂等。大型区域性电厂一般距负荷中心较远，电能几乎全部用高压或超高压输电线路送至远方，担负着系统的基本负荷，在系统中地位重要。由于电厂附近没有负荷，故不设置发电机电压母线，发电机与变压器间采用简单可靠的单元接线直接接入 220~500kV 配电装置，通过高压或超高压远距离输电线路将电能送入电力系统。

图 10-16 所示为某大型区域性火电厂主接线，该厂有两台 300MW 和两台 600MW 大型凝汽式汽轮发电机组，均采用发电机—双绕组变压器单元接线形式，其中两台 300MW 机组单元接入带专用旁路断路器的 220kV 双母线带旁路母线接线的高压配电装置；两台 600MW 机组单元接入 500kV 的一台半断路器接线。500kV 与 220kV 配电装置之间，经一台自耦联络变压器联络，联络变压器的第三绕组上接有厂用高压起动/备用变压器，220kV 母线接有厂用备用变压器。

因大容量机组的出口电流大，相应的断路器制造困难、价格昂贵，并考虑到我国目前 200MW 以上大型火电机组均为承担基荷、起停操作不频繁，所以不装设发电机出口断路器。但为了防止发电机引出线回路发生短路故障，对发电机造成危害，发电机出口引出线采用分相封闭母线。

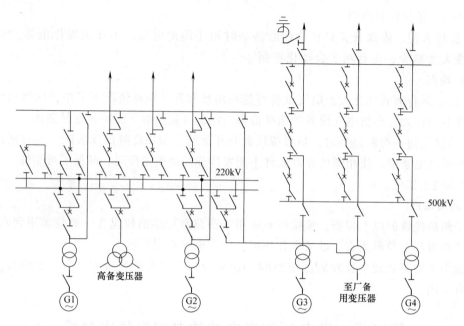

图 10-16 某大型区域火电厂电气主接线

二、中小型地区性电厂的电气主接线

中小型地区性电厂机组多为中、小型机组，总装机容量也较小。而且，中小型地区性电厂往往建设在工业企业或靠近城市的负荷中心，因而有大量发电机电压负荷。同时，通常还兼供部分热能，所以它需要设置发电机电压母线，使大部分电能通过 6~10kV 的发电机电压向附近用户供电，或升至 35kV 送到稍远些的用户。剩余电能再以 1~2 种升高电压等级送往电力系统。

图 10-17 所示为某中型热电厂的主接线，它有四台发电机，两台 100MW 机组与双绕组变压器组成单元接线，将电能送入 110kV 电网；两台 25 MW 机组直接接入 10kV 发电机电压母线，机压母线采用双母线分段接线形式，以 10kV 电缆馈线向附近用户供电。由于短路容量比较大，为保证能选择轻型断路器，在机压母线分段处和 10kV 电缆馈线上还装设限流电抗器，用以限制短路电流。110kV 出线回较多，所以采用带专用旁路断路器的双母线带旁路母线接线形式。

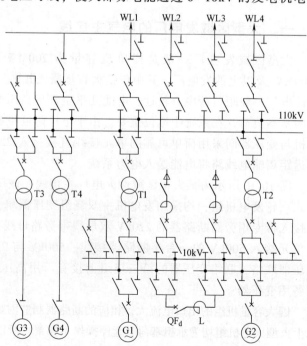

图 10-17 某中型热电厂的电气主接线

三、变电站的电气主接线

变电站电气主接线的设计也应该按照其在系统中的地位、作用、负荷性质、电压等级、出线回路数等特点,选择合理的主接线形式。

以枢纽变电站为例,枢纽变电站的电压等级高,变压器容量大,线路回数多,通常汇集着多个大电源和大功率联络线,联系着几部分高压和中压电网,在电力系统中居于重要的枢纽地位。枢纽变电站的电压等级不宜多于三级,最好不要出现两个中压等级,以免接线过于复杂。图 10-18 给出了一个大型枢纽变电站电气主接线,为方便 500kV 与 220kV 侧的功率交换,安装两台大容量自耦主变压器。220kV 侧有多回向大型工业企业及城市负荷供电的出线,供电可靠性要求高,由于采用了 SF_6 断路器,故不设置旁路母线,为提高可靠性,采用双母线分段接线形式。500kV 配电装置采用一个台断路器接线形式,主变压器采用交叉换位布置方式,主变压器的第三绕组上引接无功补偿设备以及所用变压器。

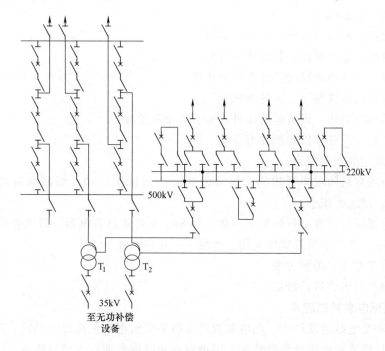

图 10-18 某枢纽变电站电气主接线

第五节 配 电 装 置

配电装置是发电厂和变电站的重要组成部分,是前续发电厂和变电站电气主接线的具体实现。

配电装置是根据电气主接线的连接方式,由开关电器、保护和测量电器、母线和必要的辅助设备组建而成的总体装置。配电装置的作用是正常运行情况下,用来接收和分配电能;在系统发生故障时,迅速切断故障部分,维持系统正常运行。可见,配电装置是具体实现电气主接线功能的重要装置。

一、配电装置的类型及特点

1. 配电装置的类型

配电装置按电器装设地点不同,可分为屋内配电装置和屋外配电装置。按其组装方式,又可分为装配式和成套式。在现场将电器组装而成的称为装配配电装置;在制造厂按要求预先将开关电器、互感器等组成各种电路成套后运至现场安装使用的称为成套配电装置。

2. 各类型配电装置的特点

(1) 屋内配电装置的特点

1) 由于允许安全净距小和可以分层布置故占地面积较小。
2) 维修、巡视和操作在室内进行,可减轻维护工作量,且不受气候影响。
3) 外界污秽空气对电器影响较小,可以减少维护工作量。
4) 房屋建筑投资较大,建设周期长,但可采用价格较低的户内型设备。

(2) 屋外配电装置的特点

1) 土建工作量和费用较小,建设周期短。
2) 与屋内配电装置相比,扩建比较方便。
3) 相邻设备之间距离较大,便于带电作业。
4) 与屋内配电装置相比,占地面积大。
5) 受外界环境影响,设备运行条件较差,需加强绝缘。
6) 不良气候对设备维修和操作有影响。

(3) 成套配电装置的特点

1) 电器布置在封闭或半封闭的金属(外壳或金属框架)中,相间和对地距离可以缩小,结构紧凑,占地面积小。
2) 所有电器元件已在工厂组装成一体,如 SF_6 全封闭组合电器、开关柜等,大大减少现场安装工作量,有利于缩短建设周期,也便于扩建和搬迁。
3) 运行可靠性高,维护方便。
4) 耗用钢材较多,造价较高。

3. 各类型配电装置的应用

在发电厂和变电站的设计中,配电装置的选择是根据电气主接线的形式、其在电力系统中的地位、运行环境和地质地形等情况,因地制宜地做综合的技术经济比较之后得出的。

一般,35kV 及以下的配电装置多采用屋内配电装置,其中 3~10kV 的配电装置大多采用成套配电装置;110kV 及以上电压等级的配电装置大多采用屋外式;对 110~220kV 配电装置有特殊要求时,如建于城市中心或处于严重污秽地区时,也可以采用屋内配电装置。

成套配电装置一般布置在屋内,3~35kV 的各种成套配电装置已被广泛采用。随着输电电压等级不断提高,110~1000kV 的 SF_6 全封闭组合电器的应用也日益广泛。

二、配电装置的安全净距

为了满足配电装置运行和检修的需要,各带电设备之间必须间隔一定的距离,称为电气安全距离。配电装置的安全距离的确定,需要综合考虑电气设备的外形尺寸、安装布置、运行环境、检修、维护及运输等各种情况。对于敞露在空气中的配电装置,在各种安全距离中，最基本的就是带电部分对接地部分之间和不同相的带电部分之间的空间最小安全净距，即 A_1 和 A_2 值，如图 10-19 所示。最小安全净距是指在这一距离下，无论在正常最高工作电压或出现内、外部过电压时，都不致使空气间隙被击穿。

配电装置中的其他电气距离，如 B、C、D、E 是在最小安全净距的基础上再考虑一些实际因素决定的。有关安全净距值可查阅相关技术规程和设计手册。

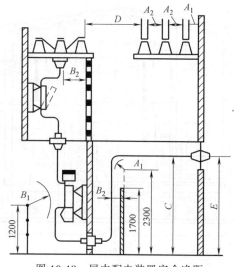

图 10-19 屋内配电装置安全净距
（单位：mm）

三、各类型配电装置实例分析

1. 屋内配电装置

（1）屋内配电装置类型

发电厂和变电站的屋内配电装置，按其布置型式，一般可以分为三层式、二层式和单层式。

三层式是将所有电器依其轻重分别布置在各层中，它具有安全、可靠性高，占地面积少等特点，但其结构复杂，施工时间长，造价较高，检修和运行维护不太方便，目前已较少采用。

二层式是将断路器和电抗器布置在第一层，将母线、母线隔离开关等较轻设备布置在第二层。

单层式占地面积较大，通常采用成套开关柜，以减少占地面积。

（2）配电装置图

为了直观、准确地描述配电装置，电气工程中常用配电装置图（也称布置图）、平面图和断面图来描述配电装置的结构、设备布置和安装情况，如图 10-20 所示。

断面图是用来表明所取断面的间隔中各种设备的具体空间位置、安装和相互连接的结构图，如图 10-20a 所示，断面图应按比例绘制。

配置图是一种示意图，如图 10-20b 所示，按选定的主接线方式，用来表示进线（如发电机、变压器）、出线（如线路）、断路器、互感器和避雷器等合理分配于各层、各间隔中的情况，并表示出导线和电器在各间隔的轮廓外形，但不要求按比例尺寸绘出。

平面图是在平面上按比例画出房屋及其间隔、通道和出口等处的平面布置轮廓，如图 10-20c 所示，从而确定间隔数目和排列。

2. 屋外配电装置

（1）屋外配电装置类型

根据电气设备和母线布置的高度，屋外配电装置可分为中型配电装置、高型配电装置和半高型配电装置。

1）中型配电装置。中型配电装置是将所有电气设备都安装在同一水平面内，并装在一定高度的基础上，使带电部分对地保持必要的高度，以便工作人员能在地面上安全活动；中型配电装置母线所在的水平面稍高于电气设备所在的水平面，母线和电气设备均不能上、下重叠布置。如图 10-21 所示。

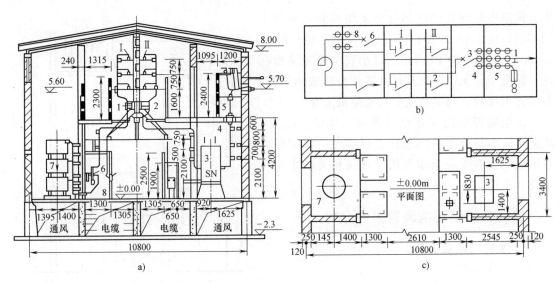

图 10-20 屋内配电装置图（单位：mm）
a）断面图　b）配置图　c）底层平面图
1、2—隔离开关　3、6—断路器　4、5、8—电流互感器　7—电抗器

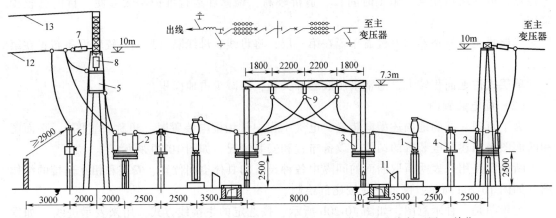

图 10-21　110kV 单母线分段接线、断路器双列布置的配电装置进出线断面图（单位：mm）
1—SF_6 断路器　2、3—隔离开关　4—电流互感器　5—阻波器　6—耦合电容器　7、8—悬式
绝缘子串　9—母线　10—电缆沟　11—端子箱　12—出线　13—架空地线

中型配电装置布置比较清晰，不易误操作，运行可靠，施工和维护方便，造价较省，并有多年的运行经验；缺点是占地面积过大。

中型配电装置按照隔离开关的布置方式，可分为普通中型配电装置和分相中型配电装置。所谓分相中型配电装置指隔离开关是分相直接布置在母线的正下方，其余的均与普通中型配电装置相同。

2）高型配电装置。高型配电装置是将一组母线及隔离开关与另一组母线及隔离开关上下重叠布置的配电装置，如图 10-22 所示。高型配电装置可以节省占地面积 50% 左右，但耗用钢材较多，造价较高，操作和维护条件较差。

3）半高型配电装置。半高型配电装置是将母线置于高一层的水平面上，与断路器、电

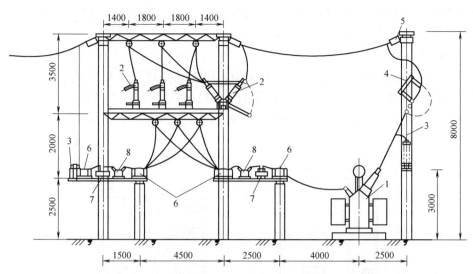

图 10-22　35kV 双母线进出线、断路器双列布置的配电装置进出线断面图（单位：mm）
1—电力变压器　2—隔离开关　3—避雷器　4—熔断器　5—棒形悬式绝缘子　6—隔离开关　7—电流互感器　8—真空断路器

流互感器、隔离开关上下重叠布置，其占地面积比普通中型减少 30%。

半高型配电装置介于高型和中型之间，具有两者的优点，除母线隔离开关外，其余部分与中型布置基本相同，运行维护仍较方便。

（2）屋外配电装置布置实例

屋外配电装置的结构型式与主接线、电压等级、容量、重要性以及母线、构架、断路器和隔离开关的类型有密切关系，与屋内配电装置一样，必须注意合理布置，并保证电气安全净距，同时还应考虑带电检修的可能性。

3. 成套配电装置

按照电气主接线的标准配置或用户的具体要求，将同一功能回路的开关电器、测量仪表、保护电器和辅助设备都组装在全封闭或半封闭的金属壳（柜）内，形成标准模块，由制造厂按主接线成套供应，各模块在现场装配而成的配电装置称为成套配电装置。

成套配电装置分为低压配电屏（或开关柜）、高压开关柜和气体全封闭组合电器三类。

（1）低压配电屏

低压配电屏可分为固定式和抽屉式两大类。

为了节省空间、维修保养方便，成套设备往往按照开关容量大小做成规格大小不等的抽屉，结构紧凑，根据尺寸可组合在若干个配电屏内。图 10-23 为抽屉式低压开关柜。

（2）高压开关柜

高压开关柜以断路器为主体，将检测仪表、保护设备和辅助设备按一定主接线要求封装在封闭或半封闭的柜中。柜内电器、载流部分和金属外壳互相绝缘，绝缘材料大多用绝缘子和空气，绝缘距离可以缩

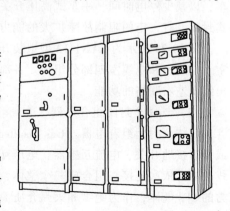

图 10-23　抽屉式低压开关柜

小，装置紧凑，从而节省材料和占地面积。根据运行经验，高压开关柜的可靠性很高，维护安全，安装方便，已在 3～35kV 系统中大量采用。

我国目前生产的 3～35kV 高压开关柜，按结构形式可分为固定式和手车式两种。图 10-24 所示为 XGN2-10 型固定式高压开关柜，固定式高压开关柜断路器安装位置固定，采用母线和线路的隔离开关作为断路器检修的隔离措施，结构简单；但断路器室体积小，断路器维修不便。固定式高压开关柜中的各功能区相通而且是敞开的，这样就容易造成故障的扩大。

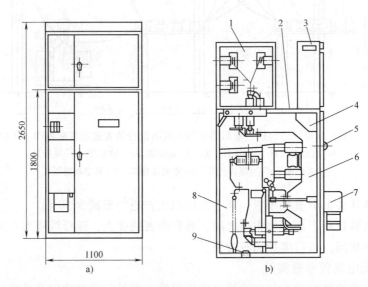

图 10-24　XGN2-10 型固定式高压开关柜（单位：mm）
a) 外形图　b) 结构示意图
1—母线室　2—压力释放通道　3—仪表室　4—组合开关　5—手动操作及联锁机构
6—断路器室　7—电磁弹簧结构　8—电缆室　9—接地母线

手车式高压开关柜的高压断路器安装于可移动的手车上，断路器两侧使用一次插头与固定的母线侧、线路侧静插头构成导电回路；检修时采用插头式的触头隔离，断路器手车可以出柜外检修。同类型断路器手车具有通用性，可使用备用断路器手车替代检修的断路器手车，以减少停电时间。手车式高压开关柜的各个功能区是采用金属封闭或者采用绝缘板的方式封闭，有一定的限制故障扩大的能力。

图 10-25 所示为 KYN1-12 型铠装开关柜，该开关柜是全封闭型结构，由继电器室、手车室、母线室和电缆室四部分组成。各部分用钢板分隔，螺栓连接，具有架空进出线、电缆进出线及左右联络的功能。

（3）气体全封闭组合电器

气体全封闭组合电器（Gas Insulated Switchgear，GIS），它是由断路器、隔离开关、快速或慢速接地开关、电流互感器、电压互感器、避雷器、母线和出线套管等元件，按电气主接线的要求依次连接，组合成一个整体，并且全部封闭于接地的金属外壳中。壳体内充一定压力的 SF_6 气体，作为绝缘和灭弧介质。图 10-26 所示为 220kV 气体全封闭组合电器外观图。

SF_6 全封闭组合电器按绝缘结构，可以分为全 SF_6 气体绝缘型封闭式组合电器（FGIS）

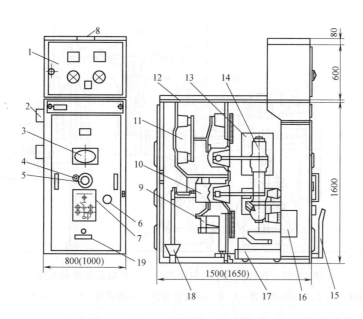

图 10-25　KYN1-12 型铠装开关柜（单位：mm）

1—仪表继电室　2—次套管　3—观察窗　4—推进机构　5—手车位置指示及锁定旋钮　6—紧急分闸旋钮　7—模拟母线牌　8—标牌　9—接地开关　10—电流互感器　11—母线室　12—排气窗　13—绝缘隔板　14—断路器　15—接地开关手柄　16—电磁式弹簧机构　17—手车　18—电缆头　19—厂标牌

和部分 SF_6 气体绝缘型封闭式组合电器（HGIS）两类。而后者则有两种情况：一种是除母线、避雷器和电压互感器外，其他元件均采用 SF_6 气体绝缘，并构成以断路器为主体的复合电器；另一种则相反，只有母线、避雷器和电压互感器采用 SF_6 气体绝缘的封闭母线，其他元件均为常规的空气绝缘的敞开式电器。

SF_6 全封闭组合电器按主接线方式分，常用的有单母线、双母线、一个半断路器接线、桥形和角形等接线方式。

图 10-27 所示为 220kV 双母线 SF_6 全封闭组合电器的断面图。为了便于支撑和

图 10-26　SF_6 全封闭组合电器外观图

检修，母线布置在下部，断路器水平布置在上部，出线采用电缆。整个回路按照电路顺序，成Π形布置，装置结构紧凑。母线采用三相共箱式（即三相母线封闭在公共外壳内），其余元件均采用分箱式。盆式绝缘子用于支撑带电导体和将装置分隔成不漏气的隔离室。隔离室具有便于监视、便于发现故障点、限制故障范围以及检修或扩建时减少停电范围的作用。在两组母线汇合处设有伸缩节，以减少有温差和安装误差引起的附加应力。另外，装置外壳上还设有检查孔、窥视孔和防爆盘等。

SF_6 全封闭组合电器与常规配电装置相比，具有以下优点：

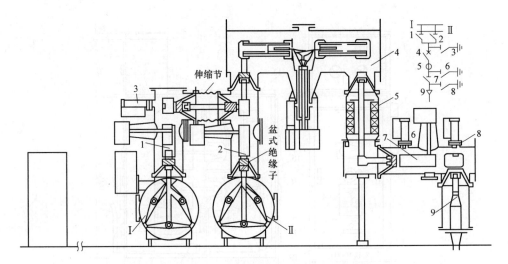

图 10-27 双母线 SF_6 全封闭组合电器配电装置的断面图

Ⅰ、Ⅱ—母线　1、2、7—隔离开关　3、6、8—接地开关　4—断路器　5—电流互感器　9—电缆出线

1）占地少，体积小，重量轻，元件全部密封不受环境干扰。
2）操作机构无油化，具有高度运行可靠性。
3）维护工作量少，检修周期长。
4）采用整块运输，安装方便，周期短，安装费用较低。
5）损耗少，噪声低对无线电通信和电视广播干扰少。

缺点：对材料性能、加工精度和装配工艺要求极高；需要专门的 SF_6 气体系统和压力监视装置；金属消耗量大；造价较高。

第六节 小　　结

本章研究了电气设备之间的连接方式，即电气接线方式。在详细阐述各种基本接线形式的构成、特点和适用情况的基础上，以典型电气主接线为例，分析了如何根据电气主接线了解发电厂或变电站的电能汇聚和分配情况，以及如何根据发电厂和变电站的特点、地位不同，选择和设计合理的电气主接线。

配电装置作为具体实现发电厂和变电站电气主接线功能的重要装置，是根据电气主接线的连接方式，由开关电器、保护和测量电器、母线和必要的辅助设备组建而成的电工建筑物的总体。故，本章最后详细介绍了配电装置的作用、类型、特点及其适用情况，并阐述了配电装置重要参数——安全净距的概念及其工程意义。

第七节 思考题与习题

1. 对电气主接线的基本要求是什么？电气主接线有哪些基本形式？各有什么优缺点？
2. 什么是电气倒闸操作？如何实现对一条线路的停电和送电操作？
3. 母线分段的作用是什么？旁路母线的作用是什么？

4. 双母线接线有何特点？适用于什么情况？

5. 一台半断路器接线有何特点？其回路配置有哪两种方式？它们有何区别？

6. 内桥接线和外桥接线有何区别？适用情况有何不同？

7. 何为配电装置？它有什么作用？有哪些类型？

8. 配电装置安全净距中，A 值由哪两部分组成，其工程意义是什么？

9. 屋外配电装置有哪些类型？各有什么特点？

10. 气体全封闭组合电器有什么特点？

11. 某一降压变电站内装有两台双绕组变压器，该变电站有两回 35kV 电源进线，六回 10kV 出线，低压侧拟采用单母线分段接线，试画出当高压侧分别采用内桥接线和外桥接线时，该变电站的电气主接线图。

12. 某电厂有两台发电机组，分别与三绕组变压器接成单元接线，高压 220kV 接成双母线带旁路接线（设专用旁路），中压 110kV 接成单母线分段接线。试画出完整的电气主接线（出线画两回表示 L1~Ln）；并写出不停电检修 220kV L1 出线回路断路器的操作步骤（正常为固定连接方式运行）。

第十一章 过电压防护和接地

绝缘是指使用不导电的介质将不同电位的带电体相隔离，以保证其各自应有的电位。它是电气设备的重要组成部分，直接影响电气设备的安全可靠运行。可是，实际电力系统中，总是存在各种各样的电压升高（过电压），严重威胁设备的绝缘性能和可靠运行。那么，电力系统中存在哪些危险的电压升高？它们是如何形成的？又有哪些措施能够有效地抵御过电压，保护电气设备及其绝缘免遭破坏，从而确保电气设备的安全稳定。

为了解决以上问题，需要研究电力系统过电压的形成机理、影响因素，以及防御过电压的有效措施。本章在介绍电力系统过电压分类的基础上，分析各种过电压的成因及其影响因素，最后重点介绍各种过电压的防护手段。

第一节 雷电过电压

运行中的电力系统，由于雷击、操作和故障等原因，会出现短时或瞬时的电压升高或电位差升高，称为电力系统过电压。根据过电压的成因不同，电力系统过电压可分为雷电过电压和内部过电压两大类，如图 11-1 所示。

雷电过电压也叫大气过电压，是由于电力系统的导线或电气设备受到直接雷击或雷感应而引起的过电压。因其能量来源于系统以外，故又被称为外部过电压。因此，雷电过电压的幅值与雷云中所含电量的大小有关，而与电网额定电压无直接关系。雷电过电压的持续时间短暂，一般只有几十微秒。

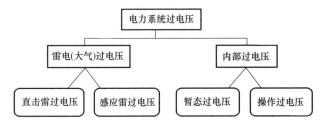

图 11-1 电力系统过电压类型

内部过电压则是由于电力系统的操作、故障和参数配合不当等内部原因引起的过电压。内部过电压又可分为暂时过电压（包括工频过电压和谐振过电压）和操作过电压。内部过电压能量来源于电网本身，所以它的幅值与电网额定电压有一定的倍数关系。一般常将内部过电压的幅值 U_m 表示成系统的最高运行相电压幅值（标幺值 $p.u.$）的倍数，即 $U_m = K p.u.$。同时，内部过电压的持续时间较雷电过电压长得多，操作过电压一般以毫秒计，而谐振过电压和工频过电压持续时间更长，甚至可以持续存在。

一、雷电放电

雷电是自然界中最宏伟壮观的、也是最普遍的现象之一。雷电的实质是大气中出现了带电荷的雷云，它与大地之间或带异号电荷雷云之间的气体放电。雷电放电产生的过电压可达数百万伏，这样高的过电压足以使电力系统中任何额定电压等级的设备绝缘发生击穿和损坏。因此，研究雷电的基本现象及其防止雷电过电压的措施是确保电力系统安全可靠运行的一项刻不容缓的任务。

1. 雷云的形成

早在 18 世纪初，富兰克林通过著名风筝试验提出了雷电是大气中的火花放电；罗蒙诺索夫提出了关于乌云起电的学说；以后又有一些科学家对雷电现象不断做出了许多研究，但至今对雷云如何汇聚起电荷还没有获得比较满意的解释。目前，一般认为在有利的大气和大地条件下，由强大的潮湿热气流不断上升进入稀薄的大气层冷凝成水滴，同时强烈气流穿过云层，使水滴被撞分裂带电。轻微的水珠带负电，被风吹得较高，形成大块的带负电的雷云；大滴水珠带正电，凝聚成雨下降，或悬浮在云中，形成一些局部带正电的区域。带正电荷或负电荷的雷云在地面上会感应出大量异极性电荷。这样，在带有大量不同极性电荷的雷云间或雷云与大地之间就形成了强大的电场，其电位差可达数兆伏甚至数十兆伏。

由探测可知，雷云中的电量分布是很不均匀的，整块雷云往往有若干个电荷中心。当雷云中电荷密集处的场强达 25~30kV/cm 时，就会发生放电。雷电的极性是按从雷云流入大地电荷的符号决定的，实测表明，对地放电的雷云，90%左右是负极性的。

作为电气工程技术人员，更关心雷云形成以后对地面以及电气设备的放电。

2. 雷电放电过程

雷云对地放电通常可分为：先导放电、主放电和余辉放电三个主要阶段，如图 11-2 所示。

当雷云中电荷聚集中心的电场强度达到 25~30kV/cm 时，雷云就会开始击穿空气向大地放电，形成一个导电的空气通道，称为先导放电。

先导放电的通道分布着密集的电荷，当先导放电接近地面时，将转变为大地对雷云的主放电过程。在主放电过程中，通道突然产生明亮闪光和巨大的雷鸣，沿主放电通道流过幅值很大（最大可达几百千安）的雷电流，延续时间为近百微秒。

主放电过程完成后，雷云中剩余电荷沿着雷电通道继续流向大地，称为余辉放电。

二、雷电流

因为雷电波流经被击物体时的电流与被击物体的波阻抗有关，因此把流经被击物体在波阻抗为零时的电流定义为"雷电流"，用 i 来表示。雷电流波形如图 11-3 所示。其中，波头指雷电流从零上升到最大幅值这一部分，一般只有 $1\sim4\mu s$；波尾指雷电流从最大幅值开始，下降到 1/2 幅值所经历的时间，一般为数十微妙；雷电流的陡度：指雷电流在波头部分上升的速度，即

$$\alpha = \frac{\mathrm{d}i}{\mathrm{d}t}$$

雷电流的特征一般用幅值、陡度和波形来表示。

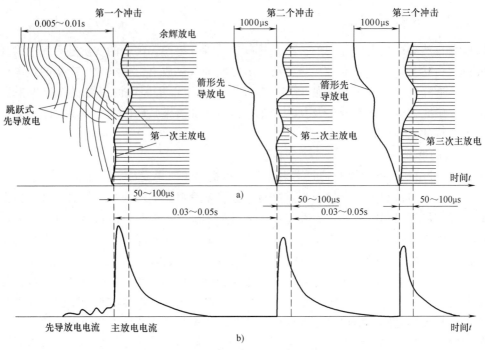

图 11-2 雷电放电的基本过程

1. 幅值

雷电流幅值与气象、自然条件等有关,是随机变量,只有通过大量实测才能正确估计其概率分布规律。图 11-4 曲线是符合我国大部分地区使用的雷电流幅值概率分布曲线。

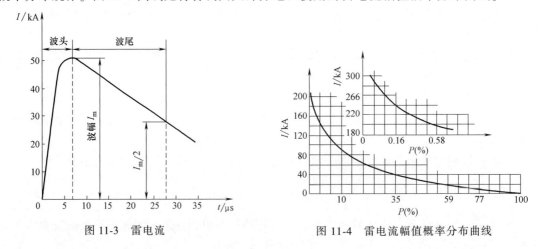

图 11-3 雷电流　　　　　　　　图 11-4 雷电流幅值概率分布曲线

2. 波形

实测结果表明,雷电流的幅值、陡度、波头和波尾虽然每次不同,但都是单极性的脉冲波,电力设备的绝缘防护和电力系统的防雷保护设计中,要求将雷电流波形等效为典型化、可用公式表达、便于计算的波形。常用的等效波形有三种,如图 11-5 所示。

图 11-5a 是双指数波(标准冲击波),$i = I_0(e^{-\alpha t} - e^{-\beta t})$,这是与实际雷电流波形最为接近的计算波形,也用作冲击绝缘强度试验的标准电压波形。我国采用国际电工委员会

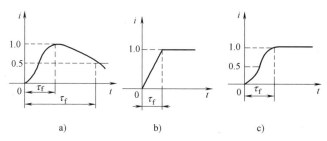

图 11-5 雷电流典型等效波形
a) 双指数波 b) 斜角平顶波 c) 等值余弦波

(IEC) 国际标准：波头 $\tau_f = 1.2\mu s$，波长 $\tau_t = 50\mu s$，记为 $1.2/50\mu s$。

图 11-5b 是斜角平顶波，$i = \alpha t$（α 为波前陡度），α 主要可由给定的雷电流幅值 I 和波头时间决定，即 $\alpha = I/\tau_f$。在防雷保护设计中，雷电流波头 τ_f 采用 $2.6\mu s$。这样，α 可取为 $I/2.6 kA/\mu s$。

图 11-5c 是等值余弦波，雷电流波形的波头部分，接近半余弦波，其表达式为 $i = I(1-\cos\omega t)/2$，ω 为等值半余弦波的角频率，由波头 τ_f 决定，$\omega = \pi/\tau_f$。这种等效波形多用于分析雷电流波头的作用。

3. 雷电过电压

雷电过电压根据形成过程不同，可以分为两种。

1) 直击雷过电压：雷直接击于输电线路或电气设备引起的，称为直击雷过电压。
2) 感应雷过电压：雷击输电线路附件的地面或设备时，由于电磁感应引起的过电压，称为感应雷过电压。

同时，雷电波沿输电线路入侵发电厂或变电站，也会对其中设备造成威胁，称为雷电侵入波。

第二节 防雷保护装置

雷电放电作为一种强大的自然力的爆发，是难以制止的。目前，主要是设法躲避和限制它的破坏性。电力系统主要的防雷保护装置有避雷针、避雷线、避雷器及其接地装置等。避雷针、避雷线可以防止雷电直接击中被保护物体，因此也称作直击雷保护；避雷器可以防止沿输电线侵入变电站的雷电侵入波，因此也称作侵入波保护。而接地装置的作用是减小避雷针（线）或避雷器与大地（零电位）之间的电阻值，以达到降低雷电冲击电压幅值的目的。

一、避雷针和避雷线

1. 保护原理

避雷针和避雷线都是通过使雷电击向自身来发挥其保护作用的，为了使雷电流顺利泄入地下，并且降低雷击点过电压，必须有可靠的引线和良好的接地装置，且接地电阻足够小。避雷针适用于变电站、发电厂这样的集中保护对象，避雷线适用于架空线。独立式避雷针如图 11-6 所示。

避雷针（线）保护原理如下：当雷电先导开始向下发展时，其发展方向几乎不受地面物体的影响,当先导通道到达某一地面高度时,地面上一些高耸的导电物体顶部聚集起许多异号电荷而形成局部强场区,甚至可能发展向上先导,从而影响下行先导的发展方向,使之击向高耸物体。避雷针和避雷线的架设都高于被保护对象,可使下行先导击向避雷针或避雷线,并顺利泄入地下,从而使处于它们周围较低物体得到屏蔽保护。

图 11-6 独立式避雷针

2. 避雷针保护范围

(1) 单支避雷针

单支避雷针的保护范围是一个以其本体为轴线的曲线圆锥体,它的侧面边界线实际上是曲线,但我国规程建议近似用折线来拟合,如图 11-7 所示。在某一被保护物高度 h_x 的水平面上的保护半径 r_x 可按下式计算(h 为避雷针高度)。

$$\begin{cases} 当 h_x \geq h/2 时, r_x = (h - h_x)P \\ 当 h_x < h/2 时, r_x = (1.5h - 2h_x)P \end{cases} \tag{11-1}$$

式中,P 为高度修正系数。当 $h \leq 30\text{m}$ 时,$P = 1$;当 $30\text{m} < h \leq 120\text{m}$ 时,$P = 5.5/\sqrt{h}$;当 $h \geq 120\text{m}$ 时,$P = 5.5/\sqrt{120}$。

(2) 两支等高避雷针

由上可知,h 越大,P 越小。可见,为了增大保护范围,一味提高单支避雷针的高度,在经济上不合算,在技术上也难以实现。因此,可采用多支避雷针保护。

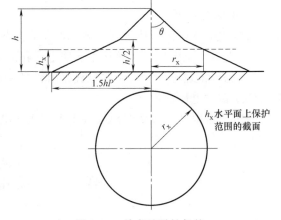

图 11-7 单支避雷针保护

两支等高避雷针在相距不太远时,由于两支针的联合屏蔽作用,使两针中间部分的保护范围比单支针时有所扩大。若两支高为 h 的避雷针 1、2 相距为 D (m),则它们的保护范围及高为 h_x 的被保护物水平面上保护范围确定如图 11-8 所示。

两针外侧的保护范围仍按单支避雷针的计算方法确定。两针内侧的保护范围如下:

1) 定出保护范围上部边缘最低点 0,0 点的高度 h_0 为

$$h_0 = h - D/7P \tag{11-2}$$

式中,D 为两针间距离。

这样保护范围上部边缘是由 0 点及两针顶点决定的圆弧来确定。

2) 两针间 h_x 水平面上保护范围的一侧宽度 b_x 为

$$b_x = 1.5(h_0 - h_x) \tag{11-3}$$

注意两针间的距离 D 不能选得太大,一般 D/h 不宜大于 5。

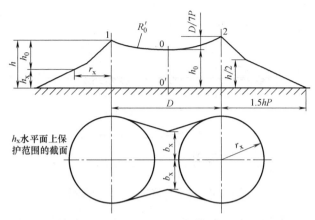

图 11-8 两支等高避雷针保护范围

根据行业标准，b_x 的计算还可以通过查相关计算曲线求得。

三支或更多支避雷针可以按照每两支避雷针的不同组合，分别计算双针的保护范围。四针及多针时，可以按照每三支不同组合分别求取其保护范围，然后叠加得出总的联合保护范围。

多针保护时，只要在被保护物体高度 h_x 的水平面上，各个针的 b_x 均大于零，则三针组成的三角形中间部分可以得到有效保护。

例 11-1 某油罐直径为 18m，高出地面 10m，若采用单根避雷针保护，且要求避雷针与油罐的距离不得小于 5m，试问避雷针的高度至少应该有多少？

解：假设

$$h_x < \frac{h}{2}, h > 20\text{m}$$

再假设

$$h \leq 30\text{m}, P = 1$$

则

$$r_x = 23 = (1.5h - 2h_x), h_x = 10$$

解得

$$h = 28.7\text{m}$$

符合假设。故，避雷针高 28.7m。

3. 避雷线保护

(1) 避雷线保护范围

避雷线又称为架空地线。

单根避雷线的保护范围如图 11-9 所示，可按下式计算

$$\begin{cases} h_x \geq h/2 \text{时}, r_x = 0.47(h - h_x)P \\ h_x < h/2 \text{时}, r_x = (h - 1.53h_x)P \end{cases} \quad (11-4)$$

式中，P 为高度影响系数，取值同式（11-1）。

两根等高平行避雷线的保护范围的确定，如图

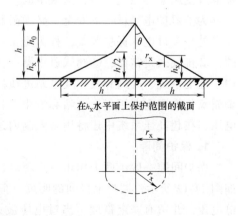

图 11-9 单根避雷线的保护范围

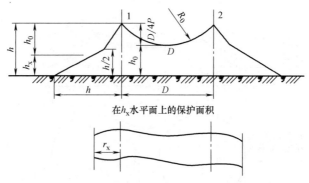

图 11-10 两平行避雷线的保护范围

11-10 所示。两边外侧的保护范围按单避雷线的方法确定,两线内侧保护范围的横截面由通过两线及保护范围上部边缘最低点的圆弧来确定,0 点高度为

$$h_0 = h - D/4P \qquad (11\text{-}5)$$

(2)保护角

在架空输电线路上多用保护角来表示避雷线对导线的保护程度。

保护角 α 是指避雷线同外侧导线的连线与垂直线之间的夹角,如图 11-11 中的角 α。α 越小,导线就越处在保护范围的内部,保护也越可靠。在高压输电线路的杆塔设计中,一般取 α 为 20°~30°,就认为导线已得到可靠保护。

二、避雷器

如前所述,当发电厂、变电站用避雷针保护以后,几乎可以免受直接雷击。但是长达数十、数百公里的输电线路,虽然由避雷线保护,但由于雷电的绕击和反击,仍不能完全避免输电线上遭受大气过电压的侵袭,其幅值可达一、二百万伏。此过电压波还会沿着输电线侵入发电厂和变电站,直接危及变压器等电气设备,造成事故。

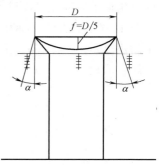

图 11-11 避雷线的保护角

为了保护电气设备的安全,必须限制出现在电气设备绝缘上的过电压峰值,这就需要装设另外一类过电压保护装置,称为避雷器。目前,使用的避雷器主要有四种类型:①保护间隙;②排气式避雷器;③阀式避雷器;④金属氧化物避雷器。保护间隙和排气式避雷器主要用于配电系统、线路和发、变电站进线段的保护,以限制入侵的大气过电压;阀式避雷器和金属氧化物避雷器用于变电站和发电厂的保护,在 220kV 及以下系统主要用于限制大气过电压,在超高压系统中还将用来限制内过电压或作为内过电压的后备保护。

1. 保护间隙

保护间隙一般由两个相距一定距离、敞露于大气的电极构成,将它与被保护设备并联,如图 11-12 所示。调整电极间的距离(间隙),使其放电电压低于被保护设备绝缘的冲击放电电压,并留有一定裕度,当过电压波来袭时,保护间隙先击穿,使过电压波原有的幅值 U_m 被限制到保护间隙 F 的击穿电压值 U_b,设备就能得到可靠保护。

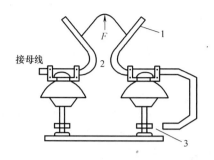
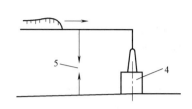

图 11-12　角形保护间隙及其与被保护设备的连接

1—圆钢　2—主间隙　3—辅助间隙　4—被保护物　5—保护间隙

过电压消失后,间隙中间会有电弧电流,该电流是该点的短路电流,角形电极有利于熄弧,但保护间隙的熄弧作用总体还是不够。另外,还设有辅助间隙,防止主间隙被外物短接而引起误动作。

保护间隙结构简单、制造方便,但是却有着明显缺点:

1) 保护间隙大多属于不均匀电场,伏秒特性很陡,而被保护绝缘则大多是经过均匀化的,伏秒特性比较平缓,两者很难取得良好的配合。若保护间隙的静态击穿电压确定得太低,会频繁出现不必要的击穿,引起断路器跳闸。若把保护间隙的静态击穿电压取得略比被保护绝缘的低,则两者有交点,必然会出现保护不到的地方。

2) 保护间隙没有专门的灭弧装置,其灭弧能力有限,当过电压消失后,保护间隙中会出现工频续流,保护间隙若不能使它们自熄,就会导致断路器跳闸事故。

3) 保护间隙动作后,会产生大幅值的截波作用在绝缘上,对变压器类绝缘很不利。

由于这些缺点,保护间隙只适用于不重要和单相接地不会导致严重后果的场合,如低压配电网和中性点有效接地的电网中。为了保证安全供电,一般与自动重合闸配合使用。

2. 排气式避雷器

排气式避雷器如图 11-13 所示,它本质上是一种具有较高灭弧能力的保护间隙,基本元件是安装在灭弧管内的火花间隙 S_1,安装时再串接一只外火花间隙 S_2,灭弧管内层为产气管,产气管所用的材料是在高温高压下可以产生大量气体的纤维、塑料等。排气式避雷器在过电压作用下,两个间隙均被击穿,限制了过电压的幅值,接着出现工频续流电弧使产气管分解出大量气体,管内气压大增,气体从环形电极开口处猛烈喷出,造成对电弧的纵吹,使其在 1~3 个工频周期内在某一过零点熄灭。增设外火花间隙 S_2 的目的在于,在正常运行时把灭弧管与工作电压隔离,以免管子老化。

排气式避雷器的灭弧能力与工频续流大小有关,续流太小则产气不足而不能够灭弧,续流太大则管内气压增大过多,可能使管子炸裂。因此,排气式避雷器所能熄灭的续流有一定的上下限,通常均在型号中标示出来。

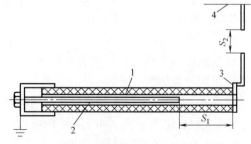

图 11-13　排气式避雷器

1—产气管　2—棒形电极　3—环形电极　4—导线　S_1—内间隙　S_2—外间隙

排气式避雷器的缺点如下:

1) 排气式避雷器所采用的间隙属于不均

匀电场，在伏秒特性和产生截波方面与保护间隙相似。

2）运行不可靠，容易炸管。

因此排气式避雷器不易大量安装，仅仅装设在输电线路上绝缘比较薄弱的地方，或用于变电站的进行段保护。

3. 阀式避雷器

阀式避雷器在电力系统过电压防护和绝缘配合中起着重要作用，它的保护特性是选择高压电力设备绝缘水平的基础。阀式避雷器的主要元件是具有非线性电阻特性的碳化硅阀片，通常分为普通阀式避雷器和磁吹阀式避雷器两种。

（1）结构和元件作用

阀式避雷器主要由火花间隙和与之串联的工作电阻（非线性电阻）两部分组成，如图11-14所示。为了免受外界因素的影响，火花间隙和工作电阻都安装在密封良好的瓷套中。

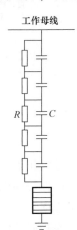

图11-14　阀式避雷器原理结构

1）火花间隙。阀式避雷器的火花间隙由大量单元间隙串联组成，如图11-14所示。当出现雷电过电压时，火花间隙迅速击穿，冲击电流流过火花间隙和工作电阻，工作电阻上电压的最大值称为残压。由于电阻的非线性特性使残压得到限制，在这一过程中，要求被保护绝缘的击穿电压大于火花间隙的放电电压。当过电压消失后，间隙中由工作电压产生的工频电弧电流将流过阀式避雷器，工频电流比较小，电阻急剧回升，使电流迅速减小，使间隙能在工频续流第一次过零就将电流切断。

2）工作电阻。工作电阻是由碳化硅阀片叠加而成，阀片的电阻值与流过的电流有关，具有非线性特性，电流越大电阻越小，其伏安特性曲线如图11-15所示，亦可表示为

$$u = Ci^\alpha \tag{11-6}$$

式中，u为阀片上的电压；i为通过阀片的电流；C为与阀片材料尺寸有关的系数；α为非线性系数，其值小于1，一般为0.2左右，与材料有关。图11-15中，i_1表示工频续流；i_2表示雷电流；u_1表示工频电压；u_2表示残压。

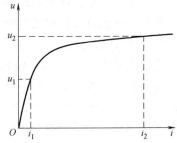

图11-15　工作电阻的伏安特性曲线

非线性系数α越小，非线性越好；当有大的冲击电流通过阀片时，阀片上的残压越接近于常数，保护性能越好。

（2）工作原理

在系统正常工作时，间隙将电阻阀片与工作母线隔离，以免由工作电压在阀片电阻中产生电流使阀片烧坏。

当系统中出现过电压且其幅值超过间隙放电电压时，间隙击穿，冲击电流通过阀片流入大地，从而使设备得到保护。同时，由于阀片的非线性特性，其电阻在流过大的冲击电流时变得很小，故阀片上产生的残压将得到限制，使其低于被保护设备的冲击耐压，设备得到保护。

当过电压消失后，在工作电压作用下，间隙中仍有工频电弧电流（工频续流）通过，但此时阀片呈高阻值，所以工频续流受到限制，间隙能在工频续流第一次过零时就将电弧切

断,从而保护了被保护设备。

(3) 电气参数

1) 额定电压:使用此避雷器的电网额定电压,即正常运行时作用在避雷器上的工频工作电压。

2) 灭弧电压:指该避雷器能够可靠熄灭续流电弧时的最大工频电压(在工频续流第一次过零点)。灭弧电压应大于避雷器安装点可能出现的最大工频电压。

3) 冲击放电电压:对额定电压220kV及以下的避雷器,冲击放电电压是指在标准雷电冲击波下的放电电压的上限。对于330kV以上超高压避雷器,除了雷电冲击放电电压外,还包括标准操作冲击波下的放电电压上限。

4) 工频放电电压:指工频电压作用下,避雷器发生放电的电压有效值。由于击穿的分散性,工频放电电压都规定上限值和下限值。普通阀式避雷器不允许在长时间的内部过电压下动作,因此规定它们的工频放电电压下限值不低于可能出现的内部过电压值,以免在内部过电压下误动作。

5) 残压:冲击电流流过避雷器时,在工作电阻上产生的电压峰值。

6) 阀式避雷器的冲击系数:避雷器冲击放电电压与工频放电电压幅值之比。

7) 切断比:避雷器工频放电电压的下限值与灭弧电压之比。

8) 保护比:避雷器残压与灭弧电压之比。保护比越小,则残压越小,或灭弧电压越高,越容易切断工频续流,避雷器保护性能越好。

4. 金属氧化物避雷器

(1) 工作特点

氧化锌避雷器本质上也是一种阀型避雷器,其阀片以氧化锌(ZnO)为主要材料,加入少量金属氧化物,在高温下烧结而成。ZnO阀片具有很好的非线性特性,其非线性系数 $\alpha = 0.02 \sim 0.05$。图11-16示出氧化锌(ZnO)避雷器、碳化硅(SiC)避雷器和理想避雷器的伏安特性曲线,以进行比较。图中,假定ZnO、SiC阀片在10kA电流下的残压相同。但在额定电压(或灭弧电压)下,ZnO伏安特性曲线所对应的电流一般在 10^{-5} A以下,可以近似认为其续流为零;而SiC伏安特性曲线所对应的续流却为100A左右。也就是说,在工作电压下ZnO阀片可看作是绝缘体。

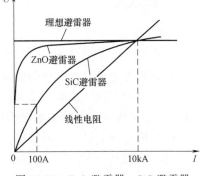

图11-16 ZnO避雷器、SiC避雷器和理想避雷器的伏安特性曲线

与传统SiC避雷器相比,由于ZnO避雷器采用了非线性优良的ZnO阀片,使其具有以下诸多优点:

1) 无间隙、无续流。在工作电压下,ZnO阀片呈现极大的电阻,续流近似为零,相当于绝缘体。因而工作电压长期作用也不会使阀片烧坏,所以可以不再需要串联间隙来隔离工作电压,从而使ZnO避雷器结构简化、体积缩小、运行维护方便。

2) 保护特性优越,非线性优越,而且没有火花间隙,一旦作用电压开始升高,阀片立即开始吸收过电压的能量,抑制过电压的发展。因而,在相同雷电流的作用下,ZnO避雷器比SiC避雷器的残压更低,从而降低作用在被保护设备上的过电压。

3）在绝缘配合方面可以做到陡波、雷电流和操作波的保护裕度接近一致。

4）ZnO 避雷器通流容量大，能够制成重载避雷器。ZnO 避雷器的通流容量远大于碳化硅阀片，更有利于用来限制作用时间较长（与大气过电压相比）的内部过电压。还可以采用多柱并联的办法进一步增大通流容量，制造出用于特殊保护对象的重载避雷器。

基于以上优点，金属氧化物避雷器在电力系统中得到越来越广泛的应用，特别是超高压电力设备的过电压保护和绝缘配合已完全取决于金属氧化物避雷器的性能。

(2) 电气参数

1）额定电压：避雷器两端之间允许施加的最大工频电压有效值。

2）持续运行电压：允许长期连续施加在避雷器两端的工频电压有效值。

3）起始动作电压（或参考电压）：大致位于 ZnO 避雷器伏安特性曲线由小电流区域上升部分进入大电流区域平坦部分的转折处，从这一电压开始，认为避雷器已进入限制过电压的工作范围，所以也称为转折电压。

4）电压比：指金属氧化物避雷器通过波形为 $8/20\mu s$ 的额定冲击放电电流时的残压与起始动作电压（或参考电压）之比。电压比越小，表示非线性越好，避雷器的保持性能越好。目前的产品水平电压比约为 $1.6\sim2.0$。

5）荷电率：表征单位电阻片上的电压负荷，是氧化锌避雷器的持续运行电压峰值与起始动作电压（或参考电压）的比值。荷电率越高，说明避雷器稳定性能越好，耐老化。

6）保护比：定义为额定冲击放电电流下的残压与持续运行电压（峰值）的比值，或电压比与荷电率之比，即

$$保护比=\frac{额定残压}{持续运行电压(峰值)}=\frac{电压比}{荷电率}$$

三、接地装置

1. 相关概念

所谓接地，就是把设备与电位参照点的大地做电气上的连接，使其对地保持一个低的电位差。接地装置是由埋入土中的金属接地体（角钢、扁钢和钢管等）和连接用的接地线构成。按照其目的的不同，接地可分为：

1）工作接地：根据电力系统运行的需要，人为将电力系统某一点接地，其目的是为了稳定对地电位与继电保护上的需要，如中性点的直接接地等。

2）保护接地：为保证人身安全、防止触电事故，将电气设备的外露可导电部分与地做良好的连接。

3）静电接地：在可燃物场所的金属物体，蓄有静电后，往往爆发火花，以致造成火灾。因此要对这些金属物体（如储油罐等）接地。

4）防雷接地：用来将雷电流顺利泄入地下，以减小它所引起的过电压，保障人身和设备安全。

顾名思义，防雷接地装置主要用于防雷保护中，其性能好坏将直接影响到被保护设备的耐雷水平和防雷保护的可靠性。

2. 接地电阻

当接地装置流过电流时，电流从接地体向周围土壤流散，由于大地并不是理想的导体，

它具有一定的电阻率，于是接地电流将沿大地产生电压降。在靠近接地体处，电流密度和电位梯度最大，距接地体越远，电流密度和电位梯度也越小，一般距接地装置约在 20~40m 处电位便趋于零。电位分布曲线如图 11-17 所示。

接地点电位 u 与接地电流 i 的关系服从欧姆定律，即 $u=Ri$，R 称为接地体的接地电阻。根据接地电流 i 的性质，即冲击电流或工频电流，接地电阻 R 可分别称为冲击接地电阻或工频接地电阻。当 i 为定值时，接地电阻越小，电位 u 越低，反之就越高，这时地面上的接地物也具有了电位 u。由于接地点电位 u 的升高，有可能引起与其他带电部分间绝缘的闪络，也有可能引起大的接触电压和跨步电压，从而不利于电气设备的绝缘以及人身的安全，这就是为什么要力求降低接地电阻的原因。

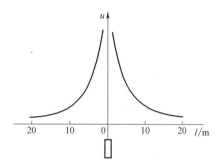

图 11-17　接地装置在地表面电位分布曲线

稳态接地电阻 R_e 为从接地体到地下远处零电位之间的电压 U_e 与接地体流过的工频电流或直流电流 I_e 之比，即 $R_e=U_e/I_e$，工频电流和直流电流都属于稳态电流。

防雷接地中，当电气设备受冲击电流作用时，接地装置流过冲击电流时所呈现的电阻称为冲击接地电阻 R_i，通常将冲击接地电阻与稳态接地电阻之比称为接地装置的冲击系数，即 $\alpha_i=R_i/R_e$。冲击接地电阻与稳态接地电阻有所不同：

1）流入冲击接地装置的是雷电流，雷电流幅值大，会使地中的电流密度增大，提高土壤中的电场强度，在接地体周围土壤中就会发生局部火花放电，使土壤导电性增强，接地电阻减小，这称为火花效应。

2）雷电流的等值频率较高，使接地体自身电感影响增大，阻碍电流向远端传播，使冲击接地电阻大于稳态接地电阻，这称为电感效应。

3. 发电厂接地装置

接地装置由接地体和连接导体组成。接地体可分为自然接地体和人工接地体。自然接地体包括埋在地下的金属管道、金属结构和钢筋混凝土基础，但可燃液体和气体的金属管道除外；人工接地体是专为接地需要而设置的接地体。

人工接地体有垂直接地体和水平接地体之分。垂直接地体一般是用长约 2.5~3m 的角钢、圆钢或钢管垂直打入地下，顶端深入地下 0.3~0.5m；水平接地体多用扁钢、圆钢或铜导体，埋于地下 0.5~1m 处或埋于厂房、楼房基础底板以下，构成环形或网格形的接地系统。

发电厂要求有良好的接地装置，一般是根据安全和工作接地要求设置一个统一的接地网，然后在避雷器和避雷针下面增加独立接地体以满足防雷接地的要求。

发电厂的接地装置除利用自然接地体外，还应敷设水平的人工接地网。人工接地网应围绕设备区域连成闭合形状，并在其中敷设成方格网状的若干均压带（见图 11-18）。水平接地网应埋入地下 ≥0.6m，以免受到机械损伤，并可减少冬季土壤表层冻结和夏季地表水分蒸发对接地电阻的影响。

随着电力系统的发展，超高压电力网的接地短路电流日益增大。在发电厂和变电所内，接地网电位的升高已成为重要问题。为了保证人身安全，除适当布置均压带外，还采取以下措施：

1）因接地网边角外部电位梯度较高，边角处应做成圆弧形。

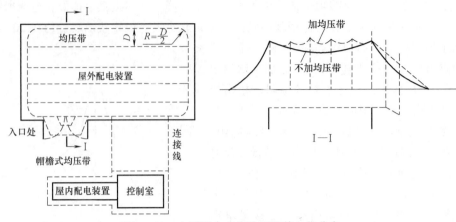

图 11-18　水平闭合式接地网及其电位分布

2) 在接地网边缘上经常有人出入的走道处，应在该走道下不同深度装设与地网相连的帽檐式均压带或者将该处附近铺成具有高电阻率的路面。

对大容量电厂，其 500kV 和 220kV 配电装置、汽轮机房、锅炉房等主要建筑物下面，常将深埋的水平接地体敷设成方格网。一般在主厂房接地网和升压变电所接地网连接处设接地井，井内有可拆卸的连接部件，以便分别测试各个主接地网的接地电阻。主接地网的接地电阻一般要求在 0.5Ω 以下。

在地下接地网的适当部位，用多股绞线引出地面，以便连接需要接地的设备或接地母线（总地线排），或与厂房钢柱连接，形成整个建筑物接地。室外防雷保护接地引下线与接地网的连接点，通常设在地表下 $0.3\sim0.5\mathrm{m}$ 以下。

发电厂中，大量电气设备外壳或其他非载流金属部分，如配电盘的框架、开关柜或开关设备的支架、电动机底座、金属电缆架、电缆的金属外包层、移动式或手持式电动工具等，都必须接地。所有的接地可用适当截面的接地线直接连接到固定的接地端子、接地母线或已接地的建筑金属构件上，也可用单独的绝缘地线与电缆等敷设在同一条电缆走道、管道内，再接到适当的接地端子或接地母线上。

第三节　发电厂和变电站的防雷保护

发电厂和变电站一旦发生雷害事故将导致大面积停电，并且电力变压器的绝缘水平往往低于线路绝缘，而且不具备自恢复能力，因此防雷要求比较高。

变电站雷害主要来自两个方面：

1) 直击雷。对直击雷的防护，一般采用避雷针和避雷线。凡是装设的避雷针或避雷线符合规程要求，绕击和反击事故是很低的。

2) 侵入波。雷击线路，雷电波沿着线路向发电厂、变电站入侵，这是发电厂和变电站雷害的主要原因。主要防护措施是在发电厂、变电站内装设阀式避雷器以限制入侵雷电波的幅值，并且在发电厂、变电站的进线上设置进线保护段以限值雷电波的陡度。同时，对于直接与架空线相连的旋转电机还应在电机母线上装设电容器，以限制入侵雷电波陡度以保护匝间绝缘和中性点绝缘。

一、直击雷保护

为了防止发电厂和变电站遭受直击雷，可以装设避雷针，并应该使所有设备都处于避雷针保护范围之内，此外，还应该采取措施，防止避雷针反击事故。

避雷针有两种装设方式，一种是独立避雷针，另一种是构架式避雷针。

1. 独立避雷针

独立避雷针与配电构架的距离如图 11-19 所示。R_{ch} 为避雷针的冲击接地电阻，相邻配电装置的接地电阻为 R，h 为相邻配电装置构架的高度，避雷针高度为 h 处的对地电压为

$$u_k = L\frac{di_L}{dt} + i_L R_{ch}$$

避雷针的接地装置上出现的电位为

$$u_d = R_{ch} i_L$$

若取 $i_L = 150\text{kA}$，$\frac{di_L}{dt} = 30\text{kA}/\mu\text{s}$，$L = 1.7h\mu\text{H}$（$h$ 是避雷针高度，单位为 m）

则

$$u_k = 150R_{ch} + 50h$$
$$u_d = 150R_{ch}$$

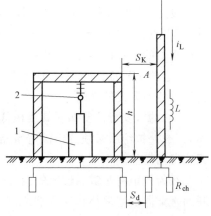

图 11-19　独立避雷针与配电构架的距离
1—变压器　2—母线

为防止避雷针与被保护的配电构架或设备之间空气间隙被击穿而造成反击事故，若取空气的平均耐压强度为 500kV/m，则

$$S_K > \frac{150R_{ch} + 50h}{500}$$

$$S_K > 0.3R_{ch} + 0.1h$$

于是，一般情况下

$$S_K \geqslant 5\text{m}$$

同样，为防止避雷针接地装置和被保护设备接地装置之间土壤中的间隙被击穿，取土壤的平均耐电强度为 300kV/m，则

$$S_d > 0.3R_{ch}$$

于是，一般情况下

$$S_d \geqslant 3\text{m}$$

2. 构架式避雷针

避雷针装设在配电构架上，主要用于 110kV 及以上的变电站，由于 110kV 及以上变电站绝缘水平比较高，雷击避雷针时在配电构件上出现的高电位不会造成反击事故。同时，装设避雷针的配电构架应装设辅助接地装置，此接地装置与变电站接地网的连接点离主变接地装置与变电站接地网连接点之间的距离不小于 15m，目的是使雷击避雷针时在避雷针接地装置上造成的高电位在沿地网向变压器接地点传播的过程中逐渐衰减，到达变压器接地点时不会造成变压器的反击事故。

两种配置方式的应用范围：①110kV 及以上变电站，绝缘水平高，在土壤电阻率不高（小于 1000Ω·m）的地区可采用构架配置，当土壤电阻率比较高时，也必须采用独立避雷针；②35kV 及其以下变电站绝缘水平较低，应采用独立避雷针。

二、侵入波保护

雷直击输电线路远比直击发电厂、变电站的概率大，所以沿线路入侵发电厂或变电站的雷电过电压是很常见的。而发电厂和变电站内的电气设备的绝缘水平要比线路绝缘水平低很多，所以，发电厂和变电站的雷电入侵波防护尤为重要。

装设阀式避雷器或氧化锌避雷器是限制入侵雷电波的主要措施，主要是限制过电压的幅值。同时设置进线段保护用来降低入侵波陡度，在变电站中阀式避雷器和进行段保护配合使用。

避雷器的保护作用有三个前提：

1）它的伏秒特性与被保护绝缘的伏秒特性有良好配合，低于被保护绝缘，但不能太低，伏秒特性要比较平缓；

2）它的伏安特性要保证其残压低于被保护绝缘的冲击电气强度；

3）被保护绝缘必须处于该避雷器的保护距离之内，否则被保护绝缘会由于波的折反射而无法得到保护。

那么为何距离避雷器较远的设备会得不到保护？这是因为与被保护设备（比如变压器）并联的避雷器，通常都和变压器之间有一定电气距离 l，如图 11-20 所示。若设雷电入侵波为斜角波 αt，根据行波理论，则变压器上所受冲击电压的最大值 U_m 与距离 l 有如下关系

$$U_m = U_{re} + 2\alpha \frac{l}{v} \qquad (11-7)$$

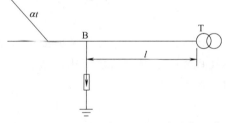

图 11-20　避雷器距变压器有一定电气距离

式中　U_{re} 为避雷器的残压；α 为入侵波陡度；l 为避雷器与变压器之间的电气距离；v 为入侵波传播速度。

由此可见，若设备上受到的最大电压 U_m 小于设备的冲击耐压强度 U_j，则设备不会发生击穿，即

$$U_m = U_{re} + 2\alpha \frac{l}{v} \leq U_j$$

或者写成

$$l_m \leq \frac{U_j - U_{re}}{2\alpha/v}$$

由上式可见，被保护设备与避雷器之间的距离，不得大于 l_m，否则将无法得到避雷器的保护。l_m 称为避雷器和各保护设备之间的最大允许电气距离。该距离取决于：

1）被保护设备的多次截波耐压值。

2）避雷器的残压。

3）雷电波的陡度。

若希望增大最大允许电气距离，可通过降低雷电侵入波陡度 α 或选用残压 U_{re} 较低的避雷器。

三、变电站进线段保护

变电站进线段保护是指在邻近变电站 1~2km 的一段线路上加强防雷措施。运行经验表明，变电站的雷电入侵事故约有 50% 是由雷击变电站 1km 以内的线路引起的，约有 70% 是由雷击 3km 以内的线路引起的。可见，加强线路进线段保护是很重要的。

一般在没有全线架设避雷线的 35kV 及以下的线路，必须在靠近变电站 1~2km 的线路架设避雷线，使之成为进线段。110kV 及以上线路全线都架设有避雷线，也必须在靠近变电站的一段长 2km 的线路划为进线段。在一切进线段上应加强防雷措施、提高耐雷水平，尽量避免在这一段线路上出现绕击或反击事故。进线段采取的措施有：减小保护角 α，使之不大于 20°；减小杆塔的接地电阻；提高绝缘水平等。

如图 11-21 所示，35~110kV 没有全线架设避雷线的进线段保护接线。图中，FA1 避雷器用于保护变压器，限制雷电波入侵电压；FA3 避雷器用于限制侵入波的雷电流幅值；FA2 避雷器用于保护断路器，防止线路侧过来的过电压在断路器处于开路时发生全反射使电压升高两倍，烧毁断路器；而断路器在合闸位置时，侵入波不应使 FA2 动作，否则将产生截波危及变压器纵绝缘。

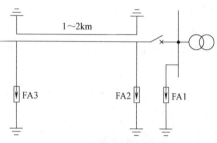

图 11-21　变电站进线段保护接线

进线段保护的主要作用是：

1) 进入变电站的雷电流来自于进线段以外，它们流经进线段时因冲击电晕而衰减和变形，从而降低了侵入波陡度；
2) 限制流过避雷器的冲击电流幅值。

第四节　内部过电压及其防护

内部过电压按其产生原因可以分为操作过电压和暂时过电压，如图 11-22 所示。本节将对这两类内部过电压的成因及类型进行简要的介绍。

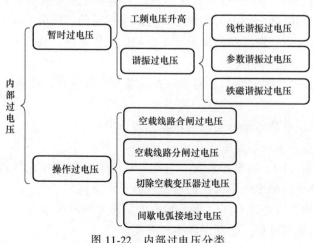

图 11-22　内部过电压分类

(1) 操作过电压特性

1) 持续时间短,一般在 0.1s 以内。

2) 过电压幅值大,可以采用某些限压保护装置及技术来加以限制。

(2) 暂时过电压特性

1) 持续时间比较长。

2) 限压保护装置的通流能力和热容量都有限制,无法限制谐振过电压,只有在设计时尽量避免形成不利的谐振回路,并加装阻尼电阻等设备。

3) 在选择电力系统绝缘水平时,要求各种绝缘能可靠耐受可能出现的谐振过电压,不再设置专门的限压保护措施。

如本章第一节所述,内部过电压的大小用工作电压的倍数 K 表示,基准值取系统最高工作相电压幅值(标幺值,$p.u.$),即

$$U_m = Kp.u.$$

式中,K 与系统结构、运行方式、容量大小、中性点运行方式等诸多因素有关,并具有统计性。

一、暂时过电压

1. 工频过电压

(1) 定义

工频过电压是指在正常或故障时,电力系统中所出现的幅值超过最大工作相电压、频率为工频(50Hz)的过电压。

(2) 重要性

工频过电压升高倍数不大,一般不会对电力系统的绝缘造成很大危害,但是它在绝缘裕度较小的超高压输电系统中须予以重视,这是因为:

1) 工频电压升高的大小直接影响操作过电压的实际幅值。工频电压升高大多是在线路空载或轻载条件下出现的,与多种操作过电压的发生条件相同,有可能同时出现、相互叠加,也可以说多种操作过电压都是在工频电压升高的基础上发展起来的,所以设计电网绝缘时,应考虑它们的联合作用。

2) 工频电压升高是决定某些过电压保护装置工作条件的重要依据。如避雷器灭弧电压就是按照电网单相接地时健全相上的工频电压升高来选定的,同时避雷器的额定电压必须大于连接点的工频电压升高,在同样的保护比下,额定电压越高,残压越大,要求电气设备的绝缘水平也相应提高。

3) 工频电压升高持续时间很长,对设备绝缘及其运行有重大影响。

(3) 分类

根据引起工频电压升高的原因不同,可以分为三类:

1) 空载长线路电容效应引起的工频电压升高。

2) 不对称故障引起的工频电压升高。当电力系统中发生单相或两相对地短路时,健全相电压会升高,其中单相接地故障引起的电压升高更严重。

3) 甩负荷引起的工频电压升高。当系统由于某种原因甩负荷时,会在原动机与发电机内部引起一系列机电暂态过程,引起工频电压升高。

2. 谐振过电压

（1）定义

具有电感电容等元件的电力系统可以构成一系列不同自振频率的振荡回路，当系统进行操作或发生故障时，某些振荡回路就有可能与外加电源发生谐振现象，导致系统中某些部分（或设备）上出现过电压，这就是谐振过电压。

（2）特点及分类

系统中的电感元件可以分为三类：线性的、非线性的、电感值呈周期性变化的电感元件。相应的，可能发生三种不同性质的谐振现象。

1）线性谐振过电压。由线性电感构成的振荡回路，引起的过电压。限制这种过电压的方法是使回路脱离谐振状态或增加回路损耗使谐振受到阻尼。

2）参数谐振过电压。系统中某些元件电感会发生周期性变化，如水轮机同步运行时，直轴同步电抗 X_d 同期性变动。电感的周期性变化是由原动机提供的，若存在不利的参数配合，就有可能引起参数谐振。

由于谐振回路中的损耗，只有当参数变化所吸收的能量足以补偿回路损耗时，才能保证谐振的持续发展，当电压增大到一定程度后，电感会出现饱和现象，使回路自动偏离谐振，使过电压不至于无限增大。

在发电机正常运行之前，设计部门要进行校验。避开谐振点，一般不会出现参数谐振。

3）铁磁谐振过电压。电感元件带有铁心时，因铁心出现饱和现象，使电感参数是非线性的，随电流或磁通的变化而改变，在满足一定的条件时，会产生铁磁谐振过电压，在电力系统中可引起严重事故。

二、操作过电压

操作过电压是在电力系统中由于操作所引起的电压升高。这里所说的操作，包括正常的操作，如空载线路的合闸和分闸等，还包括非正常的故障，如线路通过间歇性电弧接地。

产生操作过电压的原因是：在电力系统中存在储能元件的电感与电容，当正常操作或故障时，电路状态发生了改变，由此引起了振荡的过渡过程，这样就有可能在系统中出现超过正常工作电压的过电压——操作过电压。

电力系统中常见的操作过电压有：空载线路合闸过电压、空载线路分闸过电压、切除空载变压器过电压和间歇性电弧接地过电压。下面将依次介绍这四种操作过电压的形成过程及其防护措施。

1. 空载线路合闸过电压

空载线路的合闸分为两种情况：正常合闸和自动重合闸。由于系统中储能元件存在，电路状态的改变将引起振荡性的过渡过程而过电压就产生于这种振荡过程中。合闸过电压并不很大，但这种过电压很难找到限制保护措施，因而它在超高压输电系统的绝缘配合中起主要作用。

（1）正常合闸

合闸前线路正常，线路上初始电压为零。在合闸后，电源电压通过系统等效电感 L 对空

载线路电容 C 充电，回路中将产生高频 $\left(\omega_0 = \dfrac{1}{\sqrt{LC}}\right)$ 振荡过程，若不计电阻的阻尼作用，线路上的最高电压可达 $2E_m$，E_m 为电网工频相电压 $e(t)$ 的幅值。这种合闸过电压并不严重。

（2）自动重合闸引起的过电压

自动重合闸是线路发生故障跳闸后，断路器靠重合闸装置，经 Δt（约 $0.3 \sim 0.5\text{s}$）时间后再自动重合。在中性点直接接地系统中，发生单相接地故障时，非故障相的对地电压将上升为 $(1.3 \sim 1.4)E_m$，设上升到 $1.3E_m$，断路器跳闸后非故障相电流过零熄弧时，线路上的残压电压 U_0 也为 $1.3E_m$，若不考虑线路的残余电荷泄漏，则 $U_0 = 1.3E_m$ 保护不变。若经 Δt 时间断路器重合时刻的电源电压恰好与线路残余电压 U_0 反极性，且为峰值 $-E_m$，如图 11-23 所示的 t_1 时刻，则重合闸时的过渡过程中，在不考虑电阻的阻尼作用下，最大过电压为

$$U_m = -E_m + (-E_m - 1.3E_m) = -3.3E_m$$

若考虑重合时，线路残压一般比熄弧时已下降了 30%，则

$$U_m = -E_m + (-E_m - 1.3E_m \times 30\%) = -2.39E_m$$

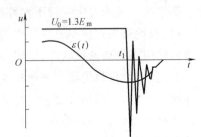

图 11-23　重合闸时的过电压

若考虑到重合闸时刻电源电压不一定恰好为最大值，也不一定和线路残压反极性，还有回路电阻的阻尼作用，过电压就较上述计算值低。

上面讲的是三相重合闸，若采用单相重合闸，只切除和重合故障相，则因故障相线路上不存在残余电荷，重合时就不会出现很高的过电压。故在空载线路合闸过电压中，最严重的是三相重合闸引起的过电压。

限制合闸过电压特别是重合闸过电压的主要措施是采用带有并联电阻的断路器，如图 11-24 所示。线路合闸时，辅助触头 S2 先闭合，电阻 R 串入回路，对振荡起阻尼作用，有效抑制过电压。此时 S1 仍断开，经 $1.5 \sim 2$ 个工频周期，主触头 S1 闭合，完成合闸操作。除此之外，消除和削弱线路残余电压、同步合闸及安装避雷器等措施，也可抑制空载线路合闸过电压。

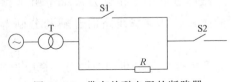

图 11-24　带有并联电阻的断路器

2. 空载线路分闸过电压

空载线路的分闸（切除空载线路）是电网中最常见的操作之一。在将线路切除时，一般总是先切除负荷，后断开电源，那么后者的操作即为切除空载线路。空载线路分闸过电压是空载线路分闸操作时，在空载线路上出现的过电压。

在系统切除空载线路时，断路器分闸后，断路器触头间可能会出现电弧的重燃，电弧重燃又会引起电磁暂态的过渡过程，从而产生这种切除空载线路过电压。可见，产生过电压的根本原因是断路器开断空载线路时断路器触头间出现电弧重燃。

切除空载线路过电压是选择线路绝缘水平和确定电气设备试验电压的重要依据。采取措施消除或抑制这种过电压，对于保证系统安全运行和进一步降低电网绝缘水平具有重大意义。

限制该过电压的措施是提高断路器灭弧性能，采用强灭弧能力的断路器，如 SF_6 断路

器，使电弧不致重燃或几乎不会重燃。采用带并联电阻的断路器也能达到这一效果。如图 11-24 所示，线路分闸时，主触头 S1 先断开，此时 S2 仍闭合，由于电阻 R 的串入抑制了 S1 断开后的振荡过程，而这时 S1 两端的恢复电压只是电阻 R 的压降，其值较低，故主触头间电弧不易重燃。经 1.5~2 个工频周期，辅助触头 S2 断开，完成分闸操作。

3. 切除空载变压器过电压

空载变压器切除前流过空载变压器的电流很小，当断路器在切除相对很小的空载励磁电流时，使空载电流未到零之前就发生熄弧（称为空载电流的突然"截断"），由于这一"截断"，使截断前的磁场能量全部转变为电场能量，从而产生空载变压器过电压。

限制措施主要是采用阀式避雷器。

4. 间歇性电弧接地过电压

在中性点不接地系统中，当一相发生故障时，故障点的电弧熄灭和重燃导致电磁暂态的振荡过渡过程而引起的过电压称为间歇电弧接地过电压。出现电弧熄灭和重燃的不稳定状态，这种电弧称之为间歇性电弧。

中性点不接地系统中出现间歇电弧接地过电压的根本原因是接地电弧的间歇性熄灭与重燃。出现这种间歇性电弧的条件一是电弧性接地，二是接地电流超过某数值。

在中性点不接地系统中限制间歇电弧接地过电压的有效措施是中性点经消弧线圈接地。如图 11-25 所示，消弧线圈接在系统中性点与地之间，其基本作用是补偿流过故障点的容性接地电流，使接地电弧容易熄灭，同时消弧线圈能降低故障相上恢复电压的上升速度，减小电弧重燃的可能性，这样接地电弧出现后会很快熄灭且不重燃，从而限制了间歇电弧接地过电压。根据补偿度的不同，消弧线圈可以处于三种不同的运行状态。

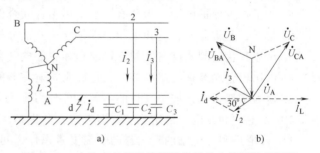

图 11-25　中性点经消弧线圈接地后的电路图及相量图
a) 电路图　b) 相量图

1) 全补偿（$I_L = I_C$）。电感电流等于接地电容电流，接地处电流为零。该补偿方式在正常运行时的某些条件下，可能形成串联谐振，产生谐振过电压，危及系统的绝缘。故不采用。

2) 欠补偿（$I_L < I_C$）。使电感电流小于接地的电容电流，系统发生单相接地故障时接地点还有容性的未被补偿的电流。在欠补偿方式下运行时，若部分线路停电检修或系统频率降低等原因都会使接地电流减少，又可能变为完全补偿。故一般不采用欠补偿方式。

3) 过补偿（$I_L > I_C$）。使电感电流大于接地的电容电流，系统发生单相接地故障时接地点有剩余的感性电流。消弧线圈选择时留有一定的裕度，即使电网发展使电容电流增加，仍可以继续使用。故过补偿方式在电力系统中得到广泛应用。

第五节　小　　结

绝缘是电气设备安全可靠运行的重要保障。然而在电力系统的实际运行中，由于过电压的存在，严重威胁着电气设备的绝缘安全和系统的稳定运行。因此，本章在研究电力系统过电压形成机理的基础上，重点介绍了雷电过电压和内部过电压的防护措施。

雷电过电压也称为大气过电压，是电力系统绝缘的重要危害。通常，采用避雷针来对发电厂、变电站直击雷进行防护；避雷线主要用于保护输电线路；而避雷器在发电厂和变电站的侵入波防护中发挥重要作用。作为重要的防雷保护装置，接地装置直接决定了防雷装置的有效性，通过不断降低接地电阻，以达到提高防雷保护效果的目的。

内部过电压是由于电力系统的操作、参数变化等原因引起的系统电压升高。根据成因和特点不同，内部过电压又可以分为暂时过电压和操作过电压。本章最后，在简单介绍各种内部过电压形成机理的基础上，重点阐述了内部过电压的各种防护措施。

第六节 思考题与习题

1. 电力系统过电压可分几类？它们各自的特点是什么？
2. 表示雷电流的参数有哪些？分别如何规定？
3. 常用雷电流波形有哪些？各有何用途？
4. 何为避雷针、避雷线的保护范围？何为避雷线的保护角？
5. 为了扩大保护范围，为什么一般采用多针联合保护而不采用单个较高的避雷针？
6. 排气式避雷器的构造和工作原理是什么？试分析其与保护间隙的异同点。
7. 试述碳化硅阀式避雷器的工作原理和主要电气参数的含义。
8. 试比较金属氧化物避雷器与碳化硅阀式避雷器的性能。
9. 何为接地装置，按照其目的不同，可分为哪几类？
10. 发电厂和变电站的雷害主要有哪些？分别如何加以防护？
11. 发电厂和变电站的直击雷防护需要考虑什么问题？为防止反击应采取什么措施？
12. 阀式避雷器与被保护设备间的电气距离对其保护作用有何影响？
13. 试说明变电站进线段保护的作用。
14. 试述内部过电压的分类。
15. 引起工频电压升高的原因有哪些？为何对工频电压升高要予以重视？
16. 切除空载线路和切除空载变压器时产生过电压的原因有何不同？断路器灭弧性能对这两种过电压有何影响？
17. 带并联电阻的断路器为何可限制空载线路合闸过电压和分闸过电压？分、合闸时应该如何操作？
18. 试述间歇性电弧接地过电压的形成原因及消弧线圈的工作原理。
19. 某油罐直径为 10m，高出地面 10m，若采用单支避雷针保护，且要求避雷针与罐距离不得少于 5m，试计算该避雷针的高度。

第四篇　电力系统继电保护与控制

电力系统由发电厂、输变电系统、配电系统和各种不同类型的负荷等组成，由各级调度中心对系统的运行进行控制和管理。为了电力系统的安全经济运行，各种继电保护和自动装置组成了信息就地处理的自动化系统。信息就地处理的自动化系统的特点是能对电力系统的情况做出快速的反应。如高压输电线上发生短路故障时，继电保护能够快速而及时地切除故障，保证系统稳定运行；按频率自动减负荷装置能在电力系统出现严重的有功缺额时，快速切除一些较为次要的负荷，以免造成系统的频率崩溃。

但仅依靠信息就地处理的自动化系统还不能保证电力系统安全、优质、经济的运行，因为这些装置往往都是根据局部的、事后的信息来处理电力系统的故障，而不能以全局的、事先的信息来预测、分析系统的运行情况和处理系统中出现的各种问题，所以电网监控与调度自动化系统有不可取代的作用。

本篇介绍电力系统中各种输电线路保护及主要设备的保护原理；电力系统继电保护与控制中的常用自动装置，包括自动重合闸、备用电源自动投入装置和自动低频减载装置；电力系统监控与调度自动化的作用、结构及基本功能。

第十二章 继电保护的任务与要求

第一节 继电保护的基本原理

一、电力系统的故障和不正常运行状态

目前电能尚不能大量储存,电能的生产、输送、分配和消费实际上是同时进行的。而电力系统的暂态过程非常短促,设备的投入退出都是在一瞬间完成的。电能又与人们生产生活密切相关,因此要求电力系统能提供安全可靠、优质经济的电能。而电力系统的设备,不可避免会发生各种故障和不正常运行状态。

故障是指各种类型的短路故障、断线故障和复合故障等。最常见最危险的故障是发生各种短路。造成短路的原因很多,如元件损坏、恶劣天气及违规操作等。短路一旦发生,可能造成设备损坏、破坏生产生活甚至破坏电力系统并列运行的稳定性等严重后果。

当电力系统中设备的状态偏离其额定值较多,正常工作遭到破坏,但又没有发生故障,这种情况属于不正常运行状态。例如,负荷超过电气设备的额定值(又称过负荷),就是一种最常见的不正常运行状态。此外,系统中出现功率缺额而引起的频率降低,发电机突然甩负荷而产生的过电压,以及电力系统发生振荡等,都属于不正常运行状态。

二、继电保护的任务

故障和不正常运行状态,都可能在电力系统中引起事故。除应采取各项措施消除或减少发生故障的可能性以外,故障一旦发生,必须迅速且有选择性地切除故障元件,以保证电力系统的安全运行。切除故障的时间常常要求小到十分之几甚至百分之几秒,这么短的时间靠人工反应去迅速处理是不可能的,只有装设继电保护装置才有可能满足这个要求。

继电保护装置,即是指能反应电力系统中电气元件发生故障或不正常运行状态,并动作于断路器跳闸或发出信号的一种自动装置。目前普遍采用由微型计算机构成的微机保护装置。它的基本任务是:

1)自动、迅速、有选择性地将故障元件从电力系统中切除,使故障元件免于继续受到破坏,保证其他无故障部分迅速恢复正常运行。

2)反应电气元件的不正常运行状态,发出信号、减负荷或跳闸。此时一般不要求保护迅速动作,而是根据对电力系统及其元件的危害程度规定一定的延时,以免不必要的动作和由于干扰而引起误动作。

三、继电保护的基本原理及构成

继电保护的原理是利用被保护线路或设备故障前后某些突变的物理量为信息量,当突变量达到一定值时,启动逻辑控制环节,发出相应的跳闸脉冲或信号。

1)利用基本电气参数的区别。一般情况下,发生短路后,总是伴随有电流的增大、电压的降低、线路始端测量阻抗的减小等特征。因此,利用正常运行与故障时这些基本参数的变化,可以构成相应保护:过电流保护、低电压保护和距离保护(阻抗保护)。

2)利用内部故障和外部故障时被保护元件两侧电流相位或功率方向等差别。如图 12-1 所示双侧电源网络,规定电流的正方向是从母线流向线路。正常运行和线路外部故障时,线路两侧电流的大小相等,相位相差 180°;当线路内部短路时,线路两侧电流一般大小不相等,相位相同,从而可以利用两侧电流相位或功率方向的差别构成各种原理的差动保护,如纵联电流差动保护,高频相差保护、方向比较式纵联保护等。

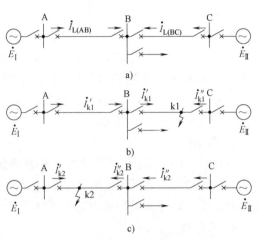

图 12-1 双侧电源网络
a)正常运行情况 b)线路 AB 外短路情况 c)线路 AB 内部短路情况

3)对称分量是否出现。电气元件在正常运行时,负序分量和零序分量为零;某些故障时,有较大的负序或零序分量。根据这些分量的出现与否可以构成负序保护和零序保护。

4)反应非电气量的保护。如反应变压器油箱内部故障时所产生的气体而构成的瓦斯保护;反应于电动机绕组的温度升高而构成的过热保护等。

继电保护装置基本由三大部分构成,即测量部分、逻辑部分和执行部分,其原理结构如图 12-2 所示。测量部分是测量被保护元件的一个或几个物理量,并和已给的整定值进行比较。逻辑部分的作用是根据测量比较部分输出量的大小、性质、出现的顺序或它们的组合,使保护装置按一定的逻辑程序工作,最后传到执行部分。执行部分的作用是根据

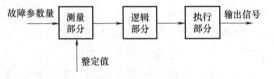

图 12-2 继电保护装置的原理结构

逻辑部分传送的信号,完成保护装置所担负的任务,如发出信号、跳闸或不动作等。

第二节 继电保护的基本要求

一、对继电保护的基本要求

GB 14285—2016《继电保护和安全自动装置技术规程》规定,动作于断路器跳闸的继电保护,在技术上一般应满足四个基本要求,即选择性、速动性、灵敏性和可靠性。动作于

发信号的继电保护在速动性上的要求可以降低。

1. 选择性

选择性是指保护装置动作时仅将故障元件从电力系统中切除，使停电范围尽量缩小，以保证系统中的无故障部分仍能继续安全运行。如图 12-3 所示，当 k 点短路时，应先由保护 2 跳开断路器 QF2 切除故障，而不是由保护 1 首先动作跳开 QF1，造成大面积停电。

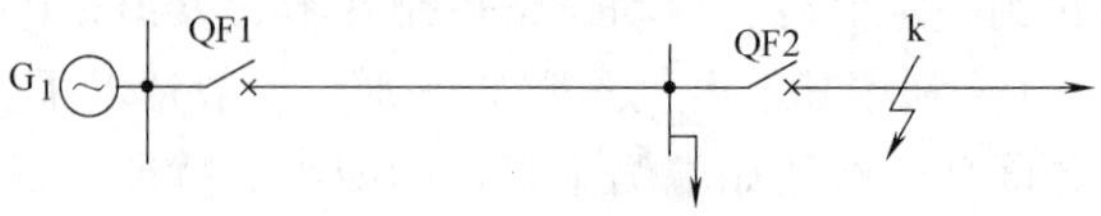

图 12-3 保护选择性说明图

2. 速动性

速动性指保护装置应快速切除故障。故障切除的时间等于继电保护装置动作时间与断路器跳闸时间之和。对不同电压等级和不同结构的电力网络，切除故障的最小时间有不同的要求。一般对 220~500kV 的电力网络为 0.04~0.1s，对 110kV 电力网络为 0.1~0.7s，对 35kV 及以下的配电网为 0.5~1.0s。

3. 灵敏性

继电保护的灵敏性，是指对于其保护范围内发生故障或不正常运行状态的反应能力。保护装置的灵敏性，通常用灵敏系数 K_{sen} 或保护范围长度来衡量。在《继电保护和安全自动装置技术规程》中对灵敏系数的要求做了具体规定。

4. 可靠性

保护装置的可靠性是指在该保护装置规定的保护范围内发生了各种故障或不正常运行状态而应该动作时，它不应该拒绝动作；而在任何其他该保护不应该动作的情况下，则不应该误动作。在实际的运行中，可靠性用动作准确率来描述。

二、保护分类及保护范围

反应故障的保护有主保护、后备保护以及必要的辅助保护。

主保护是指满足系统稳定性和设备安全要求，能以最快速度有选择性地切除被保护设备和全线路故障的保护。

后备保护是主保护或断路器拒动时用以切除故障的保护。后备保护可分为远后备和近后备两种方式。当主保护拒绝动作时，由同一设备上配置的另外一套保护作为后备。当断路器拒动时，由断路器失灵保护实现后备，称为近后备保护。当主保护或断路器拒动时，如果由靠近电源侧的相邻线路或设备的保护动作切除故障来实现后备，称为远后备保护。

辅助保护是为补充主保护和后备保护的性能或它们退出时而增设的简单保护。

每一套保护都有预先严格划定的保护范围，也称为保护区，只有在保护范围内发生故

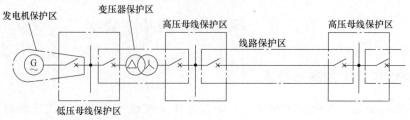

图 12-4 保护范围划分示意图

障，该保护才动作，如图 12-4 所示。为保证任意处发生故障都有保护动作，保护范围必须重叠，但重叠区越小越好，防止扩大停电范围。

第三节 小 结

本章介绍了继电保护的基本概念、任务和要求。首先从电力系统的构成和特点入手，介绍了电力系统的运行状态。基于电力系统的不正常运行状态和故障状态，引出继电保护的概念和作用（基本任务）。通过简单分析电力系统正常运行和故障时电气量变化的主要特征，得出继电保护的基本原理。重点介绍了继电保护的四个基本要求：选择性、速动性、灵敏性、可靠性，说明了主保护、后备保护和保护范围的概念。

第四节 思考题与习题

1. 电力系统常见的不正常运行状态有哪些？
2. 继电保护在电力系统中的任务是什么？
3. 根据电力系统不同运行状态下电气量的差异，可以构成哪些原理的继电保护？
4. 什么是主保护、后备保护？
5. 什么是近后备保护、远后备保护？它们的优缺点分别是什么？
6. 分析继电保护的四个基本要求及其之间的矛盾，对可靠性进行讨论。

第十三章
输电线路保护原理

各级输配电线路是电力网的主要组成部分，为了保证电网的安全稳定运行，当每条线路发生故障时，都应有相应的保护予以及时反应切除。不同电压等级的输电线路在电网中的作用不同，重要程度不同，因此对故障的切除时间要求等也不相同；而故障类型不同，产生的故障特征也有所差异，为了满足继电保护选择性、速动性、可靠性和灵敏性的要求，各级线路配置的保护也各不相同。本章介绍各种原理的线路保护，包括电流保护、距离保护、零序电流保护和输电线路纵联保护等。

第一节 相间短路的电流保护

一、继电器

继电器是组成继电保护装置的基本元件，是当输入物理量（激励量）的变化达到规定要求时，在电气输出电路中，使被控量发生预定阶跃变化的一种自动器件。如触点打开、闭合，电平由高变低、由低变高等。把反应于物理量增大而动作的继电器称为过量继电器（如过电流继电器）；反应于物理量减小而动作的继电器称为欠量继电器（如低电压继电器、低阻抗继电器等）。

电磁式过电流继电器一般由弹簧、线圈、衔铁和触点等组成，如图13-1所示。线圈中通过的电流达到一定值时，衔铁就会在电磁力吸引的作用下克服弹簧的拉力吸向铁心，从而带动衔铁触点吸合，称之为继电器动作。当线圈断电或电流减小后，电磁的吸力也随之消失或减小，衔铁就会在弹簧的反作用力下返回原来的位置，使触点分开，称之为继电器返回。通过触点的闭合、打开，实现电路的导通、切断。

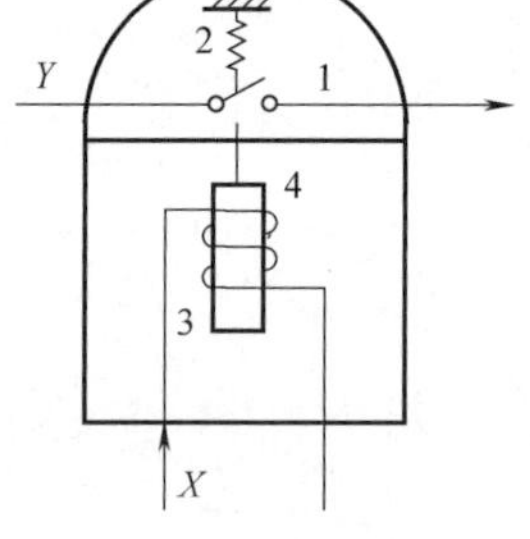

图 13-1 继电器的基本构成
1—触点 2—弹簧
3—线圈 4—衔铁

能使继电器动作的最小电流值称为动作电流 I_{op}，也称为起动电流。能使继电器返回原位的最大电流值称为返回电流 I_{re}。返回电流与起动电流的比值称为返回系数 K_{re}。过量继电器 $K_{re}<1$，欠量继电器 $K_{re}>1$。

无论起动还是返回，继电器的动作都是明确干脆的，不可能停留在某一中间位置，这种特性称之为"继电特性"。

二、阶段式电流保护原理

电力线路正常运行时，线路上流过较小的负荷电流；当线路上发生相间短路故障时有较大的短路电流，根据故障时电流增大的特点可以构成电流保护。电流保护的电流信号取自电流互感器的二次侧，当电流元件测量的电流超过整定值（动作电流）时，保护判断发生故障，并将跳闸信号传递至断路器，将故障线路从系统中切除。

1. 短路电流的特点

如图 13-2 所示网络，线路 k1 点发生三相和两相短路时，流过保护安装处的电流分别为

$$I_k^{(3)} = \frac{E_\phi}{Z_s + Z_k} \tag{13-1}$$

$$I_k^{(2)} = \frac{\sqrt{3}}{2} I_k^{(3)} \tag{13-2}$$

式中，E_ϕ 为系统等效电源的相电势；Z_k 为短路点至保护安装处之间的阻抗；Z_s 为保护安装处到系统等效电源之间的阻抗。

可见，影响短路电流大小的因素有：电源阻抗（系统运行方式的变化）、短路点的位置以及短路类型。

当线路相同地点发生相同类型故障时，流过保护的短路电流为最大时的运行方式称为最大运行方式，对应系统的最小阻抗 Z_{smin}，通常整定计算时考虑此运行方式。而当线路相同地点发生相同类型故障时，流过保护的短路电流为最小时的运行方式称为最小运行方式，对应系统的最大阻抗 Z_{smax}，校验 K_{sen} 时用此运行方式。图中曲线 1 为最大运行方式下三相短路电流曲线，曲线 2 为最小运行方式下两相短路电流曲线。

2. 电流保护的原理

电流保护是反映电流增大而动作的保护。图 13-2 所示线路 AB、BC 如均配置电流保护，其保护应满足继电保护的选择性、速动性、可靠性和灵敏性要求。

以保护 1 为例，线路 AB 故障时，希望保护 1 能瞬时切除全线路 100% 范围的故障，而线路 BC 故障时如 k2 点，希望保护 1 不会无选择性动作。但实际上，在线路 AB 末端 k1 点故障和线路 BC 首端 k2 点故障时，流过保护 1 的短路电流大小几乎一样，不能做到 k1 点故障时保护动作，而 k2 点故障时保护不动作。故而不能做到全线路故障瞬时切除，同时保护又有选择性。

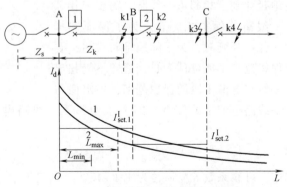

图 13-2 电流速断保护工作原理

为此，通常设置为三段式电流保护，保护功能由各段电流保护相互配合完成。三段分别为：①电流 I 段：瞬时电流速断保护；②电流 II 段：限时电流速断保护；③电流 III 段：定时限过电流保护。下面以图 13-2 中 1 处的保护为例介绍三段式电流保护的整定计算方法。

3. 电流Ⅰ段

电流Ⅰ段是反映电流增大而瞬时动作切除故障的电流保护，又称瞬时电流速断保护。电流Ⅰ段为实现快速性，同时又要保证选择性，所以抬高整定值，牺牲了保护范围（灵敏性）。

动作电流整定原则：按躲开下一条线路出口处最大运行方式下三相短路时的电流 $I_{k.B.max}^{(3)}$ 整定。

$$I_{set.1}^{I} = K_{rel}^{I} I_{k.B.max}^{(3)} = \frac{K_{rel}^{I} E_{\phi}}{Z_{S.min} + Z_{L.AB}} \qquad (13\text{-}3)$$

式中，可靠系数 $K_{rel}^{I} = 1.2 \sim 1.3$。

电流Ⅰ段对被保护线路内部故障的反应能力（即灵敏性），用保护范围的大小即线路全长的百分数来表示来衡量。保护范围受系统运行方式、故障类型影响，如图13-2所示，在最大运行方式三相短路时，保护范围最大；而当系统最小运行方式下两相短路时，电流速断保护范围最小。

由图可得

$$I_{set.1}^{I} = I_{k.L.min} = \frac{\sqrt{3}}{2} \frac{E_{\phi}}{Z_{s.max} + z_1 L_{min}} \Rightarrow L_{min} = \left(\frac{\sqrt{3}}{2} \frac{E_{\phi}}{I_{set.1}^{I}} - Z_{s.max} \right) \frac{1}{z_1} \qquad (13\text{-}4)$$

一般要求最小保护范围不低于全长的 15%～20%。动作时间整定为 $t = 0\text{s}$。

4. 电流Ⅱ段

由于电流Ⅰ段不能保护线路全长，所以通常不能单独使用，还需另配保护相配合。电流Ⅱ段，是为了较快地切除线路其余部分的故障而增设的第二套电流保护，称为限时电流速断保护。只有降低整定值，保护范围才能延长，保护范围不可避免地延伸到了相邻下一线路，需要与相邻下一线路的保护相配合。为了保证选择性，保护要延时，为了缩短延时时间，要求保护范围不能延伸太长，通常不能超出下一线路电流Ⅰ段的保护范围，整定值与下一线路电流Ⅰ段配合，即大于相邻下一线路电流Ⅰ段的定值，如图13-3所示，动作电流为

$$I_{set.1}^{II} = K_{rel}^{II} I_{set.2}^{I} \qquad (13\text{-}5)$$

式中，可靠系数 K_{rel}^{II} 通常为 1.1～1.2。

从以上分析中已经得出，限时速断的动作时限，应选择得比下一条线路速断保护的动作时限高出一个时间阶段，即 $t_1^{II} = t_2^{I} + \Delta t$。时限级差 Δt 一般为 0.5s，如图13-4所示。

为保证灵敏性，即为了保证末端短

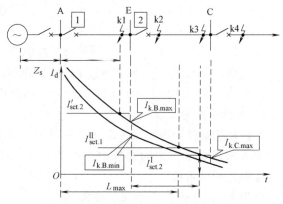

图13-3 电流Ⅱ段保护工作原理示意图

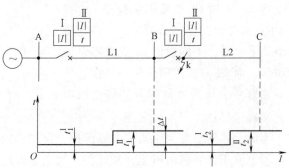

图13-4 电流Ⅱ段与相邻线路电流Ⅰ段时限配合图

路时,保护装置一定能动作,应采用系统最小运行方式下线路 AB 末端发生两相短路时的短路电流作为故障参数进行校验,即

$$K_{\text{sen}} = \frac{I_{k.B.\min}^{(2)}}{I_{\text{set.1}}^{\text{II}}} \geq 1.3 \sim 1.5 \tag{13-6}$$

通常电流Ⅰ段和电流Ⅱ段一起,可以保证全线路范围内的故障能够在 0.5s 内予以切除,在一般情况下,能够满足速动性的要求,作为线路的主保护。

5. 电流Ⅲ段

为了可靠切除故障,除了主保护外,还常常配有后备保护,因此可以再装设一套电流保护,即电流Ⅲ段,也称为定时限过电流保护。过电流保护是指起动电流按照躲开最大负荷电流来整定的一种保护装置。它在正常运行时不起动,发生故障后能灵敏的起动。保护范围较大,在一般情况下,它不仅能够保护本线路的全长,作为本线路的近后备保护,而且也能保护相邻线路的全长,作为其远后备保护。

电流Ⅲ段动作电流整定值是按大于最大的负荷电流来确定,同时外部故障切除后能可靠返回,动作电流为

$$I_{\text{set}}^{\text{III}} = \frac{1}{K_{\text{re}}} I_{\text{re}} = \frac{K_{\text{rel}}^{\text{III}} K_{\text{ss}}}{K_{\text{re}}} I_{L.\max} \tag{13-7}$$

式中,K_{rel} 为 1.15~1.25;K_{ss} 为自起动系数;K_{re} 一般为 0.85~0.9。

动作时限按阶梯时限原则进行整定:$t_1 = t_2 + \Delta t$,$t_2 = t_3 + \Delta t$,$t_3 = t_4 + \Delta t$,如图 13-5 所示。

灵敏性的校验如下:

1)近后备灵敏度(能否保护本线路全长):作为本线路的保护,采用最小运行方式下本线路末端两相短路时的电流进行校验,要求 $K_{\text{sen}} \geq 1.3 \sim 1.5$,即

$$K_{\text{sen}} = \frac{I_{k.B.\min}^{(2)}}{I_{\text{set.1}}^{\text{III}}} \geq 1.3 \sim 1.5 \quad (13-8)$$

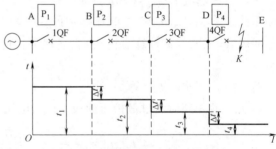

图 13-5 电流Ⅲ段的阶梯时限特性图

2)远后备灵敏度[能否保护相邻线路(元件)全长]:作为相邻线路的后备保护,采用最小运行方式下相邻线路末端两相短路时的电流进行校验,此时要求 $K_{\text{sen}} \geq 1.2$,即

$$K_{\text{sen}} = \frac{I_{k.C.\min}^{(2)}}{I_{\text{set.1}}^{\text{III}}} \geq 1.2 \tag{13-9}$$

三、电流保护接线方式

电流保护的接线方式指保护中电流继电器与电流互感器二次线圈之间的连接方式。图 13-6a 为电流保护的三相完全星形联结方式,图 13-6b 为电流保护的两相两继电器式不完全星形联结方式。图 13-6c 为电流保护的两相三继电器式不完全星形联结方式。

三相星形联结方式广泛用于发电机、变压器等保护中;两相星形联结方式,用于线路相间短路保护,注意所有线路上的保护装置应安装在相同的两相(A、C)上。两相三继电器

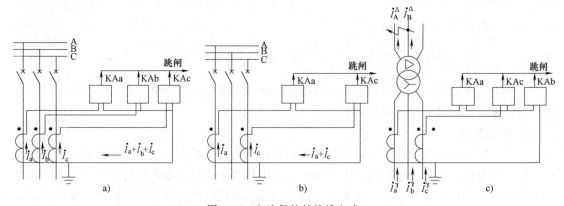

图 13-6 电流保护的接线方式
a) 三相完全星形联结方式 b) 两相两继电器式不完全星形联结方式
c) 两相三继电器式不完全星形联结方式

式不完全星形联结方式，用于 Yd11 联结的变压器保护，两相短路时，可提高灵敏度一倍。

例 13-1 图 13-7 所示为 35kV 单侧电源辐射网络，其线路 AB 拟装设三段式电流保护。已知电源等值阻抗 $X_{s.max} = 8\Omega$、$X_{s.min} = 6\Omega$；线路 AB 阻抗 $X_{AB} = 10\Omega$，线路 BC 阻抗 $X_{BC} = 24\Omega$；线路 AB 正常运行时流过的最大负荷电流 $I_{L.max} = 170A$，负荷自启动系数为 1.3；线路 BC 过电流保护的动作时限 $t_2 = 2.5s$。试计算线路 AB 的各段保护的动作电流及动作时限，并校验保护的灵敏系数。

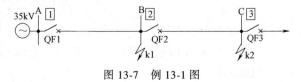

图 13-7 例 13-1 图

解：（1）短路电流计算

k1 点三相短路时流过保护 1 的最大短路电流

$$I_{k1.max} = \frac{E_\phi}{X_{s.min}+X_{AB}} = \frac{37/\sqrt{3}}{6+10}\text{kA} = 1.335\text{kA}$$

k1 点两相短路时流过保护 1 的最小短路电流

$$I_{k1.min} = \frac{\sqrt{3}}{2}\frac{E_\phi}{X_{s.max}+X_{AB}} = \frac{\sqrt{3}}{2}\times\frac{37/\sqrt{3}}{8+10}\text{kA} = 1.028\text{kA}$$

k2 点三相短路时流过保护 1 的最大短路电流

$$I_{k2.max} = \frac{E_\phi}{X_{s.min}+X_{AB}+X_{BC}} = \frac{37/\sqrt{3}}{6+10+24}\text{kA} = 0.534\text{kA}$$

k2 点两相短路时流过保护 1 的最小短路电流

$$I_{k2.min} = \frac{\sqrt{3}}{2}\frac{E_\phi}{X_{s.max}+X_{AB}+X_{BC}} = \frac{\sqrt{3}}{2}\times\frac{37/\sqrt{3}}{8+10+24}\text{kA} = 0.44\text{kA}$$

（2）电流速断保护

动作电流

$$I^{\text{I}}_{\text{set.1}} = K^{\text{I}}_{\text{rel}}I_{k1.max} = 1.3\times1.335\text{kA} = 1.736\text{kA}$$

最小保护范围校验

$$l_{min} = \frac{1}{X_{AB}}\left(\frac{\sqrt{3}}{2}\frac{E_\phi}{I_{set.1}^{I}} - X_{s.max}\right) = \frac{1}{10}\times\left(\frac{\sqrt{3}}{2}\times\frac{37\times\sqrt{3}}{1.736} - 8\right)\times 100\% = 26.6\% > 20\%，合格。$$

（3）限时电流速断保护

首先计算线路 BC 电流速断保护的动作电流

$$I_{set.2}^{I} = K_{rel}^{I} I_{k2.max} = 1.3\times 0.534\text{kA} = 0.694\text{kA}$$

线路 AB 限时电流速断保护的动作电流

$$I_{set.1}^{II} = K_{rel}^{II} I_{set.2}^{I} = 1.1\times 0.694\text{kA} = 0.764\text{kA}$$

动作时限

$$t_1^{II} = t_2^{I} + \Delta t = 0.5\text{s}$$

最小灵敏系数校验：取 k1 点两相短路时流过保护 1 的最小短路电流来进行校验，

$$K_{sen.1}^{II} = \frac{I_{k1.min}}{I_{set.1}^{II}} = \frac{1.028}{0.764} = 1.35 > 1.3，合格。$$

（4）过电流保护

动作电流

$$I_{set.1}^{III} = \frac{K_{rel}^{III} K_{ss}}{K_{re}} I_{L.max} = \frac{1.15\times 1.3}{0.85}\times 170\text{A} = 299\text{A}$$

动作时限

$$t_1^{III} = t_2^{III} + \Delta t = 3\text{s}$$

最小灵敏系数校验：

本线路 AB 末端短路时，$K_{sen.1}^{III} = \dfrac{I_{k1.min}}{I_{set.1}^{III}} = \dfrac{1.028\times 1000}{299} = 3.4 > 1.5$，合格。

相邻线路 BC 末端短路时，$K_{sen.1}^{III} = \dfrac{I_{k2.min}}{I_{set.1}^{III}} = \dfrac{0.44\times 1000}{299} = 1.47 > 1.2$，合格。

四、阶段式电流保护的特点及动作逻辑

1. 阶段式电流保护的特点

电流Ⅰ、Ⅱ、Ⅲ段保护都是反应于电流升高而动作的保护装置。它们的动作电流及动作时限各不相同，具有不同的保护范围。具体应用时，可以只采用Ⅰ段加Ⅲ段，或Ⅱ段加Ⅲ段保护，也可以三者同时采用。越靠近电源端，短路电流越大，过电流保护动作时限越长，一般都需装设三段式保护。

阶段式电流保护最主要的优点就是简单、可靠，并且在一般情况下也能够满足快速切除故障的要求。因此在电网中特别是在 35kV 及以下的较低电压的网络中获得了广泛的应用。缺点是它直接受电网的接线以及电力系统运行方式变化的影响，例如整定值必须按系统最大运行方式来选择，而灵敏性则必须用系统最小运行方式来校验，这就使它往往不能满足灵敏系数或保护范围的要求。

2. 阶段式电流保护的逻辑

图 13-8 所示逻辑框图中，KA 为电流元件，电流Ⅰ、Ⅱ段采用两相星形联结，电流Ⅲ段

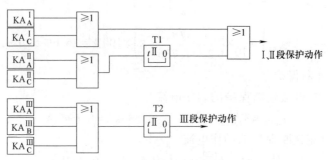

图 13-8 三段式电流保护逻辑框图

为两相三继电器式接线。Ⅰ段瞬时出口,Ⅱ、Ⅲ段分别延时 T1 和 T2 时限出口。

图 13-9 中,KA 为一过电流继电器,当加入的电流使其起动后,触点闭合,起动时间继电器 KS,延时到后其触点闭合发出跳闸命令,称为继电器动作。将继电器 KA 起动称为保护起动,而继电器动作也称为保护出口。

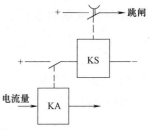

图 13-9 保护的起动与动作

如图 13-10,线路 L1、L2 均装设有三段式电流保护,当在线路 L2 的首端 k 点短路时,有哪些保护起动和动作,跳开哪个断路器?

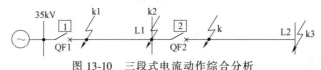

图 13-10 三段式电流动作综合分析

分析:L2 的首端 k 点短路,处于保护 1 的 Ⅱ、Ⅲ 段和保护 2 的 Ⅰ、Ⅱ、Ⅲ 段范围里,所以上述保护都将起动,由于保护 2 的 Ⅰ 段瞬时动作,所以由其出口跳开 QF2,其余保护则返回。请自行分析当短路点分别为 k1、k2、k3 时,各保护的动作行为。

五、方向电流保护的原理

1. 过电流保护的方向性问题

双侧电源供电可以有效提高供电可靠性。双电源网络短路电流功率方向如图 13-11 所示。当 k1 点短路,保护 2、6 动作,断开 QF2 和 QF6,接在 A、B、C、D 母线上的用户,仍然由 A 侧电源和 D 侧电源分别供电,提高了对用户供电的可靠性。

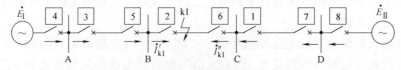

图 13-11 双电源网络短路电流功率方向

但前面介绍的阶段式电流保护用于双侧电源的网络中,不能完全满足选择性要求。当 k1 点短路时,按照选择性的要求,应该由距故障点最近的保护 2、6 动作切除故障。但由电源 E_{II} 供给的短路电流 I_{k1} 也将通过保护 1,如果保护 1 采用电流速断且 I_{k1} 大于保护装置的起动电流,则保护 1 的电流速断就要误动作;如果保护 1 采用过电流保护且其动作时限 $t_1 \leqslant$

t_6,则保护 1 的过电流保护也将误动作,不能保证选择性。同理,分析其他地点短路时,对有关的保护装置也能得出相应的结论。

分析原因可知,误动作的保护都是在自己所保护的线路反方向发生故障时,由对侧电源供给的短路电流所引起的。其实际短路功率的方向都是由线路流向母线,与其所应保护的线路故障时的短路功率方向相反。

为了消除这种无选择的动作,在可能误动作的保护上增设一个功率方向闭锁元件,该元件只有当短路功率方向为母线流向线路时动作,而当短路功率方向由线路流向母线时不动作,从而使继电保护的动作具有一定的方向性。

2. 功率方向元件

如图 13-12a 所示网络中,对保护 1 而言,正方向 k1 点短路时,电流滞后电压 ϕ_{k1}(由线路阻抗确定);反方向 k2 点短路时,电流滞后电压 $180°+\phi_{k2}$,如图 13-12b、c 所示。k1 点短路时短路功率为 $P_{k1} = U_r I_{k1} \cos\varphi_{k1} > 0$;当反方向 k2 短路时,通过保护 1 的短路功率为 $P_{k2} = U_r I_{k2} \cos\varphi_k < 0$。

因此,可以利用短路功率的方向或电流、电压之间的相位关系,判别发生故障的方向。功率方向元件则是反应于加入继电器的电流和电压之间的相位而工作。

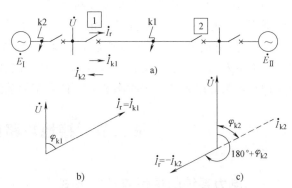

图 13-12 功率方向元件工作原理分析
a)网络接线 b)k1 点短路相量图 c)k2 点短路相量图

为保证功率方向元件的正确动作,对其有一些基本要求:①具有明确的方向性,在正方向发生各种故障(包括故障点有过渡电阻)时,能可靠动作,而反方向故障时,可靠不动作;②故障时继电器的动作有足够的灵敏度,一般采用 90°接线方式。

所谓 90°接线方式,是指在三相对称的情况下,当 $\cos\phi = 1$ 时,加入功率方向元件的电流和电压相位相差 90°,如图 13-13 所示。即将三个继电器分别接入 $\dot{I}_A$、$\dot{U}_{BC}$,$\dot{I}_B$、$\dot{U}_{CA}$ 和 $\dot{I}_C$、$\dot{U}_{AB}$。采用 90°接线方式对各种两相短路都没有死区,同时适当地选择继电器的内角后,对线路上发生的各种故障,都能保证动作的方向性。

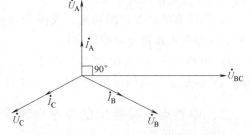

图 13-13 $\cos\phi = 1$ 时 90°接线相量图

3. 方向元件与电流元件的关系

增加一个功率方向判别元件,与电流保护配合,只有在功率方向为正时才动作,这样的保护称为方向电流保护,其接线方式和逻辑框图如图 13-14 所示。两个及以上电源的网络接线中,必须采用方向性保护才有可能保证各个保护之间动作的选择性。但应用方向元件后,接线复杂,投资增加,同时保护安装处附近正方向发生三相短路后,由于母线电压降低至零,方向元件失去判别相位的依据,从而不能动作,使整套保护装置拒动,出现方向保护的"死区"。

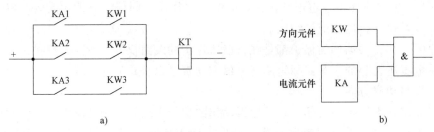

图 13-14　方向电流保护
a）按相起动接线　b）逻辑框图

可以不用方向元件的情况主要有以下两种。

1）对电流速断保护：如果反方向出口处短路时，最大短路电流小于本保护的起动电流，则不会引起误动作，实际从整定值上躲过了反方向短路，因此可以不用方向元件。

2）对过电流保护：很难从整定值上躲开，主要取决于动作时限大小。动作时限大的保护可以不用方向元件，当反方向短路时，能以较长的时限保证动作的选择性。而动作时限小的保护必须用方向元件。若时限相等，两者都要装方向元件。

第二节　接地短路的电流保护

一、电力系统的中性点运行方式

三相交流电网中性点与大地间电气连接的方式，称为中性点接地方式。电力系统中性点的接地方式，是综合考虑供电可靠性、系统过电压水平、系统绝缘水平、继电保护的要求、对通信线路的干扰以及系统稳定的要求等因素而确定的。

1）中性点直接接地。我国 110kV 及以上电压等级的电力系统都是中性点直接接地系统。这种系统中单相接地故障的概率经统计占总故障的 80%~90%，甚至更高。

2）中性点不接地。我国 35（66）kV 及以下电压等级的电力系统中，当单相接地的电容电流不超过允许值时采用。

3）中性点经消弧线圈接地。我国 35（66）kV 及以下电压等级的电力系统中，当单相接地的电容电流超过允许值时采用。

4）中性点经小电阻接地。在上海、北京、广州和深圳等地，以电缆为主 10~35（66）kV 的城区配电网广泛使用配电网中性点采用小电阻接地方式。

二、中性点直接接地的零序电流保护

在中性点直接接地电网中，当发生单相接地短路时，将出现大的短路电流，故中性点直接接地电网又称为大接地电流电网。同时，当发生接地短路时，将出现很大的零序电流，而在正常运行情况下它们是不存在的，因此利用零序电流来构成接地短路的保护，就具有显著的优点。

1. 零序分量的特点

发生接地短路时，规定零序电流的方向，仍采用母线流向故障点为正；而零序电压的方

向，是线路高于大地的电压为正。零序分量参数具有如下特点。

如图 13-15a 所示中性点直接接地系统零序等效网络，可以看出，故障点的零序电压最高，距故障点越远零序电压越低。零序电流的分布，主要取决于线路零序阻抗和中性点接地变压器的零序阻抗，与电源数目和位置无关。按照规定正方向画出的零序电流和零序电压相量图，此时零序电流超前零序电压 90°（如图 13-15d 所示）。

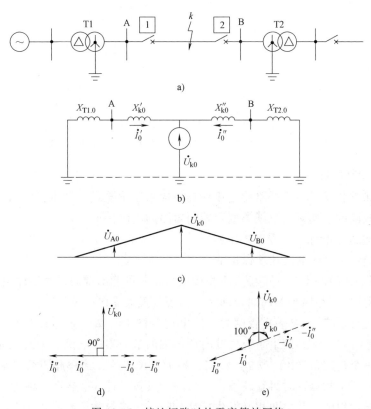

图 13-15 接地短路时的零序等效网络
a）系统接线图　b）零序网络图　c）零序电压的分布图
d）忽略电阻的相量图　e）计及电阻时的相量图（设 $\varphi_{k0} = 80°$）

对发生故障的线路，两端零序功率的方向与正序功率的方向相反，零序功率实际上是由线路流向母线的。保护安装处的零序电压是从该点到零序网络中性点之间零序阻抗上的压降，与被保护线路的零序阻抗及故障点的位置无关。系统运行方式变化时，如果送电线路和中性点接地的变压器数目不变，零序阻抗和零序等效网络就不变。但正序和负序阻抗发生变化，间接影响零序分量的大小。

2. 零序分量的获取

零序电流可由电流互感器构成的零序电流过滤器获得，零序电压可由电压互感器开口三角形获得，也有微机保护根据输入的三相电流、三相电压分别计算出零序电流、零序电压，如图 13-16 所示。输出电压、电流为

$$\dot{U}_{mn} = \dot{U}_a + \dot{U}_b + \dot{U}_c = 3\dot{U}_0 \tag{13-10}$$

$$\dot{I}_r = \dot{I}_a + \dot{I}_b + \dot{I}_c = 3\dot{I}_0 \tag{13-11}$$

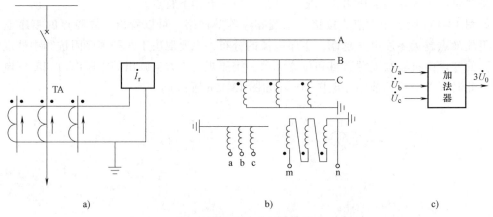

图 13-16 零序分量的获取

a) 零序电流过滤器 b) 电压互感器开口三角形 c) 加法器合成零序电压

3. 阶段式零序电流保护

零序电流保护和反应相间短路的电流保护一样采用阶段式,多为三段四段式,并可根据运行需要而增减段数,其整定原则类似于相间短路的电流保护。

(1) 零序电流速断保护(零序Ⅰ段)

为保证选择性,零序电流速断保护的整定原则如下。

1) 躲开下一条线路出口处单相或两相接地短路时可能出现的最大零序电流 $3I_{0.\max}$。

2) 躲开断路器三相触头不同期合闸时所出现的最大零序电流 $3I_{0.\mathrm{bt}}$。

3) 当线路上采用单相自动重合闸时,按上述条件1)、2)整定的零序Ⅰ段,往往不能躲开在非全相运行状态下又发生系统振荡时所出现的最大零序电流。为此,通常设置两个零序Ⅰ段保护。一个是按条件1)或2)整定,称为灵敏Ⅰ段,当单相重合闸起动时,则将其自动闭锁,待恢复全相运行时再重新投入;另一个是按条件3)整定,称为不灵敏Ⅰ段,用于在单相重合闸过程中,其他两相又发生接地故障时,将故障切除。

由于线路的零序阻抗远比正序阻抗大,一般 $X_0 = (2 \sim 3.5)X_1$,因此零序Ⅰ段的保护范围比相间短路电流保护Ⅰ段的保护范围大。系统运行方式变化时,一般变压器中性点接地点的数目和分布保持不变,即零序阻抗基本保持不变,所以零序电流受运行方式变化的影响小,使零序Ⅰ段的保护区比较稳定。

(2) 限时零序电流速断保护(零序Ⅱ段)

零序Ⅰ段能瞬时动作,但不能保护本线路全长。为了较快地切除被保护线路全长上的接地故障,还应装设限时零序电流速断保护(零序Ⅱ段)。

零序Ⅱ段的动作电流应与下一线路的零序Ⅰ段相配合,即保护范围不超过下一线路零序Ⅰ段的保护范围。整定时考虑助增零序电流。为保证选择性,按上述原则整定的零序Ⅱ段的动作时限应比下一线路零序Ⅰ段的动作时限大一个时限级差 Δt。零序Ⅱ段的灵敏系数按被保护线路末端发生接地短路时的最小零序电流校验,要求 $K_{\mathrm{sen}} \geq 1.3 \sim 1.5$。

(3) 零序过电流保护(零序Ⅲ段)

零序Ⅲ段保护的作用,在一般情况下是作为后备保护使用,但在中性点直接接地电网中的终端线路上,它也可以作为主保护使用。

为了使零序过电流保护在正常运行时及外部相间短路时不动作，其动作电流应按躲过下一线路出口处相间故障时流过本保护的最大不平衡电流 $I_{unb.max}$ 整定。

零序过电流保护的灵敏系数应按保护范围末端接地短路时流过本线路的最小零序电流校验。作近后备时，校验点取本线路末端，并且要求 $K_{sen} \geq 1.3 \sim 1.5$；作下一线路的远后备时，校验点取下一线路末端，并且要求 $K_{sen} \geq 1.2$。

零序过电流保护的动作时限也应按阶梯时限特性确定。从图 13-17 可以清楚地看到，同一线路上的零序过电流保护的延时小于相间短路过电流保护的延时，故动作速度较快，这是零序过电流保护的优点之一。

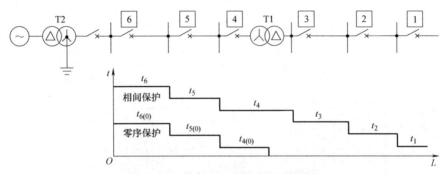

图 13-17　零序过电流保护的时限特性

4. 零序电流方向保护

在双侧电源或多电源的中性点直接接地电网中，线路两端变压器的中性点均接地，如图 13-18 所示。这种情况下，为了保证接地故障时，零序电流保护动作的选择性，与双侧电源电网反应相间短路的电流保护相似，常常也需要加装方向元件，构成零序电流方向保护。

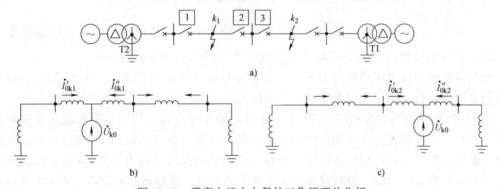

图 13-18　零序电流方向保护工作原理的分析
a) 网络接线　b) k1 点短路的零序等效网络　c) k2 点短路的零序等效网络

零序功率方向继电器接于零序电压 $3\dot{U}_0$ 和零序电流 $3\dot{I}_0$ 之上，只反应于零序功率的方向而动作。由于越靠近故障点零序电压越高，所以零序方向元件没有电压死区。

三、中性点非直接接地电网的单相接地保护

1. 中性点不接地系统的正常运行状态

中性点不接地的三相系统在正常运行时，网络中各相对地电压是对称的，各线路经过完

善的换位,三相对地电容是相等的,因此各相对地电压也是对称的,如图 13-19 所示。当三相负荷电流平衡,对地电容电流对称时,三相电容电流相量和等于零,所以地中没有电容电流通过,中性点电位为零。

2. 中性点不接地系统单相接地故障时接地电流与零序电压的特点

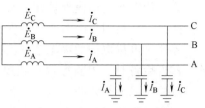

图 13-19 中性点不接地的三相系统

当电网发生单相接地故障后,以图 13-20 中 L3 线路 A 相接地为例,忽略电源内和线路上的压降,则电容电流的分布如图所示。

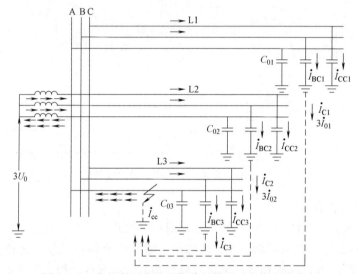

图 13-20 中性点不接地系统单相接地时电容电流分布

A 相接地后,A 相对地电压变为零,对地电容被短接;其他两相的对地电压升高了 $\sqrt{3}$ 倍,即变为线电压值,对地电容电流也相应地增大 $\sqrt{3}$ 倍;中性点位移电压 $\dot{U}_{中} = -\dot{E}_A$。但三相中的负荷电流和线电压仍然是对称的,规定可以带故障点运行时间不得超过 2h,以免较长时间带故障运行给生产和调度造成很大的压力。

图 13-20 中可以看出非故障线路 L1、L2 出现的零序电流为线路本身非故障相的对地电容电流之和,电容性无功功率的方向为由母线流向线路。故障线路 L3 的零序电流,其数值等于全系统非故障元件对地电容电流之总和(但不包括故障线路本身),其电容性无功功率的方向为由线路流向母线,恰好与非故障线路上的相反。而接地点的故障电流为全部电容电流之和。

总结以上分析,可以得出如下结论:

1)在发生单相接地时,全系统都将出现零序电压,中性点位移电压为 $-\dot{E}_A$。

2)在非故障的元件上有零序电流,其数值等于本身的对地电容电流,电容性无功功率的实际方向为由母线流向线路。

3)在故障线路上,零序电流为全系统非故障元件对地电容电流之总和,数值一般较大,电容性无功功率的实际方向为由线路流向母线。

这些特点和区别,将是考虑保护方式的依据。

3. 中性点不接地系统的单相接地保护方式

根据以上特点，可以构成如下保护方式：

（1）绝缘监视装置

在发电厂和变电站的母线上，一般装设网络单相接地的监视装置，利用接地后出现的零序电压，带延时动作于信号。如图13-21所示。

（2）零序电流保护

利用故障线路零序电流较非故障线路大的特点来实现有选择性地发出信号或动作于跳闸。

为了保证动作的选择性，保护装置的起动电流应大于本线路的对地电容电流。

（3）零序功率方向保护

利用故障线路与非故障线路零序功率方向不同的特点来实现有选择性的保护，动作于信号或跳闸。

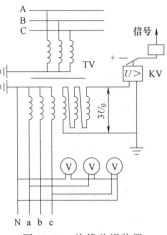

图 13-21 绝缘监视装置

除了上述保护方式外，还可利用中性点非直接接地电网中单相接地故障时产生的高次谐波或故障过渡过程的某些特点来实现保护。上述这些保护方式各自适用于一定结构和参数的中性点非直接接地的电网，各有一定的局限性和缺点。

4. 中性点经消弧线圈接地的补偿方式及其作用

中性点不接地系统发生单相接地故障时，接地电流可能在故障点形成电弧，可能烧坏设备或引起两相甚至三相短路。为了减小接地电流，避免因间歇电弧引起的过电压危害，在各级电压网络中，当全系统的电容电流超过下列数值时，应装设消弧线圈：对3～6kV电网应为30A；10kV电网应为20A；22～66kV电网应为10A。

在实际应用中，可以通过估算方法近似地计算接地电流：对架空线路 $I_C = UL/350$，对电缆线路 $I_C = UL/10$，式中，U 单位为 kV，L 单位为 km。

中性点接入消弧线圈的目的主要是消除单相接地时故障点的瞬时性电弧。它的作用是尽量减小故障接地电流，减缓电弧熄灭瞬间故障点恢复电压的上升速度。

消弧线圈减小故障接地电流的方式有过补偿、欠补偿和完全补偿三种方式。完全补偿就是使 $I_L = I_{C\Sigma}$，接地点的电流近似为 0；欠补偿就是使 $I_L < I_{C\Sigma}$，补偿后的接地点电流仍然是电容性的；过补偿就是使 $I_L > I_{C\Sigma}$，补偿后的残余电流是电感性的。

按过去的规定，不采用完全补偿和欠补偿。因为完全补偿有可能发生谐振，使中性点电压超过规定限制的15%相电压，而欠补偿在切除若干线路后有可能进入完全补偿的状态，因此有可能发生谐振。如果在消弧线圈与地之间串接阻尼电阻，可以使得在进入完全补偿状态时谐振电流变得较小，从而有效地避免发生中性点过电压的现象。因此目前有的消弧线圈经阻尼电阻接地，允许其工作在完全补偿、过补偿、欠补偿的全工况状态。

中性点经消弧线圈过补偿接地的系统，当单相接地时，故障线路的零序电流的方向与非故障线路的零序电流方向完全相同，而数值大小也无明显差异。所以在中性点经消弧线圈接地的电网中，就不能利用基波零序电流的数值大小和方向来做自动接地选线的依据。比较有效的方案是五次谐波判别法和有功分量判别法。

第三节 距离保护

一、距离保护概述

随着电网电压等级不断提高和用电负荷的快速增大,电流保护越来越不能满足灵敏度的要求,特别是电网运行方式改变很大时,电流速断保护可能没有了保护区,过电流保护的灵敏度小于1。而距离保护有受系统运行方式的影响小,保护范围稳定,灵敏度高等优点,在高压、超高压电网中得到了广泛采用。

1. 距离保护的原理

如图 13-22 所示,线路在正常运行时,保护安装处的测量电压 $\dot{U}_m$ 与测量电流 $\dot{I}_m$ 之比测量阻抗为

$$Z_m = \frac{\dot{U}_m}{\dot{I}_m} = Z_1 L + Z_{Ld} \quad (13\text{-}12)$$

式中,$\dot{U}_m$ 为测量电压;$\dot{I}_m$ 为测量电流;Z_m 为测量阻抗;Z_1 为线路单位长度的正序阻抗值;L 为线路长度;Z_{Ld} 为负荷阻抗。

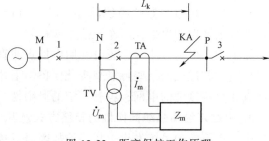

图 13-22 距离保护工作原理

可见,正常运行时保护安装处测量到的阻抗主要为负荷阻抗。当线路发生故障时,保护 2 处的测量阻抗为

$$Z_m = \frac{\dot{U}_m}{\dot{I}_m} = Z_1 L_k \quad (13\text{-}13)$$

式中,L_k 为故障点到保护安装处之间的距离。此时,测量阻抗为保护安装处到短路点的短路阻抗。

比较式(13-12)与式(13-13)可知,故障时的测量阻抗明显变小,且故障时的测量阻抗大小与故障点到保护安装处之间的距离成正比。只要测量出这段距离阻抗的大小,也就等于测出了线路长度。

这种反应故障点到保护安装处之间的距离,并根据这一距离的远近决定动作时限的保护,称为距离保护。距离保护实质上是反应阻抗的降低而动作的阻抗保护。

2. 距离保护的接线方式

当线路发生故障时,为了正确测量故障点至保护安装处之间的阻抗,需选取合适的测量电压、测量电流接入阻抗测量元件中。测量电压和测量电流的选取就是指阻抗元件计算测量阻抗所采用的电压与电流的组合方式,对于传统的模拟阻抗继电器而言也就是接入继电器的电压和电流,因此习惯上称为阻抗元件的接线方式。

故障电流可能流通的通路称为故障环路。发生不同类别故障时构成的故障环路不同。距离保护的正确工作是以故障距离的正确测量为基础的,所以应以故障环路上的电压电流作为判断故障范围的依据,对非故障环上电压电流不予反应。

(1) 相间距离保护的 0°接线方式

当发生相间故障时,以保护安装处两故障相相间电压为测量电压,以两故障相电流之差为测量电流的方式称为相间距离保护接线方式。类似于在功率方向继电器接线方式中的定义,当阻抗继电器加入的电压和电流为 $\dot{U}_{AB}$ 和 $\dot{I}_A-\dot{I}_B$ 时,称之为 0°接线。接线见表 13-1。这种接线方式能够反应两相短路、两相接地短路以及三相短路。

(2) 接地距离保护的接线方式

当线路发生接地故障时,必须考虑零序电流的影响,通常采用具有零序电流补偿的方法,接线见表 13-2。这种以保护安装处故障相对地电压为测量电压,以带有零序电流补偿的故障相电流为测量电流的方式,就能够正确地反应各种接地故障的故障距离,所以称为接地距离保护接线方式。它能够反应单相接地短路、两相接地短路以及三相短路。其中 K 为零序电流补偿系数,$K=\dfrac{Z_0-Z_1}{3Z_1}$。

表 13-1 相间距离保护的 0°接线方式

阻抗测量元件相别	$\dot{U}_K$	$\dot{I}_K$
AB	$\dot{U}_{AB}$	$\dot{I}_A-\dot{I}_B$
BC	$\dot{U}_{BC}$	$\dot{I}_B-\dot{I}_C$
CA	$\dot{U}_{CA}$	$\dot{I}_C-\dot{I}_A$

表 13-2 接地距离保护的接线方式

阻抗测量元件相别	$\dot{U}_K$	$\dot{I}_K$
A	$\dot{U}_A$	$\dot{I}_A+3K\dot{I}_0$
B	$\dot{U}_B$	$\dot{I}_B+3K\dot{I}_0$
C	$\dot{U}_C$	$\dot{I}_C+3K\dot{I}_0$

线路装有相间距离保护和接地距离保护,当发生 AB 两相短路和 AB 两相接地短路时,分别有哪几组元件反应故障?

分析:当发生 AB 两相短路时,由相间距离的 AB 相间测量元件反应切除;当发生 AB 两相接地短路时,相间距离的 AB 相间测量元件,以及接地距离的 A 相和 B 相测量元件均可反应。请自行分析,当发生 A 相接地故障和三相短路时,分别有哪几组元件反应故障?

二、距离保护的阻抗元件

1. 阻抗元件的动作特性

阻抗元件是距离保护装置的核心元件,其主要作用是测量短路点到保护安装处之间的距离,并与整定阻抗值进行比较,以确定保护是否应该动作。

在复平面上,线路阻抗是一条直线,为了能正确反应故障,并减少过渡电阻以及互感器误差等对测量阻抗的影响,距离保护阻抗元件的动作特性不是一条线段,而是包含该线段的一个面,如圆动作特性、多边形动作特性等。无论是哪种动作特性,都以闭合曲线内部为动作区,如圆特性的测量元件,故障点落在圆内即动作,如图 13-23 所示。

2. 圆特性阻抗元件

根据动作特性圆在阻抗复平面上位置和大小的不同,圆特性又可分为全阻抗圆特性、方向阻抗圆特性和偏移阻抗圆特性等,分别如图 13-23 中 1、2、3 所示。

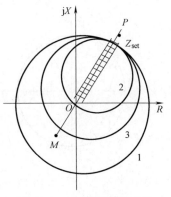

图 13-23 圆特性阻抗元件

(1) 全阻抗圆

1) 动作特性。全阻抗元件的动作特性是以保护安装点为圆心，以整定阻抗 Z_{set} 为半径所作的一个圆。圆内为动作区，圆外为非动作区，圆周是动作边界。

当测量阻抗正好位于圆周上时，阻抗元件刚好动作，对应此时的阻抗就是阻抗元件的起动阻抗。不论加入全阻抗元件的电压与电流之间的角度为多大，阻抗元件的起动阻抗在数值上都等于整定阻抗。反方向故障时，测量阻抗也在圆内，故而全阻抗元件没有方向性。

2) 构成方式。这种阻抗元件以及其他特性的阻抗元件，都可以采用两个相量幅值比较或两个相量相位比较的方式构成，现分别叙述如下。

① 幅值比较方式。当测量阻抗 Z_m 位于圆内、圆周、圆外的情况如图 13-24 所示。当在圆内时，阻抗元件应该起动，所以起动的条件可用阻抗的幅值来表示，即

$$|Z_m| \leq |Z_{set}| \quad (13\text{-}14)$$

② 相位比较方式。全阻抗元件相位比较的动作特性如图 13-25 所示。当测量阻抗 Z_m 位于圆周上时，向量 $Z_{set}-Z_m$ 超前于 $Z_{set}+Z_m$ 的角度 $\theta=90°$，而当 Z_m 位于圆内时，$\theta<90°$；Z_m 位于圆外时，$\theta>90°$。图 13-26 为 Z_m 超前 Z_{set} 情况分析。因此，全阻抗元件的动作条件即可表示为

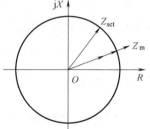

图 13-24 幅值比较分析全阻抗圆

$$-90° \leq \arg \frac{Z_{set}-Z_m}{Z_{set}+Z_m} \leq 90° \quad (13\text{-}15)$$

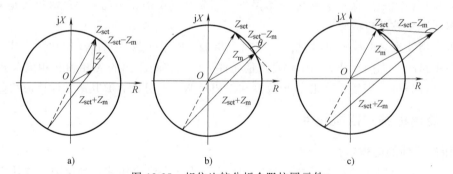

图 13-25 相位比较分析全阻抗圆元件
a) 测量阻抗在圆内 b) 测量阻抗在圆周上 c) 测量阻抗在圆外

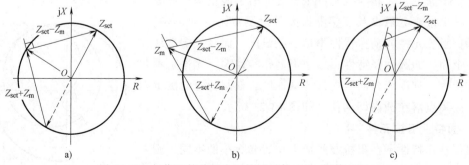

图 13-26 相位比较分析全阻抗圆元件（Z_m 超前 Z_{set}）
a) 测量阻抗在圆内 b) 测量阻抗在圆周上 c) 测量阻抗在圆外

(2) 方向阻抗圆

1) 动作特性。方向阻抗元件的特性是以整定阻抗 Z_{set} 为直径而通过原点的一个圆, 圆内为动作区, 圆外为不动作区。

当加入阻抗元件的 $\dot{U}_m$ 与 $\dot{I}_m$ 之间的相位差为不同的数值时, 阻抗元件的起动阻抗也将随之改变。当等于 Z_{set} 的阻抗角时, 阻抗元件的起动阻抗达到最大, 等于圆的直径, 此时阻抗元件的保护范围最大, 工作最灵敏。

当反方向发生短路时, 测量阻抗 Z_m 位于第三象限, 阻抗元件不能动作, 因此它本身就具有方向性, 故称之为方向阻抗元件。当在保护安装处出口短路时, 会出现死区。

2) 构成方式。如图 13-27 所示, 方向阻抗元件也可由幅值比较或相位比较的方式来构成, 动作方程分别如下

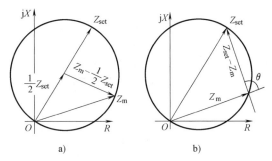

图 13-27 方向阻抗元件动作特性分析
a) 幅值比较式 b) 相位比较式

$$\left| Z_m - \frac{1}{2} Z_{set} \right| \leqslant \left| \frac{1}{2} Z_{set} \right| \tag{13-16}$$

$$-90° \leqslant \arg \frac{Z_{set} - Z_m}{Z_m} \leqslant 90° \tag{13-17}$$

(3) 偏移阻抗圆

1) 动作特性。偏移阻抗圆动作特性分析如图 13-28 所示, 它有两个整定阻抗, 即正方向整定阻抗 Z_{set} 和反方向 $-\alpha Z_{set}$ 整定阻抗, 两整定阻抗末端的连线就是特性圆的直径, 圆内为动作区, 圆外为非动作区。α 为偏移度, 通常为 10% 左右, 以便消除方向阻抗圆的死区。其动作特性介于方向阻抗圆和全阻抗圆之间。当采用 $\alpha=0$ 时即为方向阻抗圆, 而当采用 $\alpha=1$ 时则为全阻抗圆。

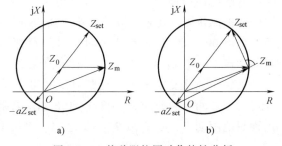

图 13-28 偏移阻抗圆动作特性分析
a) 幅值比较方式 b) 相位比较方式

2) 构成方式。通过以上分析可知, 圆特性阻抗元件的幅值比较动作方程均可表示为 $|Z_m - Z_0| \leqslant |Z_半|$

对偏移阻抗元件, 图 13-28 中, 圆心 Z_0 位于 $\frac{1}{2}(1+\alpha)Z_{set}$ 处, 半径 $Z_半$ 为 $\frac{1}{2}(1+\alpha)Z_{set}$, 动作方程即为

$$\left| Z_m - \frac{1-\alpha}{2} Z_{set} \right| \leqslant \left| \frac{1+\alpha}{2} Z_{set} \right| \tag{13-18}$$

相位比较动作方程

$$-90° \leqslant \arg \frac{Z_{set} - Z_m}{\alpha Z_{set} + Z_m} \leqslant 90° \tag{13-19}$$

3. 其他特性阻抗元件

(1) 圆特性阻抗元件的变异

采用相位比较方式构成的方向阻抗圆，当相位比较范围不等于 180°，为 $-\beta \leqslant \arg \dfrac{Z_{set} - Z_m}{Z_m} \leqslant \beta$ 时，可以得到如图 13-29 所示的苹果形和橄榄形动作特性。苹果形阻抗元件有较好的抗过渡电阻能力，而橄榄形阻抗元件有较好的躲过负荷能力。

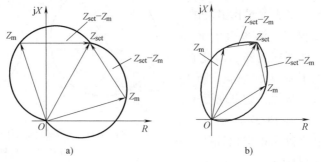

图 13-29 苹果形和橄榄形动作特性
a) $\beta > 90°$ 苹果形特性　b) $\beta < 90°$ 橄榄形特性

(2) 多边形特性阻抗元件

实际应用的阻抗元件动作特性，如图 13-30 所示，为准四边形动作特性，准四边形以内为动作区，以外为不动作区。

在双端电源线路上，考虑经过渡电阻短路时，始端故障时的附加测量阻抗比末端故障时小，所以 α_3 小于线路阻抗角，如取 60°~65°；为保证正向出口经过渡电阻短路时的可靠动作，α_1 应有一定大小，一般取值在 20°~30° 之间；为保证被保护线路发生金属性短路故障时可靠动作，α_2 可取 15°~30° 之间；为防止保护区末端经过渡电阻短路时可

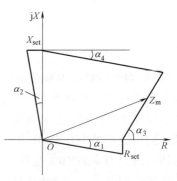

图 13-30 准四边形特性

能出现超范围动作，α_4 可取 7°~10° 之间。多边形阻抗元件在微机保护中很容易实现。

三、影响距离保护正确工作的因素及对策

影响距离保护正确工作的因素很多，如电网的接线中可能具有分支电路；输电线路可能具有串联电容补偿；系统发生振荡；短路点具有过渡电阻；电流互感器和电压互感器的误差、过渡过程及二次回路断线等等。下面分别就过渡电阻、分支电流、二次断线及系统振荡进行分析，并得出消除措施。

1. 过渡电阻的影响

电路系统中的短路一般都不是金属性的，而是在短路点存在过渡电阻。过渡电阻包括电弧、中间物质的电阻、相导线与地之间的接触电阻、金属杆塔的接地电阻和木杆塔的电阻等。

在相间故障时，过渡电阻主要由电弧电阻组成。电弧电阻具有非线性的性质，其大小与电弧弧道的长度成正比，而与电弧电流的大小成反比，其值可按经验公式 (13-20) 估计。

$$R_{\text{g}} \approx 1050 \frac{L_{\text{g}}}{I_{\text{g}}} \tag{13-20}$$

在短路初瞬间，I_{g}（电弧电流的有效值，A）最大，L_{g}（电弧长度，m）最短，这时弧阻 R_{g} 最小。几个周期后，电弧逐渐伸长，弧阻逐渐变大。相间故障的电弧电阻一般在数欧至十几欧之间。电弧电阻 R_{g} 的最大值出现在短路后的 0.3~0.5s，所以对第Ⅱ段的影响最大。

在导线对铁塔放电的接地短路时，铁塔及其接地电阻构成过渡电阻的主要部分。对于 500kV 的线路，最大过渡电阻可达 300Ω；而对于 220kV 线路，最大过渡电阻约为 100Ω。

过渡电阻存在，将使距离保护的测量阻抗发生变化，一般情况下是使保护范围缩短，但有时候也能引起保护的超范围动作或反方向误动作。一般来说保护装置距短路点越近时，受过渡电阻的影响越大；同时保护装置的整定值越小，则相对地受过渡电阻的影响也越大。

过渡电阻对不同特性的阻抗元件的影响是不同的，由图 13-31 可以看出，过渡电阻对圆特性的阻抗元件影响较大，对于四边形特性的阻抗元件影响较小，因为四边形特性设计时考虑了过渡电阻。一般说来，阻抗继电器的动作特性在 +R 轴方向所占的面积越大则受过渡电阻 R_{g} 的影响越小。减小或防止过渡电阻影响的措施如下：

1）改善阻抗元件在 R 轴方向的动作特性，如使用四边形动作特性的测量元件。

2）对于电弧电阻利用瞬时测量装置来固定阻抗元件的动作。

3）使用能完全躲开过渡电阻的算法。

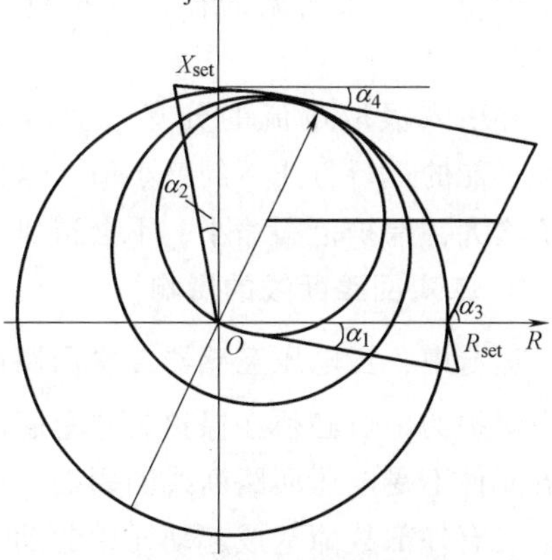

图 13-31 过渡电阻对阻抗元件的影响

2. 分支电流的影响

当电网接线中有分支电路时，改变了短路电流分布，从而也影响了测量阻抗的大小。

（1）助增电流的影响

如图 13-32 所示在点 k 短路时，保护 1 的测量阻抗为

$$Z_{\text{m}} = \frac{\dot{I}_{\text{AB}} Z_1 L_{\text{AB}} + \dot{I}_{\text{BK}} Z_1 L_{\text{k}}}{\dot{I}_{\text{AB}}} = Z_1 L_{\text{AB}} + \frac{\dot{I}_{\text{BK}}}{\dot{I}_{\text{AB}}} Z_1 L_{\text{k}} = Z_1 L_{\text{AB}} + K_{\text{bra}} Z_1 L_{\text{k}} \tag{13-21}$$

式中，K_{bra} 为分支系数，$K_{\text{bra}} = \dfrac{\dot{I}_{\text{BK}}}{\dot{I}_{\text{AB}}}$，考虑助增电流的影响，$K_{\text{bra}} > 1$。

由于助增电源 S2 的存在，助增电流 I'_{AB} 使第Ⅱ段距离保护的测量阻抗增大了，保护范围缩短了。在整定计算时引入大于 1 的分支系数，增大第Ⅱ段的整定阻抗值，以抵消由于助增电流的存在对距离Ⅱ段保护范围缩短的影响。

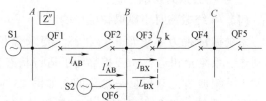

图 13-32 具有助增电流的网络图

分支系数的大小与运行方式有关，引入分支系数时，应取各种可能的运行方式下的最小值。分支系数取大了，保护范围就增长了，会引起保护超越范围动作。

（2）外汲电流的影响

如图 13-33 所示在 k 点短路时，保护 1 的测量阻抗为

$$Z_\mathrm{m} = \frac{\dot{I}_{AB} Z_1 L_{AB} + \dot{I}_{BK2} Z_1 L_k}{\dot{I}_{AB}} = Z_1 L_{AB} + \frac{\dot{I}_{BK2}}{\dot{I}_{AB}} Z_1 L_k = Z_1 L_{AB} + K_{bra} Z_1 L_k \tag{13-22}$$

由于平行支路外汲电流的存在，使第Ⅱ段距离保护的测量阻抗减小了，因而其保护范围扩大了，有可能导致保护超范围而无选择的动作。为防止这种无选择性动作，在整定计算时引入小于 1 的分支系数，以抵消由于汲取电流的存在保护范围扩大的影响。

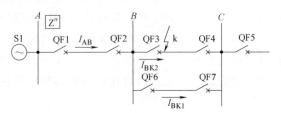

图 13-33　具有外汲电流的网络图

在引入汲取电流的分支系数时，应取各种可能的运行方式下的最小值。这样当运行方式改变，使分支系数增大时，只会使其测量阻抗增大，保护范围缩小，不会造成无选择的动作。

3. 二次回路断线的影响

运行中，当电压互感器二次回路断线时，$\dot{U}_\mathrm{m} = 0$，$Z_\mathrm{m} = 0$，阻抗元件将误动作。微机保护中保护的出口必须在保护装置总起动的条件下才会实现，而保护总起动通常是电流元件，电流元件不受电压回路断线的影响，可以在失压过程中起到可靠的闭锁作用。但在断线失压后，又有外部故障造成起动元件起动，将会引起保护误动。为了防止这种误动作，微机保护仍然应有专门的闭锁措施，当出现电压互感器二次回路断线时，将距离保护闭锁。

在常规保护中采用断线闭锁继电器，而微机保护是采用特殊措施进行闭锁。

二次回路断线时的特点：

1）一次回路是正常的，一次回路中将有电流通过。

2）断路器的位置处于合闸后位置，合闸位置继电器处于闭合状态；跳闸位置继电器处于断开状态。

3）三相电压绝对值之和很小（二次三相断线）；两相电压之差（二次两相断线或单相断线）很大或三相电压有效值之和的绝对值不小。

4）对于检同期或检无压要求的线路，线路上有电压。

根据上述特点，微机保护就通过逻辑判断后，发出断线信号，并闭锁距离保护。

4. 系统振荡的影响

（1）系统振荡对距离保护的影响

系统振荡视为不正常运行状态，要求保护不动作。系统全相运行（三相都处于运行状态）时发生系统振荡，三相总是对称的。如图 13-34 所示两机系统，发生振荡时，各电源电势之间的相角差 δ 随时间而变化，系统电流及各点电

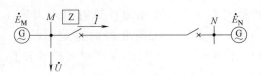

图 13-34　系统网络结构图

压的幅值也随之变化。

振荡时，安装于 M 点阻抗元件的测量阻抗的变化轨迹为 oo'，如图 13-35 所示。系统振荡时距离保护是否会误动作，可从两方面进行考查：一是看系统振荡时 Z_m 是否穿过动作区；二是看 Z_m 在动作区的停留时间。

一般而言，阻抗元件的动作特性在阻抗平面上所占的面积越大，受振荡的影响就越大，如图 13-35 所示，全阻抗特性受影响最大；橄榄型受影响最小。

如果保护动作时限短，振荡时测量阻抗穿越保护动作区时保护可能误动作。所以距离Ⅰ段受振荡的影响是最大的，只要测量阻抗穿过动作区，保护就会误动作；而第Ⅱ段就因振荡周期的不同而产生不同的后果；距离Ⅲ段受系统振荡的影响小，因为第Ⅲ段的动作时间长。在整个距离保护装置中一般不考虑系统振荡对距离Ⅲ段的影响。

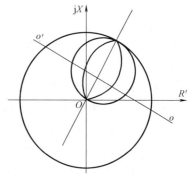

图 13-35　振荡对不同特性保护的影响

（2）振荡闭锁

对受振荡影响可能要误动作的保护（距离保护）要进行振荡闭锁。根据电力系统振荡和系统短路的区别，可以实现振荡闭锁回路。当系统出现振荡时，将距离保护中会误动的阻抗元件闭锁，防止保护误动；当发生短路时开放保护，保护动作切除故障。

1）利用系统故障时短时开放的措施实现振荡闭锁。短时开放就是在系统没有故障时，距离保护一直处于闭锁状态，当系统发生故障时，短时开放距离保护。若在开放的时间内，阻抗元件动作，说明故障点位于动作范围之内，则保护继续维持开放状态，直至保护动作；若在开放的时间内阻抗元件未动，则说明故障不在保护区内，则重新将保护闭锁。

2）利用阻抗变化率的不同来构成振荡闭锁，即根据系统振荡和系统短路时测量阻抗的变化速度不同构成振荡闭锁。

3）利用动作的延时实现振荡闭锁。对于按躲过最大负荷整定的Ⅲ段阻抗继电器来说，测量阻抗落入其动作区的时间一般不会超过 $1\sim 1.5s$，即系统振荡时Ⅲ段阻抗继电器动作持续的时间不会超过 $1\sim 1.5s$。这样，只要Ⅲ段动作的延时时间不小于 $1\sim 1.5s$，系统振荡时Ⅲ段保护就不会误动作。

四、距离保护的构成及整定计算

1. 距离保护主要组成元件

如图 13-36 所示距离保护的逻辑图，其主要元件的作用如下：

1）起动元件：当线路发生短路时，立即起动整套保护装置。目前起动元件有突变量电流起动元件、负序电流起动元件、零序电流与负序电流复合起动元件等。

2）测量元件：测量故障点至保护安装处之间的距离，以决定保护是否动作。测量

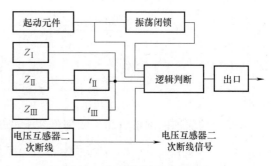

图 13-36　距离保护逻辑框图

元件是距离保护的核心元件，距离保护的Ⅰ、Ⅱ、Ⅲ段各有一个测量元件，分别来判断各自保护区内的故障。

3）时间元件：建立延时段的时限，以保证距离保护的选择性。

4）闭锁元件：非短路故障情况下防止保护误动作。主要防止电压互感器二次侧断线而引起保护误动作；电力系统发生系统振荡时，振荡中心处于保护区内或附近引起距离保护误动作的情况。

2. 距离保护的整定计算

目前广泛应用的是三段式阶梯时限特性的距离保护。距离保护的Ⅰ、Ⅱ、Ⅲ段与电流保护Ⅰ、Ⅱ、Ⅲ段整定原则相似。

为了保证选择性，距离Ⅰ段的保护范围应限制在本线路内，其动作阻抗应小于线路阻抗，通常其保护范围为被保护线路全长的80%～85%。

距离Ⅱ段的保护范围超出本线路，才能保护本线路全长，所以应与下线路Ⅰ段相配合，即不超出下线路Ⅰ段保护范围，动作时限也与之配合。

距离保护Ⅲ段作为Ⅰ、Ⅱ段的近后备保护，又作相邻下一线路距离保护和断路器拒动时的远后备保护。因此，它应保证在正常运行时不动作，而在短路时可靠起动。距离Ⅲ段整定阻抗按躲过正常运行时的最小负荷阻抗整定。Ⅲ段保护范围较大，其动作时限也按阶梯时限原则整定。

（1）距离Ⅰ段的整定

为了保证保护的选择性，在相邻的下线路首端短路时本保护不动作，距离Ⅰ段的动作阻抗不应超过本线路全长的阻抗 $Z_1 L_{AB}$，取可靠系数 K_{rel}^{I} 则

$$Z_{set}^{I} = K_{rel}^{I} Z_1 L_{AB} \tag{13-23}$$

式中，K_{rel}^{I} 为可靠系数，考虑互感器的误差及保护装置的误差等因素，一般取 0.8～0.85；Z_1 为线路单位长度的正序阻抗；L_{AB} 为线路的长度。

（2）距离Ⅱ段的整定

第Ⅱ段保护考虑与下线路的配合，同时还要考虑线路末端母线上的电源及线路的情况，因此要考虑分支系数的影响。

1）动作阻抗的整定。

本保护的保护范围不应超出相邻下线路的第Ⅰ段保护区，如图13-37中k2点短路，即

$$Z_{set}^{II} = K_{rel}^{II} (Z_1 L_{AB} + K_{b.min} Z_{set(下)}^{I}) \tag{13-24}$$

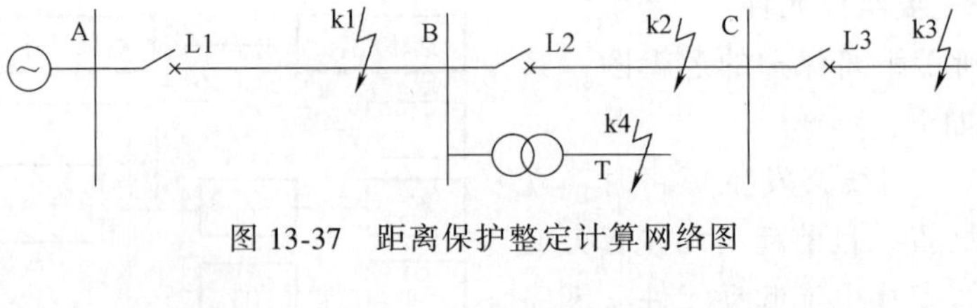

图13-37 距离保护整定计算网络图

本保护的保护范围不应超出相邻母线上变压器速断保护的保护范围，即

$$Z_{set}^{II} = K_{rel}^{II} (Z_1 L_{AB} + K_{b.min} Z_{t.min(下)}) \tag{13-25}$$

式中，K_{rel}^{II} 为可靠系数，又叫配合系数，通常取 0.7～0.8；$K_{b.min}$ 为分支系数；$Z_{t.min(下)}$ 为

变压器最小等效电抗,当两台及以上并列运行时,取其等效并联阻抗。

为了保护相邻线路首端短路时本保护不会出现误动作,本保护的动作时限应与相邻的下线路第Ⅰ段进行配合,即

$$t_{set}^{II} = t_1^I + \Delta t$$

2)灵敏度校验。距离Ⅱ段应按被保护线路末端短路时的条件校验,即

$$K_{sen}^{II} = \frac{Z_{set}^{II}}{Z_1 L_{AB}} \geq 1.25 \quad (13-26)$$

(3)距离Ⅲ段的整定

1)动作阻抗的整定。按躲过正常运行时的最小负荷阻抗整定,即

$$Z_{set}^{III} = \frac{Z_{L.min}}{K_{rel}^{III} K_{re} K_{ss}} \quad (13-27)$$

式中,K_{rel}^{III}为可靠系数,通常取 1.2~1.3;K_{re} 为返回系数,通常取 1.15~1.25;K_{ss} 为电动机自起动系数,通常取大于 1;$Z_{L.min}$ 为最小负荷阻抗。

若采用方向阻抗元件,负荷阻抗角与短路阻抗角不同,需转换到最大灵敏角方向(即方向阻抗的直径上),动作阻抗整定为

$$Z_{set}^{III} = \frac{Z_{L.min}}{K_{rel} K_{ss} K_{re} \cos(\varphi_{set} - \varphi_{LD})} \quad (13-28)$$

式中,φ_{LD} 为负荷阻抗角;$\varphi_{sen} = \varphi_{set}$ 为线路阻抗角。

为了保证选择性,距离Ⅲ段的动作时限应按阶梯时限特性时进行整定,即

$$t_1^{III} = t_2^{III} + \Delta t \quad (13-29)$$

式中,t_2^{III} 为相邻下线路第Ⅲ段动作时限。

2)灵敏度校验应满足如下要求:

首先作为本线路的近后备保护进行灵敏度校验

$$K_{sen(近)}^{III} = \frac{Z_{set}^{III}}{Z_1 L_{AB}} \geq 1.5 \quad (13-30)$$

作为相邻下线路的远后备保护进行灵敏度校验

$$K_{sen(远)}^{III} = \frac{Z_{set}^{III}}{Z_1 L_{AB} + K_{b.max} Z_1 L_{BC}} \geq 1.2 \quad (13-31)$$

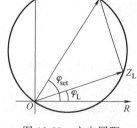

图 13-38 方向圆距离Ⅲ段整定阻抗

例 13-2 电网参数如图 13-39 所示,已知:

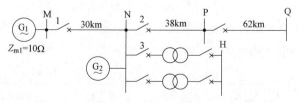

图 13-39 例 13-2 图

1)电网中线路的单位长度正序阻抗 $Z_1 = 0.45\Omega/km$,线路阻抗角 $\varphi_L = 65°$。

2)线路上采用三段式距离保护,阻抗元件均采用方向阻抗继电器,继电器的最大灵敏

角为65°。

3）保护2、3的距离保护Ⅲ段最长动作时限为2s。

4）线路 MN、NP 的最大负荷电流 $I_{L.max} = 400A$，负荷自起动系数为2，负荷功率因数为 $\cos\varphi = 0.9$。

5）变压器采用差动保护，两台变压器容量相等，容量 $S_N = 15MV \cdot A$，短路电压 $U_K\% = 10.5$。线电压比 110kV/10.5kV。

6）电源 N 的系统最小阻抗 $Z_{N.min} = 30\Omega$，最大阻抗 $Z_{N.max} = \infty$。

试求保护1的距离保护各段动作阻抗、灵敏度及动作时限。

解： 1）保护1的距离保护Ⅰ段的动作阻抗

$$Z_{set.1}^{I} = K_{rel}^{I} Z_{MN} = 0.85 \times 0.45 \times 30\Omega = 11.48\Omega$$

$t_1^{I} = 0s$，Ⅰ段无须校验。

2）保护1的距离保护Ⅱ段的动作阻抗

① 与保护2的距离保护Ⅰ段配合，即

$$Z_{set.2}^{I} = K_{rel}^{I} Z_{NP} = 0.85 \times 0.45 \times 38\Omega = 14.54\Omega$$

$K_{b.min}$ 最小值的情况下是，$Z_{N.min} = \infty$ 时，即电源 G_2 断开，$K_{b.min} = 1$；

$$Z_{set.1}^{II} = K_{rel}^{II}(Z_{MN} + K_{b.min} Z_{set.2}^{I}) = 0.8 \times (0.45 \times 30 + 1 \times 14.54)\Omega = 23.43\Omega$$

② 与变电所 N 降压变压器速动保护配合，即

$$Z_{set.1}^{II} = K_{rel}^{II}(Z_{MN} + K_{b.min} Z_T)$$

由于

$$Z_T = \frac{U_K U_N^2}{S_N} = \frac{0.105 \times 110^2}{15}\Omega = 84.7\Omega$$

所以

$$Z_{T,min} = \frac{Z_T}{2} = \frac{84.7}{2}\Omega = 42.35\Omega$$

$$Z_{set.1}^{II} = 0.7 \times (0.45 \times 30 + 1 \times 42.35)\Omega = 39.1\Omega$$

取二者较小值为保护1的距离保护Ⅱ段的动作阻抗，即

$$Z_{set.1}^{II} = 22.43\Omega$$

灵敏系数校验

$$K_{sen}^{II} = \frac{Z_{set.1}^{II}}{Z_{MN}} = \frac{22.43}{0.45 \times 30} = 1.66 > 1.5$$

保护1的距离保护Ⅱ段的动作时限与下一段线路保护2的距离保护Ⅰ段的动作时限相配合，即

$$t_1^{II} = t_2^{I} + \Delta t = 0 + 0.5s = 0.5s$$

3）保护1的距离保护Ⅲ段的动作阻抗

线路负荷阻抗角 $\varphi_{LD} = \arccos 0.9 = 26°$

$$Z_{set.1}^{III} = \frac{Z_{L.min}}{K_{rel}^{III} K_{re} K_{ss} \cos(\varphi_{sen} - \varphi_{LD})} = \frac{0.9 U_N}{\sqrt{3} K_{rel}^{III} K_{re} K_{ss} I_{L.max} \cos(\varphi_{sen} - \varphi_{LD})}$$

$$= \frac{0.9 \times 110}{\sqrt{3} \times 1.25 \times 1.15 \times 2 \times 0.4 \cos(65° - 26°)}\Omega = 63.96\Omega$$

灵敏系数校验，近后备保护

$$K_{\text{sen}}^{\text{III}} = \frac{Z_{\text{set.1}}^{\text{III}}}{Z_{\text{MN}}} = \frac{63.96}{0.45 \times 30} = 4.74 > 1.5$$

远后备保护

$$K_{\text{b.max}} = \frac{Z_{\text{m1}} + Z_{\text{MN}} + Z_{\text{N.min}}}{Z_{\text{N.min}}} = \frac{10 + 30 + 0.45 \times 30}{30} = 1.78$$

$$K_{\text{sen}}^{\text{III}} = \frac{Z_{\text{set.1}}^{\text{III}}}{Z_{\text{MN}} + K_{\text{b.max}} Z_{\text{NP}}} = \frac{63.96}{0.45 \times 30 + 1.78 \times 0.45 \times 38} = 1.46 > 1.2$$

动作时限整定

$$t_1^{\text{III}} = \max\{t_2^{\text{III}}, t_3^{\text{III}}\} + \Delta t = (2 + 0.5)\text{s} = 2.5\text{s}$$

第四节 输电线路纵联保护

一、输电线纵联保护概述

1. 输电线路的纵联保护

前面所讲的电流、距离保护，都是反应保护安装处单侧电气量构成的保护，由于电气距离接近、测量误差、短路类型和运行方式变化等原因，它们不能准确区别发生在本线路末端和下一线路出口的故障。为了保证选择性，只能缩小保护范围，在此范围内保护可以瞬时动作，如电流Ⅰ段和距离Ⅰ段。为了切除全线范围内的故障，必须另外增设保护，如电流Ⅱ段和距离Ⅱ段，而为了选择性，只有延时动作，因而无法实现全线速动。对于220kV及以上电压等级线路，系统并列运行的稳定性对保护的速动性提出了更高的要求，必须瞬时切除全线路范围内的故障。线路的纵联保护可以满足此要求。

输电线路的纵联保护是用某种通道将输电线两端的保护装置纵向连接起来，将各端的电气量（电流、功率的方向等）传送到对端，把两端的电气量进行比较，以判断故障在本线路范围内还是在线路范围外，从而决定是否切断被保护线路。因此，在被保护范围内任何地点发生短路时，纵联保护都能瞬时动作，理论上具有绝对的选择性，其结构框图如图13-40所示。

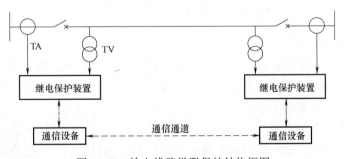

图13-40 输电线路纵联保护结构框图

根据两侧电气量传输通道的不同，纵联保护可分为导引线纵联保护、电力线载波保护（高频保护）、微波纵联保护和光纤纵联保护。

根据保护动作原理可分为比较式纵联保护和纵联电流差动保护。其中比较式纵联保护又可分为方向比较式纵联保护和距离纵联保护。

2. 输电线路短路时两侧电气量的故障特征分析

输电线路纵联保护是比较线路两侧电气量的变化而进行工作的，因此首先讨论线路区内、区外故障时，两端电气量的故障特征。

(1) 两端电流相量和故障特征

规定电流正方向为由母线流向线路，如图13-41所示，当线路发生内部故障时，不考虑分布电容影响，两端电流相量和等于流入故障点的电流相量和；当线路发生外部故障或正常运行时，其两端电流相量和等于零。

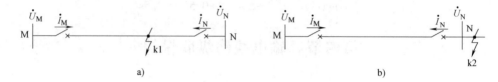

图 13-41 双端电源线路区内、外故障示意图
a) 内部故障　b) 外部故障

(2) 两端功率方向的故障特征

当线路上发生区内故障和区外故障时，输电线两端的功率方向也有很大差别。如图13-42所示，令功率正方向由母线指向线路，则线路区内发生故障时，两端功率方向都由母线流向线路，两端功率方向相同，同为正方向。当区外发生故障时，远故障点端功率由母线流向线路，功率方向为正，近故障点端功率由线路流向母线，功率方向为负，两端功率方向相反。

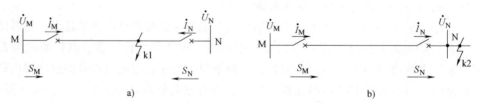

图 13-42 双端电流线路区内、外故障功率方向
a) 内部故障功率方向　b) 外部故障功率方向

(3) 两端电流相位特征

两端输电线路，若全系统阻抗角均匀，且两端电动势角相等，则当线路MN发生区内短路故障时，两侧电流同相位，即相位差为0°；而当正常运行或发生区外短路故障时，两侧电流反相，即电流相位差为180°。

(4) 两端测量阻抗的特性

当线路区内短路时，输电线路两端的测量阻抗都是短路阻抗，一定位于距离保护Ⅱ段的动作区内，两侧的Ⅱ段同时启动；当正常运行时，两侧的测量阻抗是负荷阻抗，距离保护Ⅱ段不会启动；当发生外部短路时，两侧测量阻抗也是短路阻抗，但一侧为反方向，若采用方向特性的阻抗继电器，则至少有一侧的距离Ⅱ段不会启动。根据以上特征可以构成不同原理的保护。

二、纵联保护的通信通道

1. 导引线通道

导引线通道是和被保护线路平行敷设的金属导线（导引线），用以传送被保护线路各端电气量测量值和有关信号。

由于导引线本身也是具有分布参数的线路，纵向电阻和电抗增大了电流互感器和辅助电流互感器的负担，影响电流的准确变传。横向分布电导和电容产生的有功漏电流和电容电流影响差动保护的正确工作。为防止电力线和雷电感应的过电压使保护装置损坏，还需要有过电压保护措施。此外，专门敷设导引线电线需要很大的投资。

由于必须敷设与被保护线路长度相同的辅助导引线，对于较长线路而言，从经济和技术的角度是难以实现的，因此，导引线保护只用于很短的重要输电线路，一般不超过 15~20km，在国外也只用于长度为 30km 左右的线路。

2. 电力线载波（高频）通道

利用输电线路传送工频电能同时兼作高频通道传送保护信息，把经高频加工的输电线路称为电力线载波通道，又称为高频通道。

目前高频通道有两种连接方式："相—地"制和"相—相"制。所谓"相—地"制，就是通过结合设备把载波机接入输电线路的一相与大地之间，构成高频信号的"相—地"通道，图 13-43 中显示了其主要构成元件。所谓"相—相"制，就是通过结合设备把载波机接入输电线路的两相之间，构成高频信号的"相—相"通道，如图 13-44 所示。目前，我国的高频保护大多采用"相—地"高频通道，并逐渐采用"相—相"高频通道。

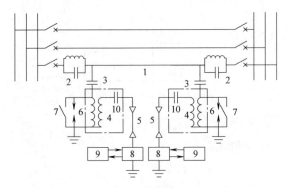

图 13-43 "相—地"制高频通道原理接线图
1—输电线路 2—高频阻波器 3—耦合电容器
4—结合滤波器 5—高频电缆 6—保护间隙
7—接地开关 8—高频收、发信机
9—保护 10—电容器

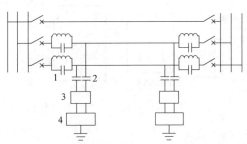

图 13-44 "相—相"制高频通道原理接线图
1—高频阻波器 2—耦合电容器 3—结合滤波器 4—高频收、发信机

高频通道的工作方式可分为三种，即"长期发信""短时发信"和"移频"方式。"长期发信"方式是指在正常运行情况下，收、发信机一直工作，通道中始终有高频信号通过。"短时发信"方式指在正常运行情况下，收、发信机不工作，只有在发生故障时，起动发信机发信，通道中才出现高频信号。目前，我国生产的高频保护多采用"短时发信"方式。"移频"方式指在正常情况下，发信机发送一个频率为 f_1 的高频信号，当发生故障时，停发

f_1 的高频信号而改发频率为 f_2 的高频信号。

3. 微波通道

利用 150MHz~20GHz 间的电磁波进行无线通信称为微波通信。微波保护就是将线路两侧的电气量转化为微波信号，以微波作为通道，传送线路两侧比较信号的一种纵联保护。

微波通道受到的干扰小，可靠性高，而且有较宽的频带，可以传送多路信号，也为超高压线路实现分相的相位比较提供了有利条件。另外，微波通道无须通过故障线路传送两侧的信号，因此它可以采用传送各种信号的方式来工作，如内部故障时传送闭锁、允许或直接跳闸信号，也可以附加在现有的保护装置上来提高保护的速动性和灵敏性。

由于变电站之间的距离超过 40~60km 时，需要架设微波中继站，因此微波保护的成本较高，并且微波站和变电站不在一起，增加了维护的难度。只有将电力系统继电保护、通信、自动化和远动化综合在一起考虑，需要解决多通道问题时，应用微波保护才合理有效。

4. 光纤通道

光纤通道是将电信号调制在激光信号上，通过光纤来传送。光纤通道容量大、抗腐蚀、不受潮、敷设、检修方便、可以节省大量有色金属，并且可以解决纵联保护中导引线保护以及高频保护的通道易受电磁干扰、高频信号衰耗等问题，因此由光纤作为通道构成的光纤保护是输电线路的一种理想保护。

光纤保护是将线路两侧的电气量调制后转化为光信号，以光缆作为通道传送到对侧，解调后直接比较两侧电气量的变化，判定内部或外部故障的一种保护。

光纤保护主要由故障判别元件和信号传输系统（PCM 端机、光端机以及光缆通道）组成，如图 13-45 所示。近年常用的电流差动光纤保护有综合比较三相电流和分相电流差动比较两种比较原理。

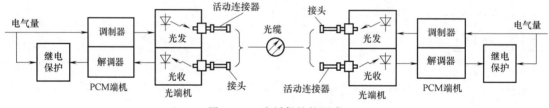

图 13-45　光纤保护的组成

三、高频保护

1. 高频信号

高频保护是将线路两端的电气量（电流相位或功率方向）转化为高频信号，然后利用输电线路本身构成的高频通道，将此信号送至对端，以比较两端电气量的一种保护。载波信号一般采用 40~500kHz 的高频电流，若频率低于 40kHz，受工频电流的干扰太大，且通道设备构成困难，同时载波信号衰耗大为增加；若频率过高，将与中波广播相互干扰。高频信号按作用可分为跳闸信号、允许信号和闭锁信号，它们均为间接比较信号。

跳闸信号是指收到高频信号是高频保护动作于跳闸的充分必要条件，即在被保护线路两侧装设速动保护，当保护范围内短路，保护动作的同时向对侧保护发出跳闸信号，使对侧保护不经任何元件直接跳闸，如图 13-46a 所示。为了保证选择性和快速切除全线路任一点的故障,要求每侧发送跳闸信号保护的保护范围小于线路的全长,而两侧保护范围之和必须大于线路全长。远方跳闸式保护就是利用跳闸信号。

允许信号是指收到允许信号是高频保护动作于跳闸的必要条件。当内部短路时,两侧保护同时向对侧发出允许信号,使两侧保护动作于跳闸,如图 13-46b 所示。当外部短路时,近故障侧保护不发出允许信号,对侧保护不动作。近故障侧保护则因判别故障方向的元件不动作,因而不论对侧是否发出允许信号,保护均不动作于跳闸。

闭锁信号是指收不到闭锁信号是高频保护的动作于跳闸的必要条件,即被保护线路外部短路时其中一侧保护发出闭锁信号,闭锁两侧保护。内部短路时,两侧保护都不发出闭锁信号,因而两侧保护收不到闭锁信号,动作于跳闸,如图 13-46c 所示。

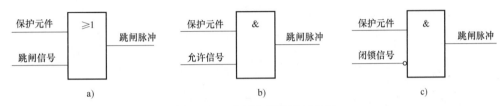

图 13-46 高频信号逻辑示意图
a) 跳闸信号 b) 允许信号 c) 闭锁信号

目前,我国生产的高频保护主要采用"短时发信"方式下的高频闭锁信号。

2. 高频闭锁方向保护

高频闭锁方向保护利用间接比较的方式来比较被保护线路两侧短路功率的方向,以判别是保护范围内部还是外部短路。一般规定短路功率由母线指向线路为正方向,短路功率由线路指向母线为负方向。功率方向为负的一侧发出高频闭锁信号,送至本侧及对侧的收信机,保护采用短时发信方式。

图 13-47 所示系统中,当 BC 线路上的 k 点发生短路时,保护 3、4 的方向元件均反应为正方向短路,两侧都不发出高频闭锁信号,因此,保护动作于断路器 3、4 瞬时跳闸,切除故障。对于线路 AB 和 CD,k 点短路属于外部故障,保护 2、5 的短路功率方向都是由线路指向母线为负,因此保护发出的高频闭锁信号分别送至保护 1、6,使保护 1、2、5、6 都闭锁,不跳闸。

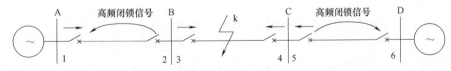

图 13-47 高频闭锁方向保护原理

这种原理构成的保护只在非故障线路上传送高频信号,而故障线路上无高频信号,因此,由于各种原因使故障线路上的高频通道遭到破坏时,保护仍能正确动作。

3. 高频闭锁距离保护

距离保护是一种阶段式保护,特点是瞬时段不能保护线路全长,延时段能保护线路全长且具有后备作用。在 220kV 及以上线路上,要求瞬时切除全线路内故障,显然距离保护不能满足要求,高频闭锁保护可以,但又不具有后备作用。为了兼有两者的优点,可将距离保护与高频闭锁部分结合,构成高频闭锁距离保护。这样,在本线路故障时瞬时动作,在本线路外部故障时按距离保护阶段时限切除,具备了后备作用。因此,高频闭锁距离保护是目前高压和超高压输电线路上广泛采用的保护之一。

如图 13-48 所示,高频闭锁距离保护以无方向的 Z^{III} 作为起信元件,Z^{II} 作为方向判别和停信元件,Z^{I} 是独立跳闸段。当线路区内 k1 点短路时,两端 Z^{III} 起动发信,因是区内故障,两侧的 II 段同时起动停信;两侧收不到闭锁信号,经与门瞬时动作跳闸。

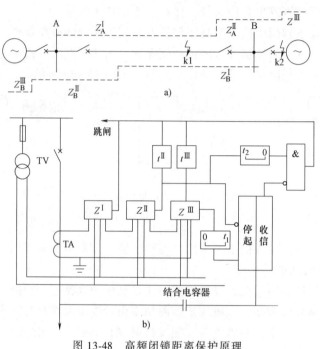

图 13-48 高频闭锁距离保护原理
a) 系统接线图 b) 原理方框图

当线路外部 k2 点短路时,两端 Z^{III} 起动发信,因近故障点 B 侧为反方向,该侧距离 II 段不会起动不停止发信,两端均收到闭锁信号不能经与门瞬时跳闸;远故障点(方向为正)一侧可经 t^{II} 延时元件出口跳闸。Z^{III} 可经 t^{III} 延时元件出口跳闸,起后备保护作用。

四、纵联电流差动保护

纵联电流差动保护是通过比较被保护线路两端电流相量和进行工作的。为此,应在线路两侧装设电流比、特性完全相同的差动保护专用电流互感器 TA,将两侧电流互感器二次绕组的同极性端子用辅助导引线纵向相连接入差动元件 KD,如图 13-49 所示。

根据基尔霍夫电流定律,当线路正常运行或外部短路时,通过差动元件 KD 的电流为

$$\dot{I}_{\mathrm{KD}} = \dot{I}_{\mathrm{I.2}} - \dot{I}_{\mathrm{II.2}} = \frac{\dot{I}_{\mathrm{I}}}{n_{\mathrm{TA}}} - \frac{\dot{I}_{\mathrm{I}}}{n_{\mathrm{TA}}} = 0 \tag{13-32}$$

当线路内部任意一点 k 短路时,若两侧电源向短路点 k 提供的短路电流分别为 $\dot{I}_{\mathrm{I.k}}$ 和 $\dot{I}_{\mathrm{II.k}}$,短路点的总电流为 $\dot{I}_{k} = \dot{I}_{\mathrm{I.k}} + \dot{I}_{\mathrm{II.k}}$,则流入差动元件 KD 的电流为

$$\dot{I}_{\mathrm{KD}} = \dot{I}_{\mathrm{I.2}} + \dot{I}_{\mathrm{II.2}} = \frac{\dot{I}_{\mathrm{I.k}}}{n_{\mathrm{TA}}} + \frac{\dot{I}_{\mathrm{II.k}}}{n_{\mathrm{TA}}} = \frac{\dot{I}_{k}}{n_{\mathrm{TA}}} \tag{13-33}$$

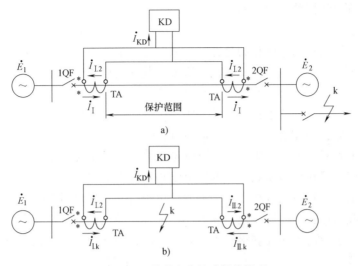

图 13-49 纵联电流差动保护原理
a）正常运行、外部短路时 b）内部短路时

当 $\dot{I}_{KD}$ 达到差动元件 KD 的动作电流时，瞬时动作，跳开断路器 QF。可见，线路两侧电流互感器 TA 之间所包括的范围，就是纵联电流差动的保护范围。

当线路正常运行或外部短路时，理想情况下，差动元件中电流为 0。实际上，由于各种误差的影响以及线路两侧电流互感器 TA 的特性不可能完全相同，故会有一个不平衡电流 $\dot{I}_{unb}$ 流入差动元件 KD。若流入差动元件 KD 的不平衡电流 $\dot{I}_{unb}$ 过大，差动元件整定值必须采用更高的动作值，才能使保护不误动作，从而降低了保护在线路内部故障时的灵敏度。为此，通常采用具有制动特性的差动保护。

第五节 小 结

输电线路保护原理可分为两大类：反应单侧电气量的保护和反应双侧电气量的保护。反应单侧电气量的保护主要是阶段式保护，包括电流保护、零序电流保护和距离保护。这类保护无法实现全线速动，对于超高压线路来说，不能满足系统稳定对切除故障时间的要求。因此，超高压线路上需要配置可实现全线速动的反应双侧电气量的输电线路纵联保护。

阶段式电流保护，最主要的优点就是简单、可靠；缺点是直接受电网的接线以及运行方式变化的影响，当网络复杂或运行方式改变大时，它往往不能满足灵敏系数或保护范围的要求。因此电流保护在 35kV 及以下的较低电压的网络中获得了广泛的应用。

35kV 及以下电压等级网络，中性点一般采用不接地或经消弧线圈接地，电网发生单相接地时，仍能维持一段时间，可通过装设绝缘监视装置等进行判别和保护。

在 110kV 及以上的高压和超高压系统中，单相接地故障约占全部故障的 70%~90%。由于变压器中性点接地点位置基本不变，零序网络比较稳定，故而采用专门的零序电流及方向保护具有显著的优越性。

距离保护是输电线路的主要保护之一，不仅可以用作 110kV 及以下电压等级的输配电线路的主保护和后备保护，也可以作为 220kV 及以上电压等级输电线路的后备保护。它可以在多电源的复杂网络中保证动作的选择性，同时比电流、电压保护具有更高的灵敏度。距离 I 段的保护范围不受系统运行方式变化的影响，其他两段受到的影响也比较小，保护范围比较稳定。由于阻抗元件本身较复杂，还增设了振荡闭锁、电压断线闭锁装置，因此，距离保护装置接线复杂，可靠性比电流保护低。距离 I 段是瞬时动作的，但是它只能保护线路全长 80%～85%，因此，两端合起来就有 30%～40% 的线路长度内的故障不能瞬时切除。在 220kV 及以上电压的网络中，不能满足系统稳定要求，不能作为主保护。

在超高压线路上采用可以全线速动的输电线路纵联保护作为主保护。它同时比较两端的电气量，在理论上具有绝对的选择性。高频通道由于直接利用电力线作为通信介质，无须另外架设通道，在我国已得到广泛应用。随着光纤以及其通信设备成本的降低，由于光纤通道带宽高、抗干扰性强等特点正在获得越来越多的应用，光纤差动保护在线路保护中的应用已步入普及推广阶段。

第六节　思考题与习题

1. 何谓电流元件（继电器）的动作电流、返回电流及返回系数？过量（如过电流）保护和低量（如低阻抗）保护的返回系数有什么不同？

2. 试说明电流保护中如何考虑系统最大和最小运行方式。

3. 为什么过电流保护的动作电流要考虑返回系数，而无时限电流速断保护和带时限电流速断保护则不考虑呢？

4. 相间短路的三段式电流保护中各段有什么办法来保证选择性？

5. 在图 13-50 所示电网中，线路 WL1、WL2 均装有三段式电流保护，当线路 WL2 的首端（k1 点）、末端（k2 点）分别发生相间短路时，试说明保护的动作情况。若遇到保护拒动或断路器拒动，动作情况又如何？

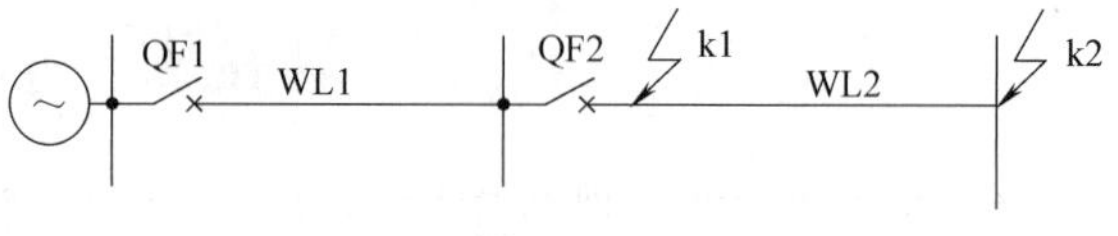

图 13-50

6. 对于采用两相三继电器接线方式的过电流保护，若电流互感器的变比 $K_{TA} = 200/5$，在一次侧负荷电流 $I_L = 180A$ 的情况下，流过中性线上的电流继电器的电流为多大？如果有一个电流互感器的二次绕组极性接反，这时该继电器中取得电流又有多大？

7. 如图 13-51 所示的网络中，试对保护安装处 1 的电流 I 段、II 段的一次动作电流进行整定并校验相应的灵敏性。已知母线 A 处三相短路时，流经线路的短路电流在最大运行方式时为 6.67kA，在最小运行方式时为 5.62kA，线路单位长度阻抗 $Z_1 = 0.3\Omega/km$，取 $K_{rel}^{I} = 1.3$，$K_{rel}^{II} = 1.1$。

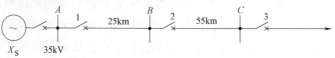

图 13-51

8. 通过计算，试整定图 13-52 所示单侧电源供电的 10kV 线路 WL1 反应相间短路的过电流保护。已知：线路 WL1 的最大负荷功率 $P_{\text{L.max}} = 2.8\text{MW}$，$\cos\phi = 0.85$，$K_{\text{ss}} = 1.3$，最小运行方式下 k1 点三相短路电流为 1150A，k2 点三相短路电流为 690A，k3 点三相短路电流为 450A（已归算到电源侧）。

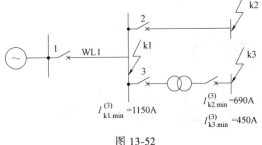

图 13-52

9. 何谓欠补偿、过补偿和完全补偿？一般采用哪一种补偿方式较好？为什么？

10. 中性点直接接地电网发生接地故障时，零序分量有什么特点？

11. 中性点不接地电网中发生单相接地故障时，零序电压电流有什么特点？

12. 什么叫测量阻抗、动作阻抗、整定阻抗、短路阻抗和负荷阻抗？它们之间有什么不同？有何关系？

13. 具有圆特性的全阻抗、偏移特性阻抗和方向阻抗元件各有何特点？

14. 什么是分支系数？对助增系统和外汲系统分支系数的大小是否相同？计算整定阻抗时应如何考虑？为什么整定距离Ⅱ段定值时要考虑小分支系数？

15. 电力系统振荡对距离保护会带来什么影响？应采取哪些措施来防止？

16. 相同定值不同特性的阻抗元件（如全阻抗、方向阻抗和偏移特性阻抗元件）在承受过渡电阻的能力上，哪一种强？在受振荡影响的程度上，哪一种严重？在什么情况下选用何种特性的阻抗元件较好？

17. 纵联保护通道有哪几种？

18. 纵联保护与阶段式保护的主要区别是什么？

19. 什么是闭锁信号、允许信号和跳闸信号？

20. 说明闭锁式方向纵联保护的基本工作原理。

21. 什么是距离纵联保护？其与方向纵联保护有何异同？

22. 试简述纵联电流差动保护的基本原理。

第十四章 主设备保护原理

电力系统中除了不同电压等级的输电线路外,还有大量的电气主设备,如发电机、变压器和母线等。这些设备在运行中发生故障或处于不正常运行状态时,同样需要继电保护装置快速正确反应,切除故障设备或发出相应信号。为合理配置这些设备的保护,需分析相应主设备的结构和故障特点,而选择合适的保护方式。配置在变压器、发电机和母线上的继电保护装置分别称为变压器保护、发电机保护和母线保护,统称为主设备保护。本章按照保护对象的不同,依次介绍各设备的保护原理。

第一节 变压器保护

一、变压器的故障、不正常工作状态及保护配置

1. 变压器的故障

电力变压器是电力系统中十分重要的供电元件,与高压输电线路相比,故障概率比较小,但其故障后对电力系统的影响很大。大型电力变压器多为油浸式变压器,变压器的铁心和绕组一起浸入灌满了变压器油的油箱中,根据故障发生的部位,可以将变压器故障分为:油箱内部故障和油箱外部故障。油箱内主要为绕组之间的相间故障或匝间故障,以及单相绕组和铁心间绝缘损坏引起的接地短路。油箱外主要是套管或引出线的相间短路、绝缘套管闪络或破坏、引出线通过外壳而发生的接地故障。

2. 变压器不正常工作状态

变压器不正常运行状态是指变压器本体没有发生故障,但外部环境变化后引起的变压器非正常工作状态。常见的不正常工作状态有:由变压器外部短路或过负荷引起的过电流、油箱漏油造成的油面降低、外部接地短路引起的中性点电压升高、外加电压过高或频率降低造成的过励磁等。

3. 变压器的保护配置

变压器保护的任务是对上述的故障和不正常运行状态应做出灵敏、快速、正确的反应。针对变压器故障,目前普遍采用的主保护方式有:

1) 瓦斯保护。防御变压器油箱内各种短路故障和油面降低。
2) 纵联差动保护和电流速断保护。防御变压器绕组和引出线的多相短路、大接地电流系统侧绕组和引出线的单相接地短路及绕组匝间短路。

作为变压器不正常运行状态以及外部故障后备的保护方式有:

1）针对外部相间短路引起的过电流，可采用的保护形式：过电流保护、低电压启动的过电流保护、复合电压启动的过电流保护、负序电流保护和阻抗保护，这几种保护方式都能反应变压器的过电流状态。但它们的灵敏度不同，阻抗保护的灵敏度最高，简单过电流保护的灵敏度最低。它们用于反应变压器外部相间短路引起的变压器过电流，并作为瓦斯保护和纵联差动保护（或电流速断保护）的后备，保护动作后带时限动作于跳闸。

2）外部接地短路时，一般是由零序电流保护、间隙零序电流保护、零序电压保护共同构成，能反应变压器内部或外部发生的接地性短路故障。

3）过负荷保护用于防御变压器对称过负荷。过负荷保护接于一相电流上，并延时作用于信号。对于无经常值班人员的变电站，必要时过负荷保护可动作于自动减负荷或跳闸。

4）过励磁保护用于防御变压器过励磁。过励磁保护反应于过励磁倍数而动作，允许范围内，动作于信号；超过允许值，可动作于跳闸（反应于过励磁倍数而动作）。

5）其他保护。如反应变压器温度、油箱内压力升高和冷却系统故障保护等。

二、变压器瓦斯保护

瓦斯保护也称气体保护。在油浸式变压器油箱内发生故障时，短路点电弧使变压器油及其他绝缘材料分解，产生气体（含有气体成分），从油箱向储油柜流动，反应这种气流与油流而动作的保护称为瓦斯保护。瓦斯保护的测量元件为气体继电器，气体继电器安装于变压器油箱和储油柜的通道上，为了便于气体的排放，安装时需要有一定的倾斜度，连接管道有2%～4%的坡度，如图14-1所示。

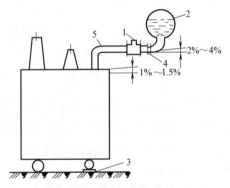

图14-1 气体继电器安装位置
1—气体继电器 2—储油柜
3—钢垫块 4—阀门 5—导油管

瓦斯保护反应油箱内部所产生的气体或油流而动作。瓦斯保护能反应油箱内铁心内部烧损、绕组内部短路（相间和匝间）、断线、绝缘逐渐劣化、油面下降等故障，但动作时间较长。其中，轻瓦斯保护动作于信号，重瓦斯保护动作于跳开变压器各侧的断路器。

差动保护和瓦斯保护是目前变压器内部故障普遍采用的保护，它们各有所长，也各有其不足。瓦斯保护灵敏度高，几乎能反应变压器本体内部的所有故障，但不能反应变压器油箱以外的故障，对绝缘突发性击穿的反应不及差动保护快，而且在地震预报期间和变压器新投入的初始阶段等，瓦斯保护不能投跳闸。新型差动保护虽然在灵敏度、快速性方面大有提高，但对上述油箱内的部分故障不能反应。例如，对于有的变压器内部发生一相断线差动保护就不能动作，瓦斯保护则可通过开断处电弧对绝缘油的作用而反应出来。

三、变压器纵联差动保护

变压器纵联差动保护用于反映变压器绕组的相间短路故障、绕组的匝间短路故障、中性点接地侧绕组的接地故障及引出线的相间短路故障、中性点接地侧引出线的接地故障。

1. 变压器纵联差动保护的基本原理

图 14-2 为变压器纵联差动保护单相原理接线，其中变压器 T 两侧电流 $\dot{I}_1$、$\dot{I}_2$ 流入变压器为其电流正方向。当变压器正常运行或外部短路故障时，$\dot{I}_1$ 与 $\dot{I}_2$ 反相，若两侧电流互感器电流比合理选择，则在理想状态下，有 $I_d = |\dot{I}'_1 + \dot{I}'_2| = 0$（实际是不平衡电流），差动元件 KD 不动作。

当变压器发生短路故障时，$\dot{I}_1$ 与 $\dot{I}_2$ 同相位（假设变压器两侧均有电源），于是 I_d 流过全部短路电流，KD 动作，将变压器从电网中切除。可以看出，变压器纵联差动保护的保护区是两侧 TA 之间的电气部分。图 14-3 为三绕组变压器差动保护单相原理接线。

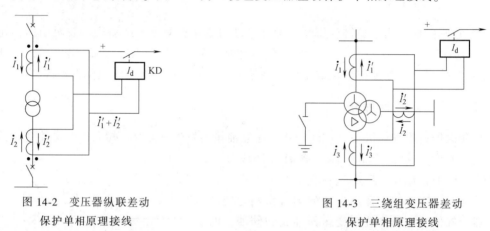

图 14-2　变压器纵联差动保护单相原理接线　　　　图 14-3　三绕组变压器差动保护单相原理接线

从理论上说，正常运行时或外部故障时，流入变压器差动回路的电流等于 0，但是由于变压器内部结构，变压器各侧的额定电压不同、接线方式不同、各侧电流互感器电流比不同、各侧电流互感器的特性不同产生的误差，以及有载调压产生的电流比变化等，产生了较大的不平衡电流。

2. 变压器差动保护的不平衡电流问题

在正常运行及区外故障情况下变压器差动保护的不平衡电流均比较大，其原因有：

1) 变压器差动保护两侧电流互感器的电压等级、电流比、容量以及铁心饱和特性不一致，使差动回路的稳态和暂态不平衡电流都比较大。

2) 变压器的励磁电流。变压器的励磁电流仅流经变压器的某一侧，反应到差动回路中不能被平衡，称为不平衡电流。

① 变压器正常运行时由励磁电流引起的不平衡电流。变压器正常运行时，励磁电流为额定电流的 3%~5%。当外部短路时，由于变压器电压降低，此时的励磁电流更小，因此，在整定计算中可以不考虑。

② 变压器的励磁涌流。变压器饱和时产生的暂态励磁电流，称为励磁涌流。励磁涌流的大小可达额定电流的 6~8 倍，可与短路电流相比拟，需采取专门措施识别。

3) 正常运行中的有载调压。根据变压器运行要求，需要调节分接头，相当于改变了变压器电压比，增大了不平衡电流，此不平衡电流应在整定计算中予以考虑。

4) Yd 联结变压器两侧电流间存在相位差而产生不平衡电流。变压器常采用 Yd-11 联结，两侧电流相位差为 30°，而引起不平衡电流。可通过相位校正的方式来解决此问题。

5）由电流互感器计算电流比与实际电流比不同而产生的不平衡电流。微机纵联差动保护中，一般通过平衡系数来修正补偿。

综上所述，差动保护用于变压器，由于各种因素产生较大或很大的不平衡电流，另一方面又要求能反应轻微内部短路的变压器差动保护比较复杂。

3. 变压器差动保护的相位校正

双绕组变压器常采用 Yd-11 联结方式，因此变压器两侧电流的相位差为 30°。为保证在正常运行或外部短路故障时动作电流计算式中的高压侧电流 $\dot{I}'_1$ 与低压侧电流 $\dot{I}'_2$ 有反相关系，必须进行相位校正。

相位校正有两种方法。一种方法是按常规纵联差动保护接线，通过电流互感器二次接线进行相位校正，称为"外转角"方式。即变压器 Y 侧 CT（二次侧）联结成 △ 形；而变压器 △ 侧 CT（二次侧）联结成 Y 形，如图 14-4 所示。另一种方法是变压器各侧电流互感器二次接线同为星形联结，利用微机保护软件计算的灵活性，直接由软件进行相位校正，称为"内转角"方式。

4. 变压器差动保护的幅值校正

由于变压器各侧的额定电压、接线方式及差动 TA 电压比都不相同，因此在正常运行时，流入差动保护的各侧电流也不相同。

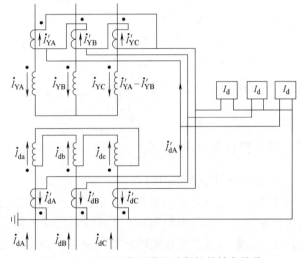

图 14-4 Yd-11 变压器差动保护外转角接线

为保证区外故障时差动保护不误动，还需进行幅值校正（幅值校正通常称为电流平衡调整），将各侧大小不同的电流折算成大小相等、方向相反的等效电流，使得在正常运行时或区外故障时，差动电流（称为不平衡电流）尽可能小。微机变压器差动保护中将各侧不同的电流值折算成作用相同的电流，即将某一侧或某两侧的电流乘以一修正系数，称为平衡系数。

设变压器高、中、低压各侧的额定电压、额定二次计算电流及差动 TA 的电压比分别为 $U_{N.H}$、$I_{2N.H}$、n_H、$U_{N.M}$、$I_{2N.M}$、n_M、$U_{N.L}$、$I_{2N.L}$、n_L，一般以高压侧（电源侧）$I_{2N.H}$ 电流为基准，将其他两侧的电流 I_M 和 I_L 折算到高压侧的平衡系数分别为 $K_{b.M}$ 及 $K_{b.L}$，即

$$K_{b.M} = \frac{I_{2N.H}}{I_{2N.M}} = \frac{U_{N.M} n_M}{U_{N.H} n_H} \tag{14-1}$$

$$K_{b.L} = \frac{I_{2N.H}}{I_{2N.L}} = \frac{U_{N.L} n_L}{U_{N.H} n_H} \tag{14-2}$$

引入平衡系数之后差动电流的计算方法为

$$I_d = |\dot{I}_H + K_{b.M}\dot{I}_M + K_{b.L}\dot{I}_L| \tag{14-3}$$

5. 比率制动纵差保护

常规差动保护按躲开最大不平衡电流进行整定，可能导致区内故障灵敏性不够。为避开区外短路不平衡电流的影响，同时区内短路有较高的灵敏度，理想的办法就是采用比率制动特性，其动作电流不是固定值，而是随制动电流的增大自动按比率增大。

微机变压器差动保护中，差动元件的动作特性最基本的是采用具有二段折线形的动作特性曲线，如图 14-5 所示。图中，$I_{op.min}$ 为差动元件起始动作电流幅值，也称为最小动作电流；$I_{res.min}$ 为最小制动电流，又称为拐点电流（一般取 $0.5 \sim 1.0 I_{2N}$，I_{2N} 为变压器计算侧电流互感器二次额定计算电流）；$K = \tan\alpha$ 为制动段的斜率。

微机变压器差动保护的差动元件采用分相差动，其比率制动特性可表示为

$$I_d \geq I_{op.min} \quad (I_{res} \leq I_{res.min}) \quad (14-4)$$
$$I_d \geq I_{op.min} + K(I_{res} - I_{res.min}) \quad (I_{res} > I_{res.min})$$

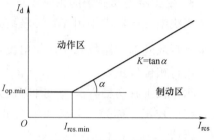

图 14-5 比率制动特性曲线

式中，I_d 为差动电流的幅值，$I_d = |\dot{I}_1 + \dot{I}_2|$；$I_{res}$ 为制动电流幅值，制动电流可采用 $I_{res} = |\dot{I}_1 - \dot{I}_2|/2$。

四、变压器励磁涌流

1. 变压器励磁涌流的特点

变压器在电压突然增加的特殊情况下，例如在空载投入变压器或区外故障切除后恢复供电等情况下，可能严重饱和而产生很大的励磁电流，这种暂态过程中的励磁电流通常称为励磁涌流。励磁涌流数值很大将使差动保护误动作，须采取相应对策防止差动保护误动作。

三相变压器的励磁涌流大小与合闸时电源电压初相角、铁心剩磁、饱和磁通密度、系统阻抗等有关，而且直接受三相绕组的接线方式和铁心结构形式的影响。经分析，励磁涌流波形有如下主要特点。

1) 励磁涌流幅值大且衰减，含有大量非周期分量电流。对中、小型变压器励磁涌流可达额定电流的 10 倍以上，且衰减较快；对大型变压器，一般不超过额定电流的 $4 \sim 5$ 倍，衰减慢，有时可达 1min。当合闸初相角不同时，对各相励磁涌流的影响不同。

2) 励磁涌流含有大量高次谐波，以二次谐波为主。在励磁涌流中，除基波和非周期电流外，含有明显的二次谐波和偶次谐波，以二次谐波为最大，这个二次谐波电流是变压器励磁涌流最明显的特征，因为在其他工况下很少有偶次谐波发生。二次谐波的含量在一般情况下不会低于基波分量的 15%，而短路电流中几乎不含有二次谐波分量。

3) 波形呈间断特性。

如图 14-6 所示为励磁涌流波形。显然，检测差动回路电流波形的 θ_w、θ_j 即可判别出是短路电流还是励磁涌流。

2. 变压器励磁涌流的识别方法

1) 二次谐波电流制动。测量纵差动保护中三相差动电流中的二次谐波含量识别励磁涌流。判别式为

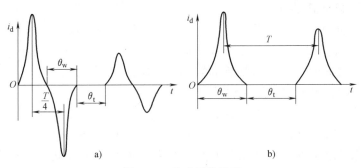

图 14-6 励磁涌流波形

a) 对称性涌流波形 b) 非对称性涌流波形

$$I_{d2\varphi} > K_{2\varphi} I_{d\varphi} \tag{14-5}$$

式中，$I_{d\varphi}$ 为差动电流；$K_{2\varphi}$ 为二次谐波制动系数；$I_{d2\varphi}$ 为差动电流中的二次谐波电流。

当满足式（14-5）时，判为励磁涌流，闭锁纵联差动保护；当不满足式（14-5）时，开放纵联差动保护。为加快保护动作时间，二次谐波电流和差动电流的计算窗口可取 10ms。

2）利用波形对称识别原理识别励磁涌流。波形对称识别原理是通过判别差动回路电流波形对称性来识别励磁涌流的。所谓波形对称是指工频半周时间内的差动电流波形延迟半周与相邻半周时间内的电流波形关于时间轴对称。

波形对称识别元件能有效地识别励磁涌流引起的差动电流波形畸变，使差动保护躲过励磁涌流的能力大大提高，并在变压器空载投入伴随区内故障时，差动保护能快速、可靠动作。

3）判别电流间断角识别励磁涌流。通常取波宽 $\theta_{w.set} = 140°$、间断角 $\theta_{j.set} = 65°$，即 $\theta_j > 65°$ 判为励磁涌流，对于对称性励磁涌流，虽然 $\theta_{j.min} = 50.8° < 65°$，但是 $\theta_{w.max} = 120° \leqslant 140°$，同样也能可靠闭锁纵联差动保护。仅当 $\theta_j \leqslant 65°$ 同时 $\theta_w \geqslant 140°$，判为内部故障时的短路电流。

五、变压器的接地保护

对于中性点直接接地电网中的变压器，都要求装设接地保护（零序保护）作为变压器主保护的后备保护和相邻元件接地短路的后备保护。变压器接地保护方式及其整定值的计算，与变压器的型式、中性点接地方式及所连接系统的中性点接地方式密切相关。

1. 中性点接地运行变压器的零序保护

单台中性点直接接地的变压器，采用两段式零序保护，其原理图如图 14-7 所示。零序电流取自变压器中性点回路的零序电流。

Ⅰ段整定电流（即动作电流）与相邻线路零序过电流保护Ⅰ段（或Ⅱ段）或快速主保护配合。Ⅰ段保护设两个时限 t_1 和 t_2，t_1 时限与相邻线路零序过电流Ⅰ（或Ⅱ段）配合，取 $t_1 = 0.5 \sim 1s$，动作于母线解列或跳分段断路器 QF，以缩小停电范围；$t_2 = t_1 + \Delta t$，

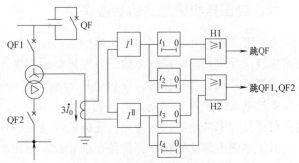

图 14-7 两段式零序保护原理图

用于断开变压器两侧断路器 QF1、QF2。

第Ⅱ段与相邻元件零序电流保护后备段配合；Ⅱ段保护也设两个时限 t_3 和 t_4，时限 t_3 比相邻元件零序电流保护后备段最长动作时限大一个级差，动作于母线解列或跳分段断路器 QF；$t_4 = t_3 + \Delta t$，用于断开变压器两侧断路器 QF1、QF2。

2. 中性点不接地运行的分级绝缘变压器零序保护

对分级绝缘的变压器，中性点一般装设放电间隙。中性点装设放电间隙的分级绝缘变压器的零序保护原理图如图 14-8 所示。当变压器中性点接地（QS 刀开关接通）运行时，投入中性点接地的零序电流保护；当变压器中性点不接地（QS 刀开关断开）运行时，投入间隙零序电流保护和零序电压保护，作为变压器中性点不接地运行时的零序保护。

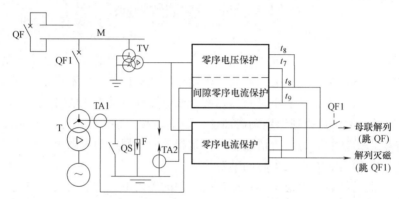

图 14-8　中性点装设放电间隙的分级绝缘变压器的零序保护原理图

电网发生接地故障时，若变压器零序后备保护动作，则首先切除中性点直接接地运行的变压器。倘若故障点仍然存在，变压器中性点电位升高，放电间隙击穿，间隙零序电流保护动作，经短延时 t_8（取 $t_8 = 0 \sim 0.1s$）先跳开母联或分段断路器，经较长延时 t_9（取 $t_9 = 0.3 \sim 0.5s$）切除不接地运行的变压器；若放电间隙未被击穿，零序电压保护动作，经短延时 t_6（取 $t_6 = 0.3s$，可躲过暂态过程影响）将母联解列，经稍长延时 t_7（取 $t_7 = 0.6 \sim 0.7s$）切除不接地运行的变压器。

3. 全绝缘变压器的零序保护

除按规定装设零序电流保护外，还应装设零序电压保护。若接地故障在中性点接地运行的变压器侧，则零序电流保护使该变压器高压侧断路器跳闸；若接地故障在中性点不接地运行的变压器侧，由零序电压保护切除中性点不接地运行的变压器。

六、变压器相间短路的后备保护

为反应变压器外部相间短路故障引起的过电流以及作为差动保护和瓦斯保护的后备，变压器应装设反应相间短路故障的后备保护。根据变压器容量和保护灵敏度要求，后备保护的方式主要有：后备阻抗保护、复合电压起动（方向）过电流保护、低电压起动过电流保护及简单过电流保护等。而复合电压起动（方向）过电流保护应用最广。为防止变压器长期过负荷运行带来的绝缘加速老化，还应装设过负荷保护。

对于单侧电源的变压器，后备保护装设在电源侧，作纵联差动保护、瓦斯保护的后备或相邻元件的后备。对于多侧电源的变压器，后备保护装设于变压器各侧。当作为纵联差动保护和瓦斯保护的后备时，装设在主电源侧的保护动作后跳开各侧断路器；其他侧装设的后备保护，主要作为各侧母线保护和相邻线路的后备保护，动作后跳开本侧断路器。此外，当变压器断路器和电流互感器间发生故障时（称死区范围），只能由后备保护反应。

1. 过电流保护

变压器过电流保护的工作原理与线路定时限过电流保护相同，保护动作后，跳开变压器两侧的断路器。变压器过电流保护的单相原理图如图 14-9 所示。保护的起动电流按躲过变压器可能出现的最大负荷电流来整定，即

$$I_{set} = \frac{K_{rel}}{K_{re}} I_{L.max} \quad (14-6)$$

式中，K_{rel} 为可靠系数，一般取为 1.2~1.3；K_{re} 为返回系数，取为 0.85~0.95；$I_{L.max}$ 为变压器最大负荷电流。

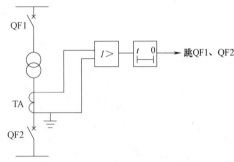

图 14-9 变压器过电流保护的单相原理图

保护的动作时限及灵敏系数校验与定时限过电流保护相同。按以上条件选择的起动电流，其值一般较大，往往不能满足作为相邻元件后备保护的要求，为此需要提高灵敏性。

2. 低电压起动的过电流保护

过电流保护按躲过最大负荷电流整定，起动电流较大，对升压变压器及大容量降压变压器，灵敏度常常不满足要求，采用低电压起动的过电流保护，其原理图如图 14-10 所示。保护的起动元件包括电流元件和低电压元件。电流元件的动作电流按躲过变压器的额定电流整定，即

$$I_{set} = \frac{K_{rel}}{K_{re}} I_N \quad (14-7)$$

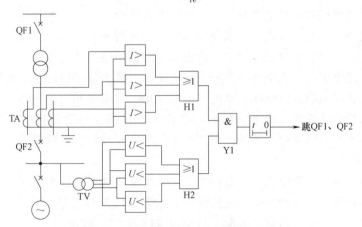

图 14-10 低电压起动的过电流保护原理图

其动作电流比过电流保护的小，从而提高了保护的灵敏性。

低电压继电器的动作电压 U_{set} 按躲过正常运行时最低工作电压整定。一般取 $U_{set} = 0.7 U_{NT}$（U_{NT} 为变压器的额定电压）。

对升压变压器，如低电压继电器只接在一侧电压互感器上，则当另一侧短路时，灵敏度往往不能满足要求。为此，可采用两套低电压继电器分别接在变压器高、低压侧的电压互感

器上，并将其触点并联，以提高灵敏度。

3. 复合电压起动（方向）过电流保护

若低电压起动的过电流保护的低电压继电器灵敏系数不满足要求，可采用复合电压起动的过电流保护。

复合电压起动过电流保护的复合电压起动部分由负序过电压元件与低电压元件组成，其原理图如图14-11所示。

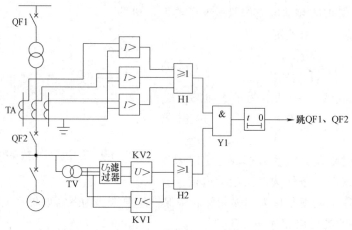

图 14-11 复合电压起动的过电流保护原理图

保护装置中电流元件和相间电压元件的整定原则与低电压起动过电流保护相同。负序电压继电器的动作电压 U_{2act}，按躲开正常运行情况下负序电压滤过器输出的最大不平衡电压整定。据运行经验，取 $U_{2act}=(0.06\sim0.12)U_{NT}$。

4. 负序过电流保护

对于大容量的变压器和发电机组，由于额定电流很大，而在相邻元件末端两相短路时的短路电流可能较小，因此，采用复合电压起动的过电流保护往往不能满足灵敏系数的要求。在这种情况下，应采用负序过电流保护，以提高不对称短路时的灵敏性。

变压器负序过电流保护由电流元件和负序电流滤过器 I_2 等组成反应不对称短路；由过电流元件和电压元件组成单相低电压起动的过电流保护，反应三相对称短路。

负序电流保护的动作电流取 $I_{2set}=(0.5\sim0.6)I_N$，按负序电流最小的运行方式下，远后备保护范围末端不对称短路时，流过保护的最小负序电流校验保护的灵敏度。

5. 阻抗保护

对发电机或变压器，当电流、电压保护不能满足灵敏度要求或根据网络保护间配合的要求，变压器相间故障后备保护可采用阻抗保护。通常选用偏移特性阻抗元件或全阻抗元件。由偏移特性造成的反向动作阻抗一般取正向动作阻抗的5%～10%。

第二节 发电机保护

一、发电机的故障、不正常运行状态及其保护方式

发电机的安全运行对保证电力系统的正常工作和电能质量起着决定性的作用，同时发电

机本身也是十分贵重的电气设备，保障发电机在电力系统中的安全运行非常重要。因此，应该针对各种故障和不正常运行状态，装设性能完善的继电保护装置。

1. 发电机的故障和不正常运行状态

发电机正常运行时发生的故障类型主要有如下几种：定子绕组的相间短路、定子一相绕组内的匝间短路、定子单相接地、转子励磁回路励磁电流消失（失磁）、转子绕组一点接地或两点接地故障。

由于发电机是旋转设备，一般发电机在设计制造时，考虑的过载能力都比较弱，一些不正常的运行状态将会严重威胁发电机的安全运行，因此必须及时、准确地处理。不正常运行状态主要有：定子绕组负序过电流、定子对称过电流、过负荷、定子绕组过电压、过励磁、频率异常、发电机与系统之间失步、逆功率等。

2. 发电机的保护配置

发电机保护配置的原则是在发电机故障时应能将损失减到最小，在非正常状况时应在充分利用发电机自身能力的前提下确保机组本身的安全。发电机通常应配置的保护有：

1）发电机纵差动保护：作为定子绕组及引线相间短路故障的主保护，瞬时跳开机组。

2）发电机匝间保护：反应绕组匝间短路故障。

3）发电机定子接地保护：应能反应发电机定子绕组 100% 范围内的单相接地故障。

4）发电机负序过电流保护：防止发电机组转子过热损坏。一般采用反时限特性。

5）发电机对称过电流保护：当区外发生对称短路时，保证不因定子过电流引起发电机过热，一般也采用反时限特性。

6）发电机失磁保护：反应发电机全部失磁或部分失磁。

7）发电机过负荷保护：发电机过负荷时发告警信号。

8）转子接地保护：其中一点接地保护反应转子发生一点接地，两点接地保护反应转子发生两点接地或匝间短路。

9）发电机失步保护：反应发电机和电力系统之间失步。

10）发电机过电压保护：反应发电机定子绕组过电压。

11）发电机过励磁保护：反应发电机过励磁。

12）发电机阻抗保护、复合电压或低电压过电流保护：作为相间故障后备保护。

13）发电机频率保护：反应发电机低频、过频、频率累积的保护。

14）励磁绕组过负荷保护：反应发电机励磁机（变）过负荷，采用反时限特性或定时限特性。

15）逆功率保护：当发电机组在运行中主汽门关闭产生逆功率时动作，断开主断路器。

16）发电机低功率保护：当主气门未完全关闭而发电机出口断路器未跳开时，发电机变成低功率输出状态的保护。

17）发电机断路器失灵保护：当断路器拒动时跳开其他相关断路器。

18）发电机断路器闪络保护：在高压侧断路器刚跳开不久的一段时间内，两断口之间也可能短时承受高电压而引起闪络，为尽快消除断口闪络故障而装设的保护。

19）误上电保护：检测发电机在并网前可能出现的误合闸。

20）起停机保护：在起停机过程中检测发电机绕组的绝缘变化。

3. 发电机保护出口方式

发电机保护是电网最后一级后备保护，又是发电机本身的主保护。为了快速消除发电机内部的故障，在保护动作于发电机断路器跳闸的同时，还必须动作于自动灭磁开关，断开发电机励磁回路，使定子绕组中不再感应出电动势，继续供给短路电流。发电机保护装置动作后的控制对象包括以下几种：

1）全停：停机、停炉、跳主开关、灭磁、跳高厂变压器低压侧开关、停机炉辅机设备。

2）解列灭磁：跳主开关、灭磁、跳高厂变压器低压侧开关。

3）解列：只跳主开关。

4）程序跳闸：保护动作后先关主汽门，待逆功率后由逆功率保护切除发电机。

5）母线解列：解列并列的母线。

6）减出力：减少原动机的出力。

7）发信号：发出声光信号或光信号。

二、发电机相间短路的纵差动保护

发电机内部发生定子绕组的各种相间短路故障时，在发电机被短接的绕组中将会出现很大的短路电流，严重损伤发电机本体，甚至使发电机报废，危害十分严重。发电机纵差动保护作为定子绕组及引线相间短路故障的主保护，瞬时动作于全停。

1. 发电机纵差动保护原理

发电机纵差动保护基本原理可用图 14-12 来说明。图中以一相为例，规定一次电流 $\dot{i}_1$、$\dot{i}_2$ 以流入发电机为正方向。当正常运行以及发电机保护区外发生短路故障时，$\dot{i}_1$ 与 $\dot{i}_2$ 反相，即有 $\dot{i}_1+\dot{i}_2=0$，流入差动元件的差动电流 $I_d=|\dot{i}_1'+\dot{i}_2'|\approx 0$（实际不为0，称为不平衡电流 I_{unb}），差动元件不会动作。当发生发电机内部短路故障时，在不计各种误差条件下，$\dot{i}_1$ 与 $\dot{i}_2$ 同相位，即有 $\dot{i}_1+\dot{i}_2=\dot{i}_k$，流入差动元件的差动电流将会出现较大的数值，当该差动电流超过整定值时，差动元件判为发生了发电机内部故障而作用于跳闸。

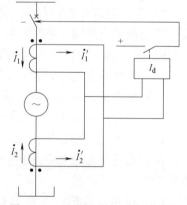

图 14-12 发电机纵差动保护原理

2. 发电机纵差动保护的动作逻辑

由于发电机中性点为非直接接地，当发电机区内发生相间短路时，会有两相或三相的差动元件同时动作。根据这一特点，在保护跳闸逻辑设计时可以做相应的考虑。当两相或两相以上差动元件动作时，可判断为发电机内部发生短路故障；而仅有一相差动元件动作时，则判为TA断线。发电机差动保护逻辑如图 14-13 所示。

为了反应发生一点在区内而另外一点在区外的异地两点接地（此时仅有一相差动元件动作）引起的短路故障，当有一相差动元件动作且同时有负序电压时，也判定为发电机内部短路故障。若仅一相差动保护动作而无负序电压时，认为是TA断线。这种动作逻辑的特

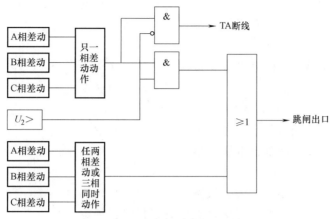

图 14-13 发电机差动保护逻辑

点是单相 TA 断线不会误动，因此可省去专用的 TA 断线闭锁环节，且保护安全可靠。

三、发电机匝间短路保护

定子绕组的匝间短路故障，是指同属一分支的位于同槽上下层线棒发生的短路，或同相但不同分支的位于同槽上下层线棒间发生的短路。匝间短路回路的阻抗较小，短路电流很大，会使局部绕组和铁心遭到严重损伤。发电机定子绕组匝间短路保护瞬时动作于全停。

根据发电机中性点引出分支线的不同，匝间短路保护的方式主要有以下两种。

1. 发电机单元件横差动保护

在大容量发电机中，由于额定电流很大，其每相一般都是由两个或两个以上并联分支绕组组成的。对于定子绕组每相具有两个并联分支绕组，采用双星形联结，中性点有六个或四个引出端的发电机，单元件横差动保护的原理可由图 14-14 来说明。

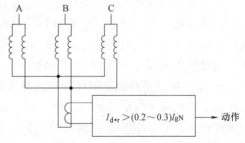

图 14-14 单元件横差动保护接线原理

在正常运行的时候，各绕组中的电动势相等，且三相对称，两个星形联结中性点等电位，中性点连线中无电流流过。当同相内非等电位点发生匝间短路等不对称故障时，各短路绕组中的电动势就不再相等。由于两星形绕组间电动势平衡遭到破坏，在中性点连线上将引起故障环流。中性点连线中会有电流流过，利用测量这种环流可构成反应匝间短路故障的单元件横差动保护。

单元件横差保护具有接线简单、灵敏度较高、能反应匝间短路、绕组相间短路及分支开焊故障等优点。但大型机组由于一些技术上和经济上的考虑，发电机中性点侧常常只引出三个端子，更大的机组甚至只引出一个中性点，这就不可能装设单元件横差保护。因此，应考虑下述纵向零序电压发电机匝间短路保护。

2. 纵向零序电压发电机匝间短路保护

发电机定子绕组在其同一分支匝间或同相不同分支间发生匝间短路故障或开焊时，由于三相电动势出现纵向不对称（即机端相对于中性点出现不对称），从而产生所谓的纵向零序电压。该电压由专用电压互感器（互感器一次中性点与发电机中性点通过高压电缆连接起来，而不允许接地）的开口三角形绕组两端取得。利用反应纵向零序电压超过定值时保护动作可构成零序电压匝间短路保护。

为取得纵向零序电压，而不受单相接地产生的零序电压影响，专用电压互感器的一次侧中性点应直接与发电机中性点应相连接，并与地绝缘，如图14-15所示。

当发电机一相定子绕组开焊时，发电机三相绕组对中性点也将出现纵向零序电压。同理，电压互感器开口三角绕组亦有零序电压输出。

当发电机定子绕组单相接地时，虽然发电机定子三相绕组对地出现零序电压，但由于发电机中性点不直接接地，其定子三相对中性点N仍保持对称。因此，一次侧与发电机三相绕组并联的电压互感器开口三角绕组无零序电压输出。

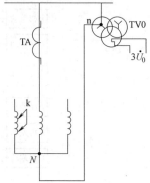

图 14-15　纵向零序电压

显然，当发电机正常运行或外部发生相间短路时，电压互感器开口三角绕组也无零序电压输出。

四、发电机定子绕组接地保护

发电机定子绕组中性点一般不直接接地，而是通过高阻（接地变压器）接地、消弧线圈接地或不接地，故发电机的定子绕组都设计为全绝缘。尽管如此，发电机定子绕组仍可能由于绝缘老化、过电压冲击或者机械振动等原因发生单相接地故障。由于发电机定子单相接地并不会引起大的短路电流，不属于严重的短路性故障。

由于大型发电机组定子绕组对地电容较大，当发电机机端附近发生接地故障时，故障点的电容电流比较大，影响发电机的安全运行；同时由于接地故障的存在，会引起接地弧光过电压，可能导致发电机其他位置绝缘的破坏，形成危害严重的相间或匝间短路故障。所以，要求装设动作范围为100%的定子绕组单相接地保护。

1. 发电机定子绕组单相接地时的基波零序电压

发电机正常运行时三相电压及三相负荷对称，无零序电压和零序电流分量。假设A相绕组离中性点α处发生金属性接地故障，如图14-16所示，故障零序电压为

$$\dot{U}_{k0\alpha} = \frac{1}{3}(\dot{U}_{AD} + \dot{U}_{BD} + \dot{U}_{CD}) = -\alpha \dot{E}_A \quad (14-8)$$

式（14-8）表明，零序电压将随着故障点位置α的不同而改变。当$\alpha=1$时，即机端接地，故障的零序电压$\dot{U}_{k0\alpha}$最大，等于额定相电压。

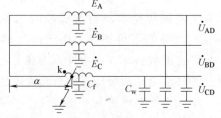

图 14-16　发电机定子绕组单相接地电路

根据式（14-8）可以画出零序电压$3U_0$随故障点位置α变化的关系曲线，如图14-17所示。故障点越靠近机端，零序电压就越高，可以利用基波零序电压构成定子单相接地保护。图中U_{0p}为零序电压定子接地保护的动作电压。

零序电压保护常用于发电机—变压器组的接地保护。由于有零序不平衡电压$3U_0$输出，当中性点附近发生接地时，保护不能动作，因而出现死区。

目前100%定子接地保护一般由两部分组成：一部分是上述零序电压保护，能保护定子绕组的85%以上；另一部分需由其他原理（如三次谐波原理或叠加电源方式原理）的保护共同构成100%定子接地保护。

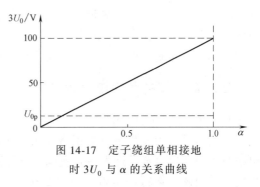

图14-17　定子绕组单相接地时 $3U_0$ 与 α 的关系曲线

2. 发电机的三次谐波电压

在正常运行时，发电机中性点侧的三次谐波电压 U_{N3} 总是大于发电机端的三次谐波电压 U_{S3}。当发电机孤立运行，即发电机出线端开路，$Cw = 0$ 时，$U_{N3} = U_{S3}$。接入消弧线圈后，中性点的三次谐波电压 U_{N3} 在正常运行时比机端三次谐波电压 U_{S3} 更大。

当发电机定子绕组发生金属性单相接地时，设接地发生在距中性点 α 处，此时不管发电机中性点是否接有消弧线圈，总是有 $U_{N3}=\alpha E_3$ 和 $U_{S3}=(1-\alpha)E_3$。

中性点电压 U_{N3} 和机端电压 U_{S3} 随故障点 α 的变化曲线如图14-18所示。因此，如果利用机端三次谐波电压 U_{S3} 作为动作量，而用中性点三次谐波电压 U_{N3} 作为制动量来构成接地保护，且当 $U_{S3} \geq U_{N3}$ 时作为保护的动作条件，则在正常运行时保护不可能动作；而当中性点附近发生接地时，则具有很高的灵敏性。利用此原理构成的接地保护，可以反应距中性点约50%范围内的接地故障。

3. 双频制100%定子绕组单相接地保护

目前广泛采用三次谐波电压比值与基波零序电压共同构成100%定子绕组单相接地保护，也称为双频制100%定子绕组单相接地保护，如图14-19所示。三次谐波电压保护将机端三次谐波电压 U_{S3} 作为动作量，中性点三次谐波电压 U_{N3} 作为制动量进行比较。该保护可以反应发电机定子绕组中 $\alpha<0.5$ 范围内的单相接

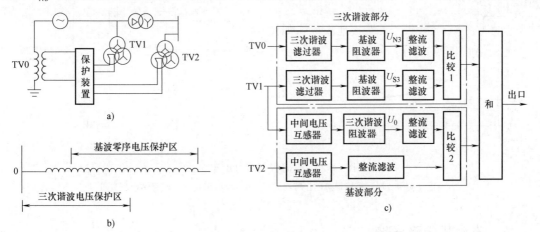

图14-19　双频制100%定子绕组单相接地保护
a）原理接线图　b）保护范围示意图　c）原理框图

地故障,并且当故障点越靠近中性点时,保护的灵敏性就越高;利用前述的基波零序电压接地保护,则可以反应 $\alpha>0.15$ 范围内的单相接地故障,且当故障点越靠近发电机机端时,保护的灵敏性就越高。两部分共同构成了保护区为100%的定子接地保护。

五、发电机的负序电流保护

1. 负序电流保护的作用

当电力系统中发生不对称短路或在正常运行情况下三相负荷不平衡时,在发电机定子绕组中将出现负序电流。此电流在发电机空气隙中建立的负序旋转磁场相对于转子为两倍的同步转速,因此将在转子绕组、阻尼绕组以及转子铁心等部件上感应出100Hz的倍频电流。该电流使得转子上电流密度很大的某些部位(如转子端部、护环内表面等)可能出现局部灼伤,甚至可能使护环受热松脱,从而导致发电机的重大事故。此外,负序气隙旋转磁场与转子电流之间,以及正序气隙旋转磁场与定子负序电流之间所产生的100Hz交变电磁转矩,将同时作用在转子大轴和定子机座上,从而引起100Hz的振动,威胁发电机安全。

发电机负序过电流保护实际上是对定子绕组电流不平衡而引起转子过热的一种保护,因此应作为发电机的主保护之一,同时可作为区外不对称短路的后备保护。

由于大机组耐受负序电流影响的能力都比较小,为防止发电机转子遭受负序电流的损坏,在100MW及以上的发电机上应装设能够模拟发电机允许负序电流曲线的反时限负序过电流保护。

2. 反时限负序过电流保护

反时限负序过电流保护特性如图14-20所示。定时限负序过负荷定值为 I_{2ms},动作于较长延时 t_s 发信号。反时限过电流由上限定时限、反时限和下限定时限三部分组成。当发电机负序电流大于上限整定值 I_{2up} 时,则按上限定时限 t_{up} 动作;如果负序电流高于下限整定值 I_{2m},但又不足以使反时限部分动作,或反时限部分动作时间太长时,则按下限定时限 t_1 动作;负序电流在上、下限整定值之间,则按反时限动作。负序反时限特性能和发电机允许负序电流曲线很好配合,能真实地模拟转子的热积累过程,并能模拟散热。

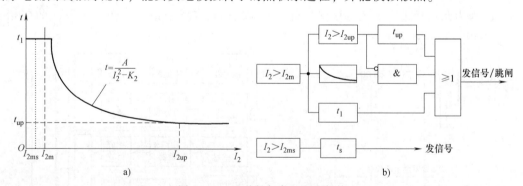

图 14-20 反时限负序过电流保护
a) 反时限负序过电流保护动作特性曲线 b) 反时限负序过电流保护逻辑图

六、发电机失磁保护

发电机失磁故障是指发电机的励磁突然全部消失或部分消失。引起失磁的原因有转子绕组故障、励磁机（变压器）故障、自动灭磁开关误跳闸、半导体励磁系统中某些元件损坏或回路发生故障以及误操作等。

当发电机失磁进入异步运行时，将对电力系统和发电机产生以下影响：

1）需要从电力系统中吸收很大的无功功率以建立发电机的磁场，失磁进入异步运行后，如不采取措施，发电机将因过电流使定子过热。

2）由于从电力系统中吸收无功功率将引起电力系统的电压下降。

3）失磁后发电机的转速超过同步转速，差频电流在转子回路中产生的损耗，将使转子过热。

4）低励磁或失磁运行时，定子端部漏磁增加，将使端部和边段铁心过热。

5）发电机的转矩、有功功率要发生周期性摆动，作用在发电机轴系上，引起机组振动，直接威胁机组的安全。

因此发电机，尤其是大型发电机应装设失磁保护，以便及时发现失磁故障，并采取必要的措施，如发出信号、自动减负荷、动作于跳闸等，以保证发电机和系统的安全。

根据发电机失磁后电气量的变化特点，可以得到失磁保护判据。完整的失磁保护通常由发电机机端测量阻抗判据、转子低电压判据、变压器高压侧低电压判据和定子过电流判据构成。

七、发电机其他保护

1. 励磁回路接地保护

发电机励磁回路（包括转子绕组）绝缘破坏会引起转子绕组匝间短路和励磁回路一点接地故障以及两点接地故障。发电机励磁回路一点接地故障很常见，而两点接地故障也时有发生。励磁回路一点接地故障，对发电机并未造成危害，如果发生两点接地故障，则将严重威胁发电机的安全。

大型汽轮发电机均装设一点接地保护，一般动作于信号，装设两点接地保护动作于跳闸。也有采用一点接地保护动作于停机。最常用的转子接地保护有切换采样式一点接地保护和定子二次谐波电压两点接地保护。

2. 发电机逆功率保护

发电机逆功率保护主要用于保护汽轮机。当主汽门误关闭时或机炉保护动作于主汽门关闭而发电机并未从系统解列时，发电机就变成了同步电动机运行，从电力系统吸收有功功率。这种工况对发电机并无危险，但由于汽轮机的鼓风损失，其尾部叶片有可能过热，造成汽轮机事故。因此发电机组不允许在这种工况下长期运行。

逆功率保护有两种实现方法，其中一种是反应逆功率大小的逆功率保护，由于各种原因导致失去原动力，发电机变为电动机运行时，逆功率保护动作跳开主断路器。另外一种是习惯上称为程序跳闸的逆功率保护，发电机在过负荷、过励磁和失磁等各种异常运行保护动作后需要程序跳闸时，程序跳闸的逆功率保护动作出口，先关闭汽轮机的主汽门，然后跳开发电机—变压器组的主断路器。

3. 发电机低频保护

发电机低频保护主要用于保护汽轮机不受低频共振的影响。汽轮机各节叶片都有一共振频率，当系统频率接近或等于共振频率时，将引起叶片的共振而损坏汽轮机。

低频运行对于汽轮机而言是个疲劳过程，一般汽轮机低频运行累计达一定时间，汽轮机将达到疲劳寿命。因此，低频运行的时间是个积累的过程，而且不同的低频有不同的积累速度。保护装置停运不影响"低频运行的时间"积累值。

4. 发电机过电压保护

大型发电机突然甩负荷后，由于调节系统有惯性，励磁电流不能突变，发生过电压，可能达 $(1.3 \sim 1.5)U_N$，对定子绕组绝缘有威胁。应装过电压保护，动作于解列灭磁。

5. 发电机失步保护

对于中小机组，通常都不装设失步保护。当系统发生振荡时，由运行人员来判断，然后利用人工增加励磁电流、增加或减少原动机出力、局部解列等方法来处理。对于大机组，这样处理将不能保证机组的安全，通常需要装设用于反应振荡过程的专门的失步保护。

要求失步保护只反应发电机的失步情况，能可靠躲过系统短路和同步摇摆，并能在失步开始的摇摆过程中区分加速失步和减速失步。目前，实用的失步保护主要基于反应发电机机端测量阻抗变化轨迹的原理。

6. 发电机过励磁保护

发电机、变压器的工作磁通密度与电压成正比、与频率成反比。对于发电机，当过励磁倍数 $n = U/f$（标幺值）>1 时，会引起发电机过励磁。过励磁主要表现为发电机铁心饱和之后谐波磁通密度增加，使附加损耗增加，引起过热。另外由于定子铁心背部漏磁场增强，处于这一漏磁场中的定子定位筋，也要感应出电动势，并且与相邻定位筋中的感应电动势存在相位差，并通过定子铁心形成闭路。在定位筋附近的部位电流密度很大，将引起局部过热，造成机组局部烧伤。

一般来说，发电机承受过励磁能力比变压器要弱一些，当发电机和变压器之间不设断路器时，过励磁保护可按发电机过励磁特性来整定。过励磁保护可采用定时限和反时限两种，对于大型机组一般采用反时限特性。过励磁保护反应过励磁倍数的增加而动作。

第三节　母线保护和断路器失灵保护

一、母线保护

1. 母线保护装设的基本原则

母线是发电厂、变电站中用于线路、变压器等电气设备之间连接并进行电能分配的元件。母线上通常连有较多的电气元件，一旦故障将造成大面积停电事故，并可能破坏系统的稳定运行。因此，利用母线保护清除和缩小故障造成的后果是十分必要的。

母线上发生的短路故障可能是各种类型的接地和相间短路故障。母线故障中，大部分故障是由绝缘子对地放电所引起的，故障开始阶段大多表现为单相接地故障，而随着短路电弧的移动，故障往往发展为两相或三相接地短路。

母线保护总的来说可以分为两大类型：一种是不设专门母线保护，利用供电元件的保护来保护母线；另一种是装设母线保护专用装置。

35kV 及以下母线一般不设专门母线保护，由电源侧元件提供保护（电源侧元件的后备保护）。缺点是延时太长，当双母线运行或单母线多分段运行时，保护动作无选择性。

110kV 及以上双母线和分段母线，为保证有选择地切除任一组（一段）母线，使无故障组（段）继续运行，应装设专用母线保护。110kV 及以上单母线、35kV 重要母线，要求快速切除故障的也应装设专用母线保护。

2. 母线差动保护的基本原理

为满足速动性和选择性的要求，母线保护都是按差动原理构成的。所以不管母线上元件有多少，实现差动保护的基本原则仍是适用的。

1）在正常运行以及母线范围以外故障时，在母线上所有连接元件中，流入的电流和流出的电流相等，或表示为 $\sum \dot{I}_{pi} = 0$；当母线上发生故障时，所有与电源连接元件都向故障点供给短路电流，而在供给负荷的连接元件中电流等于零，因此 $\sum \dot{I}_{pi} = \dot{I}_k$。

2）如从每个连接元件中电流的相位来看，则在正常运行以及外部故障时，至少有一个元件中的电流相位和其余元件中的电流相位是相反的。具体地说，就是电流流入的元件和电流流出的元件这两者的相位相反。而当母线故障时，除电流等于零的元件以外，其他元件中的电流则是同相位的。

母线保护应特别强调其可靠性，并尽量简化结构。对电力系统的单母线和双母线保护采用差动保护一般可以满足要求，所以得到广泛应用。

3. 单母线完全差动保护

单母线完全差动保护如图 14-21 所示，将母线的连接元件都包括在差动回路中，需在母线的所有连接元件上装设具有相同电流比和特性的电流互感器。所有 TA 的二次侧同极性端连接在一起，接至差动元件中。这样，差动元件中的电流即为各个母线连接元件二次电流的向量和。

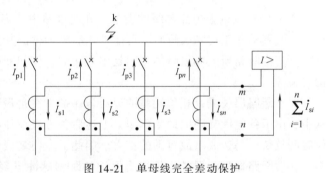

图 14-21 单母线完全差动保护

实际上由于 TA 有误差，因此在母线正常运行及外部故障时，差动元件中有不平衡电流出现；而当母线上故障时，则所有与电源连接的元件都向 k 点供给短路电流，于是流入差动元件的电流为

$$\dot{I}_{KA} = \sum_{i=1}^{n} \dot{I}_{si} = \frac{1}{n_1} \sum_{i=1}^{n} \dot{I}_{pi} = \frac{1}{n_1} \dot{I}_k \tag{14-9}$$

即为故障点的全部短路电流，此电流足够使差动继电器动作而起动出口继电器，使连接元件的断路器跳闸。

4. 微机比率制动双母线差动保护

双母线是发电厂和变电站中广泛采用的一种母线方式。在发电厂以及重要变电站的高压母线上，一般都采用双母线同时运行（母线联络断路器经常投入），而每组母线上连接一部分（大约 1/2）供电和受电元件的方式。这样，当任一组母线上发生故障时，可只短时影响到一半的负荷供电，而另一组母线上的连接元件仍可继续运行，这就大大提高了供电的可靠性。为此，要求母线保护具有选择故障母线的能力。

微机比率制动双母线差动保护如图 14-22 所示。采用总差动作为差动保护总的起动元件，反应流入Ⅰ、Ⅱ母线所有连接元件电流之和，能够区分母线故障和外部短路故障。采用Ⅰ母分差动和Ⅱ母分差动作为故障母线的选择元件，分别反应各连接元件流入Ⅰ母线、Ⅱ母线电流之和，从而区分出Ⅰ母线故障还是Ⅱ母线故障。差动电流表达式为

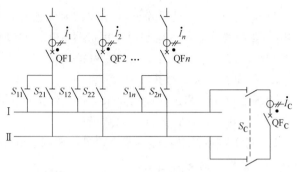

图 14-22　微机比率制动双母线差动保护

总差动　　　　　　　　$I_d = \dot{I}_1 + \dot{I}_2 + \cdots + \dot{I}_n$

Ⅰ母分差动　　　　　$I_{d.1} = \dot{I}_1 S_{11} + \dot{I}_2 S_{12} + \cdots + \dot{I}_n S_{1n} - \dot{I}_C S_C$

Ⅱ母分差动　　　　　$I_{d.2} = \dot{I}_1 S_{21} + \dot{I}_2 S_{22} + \cdots + \dot{I}_n S_{2n} + \dot{I}_C S_C$ （14-10）

式中，S_{ij}（i、$j = 1, 2, \cdots, n$）取值为 0（断开）或 1（连通）。

微机比率制动双母线差动保护具有强大的计算、自检及逻辑处理能力，可以自动适应运行方式的变化，能更有效地减轻运行人员的负担，提高母线保护动作的正确率。

二、断路器失灵保护

在 110kV 及以上电压等级的发电厂和变电站中，当输电线路、变压器或母线发生短路，在保护装置动作于切除故障时，可能伴随故障元件的断路器拒动，也即发生了断路器的失灵故障。产生断路器失灵故障的原因是多方面的，例如断路器跳闸线圈断线，断路器的操作机构失灵等。

对于断路器失灵，相邻元件的远后备保护方案是最简单合理的后备方式，但是在高压电网中，由于各电源支路的助增作用，上述后备方式往往有较大困难（灵敏度不够），而且动作时间较长，易造成事故范围的扩大。因此，专门装设断路器失灵保护。

所谓断路器失灵保护，是指当保护的跳闸脉冲已经发出而断路器却没有跳开（拒绝跳闸）时，由断路器失灵保护以较短的延时跳开同一母线上的其他元件，以尽快将故障从电力系统隔离的一种紧急处理办法。

对 220kV 及以上电网和 110kV 重要部分，可按下列条件装设断路器失灵保护。

1）相邻元件保护的远后备保护灵敏度不够时应装设断路器失灵保护。对分相操作的断路器，允许只按单相接地故障来校验其灵敏度。

2）根据变电站的重要性和装设断路器失灵保护作用的大小来决定装设断路器失灵保护。例如多母线运行的变电站，当失灵保护能缩小断路器拒动引起的停电范围时，就应装设失灵保护。

断路器失灵保护的误动影响范围广，因此对断路器失灵保护有一些要求：

1）必须有较高的可靠性（安全性），因为失灵保护的误动所造成的后果相当严重。

2）失灵保护首先动作于母联断路器和分段断路器，此后相邻元件保护已能以相继动作切除故障时，失灵保护仅动作于母联断路器和分段断路器。

3）在保证不误动的前提下，应以较短延时、有选择性地切除有关断路器。

4）失灵保护的故障鉴别元件和跳闸闭锁元件，应对断路器所在线路或设备末端故障有足够的灵敏度。

如图 14-23 中，k 点故障，QF1 拒动，失灵保护首先断开 QF3，再断开 QF2、QF7 等相关断路器。断路器失灵保护动作的基本原理框图如图 14-24 所示。

1）母线保护启动同时启动断路器失灵保护计时。

2）时间延时大于断路器跳闸和保护返回时间。

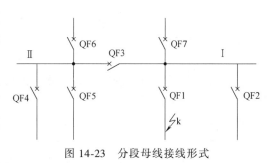

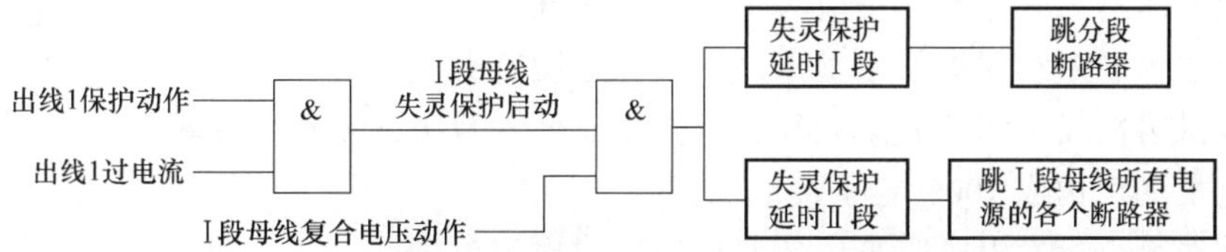

图 14-23　分段母线接线形式

图 14-24　断路器失灵保护基本原理框图（以Ⅰ段母线为例）

3）延时Ⅰ段说明故障元件的断路器失灵，出口动作母联断路器和分段断路器。延时Ⅱ段出口动作于母线上所有断路器。

4）检测过电流、低压（负序、零序）说明故障始终存在，保证不误动。

第四节　小　　结

电力系统中除了不同电压等级的输电线路外，还有大量的电气主设备，如发电机、变压器和母线等。本章介绍了这些设备在运行中可能发生的故障或不正常运行状态，以及需要选择的合适的保护方式。

变压器的主保护一般采用瓦斯保护和纵联差动保护（或电流速断保护），后备保护有反应相间短路的各种过电流保护和反应接地故障的零序电流电压保护，以及过负荷、过励磁等保护。保护微机化技术的发展使得变压器保护的整体性能大大提高，许多以前受硬件限制的保护新原理得到应用。微机差动保护可用数字运算补偿由 TA 电流比标准化带来的误差（幅值校正），较常规补偿方法更为准确，可进一步减小不平衡电流的影响。也可用数字运算补偿 Yd 联结变压器的角度差（相位校正），更为灵活方便并能提高灵敏度。针对励磁涌流，微机差动保护可实现许多新的有效识别算法。

发电机保护是电网最后一级后备保护，又是发电机本身的主保护。根据发电机的结构特点，保护分为定子绕组故障保护和转子绕组故障保护，本章分别介绍了其保护方式及主要保护原理。

母线上连有较多的电气元件，一旦故障将造成大面积停电事故，对母线保护的可靠性（安全性）要求更高。母线保护还需考虑运行方式的灵活性，微机母线保护因其强大的计算、自检及逻辑处理能力，可以自动适应运行方式的变化，具有显著的优越性。

系统中电气主设备的内部短路主保护，无例外的均采用纵联差动保护，由于该保护动作判据对大多数被保护设备具有明确的选择性和较高的灵敏性，近百年来始终是主设备内部短路的无可争议的保护方案，为主设备的安全运行做出了重要贡献。

无论多么完善的保护，当断路器失灵时都会失去作用。对于断路器失灵，相邻元件的远后备保护方案是最简单合理的后备方式，但由于灵敏度不够且动作时间长，易造成事故范围的扩大，为此需装设断路器失灵保护。断路器失灵保护是一种近后备保护，要求其有很高的可靠性，是一种将故障从电力系统隔离的一种紧急处理办法。

第五节 思考题与习题

1. 变压器可能发生哪些故障和异常运行状态？一般应配置哪些保护？
2. 实现变压器纵联差动保护应考虑哪些特殊问题？
3. 变压器纵联差动保护不平衡电流产生的原因有哪些？
4. 发电机可能发生哪些故障和异常运行状态？一般应配置哪些保护？
5. 发电机如何构成100%定子接地保护？
6. 为什么大容量发电机应采用负序反时限过电流保护？
7. 母线差动保护的基本原理是什么？
8. 何谓母线完全电流差动保护？
9. 何谓断路器失灵保护？在什么情况下要安装断路器失灵保护？断路器失灵保护的动作判据和动作时间如何确定？

第十五章 电力系统自动装置

电力系统安全自动装置是指防止电力系统失去稳定和避免电力系统发生大面积停电的自动保护装置，如输电线路自动重合闸、备用电源自动投入装置、自动并列装置、同步发电机的励磁调节系统、电力系统自动调频、自动低频（低压）减载装置、事故减功率、自动按频率减负荷、电力系统的稳定控制、故障录波装置等。为了保证电网的安全稳定运行，保证电能质量，提高电网的经济效益，必须借助电力系统自动装置来实现。本章介绍电力系统保护与控制中的常用自动装置，包括自动重合闸、备用电源自动投入装置、自动低频减载装置。

第一节 自动重合闸

一、自动重合闸在电力系统中的作用

电力系统的故障可分为瞬时性故障和永久性故障。

1）瞬时性故障。运行经验表明，架空线路故障大都是"瞬时性"的。例如由雷电引起的绝缘子表面闪络、大风引起的碰线。在线路被保护断开以后，电弧熄灭，故障点的绝缘强度恢复。此时，如果把断路器合上，能够恢复正常的供电，则这类故障称为"瞬时性故障"。

2）永久性故障。在线路被断开之后，它们仍然是存在的，即使再合上电源，由于故障依然存在，线路还要被继电保护再次断开。此类故障称为"永久性故障"，如由于线路倒杆、断线和绝缘子击穿等引起的故障。

因此，在线路被断开以后再进行一次合闸，就有可能大大提高供电的可靠性。由运行人员手动进行合闸，停电时间过长，效果不显著。为此，可采用自动重合闸（ARC），即当断路器跳闸之后，能够自动地将断路器重新合闸的装置。

在线路上装设重合闸后，在重合以后可能成功（指恢复供电不再断开），也可能不成功。用重合成功的次数与总动作次数之比来表示重合闸成功率，根据运行资料的统计，成功率一般在60%~90%。

采用重合闸可以带来较好的技术经济效果：①提高供电的可靠性，减少线路停电次数，特别是对单侧电源的单回线路尤为显著；②在高压输电线路上采用重合闸，还可以提高电力系统并列运行的稳定性；③在电网的设计与建设过程中，有些情况下由于考虑重合闸的作用，可以暂缓架设双回线路，以节约投资；④对断路器本身由于机构不良或继电保护误动作

而引起的误跳闸，能起纠正的作用。

在采用重合闸以后，当重合于永久性故障上时，它也将带来一些不利的影响：①使电力系统又一次受到故障的冲击；②使断路器的工作条件变得更加严重。

由于重合闸投资低，工作可靠，在电力系统中获得了广泛的应用。一般要求：①对 1kV 及以上的架空线路和电缆与架空线的混合线路，应装设自动重合闸；②在用高压熔断器保护的线路上，一般采用自动重合闸熔断器；③此外，在供电给地区负荷的电力变压器上，以及发电厂和变电站的母线上，必要时也可以装设自动重合闸。

二、对自动重合闸的基本要求

根据生产运行需要，对自动重合闸提出了如下一些基本要求：

1) 在下列情况下，重合闸不应动作：①由值班人员手动操作或通过遥控装置将断路器断开时；②手动投入断路器，由于线路上有故障，而随即被继电保护将其断开时，因为在这种情况下，故障是属于永久性的，再重合一次也不可能成功。

2) 除上述条件外，当断路器由继电保护动作或其他原因而跳闸后，重合闸均应动作，使断路器重新合闸。重合闸的起动方式有两种，控制开关位置与断路器位置不对应（优先采用）起动和保护装置起动。

3) 自动重合闸装置的动作次数应符合预先的规定。

4) 自动重合闸在动作以后，一般应能自动复归，准备好下一次再动作。

5) 自动重合闸装置应能与继电保护相配合加速故障的切除。

6) 当断路器处于不正常状态（如操作机构中使用的气压、液压降低等）而不允许实现重合闸时，应将自动重合闸装置锁闭。

三、重合闸分类

按重合闸断开断路器相数，一般可分为三相重合闸、单相重合闸和综合重合闸三种。

1) 三相重合闸是指无论发生单相还是相间故障，继电保护装置均将三相断路器跳开，重合闸起动，发出重合脉冲，将三相断路器一起合上。若是瞬时性故障，重合成功，线路继续运行；若是永久性故障，继电保护再次动作跳开三相断路器，不再重合。

2) 单相重合闸是指发生单相接地短路时保护跳开单相断路器，然后进行单相重合，如重合不成功则跳开三相断路器而不再进行重合；发生各种相间短路时保护跳开三相断路器，不重合。

3) 综合重合闸是指发生单相接地短路时跳开单相，然后进行单相重合，如重合不成功则跳开三相断路器而不再进行重合；发生各种相间短路时跳开三相，然后进行三相断路器重合，如重合不成功，仍跳开三相断路器，而不再进行重合。

四、双侧电源送电线路重合闸

在双侧电源的送电线路上实现重合闸时，还必须考虑如下的特点：

1) 时间的配合。当线路上发生故障时，两侧的保护装置可能以不同的时限动作于跳闸（例如在一侧为第Ⅰ段动作，而另一侧为第Ⅱ段动作），此时为了保证故障点电弧的熄灭和绝缘强度的恢复，以使重合闸有可能成功，线路两侧的重合闸必须保证在两侧的断路器都跳闸以后再进行重合。

2）同期问题。当线路上发生故障跳闸以后，存在重合闸时两侧电源是否同步，以及是否允许非同步合闸的问题。

为此，可根据系统要求、电气接线等选择合适的重合闸方式。一般有如下方式：快速重合闸、不检同期重合闸、检同期的自动重合闸（同步检定和无电压检定的重合闸）。

五、具有同步检定和无电压检定的重合闸

具有同步检定和无电压检定的重合闸如图 15-1 所示。双侧电源线路上，除了装有 ARC，还在一侧（M 侧）装有低电压继电器，用以检查线路上有无电压（检无压侧），在另一侧（N 侧）装有同步检定继电器，进行同步检定（检同步侧）。

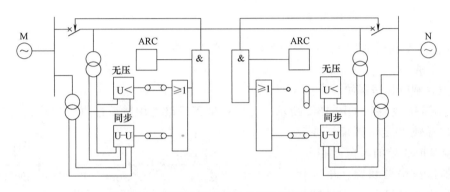

图 15-1 具同步检定和无电压检定的重合闸

当线路短路时，两侧断路器断开，线路失去电压，M 侧低电压继电器动作，经 ARC 重合。若重合成功，N 侧同步检定继电器在两侧电源符合同步条件后再进行重合，恢复正常供电；若重合不成功，保护再次动作，跳开 M 侧断路器不再重合，N 侧不重合。

上述分析可见，M 侧断路器如重合于永久性故障，就将连续两次切断短路电流，所以工作条件比 N 侧恶劣，为此，通常两侧都装设低电压继电器和同步检定继电器，利用连接片定期切换其工作方式，以使两侧工作条件接近相同。

此外，在正常工作情况下，由于某种原因（保护误动、误碰跳闸机构等）使检无压侧（M 侧）误跳闸时，因线路上仍有电压，无法进行重合（缺陷），为此，在检无压侧也同时投入同步检定继电器，使两者的触点并联工作。这样，在上述情况下，同步检定继电器工作，可将误跳闸的断路器重新合闸。但是，在使用同步检定的一侧，绝对不允许同时投入无压检定继电器。

六、重合闸的动作时限

重合闸的动作时限是指断路器断开到重新合上的时间，即为断电的时间。所以，重合闸的动作时限原则上应越短越好。

1. 重合闸动作时限的选择原则

1）在断路器跳闸后，要使故障点的电弧熄灭并使周围介质恢复绝缘强度是需要一定时间的，必须在这个时间以后进行合闸才有可能成功。

2）在断路器动作跳闸以后，断路器消弧室及传动机构恢复原状准备好再次动作需要一定的时间。

2. 单侧电源线路的三相重合闸的动作时限

重合闸的动作时限应在满足以上两个要求的前提下力求缩短。如果重合闸是利用继电保护起动，则其动作时限还应该加上断路器的跳闸时间。根据我国电力系统的运行经验，上述时间整定为 0.3~0.5s 似过小，因而重合成功率较低，而采用 1s 左右的时间则较为合适。

3. 双侧电源线路的三相重合闸

对双侧电源线路的三相重合闸，其时限除满足以上要求外，还应考虑线路两侧继电保护以不同时限切除故障的可能性。从最不利的情况出发，每一侧的重合闸都应该以本侧先跳闸而对侧后跳闸来作为考虑整定时间的依据。

七、重合闸与继电保护的配合

为了能尽量利用重合闸所提供的条件以加速切除故障，继电保护与之配合时，一般采用如下两种方式：

1. 重合闸前加速保护

重合闸前加速保护如图 15-2 所示，假定在每条线路上均装设过电流保护，其动作时限按照阶梯原则整定。因而，在靠近电源端保护 3 处的时限就很长。为了能加速故障的切除，可在保护 3 处采用前加速的方式，即当任何一条线路上发生故障时，第一次都由保护 3 瞬时动作予以切除。如果故障是在线路 AB 以外，

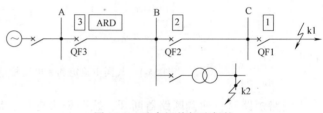

图 15-2　重合闸前加速保护

则保护 3 的动作都是无选择性的。但断路器 3 跳闸后，即起动重合闸重新恢复供电，从而纠正了上述无选择性动作。若为瞬时性故障，重合闸以后恢复供电；若为永久性故障，由保护 1 或 2 切除，当保护 2 拒动时，保护 3 第二次就按有选择性的时限动作于跳闸。

为了使无选择性的动作范围不扩展得太长，一般规定当变压器低压侧短路时，保护 3 不应动作。因此，其起动电流还应按照躲开相邻变压器低压侧的短路（k2 点）来整定。

采用前加速的优点是：能够快速地切除瞬时性故障，使瞬时性故障来不及发展成永久性故障，提高重合闸的成功率；能保证发电厂和重要变电站的母线电压在 0.6~0.7 倍额定电压以上，保证厂用电和重要用户的电能质量；使用设备少，简单、经济。

采用前加速的缺点是：QF3 工作条件恶劣，动作次数较多。若重合于永久性故障上时，故障切除的时间可能较长。此外，如果重合闸装置或 QF3 拒绝合闸，则将扩大停电范围。

前加速保护主要用于 35kV 以下由发电厂或重要变电站引出的直配线路上，以便快速切除故障，保证母线电压。在这些线路上一般只装设简单的电流保护。

2. 重合闸后加速保护

所谓后加速就是当线路故障时，保护第一次按有选择性时限动作，然后进行重合。如果重合于永久性故障上，则在断路器合闸后，再加速该保护动作，瞬时切除故障，与其第一次动作是否带有时限无关。

采用后加速保护的优点是：动作是有选择性的，不会扩大停电范围；保证了永久性故障能瞬时切除；和前加速保护相比，使用中不受网络结构和负荷条件的限制。

采用后加速的缺点是：每个断路器上都需要装设一套重合闸，与前加速相比较为复杂；第一次切除故障可能带有延时，如图15-3所示。

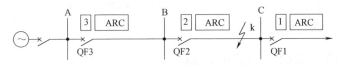

图 15-3　重合闸后加速保护

后加速保护广泛地应用于35kV以上的网络及对重要负荷供电的送电线路上。因为，在这些线路上一般都装设有性能比较完善的保护装置，第一次切除故障的时间为系统运行所允许，采用后加速（一般是加速第Ⅱ段的动作，有时也可以加速第Ⅲ段的动作）可以更快地切除永久性故障。

八、单相重合闸和综合重合闸

1. 单相重合闸

在220kV及以上的架空线路上，由于线间距离大，运行经验表明，其中绝大部分故障都是单相接地短路。因此广泛采用单相重合闸。为实现单相重合闸，首先就必须有故障相的选择元件（简称选相元件）。采用单相重合闸，其动作时限的选择除应满足前面两个条件以外，还应考虑下列问题：① 不论是单侧电源还是双侧电源，均应考虑两侧选相元件与继电保护以不同时限切除故障的可能性；② 潜供电流对灭弧所产生的影响。

潜供电流如图15-4所示，它是指当故障线路自两侧切除后，由于非故障相与断开相之间存在有静电和电磁的联系，因此，虽然短路电流已被切断，但在故障点的弧光通道中，仍然流有如下的电流：

1）非故障相 A 通过 AC 相间的电容 C_{ac} 供给的电流。

2）非故障相 B 通过 BC 相间的电容 C_{bc} 供给的电流。

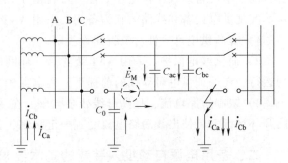

图 15-4　潜供电流

3）继续运行的两相中，由于流过负荷电流而在 C 相中产生互感电势 E_M，此电势通过故障点和该相对地电容 C_0 而产生的电流。

上述这些电流的总和就称为潜供电流。

由于潜供电流的影响，使故障点电弧熄灭延长，因此，单相重合闸的时间还必须考虑潜供电流的影响。为了正确地整定单相重合闸的时间，通常由实测来确定熄弧时间。

2. 综合重合闸

综合重合闸具有单相重合闸和三相重合闸的功能，所以单相重合闸需要注意的问题综合重合闸也需考虑，并且在综合重合闸的接线中，应考虑能实现综合重合闸、只进行单相重合闸或三相重合闸以及停用重合闸的各种可能性。

第二节　备用电源自动投入装置

备用电源自动投入（Auxiliary Power Automatic Transfer，AAT）装置，是指当工作电源因故障被断开后，能自动将备用电源迅速投入工作的装置。备用电源自动投入装置是保证配电系统连续可靠供电的重要措施，已成为中低压系统变电站自动化的最基本装置之一。

一、备用电源自动投入装置的作用

在实际应用中，AAT 装置形式多样，根据备用方式划分可分为明备用和暗备用两种。明备用指正常情况下有明显断开的备用电源或备用设备，如图 15-5a 所示。正常运行时，图 15-5a 中 QF3、QF4、QF5 在断开状态，备用变压器 T0 作为工作变压器 T1 和 T2 的备用。暗备用是指正常情况下没有断开的备用电源或备用设备，而是分段母线间利用分段断路器取得相互备用，如图 15-5b 所示。正常运行时，分段断路器 QF3 处于断开状态，工作母线 I、II 段分别通过

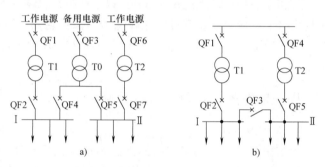

图 15-5　AAT 装置典型接线
a) 明备用　b) 暗备用

各自的供电设备或线路供电，当任一母线由于供电设备或线路故障停电时，QF3 自动合闸，从而实现供电设备和线路的互为备用。采用 AAT 装置有如下优点：

1）提高供电可靠性，节省建设投资。

2）简化继电保护。采用 AAT 装置后，环网供电网络可以开环运行，并列变压器可以解列运行，在保证供电可靠性的前提下，继电保护变得简单而可靠。

3）限制短路电流，提高母线残余电压。在受端变电站，如果采用变压器解列运行或环网开环运行，可使出线短路电流受到一定限制，供电母线上残余电压相应提高。

二、备用电源自动投入装置的基本要求

1）动作前提。保证工作电源或工作设备断开后，AAT 装置才能动作。这一要求的目的是防止将备用电源或备用设备投入到故障元件上，造成 AAT 装置动作失败，甚至扩大事故，加重设备损坏程度。

满足这一要求的措施是：AAT 装置的合闸部分应由供电元件受电侧断路器的辅助动断触点起动。

2）起动条件。工作母线电压无论任何原因消失，AAT 装置均应动作。图 15-5a 中，工作母线 I（或 II）段失压的原因有：工作变压器 T1（或 T2）故障；母线 I（或 II）段故障；母线 I（或 II）段出线故障没被该出线断路器断开；断路器 QF1、QF2（或 QF6、QF7）误跳闸；电力系统内部故障，使工作电源失电压等。所有这些情况，AAT 装置都应动作。

但是若电力系统内部故障，使工作电源和备用电源同时消失时，AAT 装置不动作，以

免系统故障消失恢复供电时,所有工作母线段上的负荷均由备用电源或设备供电,引起备用电源或设备过负荷,降低工作可靠性。

满足这一要求的措施是:AAT 装置设置独立的低电压起动部分,并设有备用电源电压监视。

3) AAT 装置只能动作一次。当工作母线或出线上发生未被出线断路器断开的永久性故障时,AAT 装置动作一次,断开工作电源(或设备)投入备用电源(或设备);因为故障仍然存在,备用电源(或设备)上的继电保护动作断开备用电源(或设备)后,就不允许 AAT 装置再次动作,以免备用电源多次投入到故障元件上,对系统造成再次冲击而扩大事故。

满足这一要求的措施是:控制 AAT 装置发出合闸脉冲的时间,以保证备用电源断路器只能合闸一次。AAT 装置在动作前应有足够的准备时间(类似于重合闸的充电时间),通常为 10~15s。

4) AAT 装置的动作时间应使负荷停电时间尽可能短。从工作母线失去电压到备用电源投入为止,中间工作母线上的用户有一段停电时间,停电时间短,有利用户电动机的自起动;但停电时间太短,电动机残压可能较高,备用电源投入时将产生冲击电流造成电动机的损坏。运行经验表明,AAT 装置的动作时间以 1~1.5s 为宜,低压场合可减小到 0.5s。

此外,应校验 AAT 装置动作时备用电源过负荷情况,如备用电源过负荷超过限度或不能保证电动机自起动时,应在 AAT 装置动作时自动减负荷;如果备用电源投到故障上,应使其保护加速动作;低压起动部分中电压互感器二次侧的熔断器熔断时,AAT 装置不应动作。

工作母线失电压时还必须检查工作电源无电流,才能起动备自投,以防止 TV 二次三相断线造成误动。

三、备用电源自动投入装置的运行方式

备用电源自动投入装置主要用于中、低压配电系统中。根据备用电源的不同,在一个变电站备自投主要有以下三种运行方式:低压母线分段断路器自动投入、高压分段断路器的自动投入和进线备用电源自动投入。

以高压分段断路器自动投入为例分析。主接线如图 15-6 所示。备用电源自动投入的动作逻辑可根据运行需要分为两种情况,即两路电源互为备用(暗备用)和两路电源一个运行另一个备用(明备用)。

1. 暗备用方式

由图 15-6 可看出,如果两段母线分列运行,即断路器 QF3 在分位,而 QF1、QF2 在合位,XL1 进线带 I 段母线运行,XL2 进线带 II 段母线运行时,这时 XL1 和 XL2 互为备用电源,所以是暗备用接线方案,内桥接线也相同。其中方式 1 为跳 QF1 合

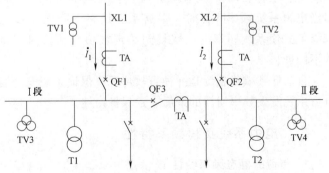

图 15-6 高压分段断路器备自动投入方案主接线

QF3；方式 2 为跳 QF2 合 QF3。

需要注意的是，当主变压器故障时（会引起高压母线失电压）应闭锁分段断路器自投。

2. 明备用方式

当 XL1 进线带 Ⅰ、Ⅱ 段母线运行为方式 3，即 QF1、QF3 在合位，QF2 在分位时，XL2 为备用电源。XL2 进线带 Ⅱ、Ⅰ 段母线运行为方式 4，即 QF2、QF3 在合位，QF1 在分位时，XL1 是备用电源。显然这两种接线方案是"明备用"接线方案。

明备用方式 3（方式 4）备用电源自动投入条件是：Ⅰ、Ⅱ 母线失电压、I_1（或 I_2）无电流，XL2（或 XL1）线路有电压、QF1（或 QF2）确实已跳开时合 QF2（或 QF1）。

请自行分析，暗备用方式 1（方式 2）备用电源自动投入条件是什么。

第三节　自动低频减载装置

一、概述

电力系统的频率反映了发电机组所发出的有功功率与负荷所需的有功功率之间的平衡情况。当电厂发出的有功功率不满足用户要求出现缺额时，系统频率就会下降。当电力系统因事故而出现严重的有功功率缺额时，其频率将随之急剧下降，频率降低较大时，可能会造成系统崩溃的严重后果。

1) 对汽轮机的影响。运行经验表明，汽轮机在长时期低于频率 49~49.5Hz 以下运行时，叶片容易产生裂纹，当频率低到 45Hz 附近时，甚至可能发生共振而引起断裂事故。

2) 发生频率崩溃现象。当频率下降到 47~48Hz 时，火电厂的厂用机械（如给水泵等）的出力将显著降低，锅炉出力减少，导致发电厂输出功率进一步减少，使功率缺额更为严重，系统频率进一步下降。这样恶性循环将使发电厂运行受到破坏，从而造成"频率崩溃"现象。

3) 发生电压崩溃现象。当频率降低时，励磁机、发电机等的转速相应降低，由于发电机的电动势下降和电动机转速降低，加剧了系统无功不足情况，使系统电压水平下降。运行经验表明，当频率降至 46~45Hz 时，系统电压水平受到严重影响，当某些中枢点电压低于某一临界值时，将出现"电压崩溃"现象，系统稳定性遭到破坏，最后导致系统瓦解。

为了保证电力系统的安全运行和电能质量水平，在电力系统中广泛使用自动低频减载装置，也称自动按频率减负荷（Automatic under-Frequency Load shedding，AFL）装置，即当电力系统频率降低时，根据系统频率下降的不同程度自动断开相应的负荷，阻止频率降低并使系统频率迅速恢复到给定数值，从而可保证电力系统的安全运行和重要用户的不间断供电。

自动低频减载装置是一种事故情况下保证系统安全运行的重要的安全自动装置，是防止电力系统发生频率崩溃的最后一道保护防线。

二、电力系统负荷频率特性

1. 负荷的静态频率特性

负荷的静态频率特性是指电力系统的总有功负荷 $P_{L\Sigma}$ 与系统频率 f 的关系。有关内容

已在前面篇章中做了阐述，已知

$$\Delta f_* = \frac{\Delta P_{h*}}{K_{L*}} \quad (15\text{-}1)$$

式中，ΔP_h 表示功率缺额值，K_{L*} 为负荷调节效应系数。

以有名值表示，可得

$$\Delta f = \frac{50\Delta P_h}{K_{L*} P_{LN}} \quad (15\text{-}2)$$

式中，P_{LN} 为额定频率工况下系统的有功负荷。

负荷的静态频率特性如图 15-7 所示，当出现功率缺额使频率降低时，负荷自动地减少了从系统中所取用的功率，使之与发电机所发出的功率保持平衡。但如果功率缺额较大，仅靠负荷调节效应来补偿，会造成系统运行频率很低，破坏系统的安全运行，这是不允许的。

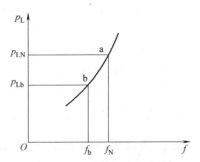

图 15-7　负荷的静态频率特性

2. 电力系统的动态频率特性

电力系统的动态频率特性是指当电力系统出现有功功率缺额造成系统频率下降时，系统频率由额定值 f_N 变化到另一个稳定频率 f_∞ 的过程。由于电力系统是个惯性系统，所以频率的下降不是阶跃变化的，而是随时间按指数规律变化，如图 15-8 所示，其表达式为

$$f = f_\infty + (f_N - f_\infty) e^{-t/T_f} \quad (15\text{-}3)$$

式中，f_∞ 为频率下降后的稳定频率；T_f 为系统频率变化的时间常数，与系统等效发电机惯性时间常数和负荷调节效应系数等有关。

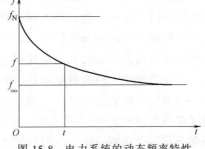

图 15-8　电力系统的动态频率特性

实际电力系统中，出现有功缺额引起频率下降时，不能等频率稳定下来再处理，而每次出现的有功功率缺额不同，频率下降的程度也不同。为了提高供电可靠性，同时使自动低频减载装置动作后系统频率不超过期望值，采用分级切除、逐步逼近的方式。即当系统频率下降到一定值时，自动低频减载装置的相应级动作切除一定数量的负荷，如果仍然不能阻止频率下降，则自动低频减载装置下一级动作再切除一定数量的负荷，依此类推，直到频率不再下降为止。当然应该首先切除不重要负荷，必要时再切除部分较为重要的负荷。当自动低频减载装置动作完毕后，系统频率应恢复到希望值。

系统频率的变化过程如图 15-9 所示，设原运行状态为额定频率 f_N，当电力系统出现功率缺额时，采用自动低频减载装置后，系统频率动态下降

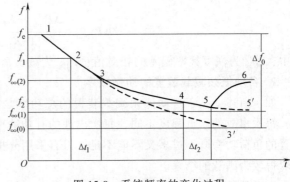

图 15-9　系统频率的变化过程

的过程如下：

点 1：系统发生了大量的有功功率缺额，频率开始下降（若不采取措施，对应稳态频率为 $f_{\infty(0)}$）。

点 2：频率下降到 f_1，第一级低频减载起动，经一定延时 Δt_1 才动作。

点 3：断开第一级部分负荷，这时功率缺额已减少，应重新进行计算，以确定对应的稳态频率 $f_{\infty(1)}$。

点 3-4：如果功率缺额比较大，第一级 减载后系统功率缺额仍较大，频率会继续下降，由于功率缺额已经减小，所有频率将按 3-4 的曲线而不是 3-3' 曲线下降。

点 4：当频率下降到 f_2 时，第二级低频减载起动，经一定延时 Δt_2 后动作。

点 5：断开第二级部分负荷。

点 5-6：系统有功功率缺额变小，频率开始沿 5-6 曲线回升，最后稳定在 $f_{\infty(2)}$。

直到接近系统所允许功率缺额的数值（同时也断开了相应的用户），即系统频率重新稳定下来或出现回升时，这个过程才会结束。

三、自动低频减载装置的工作原理

1. 最大功率缺额和最大开断负荷

必须考虑即使在系统发生最严重事故的情况下，即出现最大可能的功率缺额时，自动低频减载装置断开相应的用户，也能使频率恢复在可运行的水平，以避免系统的崩溃。

对系统中可能发生最大功率缺额的情况应做具体分析。一般应根据最不利的运行方式下发生故障时，实际可能的最大功率缺额考虑，例如按系统中断开最大容量的机组来考虑；或按发电厂高压母线断开电厂来考虑。如果系统有可能解列成几部分运行，还必须考虑解列后各子系统可能发生的最大功率缺额，例如按联络线传输的最大功率考虑。

系统功率最大缺额确定以后，就可以考虑接于减负荷装置上的负荷总数，即最大开断负荷。自动低频减载是针对事故情况的一种反事故措施，并不要求系统频率恢复至额定值，一般要求恢复频率 f_h 可以低于额定频率，约在 49.5~50Hz 之间。接于减负荷装置上的最大可能断开负荷总功率 ΔP_{Lmax} 可以小于最大功率缺额 ΔP_{hmax}，设正常运行时系统负荷为 P_{LN}，额定频率 f_N 与恢复频率 f_h 之差为 Δf，根据式（15-2）可得

$$\frac{\Delta P_{hmax} - \Delta P_{Lmax}}{P_{LN} - \Delta P_{Lmax}} = K_{L*} \Delta f_* \tag{15-4}$$

或

$$\Delta P_{Lmax} = \frac{\Delta P_{hmax} - K_{L*} P_{LN} \Delta f_*}{1 - K_{L*} \Delta f_*} \tag{15-5}$$

式中，Δf_* 为恢复频率偏差的相对值；P_{LN} 为减负荷前系统用户的总功率。

2. 自动低频减载装置的动作顺序

如上所述，接于自动低频减载装置的总功率是按系统最严重事故的情况来考虑的。然而，每次事故的严重程度不同，每次出现的有功功率缺额是不同的，要求自动低频减载切除装置的负荷功率既不过多又不能不足，只有采用分批断开负荷功率，即逐步修正的办法，才能取得较为满意的结果。

自动低频减载装置在电力系统发生事故时系统频率下降过程中，按照频率的不同数值按

顺序切除负荷，也就是将接至自动低频减载装置的总功率 ΔP_{Lmax} 分配在不同的起动频率值来分批地切除，以适应不同功率缺额的需要。根据起动频率的不同，低频减载可分为若干级。为了确定自动低频减载装置的级数，首先应定出装置的动作频率范围，即选定第一级起动频率 f_1 和最末一级起动频率 f_n 的数值。

(1) 第一级起动频率 f_1 的选择

由系统频率动态特性曲线规律可知，在事故初期如能及早切除负荷功率，这对于延缓频率下降过程是有利的。因此第一级的起动频率宜选择得高些，但又必须计及电力系统动用旋转备用容量所需的时间延迟，避免因暂时性频率下降而不必要地断开负荷时的情况，所以一般第一级的起动频率整定在 48.5~49Hz。

(2) 末级起动频率 f_n 的选择

电力系统允许最低频率受"频率崩溃"或"电压崩溃"的限制，因此，末级的起动频率以不低于 46~46.5Hz 为宜。

(3) 频率级差

当 f_1 和 f_n 确定以后，就可以在该频率范围内按照频率级差分成 n 级断开负荷，即

$$n = \frac{f_1 - f_n}{\Delta f} + 1 \tag{15-6}$$

级数 n 越大，每级断开的负荷越小，这样所切除的负荷量就越可能接近于实际缺额，具有较好的适应性。

3. 频率级差的选择

(1) 按选择性确定级差

强调各级的动作次序，要在前一级动作以后还不能制止频率下降的情况下，后一级才动作。前后两级动作的时间间隔是受频率测量元件的动作误差和开关固有跳闸时间限制的。最严重的情况是前一级测量元件具有负误差，后一级具有正误差，频率测量误差为两倍，相应频率误差为

$$\Delta f = 2\Delta f_\sigma + \Delta f_t + \Delta f_y \tag{15-7}$$

式中，Δf_σ 为频率元件的最大误差；Δf_t 为对应于 Δt 时间内的频率变化，一般可取 0.15Hz；Δf_y 为两级间留有的频率裕度值，一般可取 0.05Hz。

模拟式频率继电器的频率测量元件本身的最大误差为 ±0.15Hz 时，选择性级差一般取 0.5Hz，这样整个自动低频减载装置只可分成 5~6 级。现在数字式频率继电器的测量误差仅为 0.015Hz 甚至更低，因此频率级差可相应减小到 0.2~0.3Hz。

(2) 级差不强调选择性

由于电力系统运行方式和负荷水平是不固定的，针对电力系统发生事故时功率缺额有很大分散性的特点，自动低频减载装置遵循逐步试探求解的原则分级切除少量负荷，以求达到较佳的控制效果，这就要求减小级差，增加总的频率动作级数 n，同时相应地减少每级的切除功率。这样即使两轮无选择性起动，系统恢复频率也不会过高。

在电力系统中，自动低频减载装置总是分设在各个地区变电站中，在系统频率下降的动态过程中，如果计及暂态频率修正项，各母线电压的频率并不一致，所以分散在各地的同一级低频减载装置，事实上也有可能不同时起动。因此如果增加级数 n，减小各级的切除负荷功率，则两级间的选择性问题也并不突出。

4. 自动低频减载装置的后备段（附加级）

在自动低频减载装置的动作过程中，当 i 级起动切除负荷以后，如系统频率仍继续下降，则下面各级会相继动作，直到频率下降被制止为止。

如果出现的情况是第 i 级动作后，系统频率可能稳定在 f_{hi}，它低于恢复频率的极限值 f_h，但又不足以使下一级减载装置起动（参照图15-9来分析），那么就要装设后备段，以便使频率能恢复到允许的限值 f_h 以上。后备段的动作是在系统频率已经比较稳定时动作的。因此其动作时限可以为系统时间常数 T_f 的 2~3 倍，最小动作时间约为 10~15s。后备段可按时间分为若干级，也就是其起动频率相同，但动作延时不一样，各级时间差可不小于 5s，按时间先后次序分批切除用户负荷，以适应功率缺额大小不等的需要。在分批切除负荷的过程中，一旦系统恢复频率高于后备段的返回频率，自动低频减载装置就停止切除负荷。

接于后备段的功率总数应按最不利的情况来考虑，即自动低频减载装置切除负荷后系统频率稳定在可能最低的频率值，按此条件考虑后备段所切除用户功率总数的最大值，并且保证具有足以使系统频率恢复到 f_h 的能力。

5. 自动低频减载装置的动作时延

自动低频减载装置动作时，原则上应尽可能快，这是延迟系统频率下降的最有效措施，但考虑系统发生事故，电压急剧下降期间有可能引起频率元件误动作，所以往往采用一个不大的时限（通常用 0.1~0.2s）以躲过暂态过程可能出现的误动作。

第四节 小　　结

本章介绍了应用于发电厂和变电站的一些常用自动装置，包括自动重合闸、备用电源自动投入装置、自动低频减载装置。

由于架空输电线大多数故障是瞬时性的，常采用自动重合闸装置与继电保护配合，在继电保护动作后，将被保护跳开的断路器重新合上，这对保证电网供电的连续性、可靠性有着重大意义。

备用电源自动投入装置是一种在工作电源发生故障时能将备用电源自动投入工作的装置，是保证配电系统连续可靠供电的重要措施，已成为中低压系统变电站自动化的最基本功能之一。

自动低频减载装置能在电力系统因事故发生功率缺额而引起频率降低时，自动切除一些非重要负荷，保证电力系统的稳定运行和重要负荷的供电。这是在电力系统发生事故的情况下，较为典型防止事故扩大的安全自动装置。

第五节 思考题与习题

1. 为什么要采用自动重合闸？
2. 什么是三相重合闸？什么是单相重合闸和综合重合闸？
3. 什么是前加速方式？什么是后加速方式？它们各有什么优缺点？在什么样的网络上使用比较合适？
4. 潜供电流是怎么产生的？它对重合闸会产生什么影响？

5. 什么是备用电源自动投入？它有何作用？
6. 何谓明备用？何谓暗备用？试举例说明。
7. 对 AAT 有哪些基本要求？
8. 举例说明备用电源自动投入的条件。
9. 系统发生有功功率缺额时，频率是如何变化的？与哪些因素有关？
10. 系统的最大有功功率缺额及接入自动低频减载装置的最大可能断开负荷功率是如何确定的？
11. 说明按选择性确定频率级差时，频率级差如何确定。

第十六章 电力系统监控与调度自动化

各种继电保护和自动装置组成了信息就地处理的自动化系统,但仅靠它们还不能保证电力系统的安全经济运行,因为这些装置往往都是根据局部的、事后的信息来处理电力系统的故障,而不能以全局的、事先的信息来预测、分析系统的运行情况和处理系统中出现的各种情况,所以电网监控与调度自动化系统有着它独特的不可取代的作用。本章介绍电网监控与调度自动化的作用、结构、功能和电力系统调动的分层控制,远动装置,变电站自动化,配电管理系统。

第一节 电网监控与调度自动化系统功能结构

一、电网监控与调度自动化的作用

电网监控与调度自动化系统又称为信息集中处理的自动化系统,可以通过设置在各发电厂和变电站的远动终端(RTU)采集电网运行的实时信息,通过信道传输到设置在调度中心的主站(MS)上。主站根据收集到的全局信息,对电网的运行状态进行安全性分析、负荷预测以及自动发电控制、经济调度控制等。当系统发生故障,继电保护装置动作切除故障线路后,电网监控与调度自动化系统便可将继电保护和断路器的动作状态采集后送到调度员的监视器屏幕和调度模拟屏显示器上。调度员在掌握这些信息后可以分析故障的原因,并采取相应的措施使电网恢复供电。

由于电力负荷始终是变动的,加上出现系统故障的不可预见性,电力系统有多种运行状态,要求电力系统的运行监视及调度控制系统能够进行快速、有效地判别和处理,以实现对电力系统运行的基本要求。电力系统各种运行状态及其相互间的转变关系如图 16-1 所示。

1) 正常运行状态:电力系统的频率和电压均在允许范围内,系统能不仅能满足负荷需求,还具有适当的安全储备。电力系统运行管

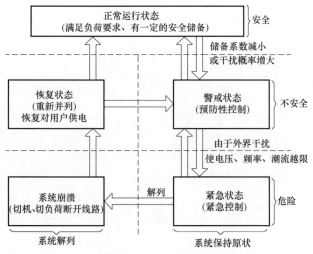

图 16-1 电力系统的运行状态及其相互间的转变关系

理的目的就是尽量维持它的正常运行，为用户提供高质量的电能，并使发电成本最经济。

2）警戒状态：由于负荷或系统运行结构的变动以及一系列非大干扰的积累造成某段时间内的单向自动调节，使系统中发电机所发出的功率虽然与用户相等，电压、频率仍在允许范围内，但安全储备系数大为减少，某些运行参数处于临界状态，系统进入警戒状态。监控与调度中心随时监测系统的运行情况，当发现系统处于警戒状态时，及时采取预防性控制措施（如增加发电机的出力、调整负荷和改变运行方式等），使系统尽快地恢复到正常状态。

3）紧急状态：当系统处于警戒状态且又发生一个相当严重的干扰（例如发生短路故障或一台大容量发电机组退出运行等），使得电力系统的某些参数越限，如系统的电压或频率超过或低于允许值。这时电网监控与调度自动化系统发出一系列的告警信号。调度人员根据系统运行情况，采取正确有效的紧急控制措施，则仍有可能使系统恢复到警戒状态，进而再恢复到正常状态。

4）系统崩溃：在紧急状态下，如果不及时采取措施，或采取措施不当或不够有力，或者采取了错误的措施，那么整个系统就会失去稳定运行，造成系统瓦解。此时，由于发电机的出力与负荷之间功率不平衡，不得不大量切除负荷及发电机。监控与调度自动化系统就是要尽可能避免这种状态的出现。一旦出现紧急状态，应采取正确有力的措施，不使系统瓦解。一旦系统瓦解，控制系统应尽量维持各子系统的功率供求平衡，避免整个系统崩溃。

5）恢复状态：在紧急状态之后，或者系统瓦解之后，待电力系统大体上稳定下来，系统转入恢复状态。这时应采取措施，按照预先制定的系统"黑启动"预案，迅速平稳地使机组投入运行，恢复供电，使解列的小系统逐步并列运行，使系统恢复到正常状态。

在整个过程中，电网监控与调度自动化系统都是调度人员管理、控制和恢复电力系统运行的重要手段。

二、电网监控与调度自动化系统的结构

以计算机为核心的电网监控与调度自动化系统的基本结构如图 16-2 所示，可以分成如下四个子系统。

1）信息采集和命令执行子系统。是指设置在发电厂和变电站中的远动终端（包括变送器屏、遥控执行屏等）。远动终端与主站配合可以实现四遥功能。

2）信息传输子系统。对于模拟传输系统（其信道采用电力线载波机、模拟微波机等），远动终端输出的数字信号必须经过调制后，才能传输。对于数字传输系统（其信道采用数字微波、数字光纤等），低速的远动数据必须经过数字复接设备，才能接到高速的数字信道。

3）信息采集、处理和控制子系统。收集分散在各个发电厂和变电站的实时信息，对这些信息进行分析和处理，并将结果显示给调度员或产生输出命令对系统进行控制。

4）人机联系子系统。从电力系统收集到的信息，经过计算机加工处理后，通过各种显示装置反馈给运行人员。运行人员根据这些信息做出决策后，再通过键盘、鼠标和显示屏触摸等操作手段，对电力系统进行控制。

三、电网监控与调度自动化系统的功能

（1）变电站自动化

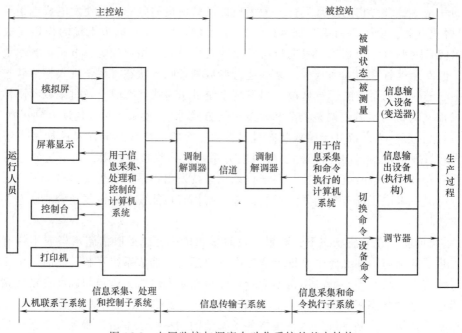

图 16-2 电网监控与调度自动化系统的基本结构

变电站自动化是电网监控与调度自动化的重要方面。其基本功能是通过分布于各电气设备的远动终端对运行参数与设备状态进行数字化采集处理、继电保护微机化、监控计算机与各远动终端和继保装置的通信，完成对变电站运行的综合控制，完成遥测、遥信数据的远传，完成控制中心对变电站电气设备的遥控及遥调，实现变电站的无人值守。

（2）电网调度自动化—能量管理系统

能量管理系统（Energy Management System，EMS）是现代电网调度自动化系统（含硬、软件）的总称，主要包括数据采集和监控（SCADA）、自动发电控制与经济调度（AGC/EDC）、系统状态估计与安全分析（SE/SA）、调度模拟培训（DTS）等。

（3）配电系统自动化—配电网管理系统

配电管理系统（Distribution Management System，DMS）是一种对变电、配电到用电过程进行监视、控制、管理的综合自动化系统，其中包括配电自动化（DA）、地理信息系统（GIS）、配电网络重构、配电信息管理系统（MIS）和需方管理（DSM）等几部分。

四、电力系统调度的分层控制

我国电网调度的基本原则是统一调度、分级管理、分层控制。受现行电网运行、管理体制的制约，我国电网实行五级分层调度管理，如图16-3所示。

1）国家级调度。国家级调度通过计算机数据通信网与各大区电网控制中心相连，协调、确定

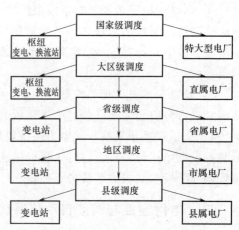

图 16-3 电网分层控制示意图

大区电网间的联络线潮流和运行方式，监视、统计和分析全国电网运行情况，根据系统运行情况，对所辖枢纽变电、换流站和特大型电厂进行监视控制。

2）大区级调度。大区级调度按统一调度、分级管理的原则，负责跨省大电网的超高压线路的安全运行，并按规定的发用电计划及监控原则进行管理。

3）省级调度。省级调度负责省内电网的安全运行监控、操作、事故处理和无功/电压调整，并按照规定的发电计划及监控原则进行管理，提高电能质量和运行水平。

4）地区调度。地区调度负责区内运行监视，遥控、遥调操作、事故处理和无功/电压调整，与省调和县调交换实时信息。负责所辖地区的用电负荷管理及负荷控制。

5）县级调度。县级调度主要监控110kV及以下城镇、农村电网的运行。

第二节 远动装置

一、远动终端

远动终端（Remote Terminal Unit，RTU）是电网监视和控制系统中安装在发电厂或变电站的一种远动装置。图16-4所示是RTU在电网监控系统中的示意图。RTU采集所在发电厂或变电站表征电力系统运行状态的模拟量和状态量，监视并向调度中心传送这些模拟量和状态量，执行调度中心发往所在发电厂或变电站的控制和调节命令。

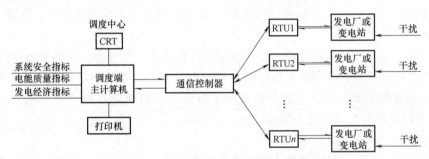

图16-4 RTU在电网监控系统中的示意图

安装于线路分段开关的馈线终端（Feeder Terminal Unit，FTU）和安装在配电变压器的数据终端（Transformer Terminal Unit，TTU）采集配电网的运行数据和故障数据，经过数据的变换与处理，由通信通道传至配电监控中心，对收集到的数据进行综合分析，对当前配电网的运行状态进行判断，相应发出维护配电网安全运行的控制操作，如图16-5所示。

二、远动终端的功能

远动终端的功能是指终端对电网的监视和控制能力，也包括终端的自检、自调和自恢复等能力。可分为远动功能和当地功能。

1. 远动功能

远动终端与调度中心之间通过远距离信息传输所完成的监控功能称为远动功能。

（1）遥测

遥测即远程测量，是将采集到的被监控发电厂、变电站或线路、配变的主要参数按规约

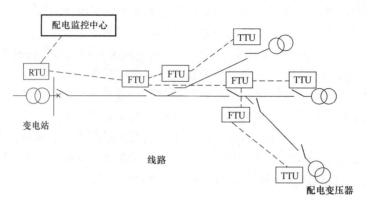

图 16-5　RTU、FTU、TTU 在配电网监控系统中的示意图

传送给调度中心。这些测量参数可能是发电厂或变电站中的发电机组、调相机组、变压器、输电线、配电线和配电变压器等通过的有功功率和无功功率，传输线路中重要支路的电流和重要母线上的电压、频率等，还包括变压器油温等非电参量。通常一台远动终端可以处理几十个甚至上百个遥测量。

（2）遥信

遥信即远程信号，是将采集到的被监控发电厂或变电站的设备状态信号，按规约传送给调度中心。可能是断路器、隔离器的位置状态、继电保护和自动装置的动作状态，发电机组、远动设备的运行状态等。通常，一台 RTU 可能处理几十个甚至几百个遥信量。

（3）遥控

遥控即远程命令，是从调度中心发出改变运行设备状况的命令。这种命令包括操作发电厂或变电站各级电压回路的断路器、投切补偿电容器和电抗器、发电机组的开停等。因此，这种命令只取有限个离散值，通常只取两种状态命令，如断路器的"合"或"分"命令。一台 RTU 可以实现对几十个设备的远动操作。

（4）遥调

遥调即远程调节，是从调度中心发出命令实现远动调整发电厂或变电站的运行参数。这种命令包括改变变压器分接头的位置以调节电力系统运行电压，改变机组有功和无功成组调节器的整定值以增减机组的出力，对自动装置整定值的设定等。一台 RTU 可以实现对几个甚至十几个这类装置的远动调节。

（5）电力系统统一时钟

在电力系统中，因设备或输电线路的故障等可能引起一系列的跳、合闸动作。为区别事件的前因后果，分布在同一电网中的不同发电厂或变电站应按同一时钟去记录发生事件的时标量，这就要求电网内的时钟是统一的，远动终端必须具备对时功能。

（6）转发

转发是指接收别的远动终端送来的远方信息，根据上级调度的需要，按规约编辑组装后转发给指定的调度中心。

（7）适合多种规约的数据远传

远动终端与调度中心之间的远距离信息交换是按一定规约传送的，以实现与调度中心及与之联网的其他智能设备通信。

2. 当地功能

当地功能是指远动终端通过自身或连接的显示、记录设备,实现对电网的监视和控制的能力。包括 CRT 显示、汉字报表打印、本机键盘、显示器以及远动终端的自检与自调功能。

第三节　变电站自动化

一、变电站自动化的基本概念

变电站自动化是将变电站的二次设备(包括测量仪表、信号系统、继电保护、自动装置和远动装置等)经过功能的组合和优化设计,利用先进的计算机技术、现代电子技术、通信技术和信号处理技术,实现全变电站的主要设备和输、配电线路的自动测量、监控和微机保护以及与调度通信等综合性的自动化功能。

变电站自动化系统可以采集到比较齐全的数据和信息,利用计算机的高速计算能力和逻辑判断功能,可方便地监视和控制变电站内各种设备的运行和操作。变电站自动化系统具有功能综合化、结构微机化、操作监视屏幕化和运行管理智能化等特征。

二、变电站自动化的基本功能

变电站自动化是多专业性的综合技术,结合我国的情况,变电站自动化系统的基本功能体现在下述七个子系统。

(1) 监控子系统

监控子系统其功能应包括以下几部分内容。

1) 数据采集:包括模拟量的采集、开关量的采集和电能计量。

2) 事件顺序记录:包括断路器跳合闸记录、保护动作顺序记录,并应记录事件发生的时间(应精确至毫秒级)。

3) 事故追忆、故障录波和测距。事故追忆,是对变电站内的一些主要模拟量,在事故前后一段时间内做连续测量记录。对于 110kV 及以上的重要输电线路发生故障,为尽快查找出故障点恢复供电,设置故障录波和测距。35kV 和 10kV 的配电线路很少专门设置故障录波器,为了分析故障方便,可设置简单故障记录功能,以代替故障录波功能。

4) 控制及安全操作闭锁:操作人员通过 CRT 屏幕对断路器和隔离开关(如果允许电动操作)进行分、合操作,对变压器分接开关位置进行调节控制,对电容器进行投、切控制。所有的操作控制均能就地和远动控制、就地和远动切换相互闭锁。

5) 运行监视与人机联系:对变电站的运行工况和设备状态进行自动监视。人机联系桥梁是 CRT 显示器、鼠标和键盘。

6) 安全监视和报警:监控系统在运行过程中,对采集的电流、电压、主变压器温度和频率等量,要不断进行越限监视,如发现越限,立刻发出告警信号。对无人值班的变电站,设置摄像云台,配置视频图像识别系统。

7) 打印功能:包括①定时打印报表和运行日志;②开关操作记录打印;③事件顺序记录打印;④越限打印;⑤召唤打印;⑥抄屏打印;⑦事故追忆打印。

8) 数据处理与记录:形成和存储历史数据,以及进行一些数据统计。

9）谐波分析与监视：保证电力系统的谐波在国标规定的范围内。

（2）微机保护子系统

微机保护应包括全变电站主要设备和输电线路的全套保护，具体有：①高压输电线路的主保护和后备保护；②主变压器的主保护和后备保护；③无功补偿电容器组的保护；④母线保护；⑤配电线路的保护；⑥不完全接地系统的单相接地选线等。

还必须具备下列附加功能：①继电保护的通信功能及信息测量；②故障记录功能；③与统一时钟对时功能，以便准确记录发生故障和保护动作的时间；④存储多种保护整定值；⑤当地显示与多处观察和授权修改保护整定值；⑥设置保护管理机或通信控制机，负责对各保护单元的管理；⑦故障自诊断、自闭锁和自恢复功能。

（3）电压、无功综合控制子系统

电力系统中电压和无功功率的调整对电网的输电能力、安全稳定运行水平和降低电能损耗有极大影响。电力系统长期运行的经验和研究、计算的结果表明，造成系统电压下降的主要原因是系统的无功功率不足或无功功率分布不合理。所以对发电厂来说，主要的调压手段是调整发电机的励磁；对于变电站，主要的调压手段是调节有载调压变压器分接头位置和控制无功补偿电容器。

采用微机控制系统对电压和无功功率进行综合调控，保证实现包括电力部门和用户在内的总体运行技术指标和经济指标最佳，实现变电站无功—电压智能控制。

（4）"五防"子系统

由于变电站设备繁多，操作的准确性又要求很高，因此单纯强调提高操作人员的认识是远远不够的。利用计算机的逻辑分析功能强的特点，配套一些闭锁装置及对动作闭锁回路进行改造，构成防止误操作的"五防"子系统。电力系统中的"五防"是指：①防止误分、合断路器；②防止带负荷分、合隔离开关；③防止带电挂（合）接地线（接地开关）；④防止带接地线（接地开关）合断路器（隔离开关）；⑤防止误入带电间隔。

（5）其他自动装置功能子系统

其他自动装置功能子系统包括低频减负荷控制子系统、备用电源自投控制子系统和小电流接地选线控制子系统等。

（6）遥视及检测子系统

遥视及检测子系统指运用摄像仪和红外热像仪对变电站重要部位进行巡视摄像，经远方通道传至调度侧进行远动监视。

（7）远动及数据通信子系统

变电站自动化系统是由各个子系统组成的。必须把变电站各个单一功能的子系统（或称单元自控装置）组合起来，使上位机与各子系统或各子系统之间建立起数据通信或互操作。另一方面，也应与调度主站具有强的通信功能。因此，综合自动化系统的通信功能包括系统内部的现场级间的通信和自动化系统与上级调度的通信两部分。

三、变电站无人值班

变电站的运行管理从有人值班过渡到无人值班后，其管理模式发生了很大的变化。目前无人值班变电站的管理模式一般采用集控站控制的管理模式，如图 16-6 所示。

该模式建立一个集中控制的主站称为集控站，用于对某一区域的若干个无人值班变电站

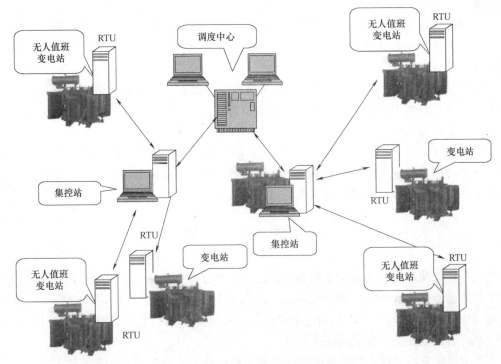

图 16-6 无人值班变电站的管理模式

的统一监视、控制和巡视维护。各个无人站利用调度通信网络和集控站建立通信联系,在集控站通过"四遥"方式实现各变电站原有的所有监控功能。集控站也可根据调度命令完成对无人值班变电站的遥控操作。一般一个集控站可以集中控制 6~8 个无人站,集控站可以单独设置,也可以放在某一负荷中心区或被控变电站群的某一变电站内。根据需要,在一个地区调度的辖区内,可以设置若干个集控站。

第四节　配电管理系统

配电管理系统(DMS)是一种对变电、配电到用电过程进行监视、控制及管理的综合自动化系统,其中包括配电自动化(DA)、地理信息系统(GIS)、配电网络重构、配电信息管理系统(MIS)和需方管理(DSM)等几部分。

配电自动化是配电管理系统中最主要的部分,包括变配电所的综合自动化和馈线自动化,其中的数据采集监控系统(DSCADA)通过安装于变电站、开闭所的远动终端(RTU)、安装于线路分段开关的馈线终端(FTU)、安装在配电变压器的数据终端(TTU)采集配电网的运行数据和故障数据,经过数据的变换与处理,由通信通道传至控制中心,对收集到的数据进行综合分析,对当前配电网的运行状态进行判断,相应发出维护配电网安全运行的控制操作。

地理信息系统(GIS)或生产管理系统(PMS)是一种人机交互系统,通过基于地理信息的配电网运行状态的拓扑网络着色显示,为调度人员提供实时的、直观的运行信息内容。同时,GIS 或 PMS 还能实现配电网的电气设备管理、寻找和排除设备故障、统计与维修计划等服务。

配电网重构、电压/无功优化等计算机软件通过分析与计算为调度人员提供配电网运行控制建议，使供电可靠性、安全性、经济性得以提高，使配电网运行结构优化，降低网损，改善电压质量等。

配电信息管理系统（MIS）不同于人们日常所称的部门、人员信息管理系统，其管理对象为配电网运行数据历年数据库、用户设备及负荷变动，进行业扩、供电方式与路径、统计分析等数据显示与建议。

需方管理（DSM）提供电力供需双方对用电市场进行共同管理的手段，其内容包括供电合同下的负荷监控、削峰和降压减载、远动抄表、用户自发电管理等，以达到提高供电质量与可靠性，减少能源消耗及供需双方的供用电费用支出的目的。

第五节 小 结

电网监控与调度自动化系统又称为信息集中处理自动化系统，可以通过设置在各发电厂和变电站的远动终端（RTU）采集电网运行的实时信息，通过信道传输到设置在调度中心的主站（MS）上，主站根据收集到的全局信息，对电网的运行状态进行安全性分析、负荷预测以及自动发电控制、经济调度控制等。

当系统发生故障，继电保护装置动作切除故障线路后，调度自动化系统便可将继电保护和断路器的动作状态采集后送到调度员的监视器屏幕和调度模拟屏显示器上。调度员在掌握这些信息后可以分析故障的原因，并采取相应的措施使电网恢复供电。但是由于信息的采集、传输需要一定的时间，所以目前在发生系统故障时还不可能依靠信息集中处理系统来切除故障。

信息就地处理系统和信息集中处理系统各自有其特点，互相补充而不能替代。随着微机保护、变电站综合自动化等技术的发展，两个信息处理系统之间的相互联系更加紧密。

继电保护、安全自动装置、安全稳定控制系统和电网调度自动化系统等现代化技术手段，是保证电力系统安全、优质、经济运行的支柱，对现代电力系统运行必不可少的一部分。

第六节 思考题与习题

1. 电力系统运行状态共有几种？各种运行状态的特征分别是什么？如何相互转换？
2. 我国电网调度的基本原则是什么？
3. 电力系统控制如何分层？为什么要实行统一调度？
4. 电网监控与调度自动化系统有哪些基本功能？
5. "四遥"包括哪些内容？RTU 在四遥中的作用是什么？
6. 什么是变电站自动化系统？基本功能有哪些？
7. 什么是配电管理系统？包含哪些内容？

附录

附录 A 短路电流周期分量计算曲线数字表

表 A-1 汽轮发电机计算曲线数字表（$X_{js} = 0.12 \sim 0.95$）

X_{js}	0s	0.01s	0.06s	0.1s	0.2s	0.4s	0.5s	0.6s	1s	2s	4s
0.12	8.963	8.603	7.186	6.400	5.220	4.252	4.006	3.821	3.344	2.795	2.512
0.14	7.718	7.467	6.441	5.839	4.878	4.040	3.829	3.673	3.280	2.808	2.526
0.16	6.763	6.545	5.660	5.146	4.336	3.649	3.481	3.359	3.060	2.706	2.490
0.18	6.020	5.844	5.122	4.697	4.016	3.429	3.288	3.186	2.944	2.659	2.476
0.20	5.432	5.280	4.661	4.297	3.715	3.217	3.099	3.016	2.825	2.607	2.462
0.22	4.938	4.813	4.296	3.988	3.487	3.052	2.951	2.882	2.729	2.561	2.444
0.24	4.526	4.421	3.984	3.721	3.286	2.904	2.816	2.758	2.638	2.515	2.425
0.26	4.178	4.088	3.714	3.486	3.106	2.769	2.693	2.644	2.551	2.467	2.404
0.28	3.872	3.705	3.472	3.274	2.939	2.641	2.575	2.534	2.464	2.415	2.378
0.30	3.603	3.536	3.255	3.081	2.785	2.520	2.463	2.429	2.379	2.360	2.347
0.32	3.368	3.310	3.063	2.909	2.646	2.410	2.360	2.332	2.299	2.306	2.316
0.34	3.159	3.108	2.891	2.754	2.519	2.308	2.264	2.241	2.222	2.252	2.283
0.36	2.975	2.930	2.736	2.614	2.403	2.213	2.175	2.156	2.149	2.109	2.250
0.38	2.811	2.770	2.597	2.487	2.297	2.126	2.093	2.077	2.081	2.148	2.217
0.40	2.664	2.628	2.471	2.372	2.199	2.045	2.017	2.004	2.017	2.099	2.184
0.42	2.531	2.499	2.357	2.267	2.110	1.970	1.946	1.936	1.956	2.052	2.151
0.44	2.411	2.382	2.253	2.170	2.027	1.900	1.879	1.872	1.899	2.006	2.119
0.46	2.302	2.275	2.157	2.082	1.950	1.835	1.817	1.812	1.845	1.963	2.088
0.48	2.203	2.178	2.069	2.000	1.879	1.774	1.759	1.756	1.794	1.921	2.057
0.50	2.111	2.088	1.988	1.924	1.813	1.717	1.704	1.703	1.746	1.880	2.027
0.55	1.913	1.894	1.810	1.757	1.665	1.589	1.581	1.583	1.635	1.785	1.953
0.60	1.748	1.732	1.662	1.617	1.539	1.478	1.474	1.479	1.538	1.699	1.884
0.65	1.610	1.596	1.535	1.497	1.431	1.382	1.381	1.388	1.452	1.621	1.819
0.70	1.492	1.479	1.426	1.393	1.336	1.297	1.298	1.307	1.375	1.549	1.734
0.75	1.390	1.379	1.332	1.302	1.253	1.221	1.225	1.235	1.305	1.484	1.596
0.80	1.301	1.291	1.249	1.223	1.179	1.154	1.159	1.171	1.243	1.424	1.474
0.85	1.222	1.214	1.176	1.152	1.114	1.094	1.100	1.112	1.186	1.358	1.370
0.90	1.153	1.145	1.110	1.089	1.055	1.039	1.047	1.060	1.134	1.279	1.279
0.95	1.091	1.084	1.052	1.032	1.002	0.990	0.998	1.012	1.087	1.200	1.200

表 A-2　汽轮发电机计算曲线数字表（$X_{js} = 1.00 \sim 3.45$）

X_{js}	0s	0.01s	0.06s	0.1s	0.2s	0.4s	0.5s	0.6s	1s	2s	4s
1.00	1.035	1.028	0.999	0.981	0.954	0.945	0.954	0.968	1.043	1.129	1.129
1.05	0.985	0.979	0.952	0.935	0.910	0.904	0.914	0.928	1.003	1.067	1.067
1.10	0.940	0.934	0.908	0.893	0.870	0.866	0.876	0.891	0.966	1.011	1.011
1.15	0.898	0.892	0.869	0.854	0.833	0.832	0.842	0.857	0.932	0.961	0.961
1.20	0.860	0.855	0.832	0.819	0.800	0.800	0.811	0.825	0.898	0.915	0.915
1.25	0.825	0.820	0.799	0.786	0.769	0.770	0.781	0.796	0.864	0.874	0.874
1.30	0.793	0.788	0.768	0.756	0.740	0.743	0.754	0.769	0.831	0.836	0.836
1.35	0.763	0.758	0.739	0.728	0.713	0.717	0.728	0.743	0.800	0.802	0.802
1.40	0.735	0.731	0.713	0.703	0.688	0.693	0.705	0.720	0.769	0.770	0.770
1.45	0.710	0.705	0.688	0.678	0.665	0.671	0.682	0.697	0.740	0.740	0.740
1.50	0.686	0.682	0.665	0.656	0.644	0.650	0.662	0.676	0.713	0.713	0.713
1.55	0.663	0.659	0.644	0.635	0.623	0.630	0.642	0.657	0.687	0.687	0.687
1.60	0.642	0.639	0.623	0.615	0.604	0.612	0.624	0.638	0.664	0.664	0.664
1.65	0.622	0.619	0.605	0.596	0.586	0.594	0.606	0.621	0.642	0.642	0.642
1.70	0.604	0.601	0.587	0.579	0.570	0.578	0.590	0.604	0.621	0.621	0.621
1.75	0.586	0.583	0.570	0.562	0.554	0.562	0.574	0.589	0.602	0.602	0.602
1.80	0.570	0.567	0.554	0.547	0.539	0.548	0.559	0.573	0.584	0.584	0.584
1.85	0.554	0.551	0.539	0.532	0.524	0.534	0.545	0.559	0.566	0.566	0.566
1.90	0.540	0.537	0.525	0.518	0.511	0.521	0.532	0.544	0.550	0.550	0.550
1.95	0.526	0.523	0.511	0.505	0.498	0.508	0.520	0.530	0.535	0.535	0.535
2.00	0.512	0.510	0.498	0.492	0.486	0.496	0.508	0.517	0.521	0.521	0.521
2.05	0.500	0.497	0.486	0.480	0.474	0.485	0.496	0.504	0.507	0.507	0.507
2.10	0.488	0.485	0.475	0.469	0.463	0.474	0.485	0.492	0.494	0.494	0.494
2.15	0.476	0.474	0.464	0.458	0.453	0.463	0.474	0.481	0.482	0.482	0.482
2.20	0.465	0.463	0.453	0.448	0.443	0.453	0.464	0.470	0.470	0.470	0.470
2.25	0.455	0.453	0.443	0.438	0.433	0.444	0.454	0.459	0.459	0.459	0.459
2.30	0.445	0.443	0.433	0.428	0.424	0.435	0.444	0.448	0.448	0.448	0.448
2.35	0.435	0.433	0.424	0.419	0.415	0.426	0.435	0.438	0.438	0.438	0.438
2.40	0.426	0.424	0.415	0.411	0.407	0.418	0.426	0.428	0.428	0.428	0.428
2.45	0.417	0.415	0.407	0.402	0.399	0.410	0.417	0.419	0.419	0.419	0.419
2.50	0.409	0.407	0.399	0.394	0.391	0.402	0.409	0.410	0.410	0.410	0.410
2.55	0.400	0.399	0.391	0.387	0.383	0.394	0.401	0.402	0.402	0.402	0.402
2.60	0.392	0.391	0.383	0.379	0.376	0.387	0.393	0.393	0.393	0.393	0.393
2.65	0.385	0.384	0.376	0.372	0.369	0.380	0.385	0.386	0.386	0.386	0.386
2.70	0.377	0.377	0.369	0.365	0.362	0.373	0.378	0.378	0.378	0.378	0.378
2.75	0.370	0.370	0.362	0.359	0.356	0.367	0.371	0.371	0.371	0.371	0.371
2.80	0.363	0.363	0.356	0.352	0.350	0.361	0.364	0.364	0.364	0.364	0.364
2.85	0.357	0.356	0.350	0.346	0.344	0.354	0.357	0.357	0.357	0.357	0.357
2.90	0.350	0.350	0.344	0.340	0.338	0.348	0.351	0.351	0.351	0.351	0.351
2.95	0.344	0.344	0.338	0.335	0.333	0.343	0.344	0.344	0.344	0.344	0.344

（续）

X_{js}	0s	0.01s	0.06s	0.1s	0.2s	0.4s	0.5s	0.6s	1s	2s	4s
3.00	0.338	0.338	0.332	0.329	0.327	0.337	0.338	0.338	0.338	0.338	0.338
3.05	0.332	0.332	0.327	0.324	0.322	0.331	0.332	0.332	0.332	0.332	0.332
3.10	0.327	0.326	0.322	0.319	0.317	0.326	0.327	0.327	0.327	0.327	0.327
3.15	0.321	0.321	0.317	0.314	0.312	0.321	0.321	0.321	0.321	0.321	0.321
3.20	0.316	0.316	0.312	0.309	0.307	0.316	0.316	0.316	0.316	0.316	0.316
3.25	0.311	0.311	0.307	0.304	0.303	0.311	0.311	0.311	0.311	0.311	0.311
3.30	0.306	0.306	0.302	0.300	0.298	0.306	0.306	0.306	0.306	0.306	0.306
3.35	0.301	0.301	0.298	0.295	0.294	0.301	0.301	0.301	0.301	0.301	0.301
3.40	0.297	0.297	0.293	0.291	0.290	0.297	0.297	0.297	0.297	0.297	0.297
3.45	0.292	0.292	0.289	0.287	0.286	0.292	0.292	0.292	0.292	0.292	0.292

表 A-3 水轮发电机计算曲线数字表（$X_{js} = 0.18 \sim 0.95$）

X_{js}	0s	0.01s	0.06s	0.1s	0.2s	0.4s	0.5s	0.6s	1s	2s	4s
0.18	6.127	5.695	4.623	4.331	4.100	3.933	3.867	3.807	3.605	3.300	3.081
0.20	5.526	5.184	4.297	4.045	3.855	3.754	3.716	3.681	3.563	3.378	3.234
0.22	5.055	4.767	4.026	3.806	3.633	3.556	3.531	3.508	3.430	3.302	3.191
0.24	4.647	4.402	3.764	3.575	3.433	3.378	3.363	3.348	3.300	3.220	3.151
0.26	4.290	4.083	3.538	3.375	3.253	3.216	3.208	3.200	3.174	3.133	3.098
0.28	3.993	3.816	3.343	3.200	3.096	3.073	3.070	3.067	3.060	3.049	3.043
0.30	3.727	3.574	3.163	3.039	2.950	2.938	2.941	2.943	2.952	2.970	2.993
0.32	3.494	3.360	3.001	3.892	2.817	2.815	2.822	2.828	2.851	2.895	2.943
0.34	3.285	3.168	2.851	2.755	2.692	2.699	2.709	2.719	2.754	2.820	2.891
0.36	3.095	2.991	2.712	2.627	2.574	2.589	2.602	2.614	2.660	2.745	2.837
0.38	2.922	2.831	2.583	2.508	2.464	2.484	2.500	2.515	2.569	2.671	2.782
0.40	2.767	2.685	2.464	2.398	3.361	2.388	2.405	2.422	2.484	2.600	2.728
0.42	2.627	2.554	2.356	2.297	2.267	2.297	2.317	2.336	2.404	2.532	2.675
0.44	2.500	2.434	2.256	2.204	2.179	2.214	2.235	2.255	2.329	2.467	2.624
0.46	2.385	2.325	2.164	2.117	2.098	2.136	2.158	2.180	2.258	2.406	2.575
0.48	2.280	2.225	2.079	2.038	2.023	2.064	2.087	2.110	2.192	2.348	2.527
0.50	2.183	2.134	2.001	1.964	1.953	1.996	2.021	2.044	2.130	2.293	2.482
0.52	2.095	2.050	1.928	1.895	1.887	1.933	1.958	1.983	2.071	2.241	2.438
0.54	2.013	1.972	1.861	1.831	1.826	1.874	1.900	1.925	2.015	2.191	2.396
0.56	1.938	1.899	1.798	1.771	1.769	1.818	1.845	1.870	1.963	2.143	2.355
0.60	1.802	1.770	1.683	1.662	1.665	1.717	1.744	1.770	1.866	2.054	2.263
0.65	1.658	1.630	1.559	1.543	1.550	1.605	1.633	1.660	1.759	1.950	2.137
0.70	1.534	1.511	1.452	1.440	1.451	1.507	1.535	1.562	1.663	1.846	1.964
0.75	1.428	1.408	1.358	1.349	1.363	1.420	1.449	1.476	1.578	1.741	1.794
0.80	1.336	1.318	1.276	1.270	1.286	1.343	1.372	1.400	1.498	1.620	1.642
0.85	1.254	1.239	1.203	1.199	1.217	1.274	1.303	1.331	1.423	1.507	1.513
0.90	1.182	1.169	1.138	1.135	1.155	1.212	1.241	1.268	1.352	1.403	1.403
0.95	1.118	1.106	1.080	1.078	1.099	1.156	1.185	1.210	1.282	1.308	1.308

表 A-4　水轮发电机计算曲线数字表（$X_{js} = 1.00 \sim 3.45$）

X_{js}	0s	0.01s	0.06s	0.1s	0.2s	0.4s	0.5s	0.6s	1s	2s	4s
1.00	1.061	1.050	1.027	1.027	1.048	1.105	1.132	1.156	1.211	1.225	1.225
1.05	1.009	0.999	0.979	0.980	1.002	1.058	1.084	1.105	1.146	1.152	1.152
1.10	0.962	0.953	0.936	0.937	0.959	1.015	1.038	1.057	1.085	1.087	1.087
1.15	0.919	0.911	0.896	0.898	0.920	0.974	0.995	1.011	1.029	1.029	1.029
1.20	0.880	0.872	0.859	0.862	0.885	0.936	0.955	0.966	0.977	0.977	0.977
1.25	0.843	0.837	0.825	0.829	0.852	0.900	0.916	0.923	0.930	0.930	0.930
1.30	0.810	0.804	0.794	0.798	0.821	0.866	0.878	0.884	0.888	0.888	0.888
1.35	0.780	0.774	0.765	0.769	0.792	0.834	0.843	0.847	0.849	0.849	0.849
1.40	0.751	0.746	0.738	0.743	0.766	0.803	0.810	0.812	0.813	0.813	0.813
1.45	0.725	0.720	0.713	0.718	0.740	0.774	0.778	0.780	0.780	0.780	0.780
1.50	0.700	0.696	0.690	0.695	0.717	0.746	0.749	0.750	0.750	0.750	0.750
1.55	0.677	0.673	0.668	0.673	0.694	0.719	0.722	0.722	0.722	0.722	0.722
1.60	0.655	0.652	0.647	0.652	0.673	0.694	0.696	0.696	0.696	0.696	0.696
1.65	0.635	0.632	0.628	0.633	0.653	0.671	0.672	0.672	0.672	0.672	0.672
1.70	0.616	0.613	0.610	0.615	0.634	0.649	0.649	0.649	0.649	0.649	0.649
1.75	0.598	0.595	0.592	0.598	0.616	0.628	0.628	0.628	0.628	0.628	0.628
1.80	0.581	0.578	0.576	0.582	0.599	0.608	0.608	0.608	0.608	0.608	0.608
1.85	0.565	0.563	0.561	0.566	0.582	0.590	0.590	0.590	0.590	0.590	0.590
1.90	0.550	0.548	0.546	0.552	0.566	0.572	0.572	0.572	0.572	0.572	0.572
1.95	0.536	0.533	0.532	0.538	0.551	0.556	0.556	0.556	0.556	0.556	0.556
2.00	0.522	0.520	0.519	0.524	0.537	0.540	0.540	0.540	0.540	0.540	0.540
2.05	0.509	0.507	0.507	0.512	0.523	0.525	0.525	0.525	0.525	0.525	0.525
2.10	0.497	0.495	0.495	0.500	0.510	0.512	0.512	0.512	0.512	0.512	0.512
2.15	0.485	0.483	0.483	0.488	0.497	0.498	0.498	0.498	0.498	0.498	0.498
2.20	0.474	0.472	0.472	0.477	0.485	0.486	0.486	0.486	0.486	0.486	0.486
2.25	0.463	0.462	0.462	0.466	0.473	0.474	0.474	0.474	0.474	0.474	0.474
2.30	0.453	0.452	0.452	0.456	0.462	0.462	0.462	0.462	0.462	0.462	0.462
2.35	0.443	0.442	0.442	0.446	0.452	0.452	0.452	0.452	0.452	0.452	0.452
2.40	0.434	0.433	0.433	0.436	0.441	0.441	0.441	0.441	0.441	0.441	0.441
2.45	0.425	0.424	0.424	0.427	0.431	0.431	0.431	0.431	0.431	0.431	0.431
2.50	0.416	0.415	0.415	0.419	0.422	0.422	0.422	0.422	0.422	0.422	0.422
2.55	0.408	0.407	0.407	0.410	0.413	0.413	0.413	0.413	0.413	0.413	0.413
2.60	0.400	0.399	0.399	0.402	0.404	0.404	0.404	0.404	0.404	0.404	0.404
2.65	0.392	0.391	0.392	0.394	0.396	0.396	0.396	0.396	0.396	0.396	0.396
2.70	0.385	0.384	0.384	0.387	0.388	0.388	0.388	0.388	0.388	0.388	0.388
2.75	0.378	0.377	0.377	0.379	0.380	0.380	0.380	0.380	0.380	0.380	0.380
2.80	0.371	0.370	0.370	0.372	0.373	0.373	0.373	0.373	0.373	0.373	0.373
2.85	0.364	0.363	0.364	0.365	0.366	0.366	0.366	0.366	0.366	0.366	0.366
2.90	0.358	0.357	0.357	0.359	0.359	0.359	0.359	0.359	0.359	0.359	0.359
2.95	0.351	0.351	0.351	0.352	0.353	0.353	0.353	0.353	0.353	0.353	0.353

(续)

X_{js}	0s	0.01s	0.06s	0.1s	0.2s	0.4s	0.5s	0.6s	1s	2s	4s
3.00	0.345	0.345	0.345	0.346	0.346	0.346	0.346	0.346	0.346	0.346	0.346
3.05	0.339	0.339	0.339	0.340	0.340	0.340	0.340	0.340	0.340	0.340	0.340
3.10	0.334	0.333	0.333	0.334	0.334	0.334	0.334	0.334	0.334	0.334	0.334
3.15	0.328	0.328	0.328	0.329	0.329	0.329	0.329	0.329	0.329	0.329	0.329
3.20	0.323	0.322	0.322	0.323	0.323	0.323	0.323	0.323	0.323	0.323	0.323
3.25	0.317	0.317	0.317	0.318	0.318	0.318	0.318	0.318	0.318	0.318	0.318
3.30	0.312	0.312	0.312	0.313	0.313	0.313	0.313	0.313	0.313	0.313	0.313
3.35	0.307	0.307	0.307	0.308	0.308	0.308	0.308	0.308	0.308	0.308	0.308
3.40	0.303	0.302	0.302	0.303	0.303	0.303	0.303	0.303	0.303	0.303	0.303
3.45	0.298	0.298	0.298	0.298	0.298	0.298	0.298	0.298	0.298	0.298	0.298

附录 B 10kV 高压断路器技术数据

型号	额定电压/kV	额定电流/A	断流容量/(MV·A) 额定电压	6kV	10kV	额定断流量/kA	极限通过电流/kA 峰值	有效值	热稳定电流/kA 1s	2s	4s	5s	10s	固有分闸时间/s	合闸时间/s
SN10-10 Ⅰ/630	10	630		200	300	16	40			16				0.05	0.2
SN10-10 Ⅱ/1000	10	1000		200	500	31.5	80			31.5				0.05	0.2
SN10-10 Ⅲ/2000	10	2000			750	43.3	130				43.3			0.06	0.25
SN10-10 Ⅲ/3000	10	3000			750	43.3	130				43.3			0.06	0.2
SN3-10/2000	10	2000		300	500	29	75	43.5	43.5			30	21	0.14	0.5
SN3-10/3000	10	3000		300	500	29	75	43.5	43.5			30	21	0.14	0.5
SN4-10G/5000	10	5000			1800	105	300	173	173			120	85	0.15	0.65
SN5-20G/6000	10	6000			1800	105	300	173	133			120	85	0.15	0.65
ZN5-10/630	10	630				20	50				20			0.05	0.1
ZN5-10/1000	10	1000				25	63				25			0.05	0.1
ZN5-10/1250	10	1250				25	63			25				0.05	0.10
LN-10/1250	10	1250				25	80			25(3s)				0.06	0.06
LN-10/2000	10	2000				40	110			43.5(3s)				0.06	0.06

注：SN—户内少油式；ZN—户内真空式；LN—户内六氟化硫；G—改进型。

附录 C 隔离开关技术数据

型 号	额定电压/kV	额定电流/A	极限通过电流峰值/kA	热稳定电流/kA 4s	5s	操动机构型号
GN6-10/600-52	10	600	52	20		
GN6-10/1000-80	10	1000	80	31.5		
GN2-10/2000-85	10	2000	85		51	CS6-2T
GN10-10T/3000-160	10	3000	160		75	

（续）

型　号	额定电压/kV	额定电流/A	极限通过电流峰值/kA	热稳定电流/kA 4s	热稳定电流/kA 5s	操动机构型号
GN10-10T/5000-200	10	5000	200		100	
GN2-35T/400-52	35	400	52		14	CS6-2T
GN2-35T/1000-70	35	1000	70		27.5	CS6-2T
GW4-110D/1000-80	110	1000	80		21.5	CQ2-145
GW5-35G/600-72	35	600	72	16		CS-17
GW5-35G/1000-83	35	1000	83	25		CS-17
GW4-220D/1000-80	220	1000	80	23.7		
GW6-220D/1000-50	220	1000	50	21		
GW7-220D/1000-83	220	1000	83	33		

注：GN—户内型隔离开关；GW—户外型隔离开关；D—带接地刀开关；CS—手动操动机构。

参 考 文 献

[1] WADHWA C L. 电力系统工程——发电·配电·用电技术 [M]. 于海波，等译. 北京：科学出版社，2009.
[2] 李林川，等. 电能生产过程 [M]. 北京：科学出版社，2011.
[3] 韦钢，等. 电力工程概论 [M]. 3版. 北京：中国电力出版社，2009.
[4] 王长贵，等. 新能源发电技术 [M]. 北京：中国电力出版社，2003.
[5] 《中国电力百科全书》编委会. 中国电力百科全书 [M]. 3版. 北京：中国电力出版社，2014.
[6] 盛国林，等. 发电厂动力部分 [M]. 北京：中国电力出版社，2008.
[7] 李孝轩，等. 太阳能光伏系统概论 [M]. 武汉：武汉大学出版社，2006.
[8] 王锡凡，等. 电力工程基础 [M]. 西安：西安交通大学出版社，1998.
[9] 何仰赞，温增银. 电力系统分析上册 [M]. 4版. 武汉：华中科技大学出版社，2016.
[10] 何仰赞，温增银. 电力系统分析下册 [M]. 4版. 武汉：华中科技大学出版社，2016.
[11] 韩祯祥. 电力系统分析 [M]. 4版. 杭州：浙江大学出版社，2009.
[12] 陈珩. 电力系统稳态分析 [M]. 3版. 北京：中国电力出版社，2007.
[13] 李光琦. 电力系统暂态分析 [M]. 3版. 北京：中国电力出版社，2007.
[14] 徐政. 电力系统分析学习指导 [M]. 北京：机械工业出版社，2003.
[15] 韦钢. 电力系统分析基础 [M]. 北京：中国电力出版社，2006.
[16] 韦钢. 电力系统分析要点与习题 [M]. 北京：中国电力出版社，2004.
[17] 孙元章，等. 走进电世界 [M]. 北京：中国电力出版社，2009.
[18] 华东六省一市电机工程（电力）学会. 电气设备及其系统 [M]. 北京：中国电力出版社，2007.
[19] 宗士杰，等. 发电厂电气设备及运行 [M]. 2版. 北京：中国电力出版社，2008.
[20] 苗世洪，等. 发电厂电气部分 [M]. 5版. 北京：中国电力出版社，2015.
[21] 许珉，等. 发电厂电气主系统 [M]. 3版. 北京：机械工业出版社，2017.
[22] 肖艳萍，等. 发电厂变电站电气设备 [M]. 北京：中国电力出版社，2008.
[23] 赵智大. 高电压技术 [M]. 3版. 北京：中国电力出版社，2013.
[24] 张一尘. 高电压技术 [M]. 2版. 北京：中国电力出版社，2007.
[25] 林福昌. 高电压工程 [M]. 3版. 北京：中国电力出版社，2016.
[26] 吴广宁. 高电压技术 [M]. 2版. 北京：机械工业出版社，2016.
[27] 屠志健，等. 电气绝缘与过电压 [M]. 2版. 北京：中国电力出版社，2009.
[28] 张保会，尹项根. 电力系统继电保护 [M]. 2版. 北京：中国电力出版社，2010.
[29] 贺家李，等. 电力系统继电保护原理 [M]. 4版. 北京：中国电力出版社，2010.
[30] 韩笑. 电力系统继电保护 [M]. 北京：机械工业出版社，2011.
[31] 杨正理，黄其新，王士政. 电力系统继电保护原理及应用 [M]. 北京：机械工业出版社，2010.
[32] 焦彦军. 电力系统继电保护原理 [M]. 北京：中国电力出版社，2015.
[33] 邰能灵，范春菊，胡炎. 现代电力系统继电保护原理 [M]. 北京：中国电力出版社，2012.
[34] 江苏省电力公司. 电力系统继电保护原理与实用技术 [M]. 北京：中国电力出版社，2006.
[35] 高亮. 发电机组微型机继电保护及自动装置 [M]. 北京：中国电力出版社，2015.
[36] 高亮. 电力系统微机继电保护 [M]. 北京：中国电力出版社，2007.
[37] 高亮. 电力网继电保护及自动装置 [M]. 北京：机械工业出版社，2014
[38] 杨冠城. 电力系统自动装置原理 [M]. 5版. 北京：中国电力出版社，2012.
[39] 许正亚. 电力系统安全自动装置 [M]. 北京：中国水利水电出版社，2006.
[40] 张永健. 电网监控与调度自动化 [M]. 3版. 北京：中国电力出版社，2009.